飞机油液分析与状态监测专家系统原理及应用

陈　果　康玉祥　王洪伟　金　根
李　爱　曹桂松　苗慧慧　侯民利　著

北京航空航天大学出版社

内容简介

本书建立了飞机油液分析与状态监测专家系统的理论体系和框架，介绍了飞机油液分析与状态监测专家系统的原理、关键技术及实际应用案例。本书力求突出航空特色，做到内容全面、详实，强调理论并突出应用。

在理论方面，本书对专家系统基本原理、磨损趋势预测、磨损界限值制定、磨损故障智能融合诊断、磨损颗粒图像自动识别以及基于数据挖掘的磨损故障诊断知识的自动获取等技术进行了详细阐述。在应用方面，本书介绍了航空发动机磨损监控专家系统和飞机液压系统污染监控专家系统的实际应用，表明了专家系统和智能诊断方法在飞机油液监测中的应用前景。

本书可以作为航空器维修及相关专业的师生和工程技术人员的参考书。

图书在版编目(CIP)数据

飞机油液分析与状态监测专家系统原理及应用 / 陈果等著. -- 北京 : 北京航空航天大学出版社, 2025. 1.
ISBN 978-7-5124-4549-9

Ⅰ. V31

中国国家版本馆 CIP 数据核字第 202435XA57 号

飞机油液分析与状态监测专家系统原理及应用

陈　果　康玉祥　王洪伟　金　根　李　爱　曹桂松　苗慧慧　侯民利　著

策划编辑　董　瑞　　责任编辑　董　瑞

*

北京航空航天大学出版社出版发行

北京市海淀区学院路 37 号(邮编 100191)　http://www.buaapress.com.cn

发行部电话:(010)82317024　传真:(010)82328026

读者信箱: goodtextbook@126.com　邮购电话:(010)82316936

北京雅图新世纪印刷科技有限公司印装　各地书店经销

*

开本:710×1 000　1/16　印张:18.5　字数:384 千字

2025 年 1 月第 1 版　2025 年 1 月第 1 次印刷

ISBN 978-7-5124-4549-9　定价:98.00 元

前　言

航空发动机由于其工况复杂、状态变化剧烈，极易产生各种轴承和齿轮类机械故障，因此需要对其健康状态进行有效的监测和诊断。目前，振动和油液分析已经被证实是航空发动机状态监测和故障诊断的重要手段，广泛应用于发动机台架试车和外场监控。两种监控方法各有千秋，互有所长。振动诊断方法主要依据发动机结构类故障的动力学振动机理实施诊断。例如，通过建立含转子不平衡、初始弯曲、不对中、转静碰摩、转子裂纹、密封失稳、齿轮损伤以及滚动轴承剥落等故障的整机振动模型，利用动力学仿真分析得到故障响应，并研究其故障特征和机理。振动诊断方法通过对提取的振动信号的敏感特征加以分析实现故障诊断，能够阐明和解释故障特征产生的原因，因此其诊断思路清晰，诊断过程可解释性强，已经被公认为转子、滚动轴承和齿轮早期故障诊断的有效方法。然而，在对实际航空发动机滚动轴承和齿轮故障进行诊断时，振动诊断方法很容易受噪声干扰。因为实际航空发动机机匣振动信号中，除了微弱的故障信号外，往往还存在转子基频及其倍频、叶片通过频率、气动噪声以及其他轴承和齿轮的干扰频率成分，这使得轴承和齿轮的早期故障特征提取尤其困难。很多在其他环境有效的信号分析方法，在解决实际航空发动机故障诊断时都显得无能为力，其诊断精度和诊断效率难以达到满意的效果。目前已有研究表明，对于含中介轴承的双转子航空发动机，其中介轴承的早期故障难以根据机匣振动信号进行诊断。然而，以油液金属屑检测为依据的油液监控方法能够直接从油液分析数据中提取滚动轴承和齿轮等滑油部件摩擦副的磨损颗粒成分、数量、尺寸、形态和颜色等多维信息，并以此判断磨损的部位、性质及原因。其突出优点是不受发动机复杂工况、振动及背景噪声的影响。当磨损加剧时，油液中金属屑含量急剧增加，此时油液监控方法具有更高的灵敏度，诊断精度也更高。但是，该方法对早期故障诊断不灵敏，其原因主要在于齿轮和轴承早期磨损不严重，产生的金属屑较少，从而导致现有的油液分析技术难以及时检测到。此外，材质相同的不同磨损部件在油液分析数据中很难区分，可能导致滑油监控方法的故障定位较为粗糙。同时，滑油诊断方法具有很强的模糊性和不确定性。正因为如此，以神经网络为代表的现代人工智能技术成了处理这一类非确定性问题的利器，目前已经引起了国内外众多学者的关注。由此可见，振动和油液监控技术在实际航空发动机磨损故障诊断中能够取长补短，相得益彰，共同在航空发动机健康监测和故障诊断中发挥重要作用。

航空发动机的磨损故障诊断主要是通过监测油液中的金属和非金属磨粒的含量、浓度、尺寸、形状和颜色等信息来诊断发动机的传动系统和具有相互运动的摩擦副的磨损性质、磨损类型和磨损部位。常用的方法包括铁谱分析、光谱分析、污染分析、油品理化及能谱分析等。目前主要的研究方向为：① 研制先进的仪器提高油样分析的精度和效率，特别是开发机载的在线油样分析设备；② 收集基于油样分析的磨损诊断经验，建立知识库、样本库或案例库，开发基于人工神经网络和专家系统的智能诊断系统；③ 实现多种分析方法的融合诊断，提高诊断精度。本书主要围绕飞机油液分析与状态监测专家系统展开论述，集中讨论如何利用磨损监测数据进行故障诊断，即利用人工智能技术进行油液数据的趋势预测、诊断界限值的制定、诊断规则提取、磨粒自动识别以及专家智能推理等。随着大数据、互联网及人工智能技术的发展，对大量磨损监测数据的利用和挖掘尤为重要。有数据不一定就有知识，在各种各样的检测仪器面前，在互联网技术高度发达的今天，往往不乏大量的油液检测数据，但是缺乏从大量数据中有效提取诊断知识的方法。因此，这就要求故障诊断研究势必与数据挖掘、互联网技术和人工智能方法紧密结合，实现故障诊断知识规则的自动提取，并通过专家系统加以利用，实现磨损故障智能诊断。这些研究内容在本书的发动机磨损故障诊断的趋势预测、磨粒识别、诊断知识获取、融合诊断等章节均进行了详细阐述。

本书是作者结合近二十年的航空发动机磨损监控专家系统的开发实践撰写而成的。这期间，作者与中国航天科工集团第三研究院于 2003 年合作开发了航空发动机磨损故障综合诊断专家系统 EFDES 3.0；与北京航空工程技术研究中心于 2007 年合作开发了航空发动机滑油监控专家系统 EOMES 1.0，于 2008 年合作开发了航空发动机滑油滤磨屑监控专家系统 EOFMS 1.0，于 2012 年合作开发了多功能油液磨粒智能检测与分析系统 MIDCS 1.0；与成都飞机工业（集团）有限责任公司于 2009 年合作开发了飞机液压系统状态监控专家系统 AHMES 1.0，于 2010 年合作开发了飞机发动机状态监控专家系统 AEMES 1.0，与中国航发商用发动机有限责任公司于 2021 年合作开发了民用航空发动机磨损检测专家系统 CEWDS 1.0 等。

在本书成稿之际，首先要感谢作者的博士后合作导师左洪福教授。在 2000—2002 年期间的博士后阶段，通过参与左洪福教授团队的相关科研项目，作者进入了飞机油液监控与专家系统研究领域，并从此在该领域开展了二十余年的相关研究工作。其次，要特别感谢在项目合作中对飞机油液监控专家系统开发提出过宝贵意见和建议的各位专家。他们包括中国航天科工集团第三研究院的陈宝延研究员、张金良研究员、廖仲坤研究员等，北京航空工程技术研究中心的宋兰琪高工、陈立波高工、宋科高工、张占纲高工、王洪伟高工等，成都飞机工业(集团)有限责任公司的侯民利研究员等，以及中国航发商用发动机有限责任公司的曹桂松高工、苗慧慧工程师、孙智君高工等。最后，还要特别感谢历届在该领域从事相关项目研究的研究生，感谢他们在飞机油液分析和状态监控专家系统领域做出的创新性工作。本书的许多内容来自他们的学位论文，其中主要有：2005 级硕士研究生张强同学的硕士学位论文《飞机液压系统磨损综合监控专家系统研究》、2008 级硕士研究生葛科宇同学的硕士学位论文《发动机磨损故障知识获取方法研究及应用平台开发》、2014 级硕士研究生张全德同学的硕士学位论文《基于数据挖掘的航空发动机磨损界限值制定方法研究》、2020 级硕士研究生马佳丽同学的硕士学位论文《航空发动机磨损故障多目标智能融合诊断》、2010 级博士研究生李爱同学的博士学位论文《航空发动机磨损故障智能诊断若干关键技术研究及专家系统开发》，以及 2012 级博士研究生王洪伟同学的博士学位论文《航空发动机滚动轴承故障诊断与预测关键技术研究》。同时，还要特别感谢 2015 级硕士研究生林桐同学对本书的初稿所做的大量工作，2020 级硕士研究生王雨薇同学、2020 级博士研究生康玉祥同学以及南京航空航天大学的潘文平老师、南京工程学院的郝腾飞老师在专家系统软件开发和图像识别方面所做的创新性工作。

本书的编写工作任务分工如下：第 1 章由陈果、李爱负责撰写；第 2 章由陈果、王洪伟负责撰写；第 3、4 章由陈果、王洪伟负责撰写；第 5、6 章由王洪伟、李爱负责撰写；第 7 章由陈果、金根负责撰写；第 8 章由陈果、李爱负责撰写；第 9 章由苗慧慧和康玉祥负责撰写；第 10 章由康玉祥和曹桂松负责撰写；第 11 章由王洪伟、侯民利负责撰写。

在知识的海洋里，作者深感自己的学识浅薄和不足。本书仅仅触及了飞机油液分析与状态监控技术的冰山一角，许多技术和方法仍在不断发展。由于水平有限和认知偏差，书中难免出现疏漏和错误之处，恳请读者批评指正！

陈　果
2023 年 11 月于南京航空航天大学

目　　录

第1章　绪　论 …… 1

1.1　飞机磨损故障与智能诊断 …… 1

1.1.1　航空发动机磨损故障与智能诊断 …… 1

1.1.2　飞机液压系统磨损故障与智能诊断 …… 3

1.2　磨损故障诊断研究现状 …… 4

1.2.1　磨损监测仪器的开发 …… 4

1.2.2　专家系统研究与开发 …… 5

1.2.3　基于油液分析多源信息的磨损故障融合诊断 …… 6

1.2.4　基于油样分析数据的发动机磨损趋势预测技术 …… 7

1.2.5　磨损界限值制定技术 …… 9

1.3　油液分析专家系统在磨损监测应用中需要解决的关键问题 …… 10

本章小结 …… 11

参考文献 …… 11

第2章　飞机油液分析与磨损监测技术 …… 17

2.1　油样理化分析 …… 17

2.1.1　油液理化性能变化原因及其影响 …… 18

2.1.2　理化分析仪器 …… 19

2.2　油样磨屑分析 …… 22

2.2.1　磁性塞子检测法 …… 24

2.2.2　污染分析法 …… 27

2.2.3　油样光谱分析法 …… 31

2.2.4　油样铁谱分析法 …… 33

2.2.5　电子扫描能谱分析 …… 43

2.3　多功能油液磨粒智能检测与诊断系统 …… 46

2.3.1　基本原理 …… 47

2.3.2　图像采集 …… 47

2.3.3　运动颗粒分析与识别 …… 49

2.3.4　试验验证 …… 53

本章小结 …… 59
参考文献 …… 59

第 3 章 基于规则的专家系统诊断原理 …… 60

3.1 专家系统原理 …… 61
3.1.1 专家系统的组成 …… 61
3.1.2 专家系统的优缺点 …… 63
3.2 基于规则的故障诊断专家系统在 EOMES 1.0 中的应用 …… 63
3.2.1 知识库 …… 63
3.2.2 专家诊断 …… 65
3.2.3 EOMES 1.0 中基于规则的专家诊断实例 …… 65
本章小结 …… 74
参考文献 …… 74

第 4 章 基于案例推理的诊断专家系统 …… 75

4.1 基于案例的诊断方法 …… 75
4.1.1 CBR 的发展历程 …… 75
4.1.2 CBR 原理 …… 76
4.1.3 CBR 的特点 …… 77
4.2 基于案例的专家系统的架构 …… 78
4.3 基于 CBR 的关键技术 …… 78
4.3.1 案例的组织 …… 78
4.3.2 案例相似度的计算 …… 79
4.3.3 案例的检索与匹配 …… 80
4.3.4 基于 CBR 的修正技术 …… 81
4.3.5 基于 CBR 的系统维护技术 …… 81
4.4 飞机液压系统磨损故障 CBR 诊断实例 …… 82
4.4.1 基于 CBR 的飞机液压系统磨损故障诊断关键技术 …… 82
4.4.2 飞机液压系统磨损的 CBR 故障专家系统 …… 85
本章小结 …… 89
参考文献 …… 89

第 5 章 磨损元素界限值制定方法 …… 91

5.1 油样光谱诊断界限值特点 …… 91
5.2 传统油样磨损诊断界限值制定方法 …… 92

5.3　概率密度函数估计 …… 94
5.3.1　概率密度估计问题的描述 …… 94
5.3.2　基于 Parzen 窗法的概率密度函数估计 …… 95
5.3.3　基于 k_N -近邻法的概率密度函数估计 …… 96
5.3.4　基于最大熵法的概率密度函数估计 …… 96
5.3.5　基于支持向量机的概率密度函数估计 …… 97
5.3.6　概率密度函数估计方法验证与比较 …… 100
5.4　航空发动机磨损界限值制定 …… 102
5.4.1　航空发动机油样光谱数据 …… 103
5.4.2　航空发动机油样光谱数据质量浓度界限值制定 …… 104
5.4.3　航空发动机油样光谱数据质量浓度梯度界限值制定 …… 105
5.4.4　航空发动机油样光谱数据质量浓度比例界限值制定 …… 106
5.5　基于数据融合的健康指标界限值制定 …… 107
5.5.1　油液数据融合技术 …… 107
5.5.2　基于 SOM 的健康指标融合 …… 108
5.5.3　基于健康指标的磨损界限值制定 …… 109
本章小结 …… 114
参考文献 …… 114
第 6 章　磨损趋势预测技术 …… 117
6.1　时间序列预测法 …… 117
6.1.1　时间序列预测的基本思想 …… 118
6.1.2　时间序列分类 …… 118
6.2　线性时间序列预测模型 …… 118
6.2.1　自回归滑动平均模型 ARMA(n,m) …… 119
6.2.2　自回归模型 AR(n) …… 120
6.2.3　检验准则 …… 120
6.3　非线性时间序列预测模型 …… 121
6.3.1　相空间重构理论 …… 121
6.3.2　人工神经网络 …… 122
6.3.3　支持向量机预测法 …… 134
6.4　灰色预测法 …… 138
6.4.1　数据累加处理 …… 138
6.4.2　数据累减处理 …… 139
6.4.3　灰色系统的建模 …… 139

6.5 基于 LSSVM 的组合预测模型 …… 141
6.5.1 LSSVM 回归算法原理 …… 141
6.5.2 基于 PSO 的 LSSVM 回归模型优化 …… 143
6.5.3 单一预测模型的选取 …… 145
6.5.4 误差指标 …… 147
6.5.5 获取训练样本 …… 147
6.5.6 组合预测步骤 …… 148
6.6 航空发动机油液光谱分析数据组合预测实例分析 …… 149
6.6.1 算例 1 …… 149
6.6.2 算例 2 …… 152
本章小结 …… 153
参考文献 …… 153

第 7 章 故障诊断知识规则获取技术 …… 154

7.1 数据挖掘理论及知识获取方法 …… 154
7.1.1 数据挖掘中几种典型的知识获取方法 …… 155
7.1.2 数据挖掘工具 …… 157
7.2 基于粗糙集理论的知识规则获取 …… 158
7.2.1 应用粗糙集理论的知识获取流程 …… 158
7.2.2 粗糙集理论关键技术的具体实现 …… 161
7.2.3 诊断实例 …… 163
7.3 基于神经网络规则提取的知识规则获取 …… 165
7.3.1 神经网络规则提取的方法流程 …… 165
7.3.2 神经网络规则提取的关键技术 …… 166
7.3.3 神经网络规则提取在磨损故障诊断中的应用 …… 169
7.4 基于支持向量机的知识规则获取 …… 170
7.4.1 基于 GA - SVC 的知识获取流程 …… 171
7.4.2 数据预处理 …… 171
7.4.3 支持向量聚类算法 …… 174
7.4.4 基于规则的样本识别方法 …… 177
7.4.5 规则的简化 …… 178
7.4.6 诊断实例 …… 179
7.5 基于决策树的知识规则获取 …… 182
7.5.1 典型的决策树分类算法 …… 183
7.5.2 决策树剪枝算法 …… 190

7.5.3　决策树算法的评价 …… 192
7.5.4　基于C4.5决策树算法的知识规则获取实例 …… 193
7.6　诊断实例 …… 196
本章小结 …… 198
参考文献 …… 198

第8章　磨损故障智能融合诊断 …… 200

8.1　基于D-S证据理论的磨损故障融合诊断 …… 200
8.1.1　D-S证据理论原理 …… 200
8.1.2　基于规则和D-S证据理论的发动机磨损故障融合诊断 …… 201
8.1.3　基于神经网络和D-S证据理论的发动机磨损故障融合诊断 …… 207
8.1.4　基于模糊集合思想和D-S证据理论的发动机磨损故障融合诊断 …… 212
8.2　磨损故障的多Agent协同诊断 …… 217
8.2.1　Agent及多Agent系统的理论基础 …… 217
8.2.2　航空发动机磨损故障的多Agent协同诊断 …… 220
8.2.3　诊断案例 …… 230
本章小结 …… 233
参考文献 …… 234

第9章　基于能谱分析数据的磨损部位诊断 …… 235

9.1　深度学习理论基础 …… 235
9.2　DCNN …… 241
9.3　长短期记忆网络 …… 242
9.4　残差网络 …… 244
9.5　基于深度学习的磨损颗粒材质分析现状 …… 244
9.6　基于深度学习的磨损颗粒材质分析技术实例 …… 245
9.6.1　训练数据生成 …… 246
9.6.2　模型训练与测试 …… 247
9.6.3　航空发动机磨损颗粒能谱数据验证 …… 248
本章小结 …… 251
参考文献 …… 251

第10章　基于扫描电子显微镜图像的磨损颗粒分析技术 …… 253

10.1　基于深度学习的目标检测算法 …… 253

10.1.1　概　述 …… 253
10.1.2　YOLO …… 254
10.2　磨损颗粒分析方法 …… 257
10.3　磨损颗粒分析实验 …… 259
本章小结 …… 262
参考文献 …… 263

第11章　飞机发动机磨损状态监测专家系统应用 …… 264

11.1　航空发动机滑油监控专家系统(EOMES 1.0) …… 264
11.1.1　专家系统简介 …… 264
11.1.2　专家系统整体架构 …… 265
11.2　飞机发动机磨损状态监控专家系统(AEMES 1.0) …… 266
11.2.1　专家系统简介 …… 266
11.2.2　专家系统整体架构 …… 268
11.3　飞机液压系统磨损状态监控专家系统(AHMES 1.0) …… 269
11.3.1　专家系统简介 …… 269
11.3.2　专家系统整体架构 …… 270
11.4　多功能智能磨粒检测系统(MIDCS 1.0) …… 272
11.4.1　系统简介 …… 272
11.4.2　系统整体架构 …… 273
11.5　民用航空发动机磨损检测专家系统(CEWDS 1.0) …… 274
11.5.1　专家系统简介 …… 274
11.5.2　专家系统整体架构 …… 275

附表　某型航空发动机油液光谱数据样本 …… 277

第1章 绪论

通过油样分析来了解机器的工作状态已经有很长的历史了，最初人们是通过油液的自身的理性化性能如黏度、酸度、水分等的变化来判断机器的工作状态。这种方法是一种广泛采用的常规分析方法。但是，在机器的润滑系统或液压系统中作为润滑剂或工作介质的油液是循环流动的，其中包含着大量的由各种摩擦副产生的各种磨损残余物（称为磨屑或磨粒）。人们在实践中认识到，这种磨损残余物携带的关于机器状态的信息远比油液本身理化性能变化的信息要丰富得多，如通过各种现代化方法能对磨粒的成分、数量、形态、尺寸和颜色等进行精密的观察和分析，因而能够比较准确地判断故障的程度、部位、类型和原因。因此，目前在机械故障诊断领域中，油样分析方法的概念实际上已无形中转变为油样磨损残余物的分析。我们知道磨损、疲劳和腐蚀是机械零件失效的三种主要形式和原因，其中磨损失效约占80%。由于油样分析方法对磨损监测具有高度的灵敏性和有效性，这种方法在机械故障诊断中日益显示其重要地位。

本章首先介绍油液分析在航空器磨损故障诊断中的应用背景和研究意义。在此基础上，引入基于油液分析的状态监测以及故障诊断的主要技术，并结合国内外的研究现状进行分析。

1.1 飞机磨损故障与智能诊断

1.1.1 航空发动机磨损故障与智能诊断

航空发动机在极端恶劣的环境下工作，包括高温、高速、强烈的振动、压力等，这使得发动机的工作状态不断变化，承受变载荷，因此航空发动机需要有极高的安全性与可靠性。并且作为航空器的“心脏”，发动机的健康状况将直接影响飞行的安全与正点[1-5]。另外，航空发动机的制造、工艺、材料以及后期的使用、管理和维护会产生高昂的设计制造及使用维修成本，因此要求发动机具有较高的经济性。在对飞机进行常规维修时，维修更换发动机的费用要占到全部维修费用的60%以上。据统计，在造成各类飞行事故的诸多因素中，发动机故障原因所占比例一般在 25%～30%，这常导致飞行中发生灾难性事故。其中，航空发动机转子系统及传动系统中的齿轮和轴承磨损失效是航空发动机研制和使用过程中所出现的主要故障。根据我国民航局统计，在某年的某一个月内，由于齿轮、轴承以及密封件等部件的异常磨损就造成了 5 起飞机发动机的停车甚至提前换发事故。据某空军运输师及新疆航空公司对Ⅱ30KY－154 发动机 10 年的工作情况所作统计，37.5%的发动机空中停车故障以及 60%以上的提前换发故障是由发动机齿轮、轴承等部件的异常磨损故障造成的，其中最突出的是轴间轴承的异常磨损。2005—2013 年，我空军某型新机列装后累计发生数十起主轴承损伤故障，由此导致多次空中停车和数起二等重大飞行事故或飞机迫降，直接经济损失达数十亿元。某型国产发动机因主轴承剥落累计发生十余起空中停车事故征候。当前，航空发动机主轴承故障严重危及发动机使用安全，已成为制约我国航空发动机技术发展、影响战斗力生成的重大技术“瓶颈”。因此，要保证飞机的安全飞行，发动机就需要具有非常高的可靠性，那么就需要更高的技术应用于航空发动机的状态监测以及故障诊断中[6-15]。

目前，对航空发动机进行状态监测与故障诊断的常用手段和方法主要有基于发动机的气路性能参数状态诊断[16-21]、发动机转子系统的振动诊断[22]、基于油液分析的发动机磨损状态诊断[23]以及发动机内部气路部件的孔探检测[24]等技术。其中，基于油液分析的发动机磨损状态诊断是预测和诊断传动系统、齿轮和滚动轴承故障的重要方法，我国空军基地已将油液分析仪器作为监测发动机磨损状态的必要手段。其原因在于：① 振动等监测手段由于采样频率不够高和易受外界因素干扰，信号处理困难；② 由于油液中测得的磨损元素中的金属元素对应于发动机中的摩擦副材质，所以应用油液分析可以对故障进行定位；③ 由于发动机的磨损是一个逐渐发展的过程，所以应用油液分析可以对发动机的磨损状态进行预测，尽早地预测和评估出故障的未来发展趋势，从而避免发生重大的事故并能够及时地安排维修工作。由此可见，对航空发动机进行油液分析，并在此基础上对航空发动机进行状态监测和故障诊断具有十分重大的意义。

目前，基于油液分析的航空发动机磨损故障诊断是通过监测油液中的金属及非金属的浓度、含量、尺寸、颜色及形状等信息，实现对发动机轴承以及传动附件磨损故障的定性、定位和定因。由于各种磨损数据与磨损故障之间存在一种模糊的、非线性、不确定的关系，传统故障诊断技术很难得到理想的诊断结果，因此就需要将新型的技术应用于故障诊断中。近年来，随着人工智能技术的迅速发展，将人工智能的研究成果应用到故障诊断领域中已成为趋势。当前的智能故障诊断方法分为以下几种类型：基于知识推理的方法（Knowledge-based Reasoning）[25-26]、人工神经网络方法（Artificial Neural Networks，ANN）[27-28]、模糊逻辑方法（Fuzzy Logic）[29]、机器学习方法（Machine Learning，ML）[30]、模式识别方法（Pattern Recognition）[31,32]

以及上述方法的集成[33]。因此,将智能故障诊断技术应用到航空发动机磨损状态监测和故障诊断中,建立航空发动机的磨损故障诊断专家系统(Expert System)。该系统具有专家知识库,将人类专家的经验转化为知识规则存放于知识库中,并建立知识获取和维护机制,实现知识的学习和更新。同时,该系统模拟人类专家的推理过程实现故障诊断,这样不仅能够大大提高诊断的精度、减少对人类专家经验的依赖、提高诊断的自动化程度,而且有利于积累人类专家的宝贵知识和经验,对于有效地实现发动机状态监测和视情维修具有重要意义。

1.1.2 飞机液压系统磨损故障与智能诊断

液压传动在航空领域最初的作用是给当时飞机的平尾助力器提供液压动力。在第二次世界大战以后,随着科学技术的发展,民用飞机液压系统得到了迅猛的发展,民用飞机的翼面驱动以及起落架的操作都是采用液压系统。液压驱动在飞机上得到了广泛应用,这是因为液压驱动具有传动可靠、速度快、功率密度高等特点,而且液压系统还能够比较方便地利用飞机上的动力装置,如发动机驱动泵可以由飞机的发动机提供动力。目前投入使用的民用飞机基本都采用电液伺服系统作为驱动。另外,飞机的液压系统还负责起落架和机轮的操作,对于民用飞机的安全保障起着极为重要的作用。但液压系统在使用过程中,由于机械摩擦副的自然磨损,以及使用和保养不当等原因,会发生各种各样的故障。如何准确、及时地判断故障发生的位置和分析故障产生的原因并给出解决故障的方法,这将关系到设备的停机问题。因此,液压系统的故障分析及处理工作就显得尤其重要。

在液压设备中,机械零部件的磨损是其失效的重要原因之一。在液压机械设备中,有75%的故障因油液(包括动力油和润滑油等)污染引起,而75%的污染故障又因固体污染物引起。液压油中的污染物进入液压泵/马达摩擦副间隙,将加剧摩擦副的磨损,缩短泵和马达的使用寿命,严重时将使摩擦副卡死,导致泵和马达失效,甚至会使整台泵和马达报废。污染物会加剧液压缸中活塞和缸体的磨损,使液压油的泄漏量增大,降低液压缸推力,严重时会卡住活塞和活塞杆,使液压缸不能工作,影响整个液压系统的工作。污染物会加剧液压阀运动摩擦副的磨损,增大阀芯与阀套的配合间隙,使液压阀性能下降,严重时还会使液压阀卡住,工作失灵,特别是对清洁度要求很高的伺服阀,污染物会使伺服阀完全失效。

机械摩擦副因各种原因引起的磨损又导致油液污染加剧,影响机械部件的工作性能和寿命。为了寻求解决液压设备零部件的摩擦磨损问题的方法和措施,必须对运行状态下液压设备的磨损状态进行监测分析和故障诊断,主要通过对设备液压油的理化性能指标和油中磨损金属颗粒及污染产物的分析,获取设备摩擦副磨损状态信息,及时发现液压设备的磨损故障隐患,达到保证液压设备安全运行的目的。

在液压设备中,通过对这些设备摩擦副磨损状态的综合分析,并参考设备运行工况、设备摩擦副材料、设备现场维修保养记录，可以有效地实现其磨损故障诊断，指出设备故障发生的部位、确定故障的类型、解释故障发生的原因、预告故障发生的时间，因此油液监测技术已成为国内外机械设备液压系统故障诊断的重要技术手段。

1.2 磨损故障诊断研究现状

目前，对航空发动机和液压系统磨损故障的诊断主要是基于油液理化分析和磨粒分析。利用油液分析数据和已有的发动机维修经验，对其磨损状态进行定量和定性分析，以准确预报故障类型、故障部位、故障程度和故障原因。目前关于航空器磨损故障诊断的主要研究表现为磨损监测仪的开发、专家系统开发及知识获取、融合诊断、磨损趋势预测以及磨损界限值制定。

1.2.1 磨损监测仪器的开发

近年来，随着电子技术及其他技术的发展，针对油液分析开发先进的油液分析仪器已成为油液监测领域的研究热点。从技术方法上看，常用的技术主要有磁性柱塞分析技术[5]、颗粒计数分析技术、光谱分析技术、铁谱分析技术以及油品理化性能分析技术等。目前，国外研制生产了多种适合在现场使用的油液便携式快速在线污染度检测仪器，如由美国 CSI 公司研制开发的 OilView 系列的油液监测器，英国 UCC 公司研制开发的 CM20.9021 激光颗粒计数器；美国 Spectro 公司开发的 Q200 型自动磨粒分析仪，PARK 公司研制开发的便携式的 PLC－2000 型激光颗粒计数器，PALL 公司研制开发的 PFC200 型颗粒计数器；美国 A2 公司研制的 ML 系列快速便携油液监测红外光谱仪，MOA 公司开发的 MOA Ⅱ Plus 多元素油液分析光谱仪；美国 Spectro 公司研制的 T2FM 型分析铁谱仪，Predict（Trico）公司研制的 FliterCHECK 铁谱分析系统，Worldmtm 公司研制的 MIADS 自动铁谱仪；此外，还有德国 ZYK 公司基于同位素表面活化技术开发的磨损在线监测系统等[34]。

随着对磨损状态机载检测的需求，目前国内外许多研发机构对油样在线检测技术和设备进行了大量的研究和开发。例如，加拿大 GasTOPS 公司开发的 MetalSCAN 油液磨粒监测器[35-36]是目前应用最为广泛的油液磨粒在线监测设备，并已成功应用于 F119、JSF F135 发动机和升力风扇、Eurofirhter EJ200、PT6 涡轮螺旋桨飞机发动机以及海王直升机、GE T58 涡轴发动机润滑系统。美国 Eaton 公司开发的定量磨屑监测器[37,38]，作为磨粒监测系统的重要组成部分之一，已被成功安装于 GE90、GP7200 发动机上，并选择用于 GEnx、Trent 1000 等发动机；英国 Stewart Hughes 公司受美国国防部资助，将静电油路传感器（Oil Sensor，OS）[39-41]安装在普拉特·惠特尼公司（简称普·惠公司或 P&W）F100－PW－100 发动机台架测试台上，开展轴承故障注入试验研究。试验中，在轴承回油路管路上安装了带有两个环状探极的静电传感器，以实时、在线监测轴承运行状态及滑油状态。德国Zeiss公司开发的JetSCAN发动机健康监测系统已全面应用于英国皇家空军的Tornado机队，并广泛部署于全球F-16战斗机的GE F110发动机上。

1.2.2 专家系统研究与开发

近年来，人工智能技术迅速发展，尤其是专家系统、人工神经网络以及知识工程在诊断领域得到了进一步应用，使得研究者们开始更加深入系统地研究智能故障诊断这一先进技术。究其原因，主要有两方面：一是由于故障智能诊断技术拥有传统诊断技术无可比拟的优点；二是由于对航空发动机等复杂设备进行故障诊断时基本上需要借鉴来自领域专家的知识经验。因此，将智能故障诊断技术应用到航空器磨损状态监测和故障诊断中，建立航空器的磨损故障诊断专家系统，对于有效地监控关键摩擦副磨损的发生与发展过程、发动机试车过程中的故障排除、发动机使用寿命的评估、发动机设计的改进以及发动机使用过程中的故障诊断与预报等，均具有重要意义。为此，国内外众多研究机构与学者相继开发了许多基于人工智能技术的故障智能诊断系统，并在系统中应用了各种诊断技术和方法。

就世界范围来看，美国是最早开始对故障诊断技术进行研究的国家。早在1967年美国就成立了专门小组对故障诊断技术进行专题研究。经过几十年的发展，各个发动机制造工厂以及航空公司都开发了适用于自己机群的、不同等级的发动机磨损状态监控与故障诊断系统。这些系统根据功能可以分为两个等级：第一级为有限监控系统，主要功能是监视系统的健康状况，如通用电气公司(GE)开发的ADEPT系统和普·惠公司开发的ECMⅡ系统；第二级为扩展的监控系统，在系统中实现了故障诊断能力，可以将故障精确地隔离到部件及子系统，并对部件性能的衰退程度进行定量分析，如通用电气公司开发的GEM系统、普·惠公司开发的TEAMⅡ系统。由此可见，故障诊断技术在美国受到了高度重视，从而使得美国的故障诊断技术无论在航空领域，还是在航天、核能等高科技尖端技术领域一直都处于领先地位。英国、加拿大等也对航空器故障诊断方面的研究非常重视，并开发了一系列故障诊断系统。例如，英国罗尔斯·罗伊斯公司开发的COMPASS系统应用于航空发动机磨损故障诊断领域，取得了很好的效果；加拿大与美国合作共同研制开发了一系列系统[42]，如预知性管理系统PMP、状态监测和解释系统CMIS以及润滑油分析专家系统Lube Analyst和Atlas3。

我国对航空器故障诊断技术的研究从20世纪70年代末开始，在20世纪80年代开始广泛研究并发展起来。1988年在民航领域，由包括航空公司、高校以及飞机维修公司在内的4家单位共同研制开发了发动机监测与诊断(Engine Monitoring and Diagnosis，EMD)系统。该系统从趋势分析进一步扩展到了故障诊断，比ECMⅡ、ADEPT系统等在功能上更为完善。空军工程大学在国内针对飞机推进系统故障诊断的研究较早。1982年学校研制了我国第一个飞机与发动机故障诊断系统，1988年研制了国内第一个航空发动机故障诊断专家系统[43]，特别是模糊数学用于飞机发动机故障诊断的研究有较大影响[44]。近年来，该学校一直在采用新的方法，如支持向量机(Support Vector Machinse，SVM)、神经网络等[45-47]，来解决航空器的故障诊断和性能跟踪问题。北京航空航天大学在1995年也开发了第一个应用于运7飞机起落架的故障诊断专家系统[48]。南京航空航天大学在1999年开发出一套具备当时国际先进水平的DMAS智能化铁谱分析系统。该系统集制谱与诊断于一体，能够准确诊断与预报机器的各种磨损类故障[49]。近年来，南京航空航天大学已开发了多套应用于航空发动机、液压系统及其附件的故障诊断专家系统，并一直研究故障诊断的新方法并将其应用于专家系统中，从而不断提高专家系统的诊断能力[50-53]。

目前，专家系统中的知识获取方法分为两种：机械式规则获取方法和规则自动获取方法。在专家系统的实际应用中，大部分采用的是机械式的规则提取方法，主要是通过提问领域专家和知识工程师进行知识规则获取。对于知识规则的自动获取方法，国内外相关专家学者做了大量研究，主要是采用数据挖掘(Data Mining，DM)的方法，包括基于神经网络、粗糙集、支持向量机等智能方法来进行知识规则的自动获取[54-60]。

1.2.3　基于油液分析多源信息的磨损故障融合诊断

通过各种油液分析方法对航空发动机润滑油及液压系统油样进行分析，可以得到反映磨损状态的信息数据。如何有效地利用这些信息数据对发动机磨损状态进行识别，成为磨损故障诊断的首要任务。由于油样分析方法得到的数据信息具有种类多、表征各异、离散性和随机性强、冗余、不确定、不一致和不完整等特点，难以通过一种方法来确定发动机的磨损故障，因此，将信息融合技术引入故障诊断中，对由多个信息源与诊断途径得到的诊断结果进行合理融合，从而将诊断的可信度尽可能大地提高。根据不同的工作原理与检测方式，将油样分析方法分为颗粒计数分析方法、光谱分析方法、理化分析方法以及铁谱分析方法等。据统计[61]，单一油样分析方法的诊断精度均有限，铁谱分析方法的精度为55%，光谱分析方法的精度为36%，基于颗粒计数的污染分析方法精度为33%，而油品理化分析方法的精度仅为21%。但如果将这些油样分析技术综合起来，令它们相互补充、验证，那么故障诊断的精度将会大大提高。研究显示[62]，融合诊断方法的准确率可达到70%以上。由此可见，将融合诊断方法引入故障诊断中，将极大地提高诊断精度。

在国外，许多国家将信息融合技术应用于航空器故障诊断中，其中美国是起步最早和发展最快的。美国国防部将机载故障预测与健康管理(Prognostics and Health Management，PHM)系统通过特征级提取和融合，应用于普·惠公司的F135

和GE的F136发动机的推力系统和升力风扇驱动系统，从而实现了检测故障隐患、掌握寿命限制状况和预测剩余使用寿命的功能。空军和陆军联合部在可靠地诊断并预测直升机的发动机振动与性能时，研制开发了分布式的健康管理系统(DHMS)。该系统通过有效融合每个传感器的数据来对真实飞行器进行监视。NASA的C17-T1 PHM计划在对F117发动机故障研究中设计了两层融合，第一层是获取特征信息的同时对发动机健康状况进行评价，第二层使用了异常监视(Anomaly Detection，AD)和健康评价(Generalized Performance Assessment，GPA)相结合的方法，通过结合地勤人员、飞行员的观测数据以及飞行、历史维修数据进行诊断[63,64]。

国内谢友柏[65,66]等学者针对多种油样分析方法的融合诊断进行了研究，指出应用信息融合技术是实现机器磨损故障诊断的智能信息处理的一条重要新途径。例如，在综合利用神经网络以及Dempster-Shafer(D-S)证据理论研究气路部件的故障时，首先可运用反向传播(Back Propagation，BP)网络实现单一方法的智能诊断，然后基于D-S证据理论，对单一诊断的结果进行融合诊断，以获得最终更高精度的诊断结果[52]。参考文献[67]～[70]曾针对4种常用的油样分析技术(铁谱、光谱、颗粒计数与理化指标分析)的信息融合问题，依据基于规则的专家系统方法，建立了各油样分析技术的子专家诊断系统，根据专家经验，将各子专家系统的诊断结果和故障论域中各故障模式建立映射关系，得到了用于神经网络学习的训练样本。在此基础上，通过对神经网络进行训练，并将待分析油样的各子专家系统诊断结论输入训练成功的网络，即可得到融合诊断的结果。此外，有参考文献[71]研究了信息融合技术在电控发动机故障诊断中的应用，其研究结果表明，基于神经网络的特征层信息融合诊断效果明显优于单一传感器，并可实现信息压缩，进行实时处理与诊断。

1.2.4 基于油样分析数据的发动机磨损趋势预测技术

为了有效监测航空发动机和液压系统在运行过程中的整体磨损状态，预测是关键技术。系统磨损通常是由光谱分析仪、直读式或分析式铁谱仪、颗粒计数器、理化分析仪等测得的数据，以及由这些数据派生出的各种磨损指数映射出来的。由此可见，油样分析数据作为磨损状态的有效观测数据，即摩擦学系统的输出，能够间接反映出系统的整体磨损趋势。然而，往往产生这些观测数据或输出的系统并不具体或无法获知，系统的输入无法准确地获知或者系统处于无法观测的强噪声干扰中。因此，在实际运行过程中，通常无法获取航空器相关系统的摩擦学系统的输入及其传递特性，而只能得到反映系统磨损状态的观测值，也就是系统的输出。在这种情况下，只能采用与系统分析相互结合的时间序列分析方法，通过“系统”地处理动态数据建立系统的数学分析模型，并利用建立的模型辨识出系统的磨损状态以及预测未来的发展趋势。因此，对磨损趋势的预测是通过对观测数据——油样分析数据进行时序分析，对摩擦学系统进行辨识来实现的。

然而，航空发动机等系统结构复杂，其动力行为表现出明显的非线性特征，其故障具有不均匀性、多样性、随机性、突变性等复杂特征[72]，航空发动机的摩擦磨损是一个复杂的过程，发生在摩擦学系统内的摩擦磨损行为所表现出的对初始条件的敏感性、变化过程的不稳定随机性以及空间的不规则性等，都表明摩擦学系统作为一个极其复杂的系统，是一个非线性动力学系统与多种学科行为相耦合的体系，具有随机性、混沌性以及分形性等基本特征[73]。由此可见，准确预测磨损趋势是非常困难的。

目前国内外学者针对包括航空发动机在内的复杂机械系统，对该问题的研究主要为：将经典的自回归滑动平均模型(ARMA)时序分析法引入了机械设备滑油光谱分析，对采集的航空发动机滑油光谱数据进行了预测分析[74]；对航空发动机滑油监测参数——滑油压力、温度、消耗量等建立了自回归(AR)时序模型，进行了趋势分析和预测[75]；分别采用线性回归模型、时序分析模型、灰色预测模型以及BP网络模型对润滑油磨粒浓度进行了预测，并对四种预测模型进行了比较[76]；利用铁谱分析的大颗粒(DL)和小颗粒(DS)值，以及包含的磨粒"整体"信息的光谱分析的元素浓度值，建立了柴油机的磨损程度阈值，并采用灰色预测方法为磨损趋势校正构造了预测模型，同时利用实际值与预测值之间的漂移值，为磨损趋势的预测值设计了区间估计方法，用来得到未来磨损状态的等级[77]；采用定量铁谱参数中的总磨损量 Q 作为预测磨损趋势的特征参数，建立了神经网络单变量预测模型，进行了磨损趋势的单步及多步预测[78]；对油样的磨粒形状特征参数——等效圆直径数据，采用灰色系统理论建立了灰色系统理论模型——GM(1,1)模型，对船舶柴油机进行了磨损趋势预测[79]；提出了灰色神经网络预测法，将原始序列作累加处理后，采用BP模型网络进行预测，提高了预报精度，缩短了预测时间[80]；采用灰色系统理论，讨论了以光谱分析数据为例的磨损趋势预测[81]；采用灰色系统理论，运用直读式铁谱实验数据对柴油机磨损趋势进行了预测[82]；采用灰色预测法对柴油机缸套磨损量进行了预测[83]；对光谱数据采用了一元线性回归分析、多元线性回归分析及时间序列分析方法进行预测[84]；基于一套磨损和漏气数据，运用灰色系统理论对柴油机的性能进行了成功的预测[85]；针对原始序列的非等间隔和数据发生转折变化的情况，在非等间距灰色系统模型和灰色校正模型的基础上，建立了非等间隔灰色预测校正模型，并应用于船舶柴油机光谱分析数据的预测[86]。

由此可见，目前机械系统磨损趋势预测的研究主要集中在柴油机方面，而对航空发动机磨损趋势的预测技术研究并不多且很不成熟。从预测方法上来看，目前已经研究的模型主要有ARMA时序模型[87,88]、统计回归模型[89]、灰色系统模型[90]及神经网络模型[91-93]，并且以灰色系统模型和ARMA时序模型研究最多，神经网络预测技术的应用较少且不成熟。就研究范围而言，目前的研究基本上局限于平稳的、线性的(或非线性特征已知的)、基于单变量或单一信息的较为简单的预测。因此,航空发动机等系统磨损趋势的预测技术在实际应用中效果普遍较差,预测的结果与实际情况往往相去甚远,无法科学确定维修时机,从而造成相关系统严重的失修或过剩维修。其中,失修将使飞机的安全性降低,过剩维修将导致维修资源的浪费并增加新的故障源。显然,造成航空器失修或过剩维修的根本原因在于未对磨损趋势预测技术进行深入研究,缺乏一种切实有效的预测方法。因此,有必要考虑对光谱数据进行组合预测,以提高预测水平。早在20世纪60年代末期,人们就开始了对组合预测方法的系统性研究。近年来,组合预测[94]的理论与应用一直备受预测领域的关注并得到不断研究。在组合预测方法中,主要研究的是组合预测权系数向量的问题,目前研究和应用最多的是根据某种最小绝对误差来确定权系数向量[95-98]。

1.2.5 磨损界限值制定技术

界限值制定是油样分析最基本的方法,是有效实施航空器状态监测的首要任务[99]。在国外,美国最早提出根据磨损元素的浓度和梯度来检测评价设备的磨损状态,经过长期的研究和实践,对各种军用装备,尤其是各类发动机和变速箱,建立了主要磨损元素的界限值指标,并根据实际情况,每两年修改一次并下发。目前,常用的方法是基于油样数据服从正态分布的假设,并由此统计出数据的均值和标准差,从而确定其正常、警告和异常界限值。在国内,任国全、万耀青等人对油液分析故障诊断界限值问题做了初步研究[100,101],基于油样数据服从正态分布的假设,统计出数据的均值和标准差,从而确定其正常、警告和异常界限值。张永国等人[102]提出将航空发动机的滑油光谱分析界限值制定问题作为一个动态系统问题进行研究,结合故障诊断的基本思想,利用神经网络方法建立了界限值动态制定模型。与传统的界限值制定模型相比,界限值动态制定模型能够通过油样的积累不断调整界限值从而诊断出现存的故障隐患,并能够成功地进行故障定位,这对于保障飞行的安全具有实际的工程意义。

目前,传统的界限值制定方法是基于样本数据符合正态分布的假设下制定的,但是由于飞机系统自身以及运行环境的复杂性,油样数据的概率分布往往是未知的。因此,科学准确的界限值制定方法应该是基于真实的概率分布。目前,国内外的许多专家学者做了大量研究,尝试利用智能技术自动识别样本数据的概率分布。Sabuncuoglu,Yilmaz 和 Oskaylar 采用 BP 网络,根据数据流的分布图表对指数分布、均匀分布以及正态分布做了仿真分析[103];Akay,Ruchti 和 Carlson 结合 BP 网络和概率神经网络,依据数据的分位数,对指数分布、均匀分布、Weibull 分布、Γ 分布、正态分布、Beta 分布做了详细的分析[104];Aydin 和 Ozkan 利用多层感知神经网络,采用最大值、最小值以及归一化频率对正态分布、Γ 分布、指数分布进行了仿真识别[105]。近年来,Yilmaz 和 Sabuncuoglu 又分别采用概率神经网络和复合神经网络,根据数据的样本偏度、分位数、累积概率进行仿真分析[106]。空军工程大学的朱家元等提出了基于智能复合结构的可靠性分布模式自动识别模型。该模型分两层,第一层是自组织映射(Self-Organizing Map,SOM)网络层完成对概率分布模式的自动聚类,然后在第二层——支持向量机层完成对各聚类组的分类学习与识别,从而获得识别概率分布模型的双层记忆权值[107]。

1.3 油液分析专家系统在磨损监测应用中需要解决的关键问题

通过智能诊断专家系统的研究现状可以看出,对于航空发动机、液压系统等大型机械设备在智能故障诊断专家系统方面的研究还存在以下不足。

(1) 目前国内外开发的专家系统,有些仅仅是一个框架和管理系统,其核心知识库需要用户自己开发。虽然这些系统具有通用性,但是不具备知识自动获取能力。而且,目前国内针对航空发动机磨损故障诊断的专家系统还比较少。

(2) 目前关于磨损故障诊断,主要基于单一的油样分析方法,如基于理化分析的油品检测、基于颗粒计数的污染分析、基于铁谱的磨损性质诊断以及基于光谱分析的磨损部位诊断等。而在综合利用多种油样分析方法的数据,从而有效地实现各种分析方法的协同诊断,得出磨损故障的融合诊断结果等方面的研究还比较少。这正是日常飞机发动机油样分析和磨损故障诊断的关键问题和难题。

根据目前机械故障智能诊断的研究现状可知,将各种机器学习方法引入机械故障智能诊断领域已大大提升了机械故障诊断的自动化水平。特别是深度学习,作为近年来机器学习领域的一项重大突破,得益于其强大的特征学习能力,许多基于深度学习的人工智能应用开始走向实用。目前,深度学习在机械故障特征学习方面也已初步显示出巨大的潜力。因此,将深度学习方法的特征学习能力引入航空发动机的磨损故障诊断,是一个亟待探索的方向。

(3) 目前,普遍存在于专家系统中的缺点主要有不能有效地获取知识,并且很难进行知识的更新,获取的知识推广能力差等。但目前专家系统主要采用基于经验的机械式学习方法获取知识,这样就很难进行知识的更新,而且获取的知识规则往往会出现冗余、严重的不一致,甚至组合爆炸等一系列问题。因此,实现专家系统知识自动获取,对于利用专家系统实施故障诊断显得尤其重要,是专家系统向智能化方向发展的必由之路。

(4) 磨损界限值的制定在理论上不够科学和完善。目前,常用的方法是基于油样数据服从正态分布的假设,并由此统计出数据的均值和标准差,从而确定其正常、警告和异常界限值。而事实上,油样数据并不一定是正态分布,其概率分布往往是未知的。并且目前所研究的自动识别概率分布模式方法虽然取得了很大的成功与进展,但是这些方法均是对现有的概率分布模式进行学习识别。然而,由于飞机系统的复杂性,其油样数据未必符合其中一种概率分布。因此,制定出更加科学、准确、可靠的磨损界限值是有效实施航空器状态监测的首要任务。

(5) 基于单一模型的磨损趋势预测难以保证预测精度。目前,单一的预测模型往往存在信息源的不广泛性以及对模型设定的形式敏感等缺陷,使得单一预测模型的效果不能令人满意。因此,组合各种单一方法,实现高精度组合预测,对于发现航空发动机的早期磨损故障具有实践价值。

由此可见,针对航空发动机和液压系统磨损故障诊断专家系统研究中存在的问题,研究磨损故障智能诊断的若干关键技术,将人工智能领域中的新技术、新方法引入航空发动机故障诊断领域中,从而开发出具有自主知识产权的、有针对性的、先进的航空器磨损故障诊断专家系统,对于尽早发现发动机齿轮和轴承磨损类的故障、保障飞机飞行安全、指导航空发动机视情维修,具有重要的实际意义。

本章小结

本章阐述了飞机发动机和液压系统的磨损故障诊断的作用和意义,对磨损故障所涉及的检测仪器、设备以及故障诊断专家系统的研究现状和发展趋势进行了综述。本章表明了基于油液分析的磨损监测专家系统诊断方法在飞机发动机和液压系统状态监控中,具有举足轻重的地位。

参考文献

[1] 尉询楷,杨立,战立光,等. 航空发动机预测与健康管理[M]. 北京:国防工业出版社,2014.
[2] 邝朴生. 现代机器故障诊断学[M]. 北京:中国农业出版社,1991.
[3] 钟秉林,黄仁. 机械故障诊断学[M]. 北京:机械工业出版社,1997.
[4] 丁玉兰,石来德. 机械设备故障诊断技术[M]. 上海:上海科学技术文献出版社,1994.
[5] 范作民. 航空发动机状态诊断[M]. 天津:天津科技翻译出版公司,1990.
[6] 陈长征,白秉三. 设备故障诊断技术研究进展[J]. 洛阳工业大学学报,2000,4(22):349-352.
[7] 陈克兴,李川奇. 设备状态监视与故障诊断技术[M]. 北京:科技文献出版社,1991.
[8] 屈梁生,张海军. 机械诊断中的几个基本问题[J]. 中国机械工程,2000,1(11):211-216.
[9] 李炜,伦椒娴. 设备故障诊断技术的现状及其发展[J]. 甘肃工业大学学报,1998,2(24):66-69.
[10] 虞和济,傅润兰. 故障诊断的数学力学基础[M]. 北京:冶金工业出版社,1991.
[11] 吴今培. 智能故障诊断技术的发展与展望[J]. 振动、测试与诊断,1999,2(19):79-86.
[12] 左洪福. 发动机磨损状态监测与故障诊断技术[M]. 北京:航空工业出版社,1995.
[13] 陈果. 航空器检测与诊断技术导论[M]. 北京:中国民航出版社,2007.

[14] 陈果，李爱. 航空器检测与诊断技术导论[M]. 北京：航空工业出版社，2012.
[15] 吴振峰. 基于磨粒分析和信息融合的发动机磨损故障诊断技术研究[D]. 南京：南京航空航天大学，2001.
[16] DOEL L D. Assessment of Weighted-Least-Squares Based Gas Path Analysis[J]. Journal of Engineering for Gas Turbines and Power, 2009, 116(2): 366-373.
[17] DOEL L D. Temper-A Gas Path Analysis Tool for Commercial Jet Engines[J]. Transactions of the ASME Journal of Engineering for Gas Turbines and Power, 1994, 116(1): 82-89.
[18] 范作民，孙春林，林兆福. 发动机故障方程的建立与故障因子的引入[J]. 中国民航学院学报，1994，12(1)：1-14.
[19] 陈大光. 多状态气路分析法诊断发动机故障的分析[J]. 航空动力学报，1994，9(4)：339-343.
[20] 严寒松. 航空发动机故障诊断[D]. 南京：南京航空航天大学，1996.
[21] 钱建阳. 航空发动机气路智能故障诊断[D]. 南京：南京航空航天大学，2000.
[22] 杨建国，孙扬，郑严. 基于小波和模糊神经网络的涡喷发动机故障诊断[J]. 推进技术，2001，22(2)：114-117.
[23] 左洪福. 发动机磨损状态监测与故障诊断技术[M]. 北京：航空工业出版社，1995.
[24] CHEN G. 3D Measurement and Stereo Reconstruction for Aeroengine Interior Damage[J]. Chinese Journal of Aeronautics. 2004，17(3)：149-151.
[25] 杨叔子，史铁林. 基于知识的诊断推理[M]. 北京：清华大学出版社，1993.
[26] 高济. 基于知识的软件智能化技术[M]. 浙江：浙江大学出版社，2002.
[27] SORSA T, KOIVO H N, KOIVISTO H. Neural Networks in Process Fault Diagnosis[J]. IEEE Transactions on Systems, Man, and Cybernetics, 1991, 21(4): 815-824.
[28] BERNIERI A, D'APUZZO M, SANSONE L, et al. A Neural Network Approach for Identification and Fault Diagnosis on Dynamic Systems[J]. IEEE Transactions on Instrumentation and Measurement, 1994, 43(6): 867-873.
[29] TANG T H, LIN X, LI J R, et al. A New Fuzzy Neural Network Approach for Intelligent Monitoring System[C]//Proceedings of IFAC Transportation Systems Conference, 1997.
[30] VARMA A, RODDY N. ICARUS: Design and Deployment of a Case-based Reasoning System for Locomotive Diagnostics[J]. Engineering Applications of Artificial Intelligence, 1999, 12(6): 681-690.
[31] PALSHIKAR G K, KHEMANI D. Diagnosing Dynamic Systems Using Trace Patterns[J]. Pattern Recognition Letters, 1999, 20(7): 741-753.
[32] KASSIDAS A, TAYLOR P A, MACGREGOR J F. Off-line Diagnosis of Deterministic Faults in Continuous Dynamic Multivariable Processes Using Speech Recognition Methods [J]. Journal of Process Control, 1998, 8(5/6): 381-393.
[33] FORET M P, GLASGOW J I. Combining Casebased and Model Based Reasoning for the Diagnosis of Complex Devices[J]. Applied Intelligence, 1997, 7(1): 57-78.
[34] 丘雪棠. 润滑油液在线颗粒传感器试验研究[D]. 广州：华南理工大学，2011.
[35] MUIR D M, HOWE B. In-line Oil Debris Monitor (ODM) for the Advanced Tactical Fighter

Engine[C]//SAE Conference，1997.

[36] HUGHES I，MUIR D. On-line Oil Debris Monitor for Aircraft Engines[C]//JOAP Conference，1994.

[37] HIGGINS P D，CROW J T. Advances in Commercial Engine Lube Debris Monitoring[C]//SAE Airframe/Engine Maintenance and Repair Conference and Exposition，1998.

[38] BYINGTON C S，SCHALCOSKY D C. Advances in Real Time Oil Analysis[J]. Practicing Oil Analysis Magazine，2000，11(2)：28-34.

[39] POWRIE H E G，FISHER C E. Engine-health Monitoring：Towards Total Prognostics[C]//IEEE Aeropsace Conference Proceedings，1999.

[40] POWRIE H E G. Use of Electrostatic Technology for Aero Engine Oil System Monitoring [C]//Proceedings of IEEE Aerospace Conference，2000.

[41] POWRIE H E G，WOOD R J K，Harvey T J，et al. Electrostatic Charge Generation Associated with Machinery Component Deterioration[C]//Proceedings of IEEE Aerospace Conference，Montana，2002.

[42] 李应红，尉询楷，刘建勋. 支持向量机的工程应用[M]. 北京：兵器工业出版社，2004.

[43] 李应红，付全俊. 航空发动机试车故障诊断专家系统[C]//航空学会动力控制学术交流会，1989.

[44] 贾智伟，李应红，雷晓犇. 基于模糊综合函数的故障诊断[J]. 系统工程与电子技术，2004，26(3)：416-417.

[45] 尉询楷，李应红，王剑影，等. 基于支持向量机的航空发动机辨识模型[J]. 航空动力学报，2004，19(5)：684-688.

[46] 尉询楷，李应红，王硕，等. 基于支持向量机的航空发动机滑油监控分析[J]. 航空动力学报，2004，19(3)：392-397.

[47] 尉询楷，陆波，汪诚，等. 支持向量机在航空发动机故障诊断中的应用[J]. 航空动力学报，2004，19(6)：844-848.

[48] 石荣德，赵廷弟. 故障诊断专家系统[J]. 北京航空航天大学学报，1995，21(4)：7-12.

[49] 左洪福，吴振峰. DMAS智能化铁谱分析系统及其应用[J]. 江苏航空，1999(3)：60-64.

[50] 陈果，左洪福. 基于知识规则的发动机磨损故障诊断专家系统[J]. 航空动力学报，2004，19(1)：23-29.

[51] 陈果，左洪福. 基于神经网络的多种油样分析技术融合诊断[J]. 摩擦学学报，2003，23(5)：431-434.

[52] 陈果. 基于神经网络和D-S证据理论的发动机磨损故障融合诊断[J]. 航空动力学报，2005，20(2)：303-308.

[53] 陈果. 用结构自适应神经网络预测航空发动机性能趋势[J]. 航空学报，2007，28(3)：535-539.

[54] 周志华，何佳洲，尹旭日，等. 一种基于统计的神经网络规则抽取方法[J]. 软件学报，2001，12(2)：263-269.

[55] 陈果，宋兰琪，陈立波，等. 基于粗糙集理论的航空发动机滑油光谱诊断专家系统知识获取方

法研究[J]. 机械科学与技术,2007,26(7): 898-901.

[56] PAW LAK Z. Rough Set[J]. International Journal of Information and Computer Science, 1982, 11(5): 341-356.

[57] 王国胤. Rough 集理论与知识获取[M]. 西安:西安交通大学出版社,2001.

[58] 陈果,宋兰琪,陈立波. 基于神经网络规则提取的航空发动机磨损故障诊断知识获取[J]. 航空动力学报,2008,23(12): 2170-2176.

[59] SAITO K, NAKANO R. Medical Diagnostic Expert System Based on PDP Model[C]// Proceedings of the IEEE International Conference on Neural Networks. New York: IEEE Press, 1988.

[60] FU L M. Rule Learning by Searching on Adapts Nets[C]//Proceedings of the 9th National Conference on Arificial Intelligence. Anaheim, CA: AAAI Press, 1991.

[61] 虞和济,韩庆大,李沈,等. 设备故障诊断工程[M]. 北京: 冶金工业出版社,2001.

[62] 陈果. 航空发动机磨损故障的智能融合诊断[J]. 中国机械工程,2005,16(4): 299-302,306.

[63] RAJAGOPALAN R, WOOD B C, SCHRYVER M. Evolution of Propulsion Controls and Health Monitoring at Pratt and Whitney[J]. AIAA,2003.

[64] KOBAYASHI T, SIMON D L. Hybrid Neural Network Genetic Algorithm Technique for Aircraft Engine Performance Diagnostics[J]. Journal of Propulsion&Power, 2005, 21(4): 751-758.

[65] 赵方,谢友柏,柏子游. 油液分析多技术集成的特征与信息融合[J]. 摩擦学学报,1998,18(1): 45-52.

[66] 严新平,谢友柏,潇汉良. 摩擦学故障诊断种类的 D-S 信息融合研究[J]. 摩擦学学报,1999,19(2): 145-150.

[67] 陈果,左洪福,杨新. 基于神经网络的多种油样分析技术融合诊断[J]. 摩擦学学报,2003,23(5): 431-434.

[68] 叶志锋. 基于模型和神经网络的发动机故障诊断[D]. 南京: 南京航空航天大学,2003.

[69] CHEN G, YANG Y W, ZUO H F. Intelligent Fusion for Aeroengine Wear Fault Diagnosis [J]. Transactions of Nanjing University of Aeronautics&Astronautics, 2006, 23 (4): 297-303.

[70] 陈恬,孙健国,郝英. 基于神经网络和证据融合理论的航空发动机气路故障诊断[J]. 航空学报,2006,27(6): 1014-1017.

[71] 王松,褚福磊,何永勇,等. 基于信息融合技术的发动机故障诊断的研究[J]. 内燃机学报,2003,21(5): 374-378.

[72] 葛世荣,朱华. 摩擦学复杂系统及其问题的量化研究方法[J]. 摩擦学学报,2002,22(5): 405-408.

[73] 干敏梁,左洪福,杨忠,等. 时序建模方法在滑油光谱分析中的应用[J]. 光谱学与光谱分析,2000,20(1): 64-67.

[74] 陈志英. 航空发动机滑油监视与诊断系统软件研制[J]. 推进技术,1998,19(5): 52-55.

[75] 任国全,张英堂,吕建刚,等. 润滑油磨粒浓度预测模型研究[J]. 润滑与密封,1999(4): 45-47.

[76] 严新平,谢友柏,李晓峰,等. 一种柴油机磨损的预测模型与试验研究[J]. 摩擦学学报,1996,16(4):358-366.

[77] 梁华,杨明忠,陆培德. 用人工神经网络预测摩擦学系统磨损趋势[J]. 摩擦学学报,1996,16(3):267-271.

[78] 吴明赞,陈森发. 应用灰色系统模型进行船舶柴油机磨损趋势分析[J]. 系统工程理论与实践,2001,21(8):102-105.

[79] 张来斌,刘守道,王朝晖. 柴油机整体性能预测的灰色神经网络方法[J]. Oil Field Equipment,2001,30(5):1-4.

[80] 张红,龚玉. 磨损趋势预测的GM模型应用[J]. 机械设计与研究. 2001,17(1):69-70.

[81] 马智峰,李晓峰. 柴油机磨损趋势预测[J]. 润滑与密封,2000(1):54-56.

[82] 朱新河,严志军,刘一梅,等. 船舶柴油机缸套磨损量灰色预测方法研究[J]. 大连海事大学学报,2000,26(1):2-4.

[83] 吴晓兵,常明,李晓雷,等. 光谱油料分析故障诊断对柴油机的应用研究[J]. 车用发动机,1999(3):55-58.

[84] CHANG H B, ZHANG Y S, CHEN L G. Gray Forecast of Diesel Engine Performance Based on Wear[J]. Applied Thermal Engineering, 2003, (23): 2285-2292.

[85] ZHANG H, LI Z G, CHEN Z N. Application of Grey Modeling Method to Fitting and Forecasting Wear Trend of Marine Diesel Engine[J]. Tribology International, 2003(36): 753-756.

[86] 杨叔子,吴雅. 时间序列分析的工程应用[M]. 武汉:华中理工大学出版社,1991.

[87] BOX G E P, JENKINS M. Time Series Analysis Forecasting and Control[J]. San Francisco: Holden-Day Inc, 1976.

[88] 内特. 应用线性回归模型[M]. 张勇,译. 北京:中国统计出版社,1990.

[89] 邓聚龙. 灰色理论及其预测[M]. 武汉:华中理工大学出版社,1987.

[90] LAPEDES A, FARBER. Nonlinear Signal Processing Using Neural Network: Prediction and System Modeling[C]//IEEE Conference on Neural Network, 1987.

[91] WERBOS P J. Generation of Backpropagation with Application to a Recurrent Gas Market Model[J]. Neural Network, 1988(1): 339-356.

[92] VARFIS A, VERSINO C. Univariate Economic Time Series Forecasting by Connectionist Methods[C]//Proceedings of the IEEE International Joint Conference on Neural Networks, 1990.

[93] Bates J M, Granger C W J. Combination of Forecasts[J]. Journal of Operational Research Quarterly, 1969(20): 451-468.

[94] 唐小我. 组合预测误差信息矩阵研究[J]. 电子科技大学学报,1992,21(4):448-454.

[95] 马永开,唐小我,杨桂元. 非负权重最优组合预测方法的基本理论研究[J]. 运筹与管理,1997,6(2):1-8.

[96] 陈华友,侯定丕. 基于预测有效度的优性组合预测模型的研究[J]. 中国科学技术大学学报,2002,32(2):172-180.

[97] 王应明. 基于相关性的组合预测方法研究[J]. 预测,2002,21(2):58-62.

[98] 李柱国. 机械润滑与诊断[M]. 北京:化学工业出版社,2005.

[99] 任国全,张培林,张英堂. 装备油液智能监控原理[M]. 北京:国防工业出版社,2006.

[100] 万耀青,郑长松,马彪. 原子发射光谱仪作油液分析故障诊断的界限值问题[J]. 机械强度,2006,28(4):485-488.

[101] 张永国,张子阳,费逸伟. 航空发动机润滑油光谱分析界限值动态调整问题研究[J]. 润滑与密封,2009,34(6):89-93.

[102] YILMAZ A, SABUNCUOGLU I. Input Data Analysis Using Neural Networks[J]. Simulation, 2000, 74(3):128-137.

[103] AKBAY, RUCHTI, CARLSON. Using Neural Networks for Selecting Input Probability Distributions[C]//Proceedings of ANNIE'92, 1992.

[104] AYDIN,ÖZKAN. Dəylym Turunun Belirlenmesinde Yapay Sinir Aəlarynyn Kullanylmasy [C]//Proceedings of the First Turkish Symposium on Intelligent Manufacturing Systems, 176-184, 1996.

[105] YILMAZ, SABUNCUOGLU. Probability Distribution Selection Using Neural Networks [C]//Proceedings of the European Simulation Multiconference'97, 1997.

[106] 朱家元,张恒喜,张喜斌. 基于智能复合结构的可靠性分布模式自动识别[J]. 航空学报,2003,24(3):207-211.

[107] 王文清. 机械装备光谱油样分析故障诊断中界限值制定与知识库建立的研究与应用[D]. 北京:北京理工大学,1994.

第 2 章 飞机油液分析与磨损监测技术

随着机械工业和航空技术的不断发展，现代化航空器（包括民用和军用）的关键部件——航空发动机的结构日益复杂。在追求高性能低成本发动机的同时，其滑油系统中各摩擦副零组件更趋于高载荷、高温、高速及轻质量，因此容易发生各种磨损故障，从而严重影响发动机的安全性和可靠性。据资料统计，海湾战争期间，美国动用了两千多架飞机、数万只舰艇、上千辆坦克和装甲车等，美国在战地安排了近 60 余台 MOA 油料光谱仪，累计测定飞机油样 20 566 个、地面装备油样 12 474 个。油样分析技术在发动机状态监测中展示了特别有效的作用。由此可见，对现代化重要武器装备军用飞机的关键部件——航空发动机的磨损状态监测与故障诊断具有重要的意义和价值。

本章将对油样分析常用方法的基本原理及其在航空发动机磨损状态监测与诊断中的应用概况进行介绍。

2.1 油样理化分析

油液在使用过程中的变质和油品质量劣化主要包括两方面：一是由于氧化、凝聚、水解、分解等作用导致油品产生永久性变质；二是润滑油中添加剂的消耗和变质。表 2 - 1 列出了油液降解和污染的主要途径及其重要表征参数，表 2 - 2 则列出了以设备状态监测为目的的油液性质测试的方法、技术及其油液性质测试内容。

表 2 - 1 油液变质途径及其表征参数

油液降解和污染的主要途径		表征参数
油液降解途径	氧化、硝化、磺化、添加剂损耗	黏度、总酸值、总碱值、氧化深度、硝化深度、硫酸盐、抗氧剂水平、抗磨剂水平
油液污染途径	燃料稀释	闪点、黏度、燃料水平
	水分	水含量、水水平
	冷却剂	冷却剂水平
	积炭、固体杂质	不溶物含量、积炭水平

表 2-2 油液性质测试的方法、技术及其油液性质测试内容

方法与技术	油液性质测试内容
戊烷不溶性实验	不溶物含量、积炭水平
黏度实验	黏度
Karl-Fischer 试剂实验	水含量
总酸/碱实验	总酸值、总碱值
相对密度实验、闪点实验	燃料水平
红外分析实验	氧化深度、硝化深度、硫酸盐、抗氧剂水平、抗磨剂水平、水水平、冷却剂水平

2.1.1 油液理化性能变化原因及其影响

1. 黏度变化

运动黏度变高的原因主要有:① 不溶物;② 冷却剂/水;③ 氧化;④ 润滑油用错或混掺用;⑤ 润滑油输送过程污染。润滑油黏度过高将导致:① 润滑油流动阻力增加;② 润滑油散热速度降低;③ 设备低温运行性能变差。

黏度变低的原因主要有:① 燃油稀释;② 增稠剂剪切破坏;③ 润滑油用错或混掺用;④ 润滑油输送过程中受到污染。润滑油黏度过低将导致:① 油膜强度降低;② 磨损增加;③ 分散剂性能降低;④ 密封能力下降。

通常,润滑油黏度增加不得超过 35%,黏度降低不得超过 25%。

2. 水分稀释

润滑系统中混入水分和冷却剂溶液将带来严重破坏作用。水分/冷却剂以小液滴形态悬浮于润滑剂中,当通过轴承/轴颈或其他机器零件的紧密接触区域时,小液滴形成热点,产生“焊接”作用,导致相对运动零件表面的异常新结磨损。水分/冷却剂小液滴还会吸引水溶性的燃烧和氧化副产物形成腐蚀性酸类化合物和沉积物。

水/冷却剂污染将导致:① 设备发生腐蚀和锈蚀;② 磨损增加;③ 添加剂的保护能力降低;④ 过滤器堵塞(与污染物形成油泥)。

通常,润滑油中的水含量不得超过 0.25%。

3. 燃料稀释

润滑油被未燃烧的汽油或柴油稀释后,由于油膜强度、密封能力和清净能力降低,润滑油的效能也因此而降低。

燃料稀释将导致:① 油膜强度降低;② 磨损增加;③ 分散剂性能降低;④ 密封能力下降。

通常,润滑油的燃料稀释度不得超过 5%。

4. 固体或不溶物

固体或不溶物的存在不仅引起润滑油黏度过高,而且增加磨料磨损。

固体或不溶物将导致：① 润滑油变稠；② 磨料磨损增加；③ 产生沉积物；④ 过滤器堵塞。燃料积炭还将导致：① 吸附抗磨剂；② 燃料利用效率降低。

5. 氧　化

在一定条件下，润滑油与氧结合生成一系列氧化产物。氧化过程一旦被引发，随之而来的链反应过程将迅速破坏润滑油的功效。润滑油氧化产物还会导致产生漆膜状沉积物，腐蚀金属零件，增大润滑油黏度，使之丧失润滑能力。

润滑油氧化将导致：① 设备发生腐蚀；② 磨损增加；③ 润滑油变稠；④ 产生沉积物。

6. 硝　化

硝化产物是燃料在内燃机燃烧过程中产生的。大多数硝化产物的形成需要有过量氧的存在。硝化产物具有极强的酸性，能够在燃烧室内形成沉积物并迅速加速氧化。

润滑油硝化将导致：① 润滑油氧化加速；② 设备发生腐蚀；③ 形成油泥；④ 形成漆膜。

7. 总酸值

润滑油的酸性标志着它的使用能力。润滑油的酸性随氧化和燃烧副产物的引入而增加。

总酸值代表润滑油中可被碱性物质中和的酸或类酸类物质的数量。润滑油总酸值过高与其被氧化有关（它们的起因相同）。总酸值过高将导致：① 润滑油变稠；② 磨损增加。

8. 总碱值

润滑油的总碱值是其抵御酸类物质破坏作用的度量指标。总碱值过低将导致设备发生腐蚀性磨损。

2.1.2　理化分析仪器

1. 便携式油液状态分析仪

美国 Spectro FluidScan1000 系列便携式油液状态监测仪（见图 2-1），可以对润滑油状态进行现场定量监测，可通过检测润滑油的老化和污染程度来确定换油时间。该仪器可以监测的项目也较多，包括 TAN、TBN、水分、乙二醇（防冻液）、烟炱、添加剂降解、氧化度、硝化度和硫化度等。

2. 运动黏度测定仪

美国 Cannon CAV 系列全自动黏度测定仪（见图 2-2），符合 ASTM D445，ASTM D446，GB/T 265—1988，ISO 3104 标准，黏度测量范围为 0.5～10 000 mm^2/s，可测量透明及不透明液体到同样精度，包括原油、轻重质燃料油、润滑油、添加剂的运动黏度，也适用于测量含蜡量高样品或含有在室温下不溶化成分样品的运动黏度。

图 2－1　美国 Spectro FluidScan1000 系列便携式油液状态监测仪

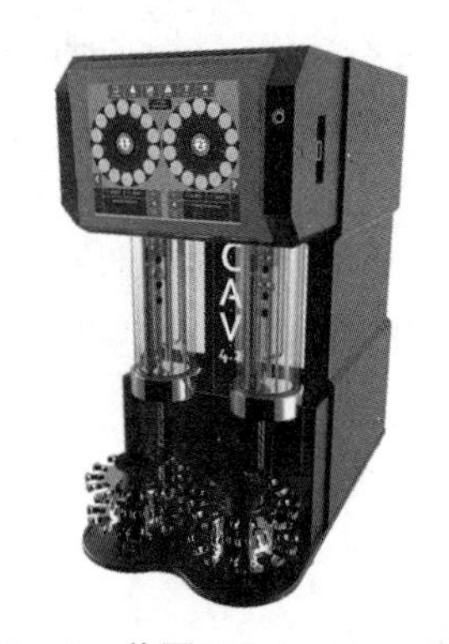

图 2－2　美国 Cannon CAV 系列全自动黏度测定仪

3. 润滑油抗氧化测定仪 RULER

RULER 是一种便携式状态检测仪器(见图 2－3),能够检测润滑油的品质,并准确预报润滑油的剩余使用寿命。RULER 适用于现场状态检测,与实验室分析相配合,可对购进和储备的油品进行质量检测。通过趋势分析进行设备故障预报,有助于减少维修费用,降低实验室分析工作量,减少停机时间,并通过延长换油期来节省用油费用。

图 2－3　润滑油抗氧化测试仪

通过比较在用油和相同牌号及配方的新油的剩余使用寿命(Remaining Useful Life,RUL)值,可以算出被测润滑油的剩余使用寿命。

4. 傅里叶红外光谱仪

就一般构造而言,红外光谱仪(见图 2－4)由红外光源、单色器(分光元件或分束器)、检测器和数据处理系统组成,其中单色器是关键元件。

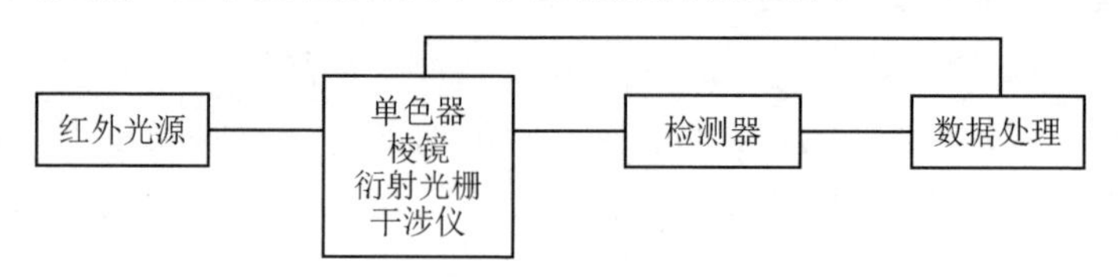

图 2－4　红外光谱仪的基本构成

根据单色器的变化,红外光谱仪的发展经历了三个重要阶段。第一代红外光谱仪采用棱镜(最常用的是等边棱镜)作为分光元件。其缺点是制造困难,分辨率低,使用时需要严格地恒温降湿。第二代红外光谱仪(始于 20 世纪 60 年代)采用衍射光栅(多用反射式平面光栅)作为分光元件。第三代红外光谱仪(始于 20 世纪 70 年代)

采用干涉仪作为分光元件。第一、二代红外光谱仪统称色散型红外光谱仪，第三代红外光谱仪亦称 FTIR 光谱仪。

(1) 色散型红外光谱仪

在色散型红外光谱仪中，通过棱镜或衍射光栅将光分成各个波长的光束，这些光通过狭缝后，经由样品到达检测器。分辨率要求越高，狭缝则必须越窄。狭缝对光的物理阻塞限制了能量通过量，使仪器灵敏度降低。为了获取全谱，必须缓慢移动棱镜或光栅。为获得一张高质量的样品图谱，棱镜或光栅的扫描速度越慢越好。色散型红外光谱仪中光的分离如图 2－5 所示。

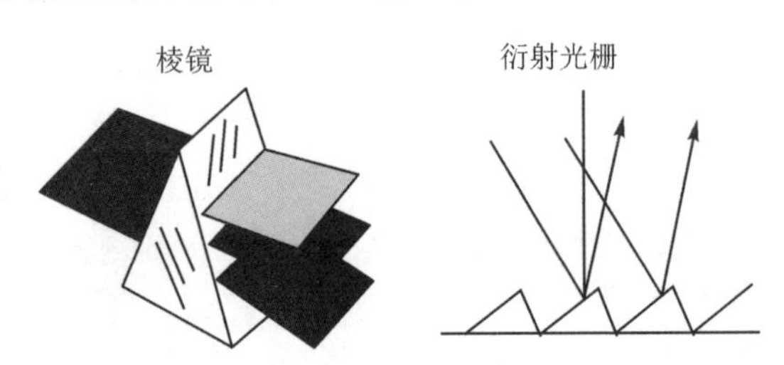

图 2－5　色散型红外光谱仪中光(波长)的分离

(2) 傅里叶变换红外光谱仪

FTIR 光谱仪中采用的干涉仪的构造原理，其原理图和实物图分别如图 2－6 和图 2－7 所示。来自红外光源的宽带红外光束直射到分束器上后被分成两束能量大致相等的光束：一束光由固定镜面反射，另一束光则由移动镜面反射。这两束反射光在分束器处重新合成。根据移动镜和固定镜的相对位置关系，合成光发生相长干涉或相消干涉。由单色光源(单一波长)产生的输出呈余弦波形式，移动镜相对于固定镜的任何位移都将产生具有相消干涉状态的红外光。计算机系统使用傅里叶变换函数将干涉图转化为常见的红外光谱图，以便实用分析和计算。

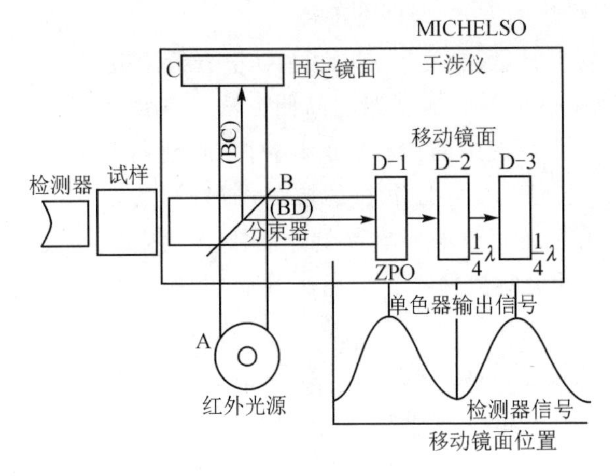

图 2－6　干涉仪原理

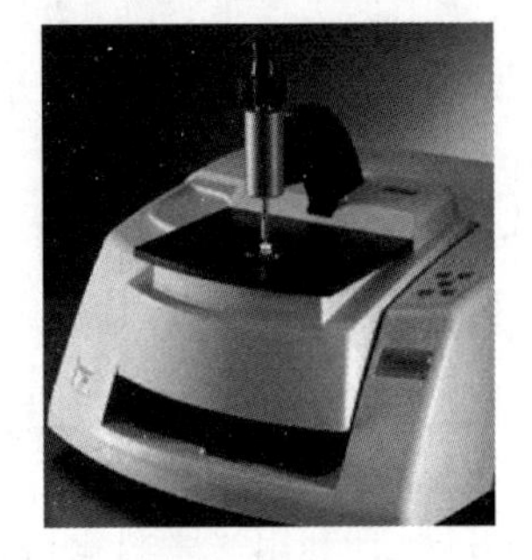

图 2－7　Nicolet 6700 FTIR 光谱仪

(3) 红外油液分析的光谱信息

在红外油液分析中,对分析机器状态具有意义的油液性质常用下列参数予以表征:氧化、硝化、硫酸盐、硝酸盐、抗磨剂损失、抗氧剂损失、多元酸酯降解、汽油稀释、柴油稀释、喷气燃料稀释、水污染、乙二醇污染、积炭污染等。红外油液分析表征参数如下:

① 氧化深度(Oxidation Level,OL);

② 硝化深度(Nitration Level,NL);

③ 硫酸盐(Sulfate,S);

④ 抗氧化剂水平(Anti-Oxidant Level,AL);

⑤ 抗磨剂水平(Anti-Wear Additive Level,AAL);

⑥ 燃料水平(Fuel Level,FL);

⑦ 水(羟基)水平(Hydroxy Level,HL);

⑧ 冷却剂水平(Coolant Level,CL);

⑨ 积炭水平(Soot Level,SL)。

2.2 油样磨屑分析

油样分析分为采样、检测、诊断、预测和处理5个步骤。

① 采样。必须采集能反映当前机器中零件运行状态的有代表性的油样。

② 检测。进行油样分析,测定油样中磨屑的数量和粒度分布。

③ 诊断。初步判断机器的磨损状态是正常还是异常,对异常磨损还要确定哪些零部件磨损以及磨损的类型,如磨料磨损、疲劳剥离等。

④ 预测。估计异常磨损的零部件的剩余寿命和今后可能发生的磨损类型。

⑤ 处理。根据预测的情况确定维修的方式、时间和部位。

油样磨屑分析方法中,磁塞法、颗粒计数法、光谱分析法和铁谱分析法最常用。

磁塞检查法是最早出现的一种检查机器磨损状态的简便方法。它是在机器的油路系统中插入磁性探头(磁塞)以搜集油液中的铁磁性磨粒,并定期进行观察以判断机器的磨损状态的。这种方法只能用于铁磁性磨粒的检测,而且当磨损趋向严重,出现大于50 μm以上的大尺寸磨粒时,才能显示较高的监测效率。因此,与其他方法相比,这种方法对早期磨损故障的灵敏度较差。但由于其简便易行,故目前仍为一种广泛采用的方法。

颗粒计数器方法是对油样中的颗粒进行粒度测量,并按预选的粒度范围进行计数,从而得到有关磨粒粒度分布方面的信息,以判断机器磨损的状况。粒度的测量和计数过去是利用光学显微镜的方法,现在已发展为采用光电技术进行自动计数和分析。

由于油液中除含有金属磨粒外，还含有大量因污染而混入的非金属颗粒（尘埃、杂质等）及因油质腐变而产生的半透明状聚合物粒子等，因此，这种方法所提供的数据（一般是每百毫升油样中 5 档粒径各自所含微粒的数目），对磨损状态诊断来说过于笼统，它只能作为一种辅助方法，主要用于检测油液污染等级。

油样光谱分析法分为原子吸收光谱法和原子发射光谱法两种。它主要是根据油样中各种金属磨粒在离子状态下受到激发时所发射的特定波长的光谱来检测金属类型和含量。其金属含量一般用百万分率（parts per million，ppm①）来表示。这种方法起源于 20 世纪 40 年代，应用历史较长，因而比较成熟。它提供的金属类型和浓度值为判定机器磨损的部位及超高浓度提供了科学依据，但不能提供磨粒的形态、尺寸、颜色等直观信息，因而不能进一步判定磨损类型及原因。此外，这种方法分析的磨粒最大尺寸不超过 10 μm，一般为 2 μm 时检测效果达到最高。最新的研究结果表明，大多数机器失效期的磨粒特征尺寸多在 20～200 μm 之间。这一尺寸范围对于磨损状态的识别和故障原因的诊断具有特殊的意义。但这一尺寸范围大大超过光谱分析法分析尺寸的范围，因而不可避免地导致许多重要信息的遗漏，这是光谱法的不足之处。目前光普法主要用于有色金属磨粒的检测和识别。

上述各种方法都存在着不同程度的不足，不能满足机械故障诊断技术发展的需要。20 世纪 70 年代初期出现了一种新的磨损分析技术，即铁谱分析技术，其基本的方法和原理是把铁制磨粒用磁性方法从油样中分离出来，在显微镜下或用肉眼直接观察，以进行定性及定量分析。这种方法不仅可以提供磨粒的类别和数量的信息，而且还可以进一步提供其形态、颜色和尺寸等直观特征。摩擦学的研究表明，磨粒的类别、数量的多少及增加的速度与摩擦面材料的磨损程度、磨损速度有直接关系，而磨粒的形态、颜色及尺寸等则与磨损类型、磨损进程有密切关系。因此，这种方法在判别磨损故障的部位、严重程度、发展趋势及产生的原因等方面能发挥全面的作用。近几年来，研究和实践的结果进一步表明，铁谱分析方法比其他诊断方法，如振动、性能参数法等，能更加早期地预报机器的异常状态，证明了这种方法在应用上的优越性。因此，尽管这种方法出现较晚，但发展非常迅速，应用范围日益扩大，目前已成为机械故障诊断技术中举足轻重的方法了。

图 2－8 所示为各种油样分析法对磨粒尺寸敏感范围的比较。从图中可以看出，光谱分析的敏感尺寸范围在 10 μm 以下，磁塞在 50 μm 以上，颗粒计数在 100 μm 以下，铁谱分析的敏感尺寸的范围为 0.1～1 000 μm，它包含了对故障诊断具有特殊意义的 20～200 μm 尺寸范围。

---

① 1 ppm＝1×10^{-6}。

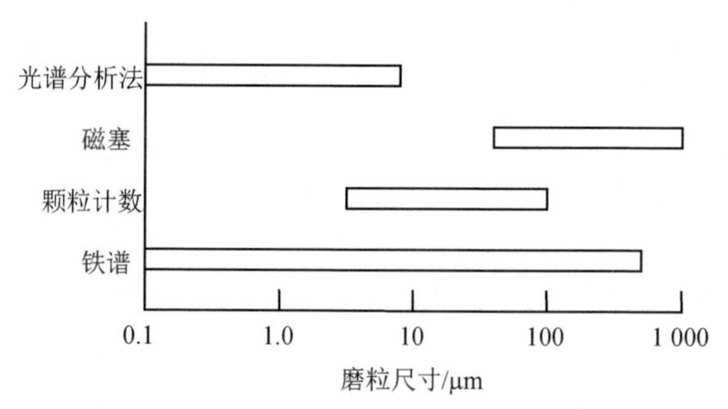

图 2-8　各种油样分析法对磨屑的敏感范围

2.2.1　磁性塞子检测法

磁性探测中用得最多的探测器是磁性塞子，简称磁塞，有柱形的也有探针形的。这种方法是利用磁铁将悬浮在润滑油中的磨屑与油分离，对这些磨屑进行测量和分析，判别油中含磨屑的浓度，同时还可以对磨屑的形状和尺寸进行观察，推断零部件的磨损程度和磨屑的来源及成因。

1. 磁　塞

磁塞由一个永久安装在润滑系统中的主体和一个磁性探头组成。探头插入主体后，磁铁暴露在循环着的润滑油中。当取下磁性探头时，主体内的封油阀会自动封闭油出口，防止漏油，其结构如图 2-9(a)所示。图 2-9(b)是在燃气轮机的润滑系统中监控 4 个主轴承和增速箱关键部件磨损的磁塞应用示意图。当磁塞中磨屑过多时，控制线路会动作，停止主机的运行。磁塞应安装在润滑系统中能得到最大捕获磨屑机会的位置，较合适的是装在管子弯曲部位。

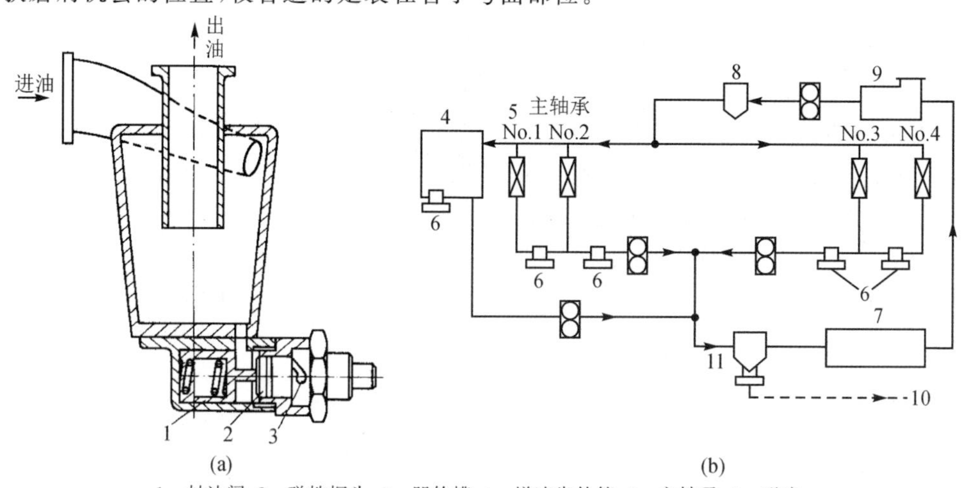

1—封油阀；2—磁性探头；3—凹轮槽；4—增速齿轮箱；5—主轴承；6—磁塞；
7—冷却器；8—过滤器；9—油箱；10—控制线路；11—全流磨屑敏感元件

图 2-9　磁塞的应用及构造

2. 磁性磨屑的估算

在估算磨屑时，根据经验，机器在跑合期和正常运转期间，碎片是细而短且有着不规则断面的，还混有一些金属粉末。大部分碎片是在跑合期收集到的，而在进入正常运转后，碎片数量就显著减少。

在新的发动机或机器跑合期的最初阶段，将会出现一部分较大的微粒，这主要是装配时留下的外界杂物和微屑。当微粒的数量如同微粒的尺寸一样同时开始增加时，就表明故障即将发生。

低放大率(10～40 倍)可以帮助判定这样的碎片。对于滚动轴承和齿轮，当原始表面破碎时，碎片的一面呈鳞片状，光亮且较平滑，另一面是布纹状组织。由滚动轴承形成的鳞片比由齿轮形成的鳞片呈现更细且颜色更灰的结构状态。

3. 磁性磨屑的鉴别

根据英国航空公司欧洲部丰富的资料，编成用于磁塞法分析的磁性磨屑碎片式样特性(见表 2-3)。

表 2-3　磁性磨屑中碎片的特性

来　源	碎片的特性
滚珠轴承	(1) 圆形的、“玫瑰花瓣”式的、径向分开的形式； (2) 高度光亮的表面组织，带有暗淡的十字线和斑点痕迹； (3) 细粒状、淡灰色、闪烁发光。 钢球的碎片： (1) 开始时(特别是在轻负荷下)鳞片的形状大致是圆的，并且由于钢球和滚道的点与点接触而产生径向分开和印痕，有时在钢球的表面上出现细的十字形表面疲劳线； (2) 微粒在放大 10～20 倍时，表面上有很小的斑点痕迹，这是由于具有研磨凸出部分的金属的细粒状结构，这些凸出部分会有闪光作用，这对于优质钢是易于识别的。鳞片往往是中心较厚的“体形”。通常一面是高度磨光的表面，而另一面是均匀的灰色粒状组织； (3) 在重的初负荷下，微粒呈较暗黑色，但移向光源时却闪烁发光； (4) 其后产生的下层材料是较黑的，有更不规则形状，并具有较粗糙的结构。 滚道的碎片： 表面破碎的碎片，通常一面是很光亮的，并像钢球的材料一样，带有暗淡的十字划痕；同时与滚柱轴承的滚道材料有相似的特性，形状大致是圆的
滚柱轴承	滚道的碎片： (1) 不规则的长方形； (2) 高度光亮的表面组织，沿运行纵向带有划痕； (3) 细粒状、浅灰色、闪烁发光； (4) 由于表面实质上是平的滚动接触，因此划痕是沿滚道方向的； (5) 滚道和滚柱两者的外侧往往首先破碎，一般是先出现矩形鳞片，而后逐渐恶化，变成很不规则的“块状”； (6) 内滚道首先恶化，继而是滚柱，最后是外滚道

续表 2-3

来　源	碎片的特性
滚珠和滚柱轴承	绕转和打滑碎片： (1) 形状通常是粒状的； (2) 碎片是黑色灰尘。 保持架的碎片： (1) 大而薄的花瓣形鳞片； (2) 光亮的表面组织； (3) 铜色； (4) 开始时的碎片是细碎的青铜末，继而是大的铜色花瓣形鳞片。这种鳞片只有在出现了分散的钢的微粒，或钢的微粒嵌在鳞片中，或是有较厚的块状青铜微粒时，才意味着有严重的故障
滚针轴承	(1) 尖锐的针形，与刺类似； (2) 粗的表面组织； (3) 深灰色闪烁发光
巴氏合金轴承	(1) 平的或球形的一般形状； (2) 平滑的表面组织； (3) 外表有类似焊锡飞溅物或银色物质； (4) 在正常的磨损情况下，对于将材料扩散到轴承表面的微小空腔中的轴承，在回油中是很少有碎片的； (5) 当轴承开始发生故障时，微细如发丝的裂纹在任意方向出现，在轴承的表面上造成一般的开裂作用。作用在轴承上的局部油压常常在 13.8 kPa～20.7 MPa 的范围内，使油进入微细如发丝的裂纹中并最终使微粒松动，微粒在受热时便散落而变平。这些碎片常常或是沉积在轴承的另一面，或是沉积在回油路中。当进入油流时，由于达到它们的可熔条件，常常形成类似焊锡的细小球体
铝和 20% 锡轴承	(1) 不规则形状； (2) 平滑表面组织，并有细的平行线纹； (3) 外表像焊锡状，银色带有黑线纹； (4) 这些轴承有良好的耐疲劳性，并且在微粒实际上分离开和进入回油油流以前，一般先有一定的故障进展状态
齿轮	咬接的碎片： (1) 不规则形状； (2) 光泽的表面组织，带有许多小的凹痕； (3) 灰色，类似焊锡的飞溅物； (4) 由于在齿轮与齿轮之间研磨成碎片，有时可见到齿轮牙齿的压印伴有刻痕，或者只能看见刻痕。 正常的磨损碎片： (1) 不规则断面的微细如发丝的织绞物，很短，并混有金属粉末； (2) 粗糙的表面组织；

续表 2-3

来　源	碎片的特性
齿轮	(3) 深灰色； (4) 小的细发丝状织绞物通常是团在一起，当在磁性探头上时，呈现较厚实的状态。 故障碎片： (1) 不规则形状； (2) 表面组织研磨成带有刻痕； (3) 外表粗糙，暗灰色而带有亮点； (4) 这些微粒都是在研磨不规则形状、呈黑色的高亮点而产生的。鳞片有时呈现着齿轮牙齿的外形。一般外侧磨得更光，并有明显刻痕，有时还伴有热变色。材料无光泽，而且比由轴承产生的碎片更粗糙一些； (5) 由于齿轮的滚动接触特性，在齿尖产生逐点接触，其斑点与滚珠轴承相似，齿的侧面是滑动接触，生成的平行划痕与轴承中滚子的碎片类似； (6) 下层碎片是很不规则的，长而撕裂，这一状况由于齿轮的进一步研磨作用而加重。收集在磁性探头上的碎片，当作为分散的微粒来观察时，似乎是一些金属的织绞物，呈碎条状，且有长而细薄的不规则外形，可以把它比作粗糙的细丝

油样分析方法中的总失效指示效率为

$$e = e_1 e_2 e_3 \tag{2-1}$$

式中，e_1——传输效率，等于传输磁塞安装处的磨屑数量与零件磨损产生的磨屑数量之比；

e_2——被磁塞捕捉到的磨屑数量与达到磁塞安装处的磨屑总数量之比；

e_3——有指示效力的磨屑数量与被磁塞捕捉到的磨屑数量之比。

由式(2-1)可见，为提高效率，磁塞应装在主通道上，磁铁头应尽量靠近主通道中心线，不要被过滤网、油泵或其他液压件阻隔，同时应加大磁塞的磁场强度等。

2.2.2　污染分析法

实践表明，控制油品的污染度，及时净化在用油中的污染物是机械设备润滑和液压系统状态监测的重要内容之一。油样污染度监测的目的是控制和保持零件摩擦副表面对污染度的承受能力。目前，污染度检测主要采用颗粒计数及颗粒称重的定量分析以及简易的半定量或定性分析。油液污染检测方法如图 2-10 所示。

颗粒计数器方法旨在对油样中的颗粒进行粒度测量，并按预选的粒度范围进行计数，进而得到有关磨粒粒度分布的相关信息。粒度的测量和计数过去主要依赖光学显微镜，现在已发展为采用光电技术进行自动计数和分析。表 2-4 列出了常见的颗粒计数法及其测量范围。表 2-5 和表 2-6 则分别为美国标准 NAS 1638 及我国标准 GJB 420A—1996 的相关内容。

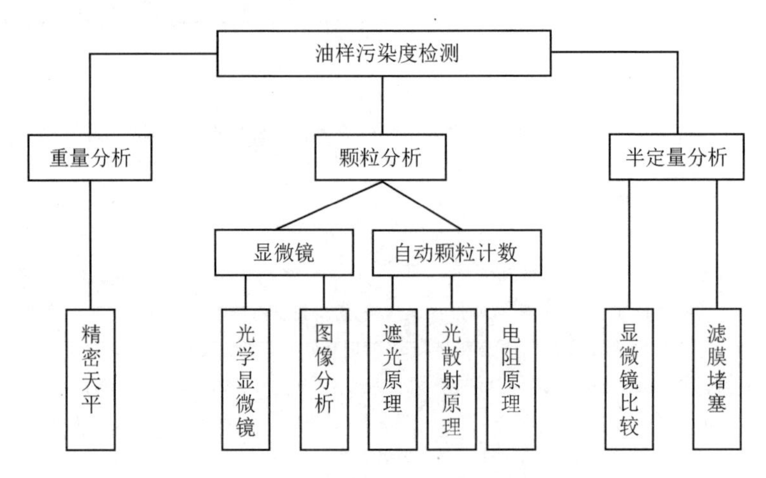

图 2-10 油液污染检测方法

表 2-4 颗粒计数法及其测量范围

方 法	原 理	仪 器	测量范围/μm
视场	目测	光学显微镜	＞5
	自动扫描	图像分析仪	＞1
		扫描电子显微镜	0.12～50
液流	遮光	遮光型自动颗粒计数器	1～9 000
	光漫射	激光型自动颗粒计数器	0.5～25
	电阻变化	电阻型自动颗粒计数器	1～100
	微孔阻尼	dCA 便携式微孔阻尼颗粒计数器	5～15

表 2-5 NAS 1638 固体颗粒污染度分级(100 mL 油样中的颗粒数)

等 级	5～15 μm	15～25 μm	25～50 μm	50～100 μm	＞100 μm
00	125	22	4	1	0
0	250	44	8	2	0
1	500	89	16	3	1
2	1 000	178	32	6	1
3	2 000	356	63	11	2
4	4 000	712	126	22	4
5	8 000	1 425	253	45	8
6	16 000	2 850	506	90	16

续表 2-5

等级	5～15 μm	15～25 μm	25～50 μm	50～100 μm	>100 μm
7	32 000	5 700	1 012	180	32
8	64 000	11 400	2 025	360	64
9	128 000	22 800	4 050	720	128
10	256 000	45 600	8 100	1 440	256
11	512 000	91 200	16 200	2 880	512
12	1 024 000	182 400	32 400	5 760	1 024

表 2-6 GJB 420A—1996 固体颗粒污染度分级(100 mL 油样中的颗粒数)

等级	>5 μm	>15 μm	>25 μm	>50 μm
000	76	14	3	1
00	152	27	5	1
0	304	54	10	2
1	609	109	20	4
2	1 220	217	39	7
3	2 430	432	76	13
4	4 860	864	152	26
5	9 730	1 730	306	53
6	19 500	3 460	612	106
7	38 900	6 920	1 220	212
8	77 900	13 900	2 450	424
9	156 000	27 700	4 900	848
10	311 000	55 400	9 800	1 700
11	623 000	111 000	19 600	3 390
12	1 250 000	222 000	39 200	6 780

下面简单介绍几种颗粒计数仪器。

1. 德国帕玛斯(PAMAS)便携式油样颗粒计数仪

德国帕玛斯仪器公司生产的便携式颗粒计数器(见图 2-11)可方便用于现场，连续检测记录油液污染和过滤器的效率，从而保持润滑系统的清洁度。该仪器配置膜式键盘和内置式打印机。内置式传感器 HCB-LD-50/50 允许在流速为 25 mL/min 时测量的颗粒浓度高达 24 000/mL，灵敏度为 1 μm(ISO 4402)和 4 μm(ISO 11171)。对于无压力样品和压力高达 42 MPa 的加压系统，内置式活塞泵可以向传感器输送恒定流速的样品。采用可编程处理器控制的分析能够进行多样品自动采样和报告数据。

2. LaserNet Fines－C 自动颗粒分析仪

LaserNet Fines－C(LNF)自动颗粒分析仪(见图 2－12)是将形貌识别和颗粒计数两种常用的油料分析技术合二为一的分析仪器,采用激光图像技术和先进的图像处理软件自动识别颗粒形貌分布。该分析仪器特点为:① 体积小,操作方便;② 对大于 5 μm 的颗粒进行计数,大于 20 μm 的颗粒由神经网络技术分成切削磨损颗粒、疲劳磨损颗粒、滑动磨损颗粒和氧化物四类;③ 按 ISO 4406、NAS 1638 标准显示污染度等级;④ 内置设备运转状态磨损趋势分析数据库软件;⑤ 数据输出包括颗粒类型识别、图像映射、颗粒尺寸趋势以及污染度清洁级别代码。

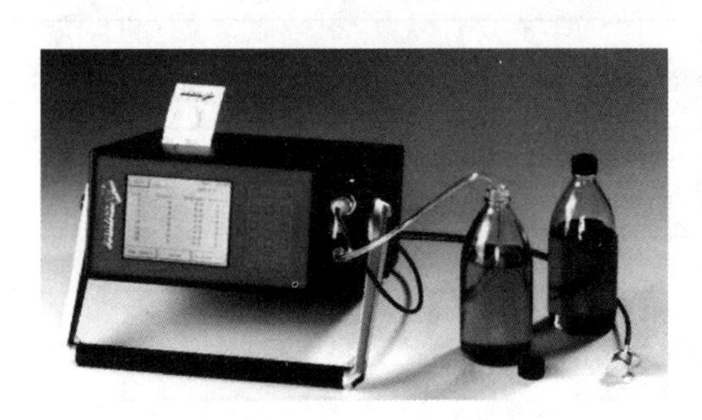

图 2－11　PAMAS 便携式油样颗粒计数仪(S2 型)

图 2－12　LaserNet Fines－C 自动颗粒分析仪

3. dCA 便携式污染检测仪

美国 DIAGNETICS 公司推出了一种用于机电设备预知性维修的在线监测油品污染度的仪器——dCA 便携式污染监测仪(见图 2－13)。该仪器既可现场使用也可实验室使用,对润滑油的污染程度进行监测,可分别按 NAS 标准、ISO 标准和在线颗粒数显示污染程度。其特点为:① 有照明装置以供晚上使用;② 完备的字母数码键盘;③ 高压取样器可使仪器方便地用于压力达 2 000 N/m^2 的系统之中;④ 可选择数据格式或数据的图形表示;⑤ 可自动趋势分析。

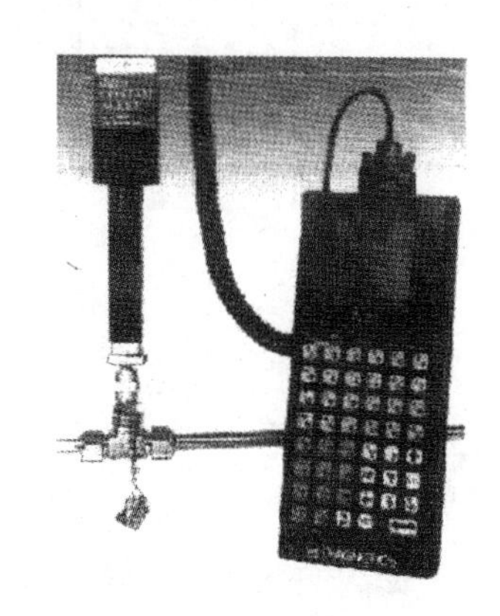

图 2－13　便携式污染监测仪

该仪器利用一种微孔阻尼来计算颗粒数,液体油样流经一个精确标定过的滤网,大于网眼的颗粒沉积下来,由于微孔(直径 5～15 μm)的阻挡作用,流量便会降低,最后颗粒填充在大颗粒的周围,从而进一步阻滞了液流,结果形成一条流降与时间的关系曲线。利用数学程序把该曲线转换为颗粒大小分布曲线。

该仪器携带、操作极为方便。操作者根据需要按下仪器键盘上的相应按钮,即可在 3 min 内得到监测结果。该仪器特别适用于液压系统、轴承及齿轮减速器系统，以及发动机润滑系统的污染监控。

2.2.3　油样光谱分析法

1. 光谱分析法的物理原理

由原子物理学已知，组成物质结构的原子是由原子核和绕一定轨道旋转的一些核外电子所组成的。核外电子所处的轨道与各层电子所含的能量级有关。在稳定态下，各层电子所含的能量级最低，这时的原子状态称为基态。当物质处于离子状态下，其原子受到外来能量的作用时，如热辐射、光子照射、电弧冲击、粒子碰撞等，其核外电子就会吸收一定的能量从低能级轨道跃迁到高能级轨道上，这时的原子称为激发态。激发态的原子是一种不稳定状态，有很强的返回基态的趋势，因此其存在的时间很短，约为 10^{-8} s。原子由激发态返回基态的同时，将所吸收的能量以一定频率的电磁波形式辐射出去。原子吸收或释放的能量 ΔE 与激发的光辐射或发射的电磁波辐射的频率 ν 之间有以下关系

$$\Delta E = h\nu \tag{2-2}$$

式中，$h=6.24\times10^{-34}$ J·s 称为普朗克常数。再利用 $\lambda\nu=c$ 的关系，式(2-2)可改写为另一种形式

$$\Delta E = \frac{hc}{\lambda} \tag{2-3}$$

式中，λ 为辐射波长，埃(0.1 nm)；c 为电磁波传递速度(光速)，$c=3\times10^{8}$ m/s。式(2-3)说明，每种元素的原子在激发或跃迁的过程中所吸收或发射的能量 ΔE 与其吸收或发射的辐射线(电磁波)的波长 λ 之间是服从固定关系的。这里 λ 又称特征波长。表 2-7 为一些常用元素的特征波长。

表 2-7　一些常用元素光谱辐射的特征波长

元素名称	Cu	Fe	Cr	Ni	Pb	Sn	Na	Al	Si	Mg	Ag
特征波长 λ/埃	3 247	3 270	3 579	3 415	2 833	5 890	2 354	2 516	3 092	2 852	3 281

根据式(2-2)的关系，若能用仪器检测出用特征波长射线激发原子后辐射强度的变化(由于一部分能量被吸收)，则可知道所对应元素的含量(浓度)。同理，用一定方法(如电弧冲击)将含数种金属元素的原子激发后，若能测得其发射的辐射线的特征波长，就可以知道油样中所含元素的种类。前者称为原子吸收光谱分析法，后者称为原子发射光谱分析法。

2. 光谱分析仪器

由于原子吸收光谱的操作麻烦，分析速度慢，因此，在机械设备状态监测油液分析中所采用的光谱仪器多为原子发射光谱仪，其激发源多为转盘型或电感耦合等离

子体型，以及X射线荧光。不同之处仅在于采用不同的方式激发油样，从而构成直读式原子发射光谱、电感耦合等离子体ICP光谱、X射线荧光光谱。

(1) 直读式原子发射光谱

有一个旋转的电极，将样品不断地送入它与一个固定形状的炭电极所形成的间隙中。然后用高压电弧闪击样品，使样品中的各个元素均发出光或辐射能。用透镜或光导纤维使激发源的辐射能聚集到光学系统上。通过光学系统的光，照射到一个凹面光栅上，光栅使光色散为因元素而异的各种波长的谱线。用光电倍增管来检测辐射能，并将其转换为倍增的电信号，一个光电倍增管对应某一元素的特定波长光线。电子处理转换器将电信号转换成待测元素的浓度值，最后由打印机输出结果。直读式原子发射光谱工作原理如图2-14所示。

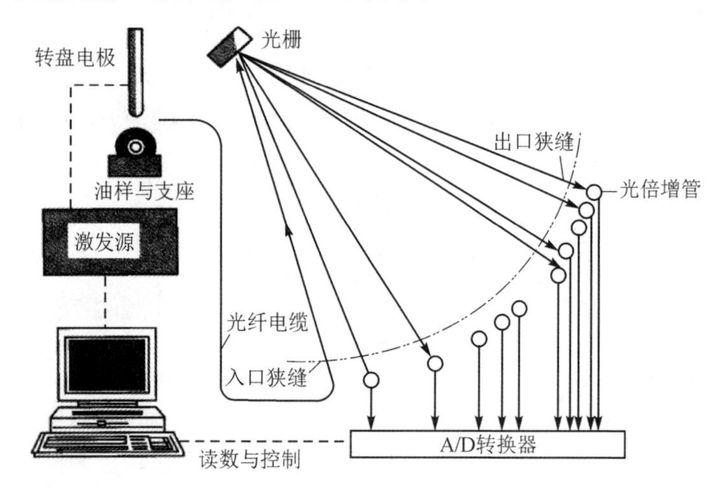

图2-14 直读原子发射光谱工作原理

(2) ICP原子发射光谱

如图2-15所示，在ICP原子发射光谱技术中，激发技术是由惰性气体——氮气产生无电极等离子体的。氮气不断地通过一匝或三匝射频线圈内的等离子体炬管，该线圈与射频交流电发生器相连接。氮气的作用犹如变压器的次级线圈，因此，氮气可以被加热到极高温度。油样被吸入炬管中心，并进等离子体，样品中的元素被激发，发出辐射能。通过光学系统的光，照射到一个凹面光栅上，光栅使光色散为因元素而异的各种波长的谱线。用光电倍增管来检测辐射能，并将其转换为倍增的电信号，每个光电倍增管对应某一元素的特定波长光线。电子处理转换器将电信号转换成待测元素的浓度值，最后由打印机输出结果。Optima 5300 V等离子发射光谱仪的实物如图2-16所示。

(3) X射线荧光光谱

X射线荧光光谱(XRF)技术基本原理：当油样被辐射源发出的射线轰击时，油液中被分析元素的电子从各个能级上逐出，于是原子以电子处于激发态的离子的形

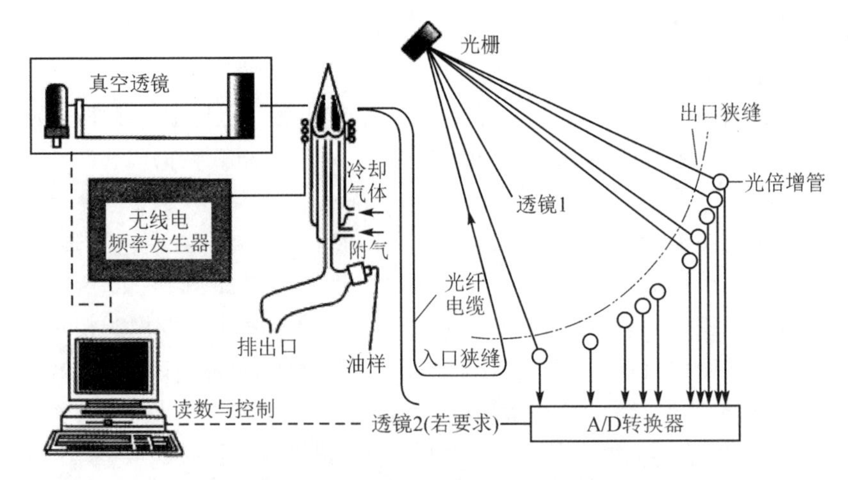

图 2-15　ICP 等离子发射光谱工作原理

式存在。当外层电子进入被逐出电子留下的内层空穴时,离子返回到基态,与此同时,外层电子以荧光形式释放能量(即辐射出 X 射线)。通过检测器检测荧光光谱的信息,由于每个元素均具有各自的特征电子排布,因此其二次 X 射线谱也具有特征性(元素定性),并且谱线强度与油样中元素的浓度成正比(元素定量),从而可以检测油液所含元素成分及其浓度。X 射线荧光光谱的工作原理及其分析系统的主要构成单元如图 2-17 所示。

图 2-16　Optima 5300 V 等离子发射光谱仪

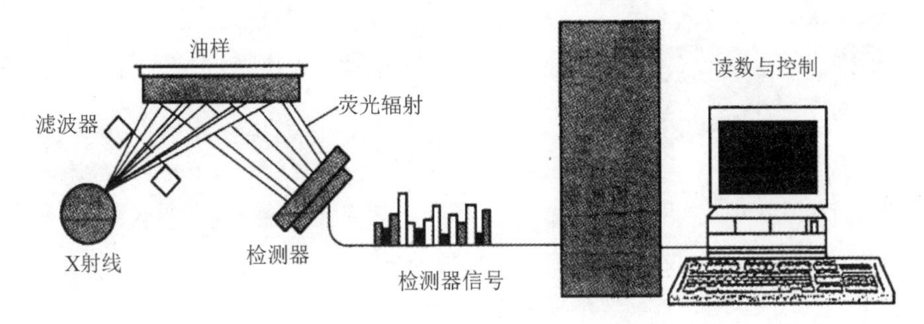

图 2-17　X 射线荧光光谱工作原理及其分析系统的主要构成单元

2.2.4　油样铁谱分析法

用于油样铁谱分析的仪器称为铁谱仪。自 1971 年在美国出现第一台铁谱仪的样机以来,经过五十几年的发展,至今已形成了分析式铁谱仪、直读式铁谱仪、在线式铁谱仪和旋转式铁谱仪四种各具特点的铁谱仪。其中前两种较为成熟,应用较为普遍。因此,以下将主要介绍这两种铁谱仪。

1. 分析式铁谱仪

(1) 分析式铁谱仪的组成及工作原理

分析式铁谱仪实际上是一个分析系统，它主要由铁谱仪和铁谱显微镜两大部分组成。图 2－18 所示为美国 Spectro 公司的 T2FM 型分析式铁谱仪。

1) 铁谱仪

铁谱仪是制备铁谱基片的装置，如图 2－19 所示。它由磁铁装置、微量泵、铁谱基片及胶管支架等组成。磁铁装置是铁谱仪的核心装置，如图 2－20 所示。磁源采用铝镍钴合金磁铁，尖劈状极头使 U 形回路的磁场高度集中在两极头相对的细长狭缝中。最大磁通密度可大于 15×10^{7} T。磁场上方空间为发散磁场，其最大磁场梯度大于 5×10^{8} T/cm。铁谱基片是用以沉积和固定油样磨粒，以便在显微镜下进行观察。它由 60 mm×25 mm×0.17 mm 的盖玻璃制成。如图 2－21 所示，其一侧有刻度，中央沿长度方向有一个 6 mm 宽的 U 形壁垒，由聚四氟乙烯塑料制成。利用油对它的不可浸润性以限制油流的方向。基片沿 U 形壁垒的中线方向斜置于磁铁尖劈气缝的中央，与水平面成一微小的角度(1°～2°)，使得基片表面顺油流动方向形成一个逐渐增强的梯度磁场。

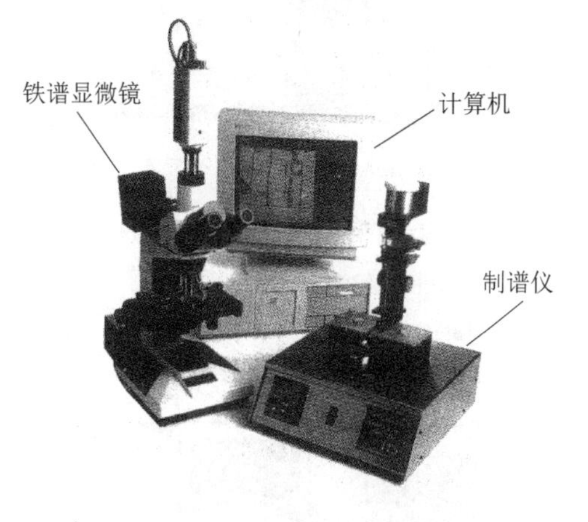

图 2－18 T2FM 型分析式铁谱仪

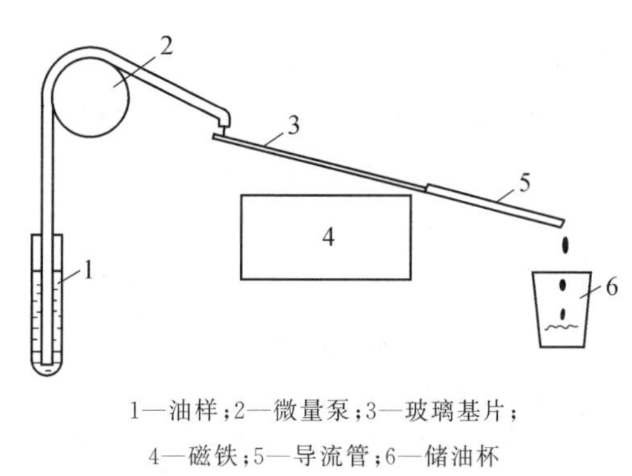

1—油样；2—微量泵；3—玻璃基片；
4—磁铁；5—导流管；6—储油杯

图 2－19 铁谱仪的组成及工作原理

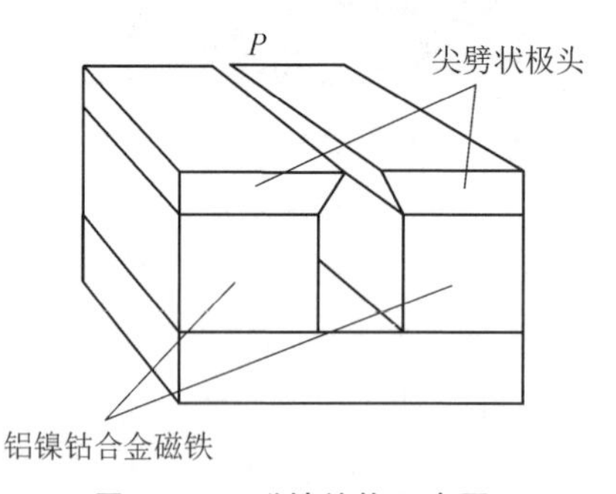

图 2－20 磁铁结构示意图

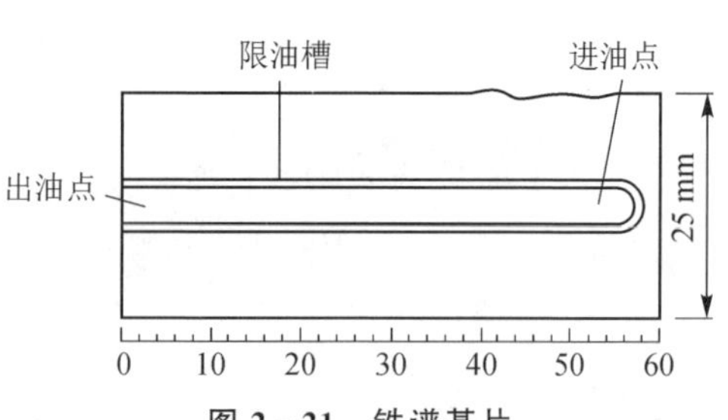

图 2－21 铁谱基片

铁谱仪工作时，将微量泵的流量调至使油液沿基片连续稳定流动为适宜(一般约为 15 mL/h)。油样中的磨粒在基片上流动时，受到磁场力及油的黏滞阻力的共同作用而沉积在基片上。实验研究表明，若磨粒的直径为 D 时，则磨粒受到的磁场吸引力与 D^3 成正比，而受到的黏滞阻力则与 D^2 成正比，因此可近似的认为磨粒沉淀是所受的合力与 D 成正比，这导致较大的颗粒首先沉淀下来，然后在梯变磁场作用下，较小的磨粒在越来越强的磁力作用下亦先后沉淀下来，而废油则由 U 形槽出口处排出。

磨粒在磁场中磁化后相互吸引而沿磁力线方向形成链状条带，而各条带之间的磁极又相互排斥，形成均匀的间距而不会产生堆积叠置现象。铁谱基片在经清洗和固定处理后备制工作即告完成。

2) 铁谱显微镜

铁谱显微镜是一种双色光学显微镜。它是观测和分析铁谱基片的最基本的工具。铁谱基片上沉积的颗粒，除金属磨粒以外，还有化合物、聚合物以及外来的污染颗粒。普通的光学显微镜很难很好地区别这些不同的颗粒并对金属颗粒的形貌进行有效的观测。铁谱显微镜的特点是具有两个独立的反射和透射的双色(红、绿)光源，故称为双色显微镜。两个光源可以单独使用也可以同时使用，这可使其分析鉴别功能大为加强。其另一个特点是，若在显微镜上加装一个光密度式的铁谱读数器，则可对铁谱基片同时完成定量分析。铁谱显微镜的光路原理如图 2－22 所示。图中 7 为反射光光源，光源透过红色反光镜下方照射到基片上。这种显微镜的最大放大倍数约为 1 000 倍，可以观测到微米级磨粒的形态。若需要对亚微米级磨粒或对微米级磨粒的形态细节进行更精细的观察分析时，则须改用电子扫描显微镜，其最大放大倍数可达 3 000 倍以上。

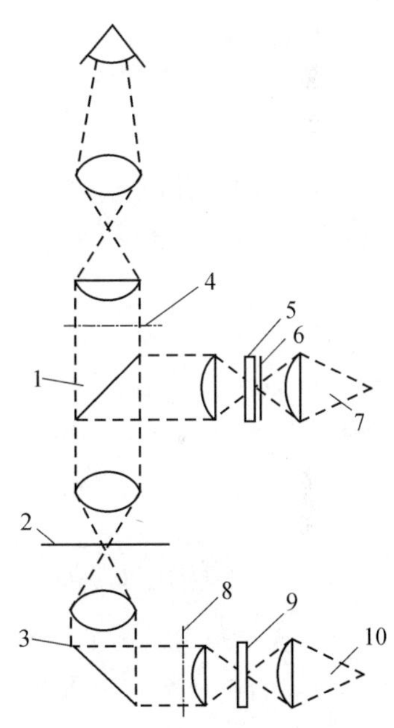

1—半透明反光镜；2—载物台；3—反射镜；
4—偏振器；5—红色滤光片；6—起偏器；
7—反射光光源；8—起偏器；
9—绿色滤光片；10—透射光源

图 2－22 双色显微镜的光路原理

(2) 分析式铁谱仪的定性及定量分析

1) 定性分析

所谓定性分析主要是指对磨粒的形貌(包括形态特征、颜色特征、尺寸大小及其差异等)及成分进行检测和分析，以便确定磨粒故障的部位，识别磨损的类型，磨损的严重程度和失效机理等。以下介绍利用铁谱显微镜光源不同的照明方式进行分析的方法。

白色反射光可用来观测磨粒的大小、形态和颜色。例如，铜基合金呈黄色或红褐色，而其他金属粒子多呈银白色。钢质磨粒由于形成过程一般受到热效应而处于回火状态，其颜色处于黄蓝之间。由此可判断磨损的严重程度。

白色透射光是用来观察磨粒的透明程度以识别磨粒的类型的。例如，游离金属由于消光率极大而呈黑色，一部分元素和所有化合物的磨粒都是透明的或半透明的。

在红色反射光和绿色透射光同时照射下，相比单色照明可以有更强的识别能力。例如，金属磨粒由于不透明，只能反射红光而呈现红色，化合物如氧化物、氯化物、硫化物等均为透明或半透明而呈现绿色。有的是部分吸收红光和部分反射红光而呈黄色或粉红色。这样通过颜色的检验可以初步识别磨粒的类型、成分或来源。

除以上照明方式外，还可以进一步采用偏振光照明、斜照明灯方式进行更深入的观察。同时根据基片上磨粒沉积的排列位置和方式，也可以初步识别铁磁性(铁、钴、镍等)和非铁磁性磨粒。一般铁磁性磨粒按大小顺序呈现链状排列，而非磁性磨粒则无规则地沉积在铁磁性磨粒行列之间。

定性分析还可以用电子扫描显微镜 X 射线以及对基片进行加热回火处理等方法，这里不再赘述。

2) 定量分析

定量分析的目的是确定磨损故障进展的速度，这对进行设备诊断决策十分重要。定量分析主要是指对铁谱基片上大、小磨粒的相对含量进行定量检测。其方法是检测基片上不同位置上大、小磨粒的覆盖面积所占的百分数。检测的设备是利用联装在铁谱显微镜上的铁谱读数器来完成的。铁谱读数器由光密度计和数字显示部分所组成。具体方法和判别指标如下所述。

设基片上无磨粒覆盖处的覆盖面积为 0%(全透光)，而磨粒覆盖至不透光时为 100%。读数器的显示器可根据基片透光的程度直接换算成磨粒覆盖面积百分数。一般规定用 10 倍物镜和反射光在铁谱基片入口进行横扫描，找出最大的读数值 A_L，它代表油样中大磨粒(>5 μm)的密度，即大磨粒的覆盖面积百分数。再在 50 mm 处进行横向扫描，读出该处的最大读数 A_s，它代表油样中小磨粒(1～2 μm)的密度。由此可以定义一个判别磨粒发展进程的指标，称为磨损烈度指数 I_s。

$$I_s = (A_L + A_s)(A_L - A_s) = A_L^2 - A_s^2 \tag{2-4}$$

式中，$A_L + A_s$ 是大、小磨粒覆盖面积所占百分比之和，称为磨粒浓度，其值越大表示磨损的速度越快；$A_L - A_s$ 代表大于 50 μm 以上磨粒在磨损进程中所起的作用，称为磨损烈度。磨损烈度是磨损严重程度的反映，而磨损烈度指数 I_s 则是以上两者的组合，因而综合反映磨损的进程和严重程度，即全面地反映了磨损的状态。但这一指标并不是唯一的，目前还在不断定义一些新的指标。

2. 直读式铁谱仪

直读式铁谱仪的基本结构与分析式铁谱仪类似，只是不需要铁谱仪基片和铁谱仪显微镜。它是用斜置于磁铁上方的沉淀管来代替铁谱基片的位置，如图2-23所示。

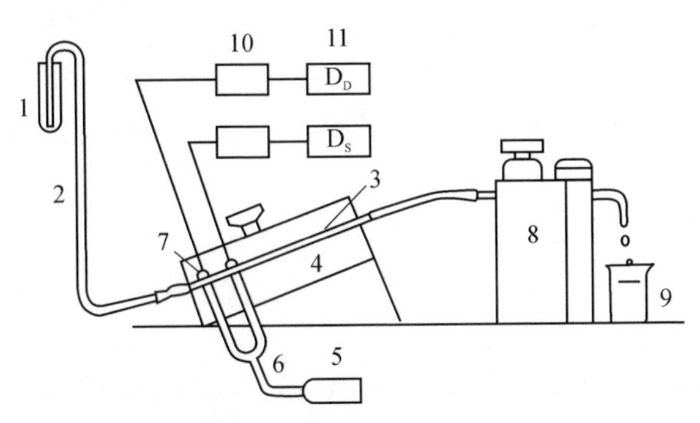

1—油样；2—毛细管；3—沉积管；4—磁铁；5—灯；6—光导纤维；
7—光电探头；8—虹吸泵；9—废油；10—电子线路；11—数显屏

图2-23　直读式铁谱仪的组成

当配置好的油样被虹吸穿过沉积管时，在高梯度磁场力作用下，油样中大于5 μm的大磨粒首先沉淀，而1～2 μm的小颗粒则相继沉淀在较远处。在大小颗粒沉淀位置，由光导纤维引导两个光束穿过沉淀管，并被另一侧的光电传感器所接受。第一道光束设置在能沉淀大颗粒的管的进口处，第二道光束设置在相距5 mm处的较小磨粒沉淀位置。随着磨粒颗粒的沉淀，光电传感器所接受的光强度将逐渐减弱。因此，数字显示器所显示的光密度读数将与该位置沉淀的磨粒数量成正比。磨粒在沉积管中排列状况如图2-24所示。

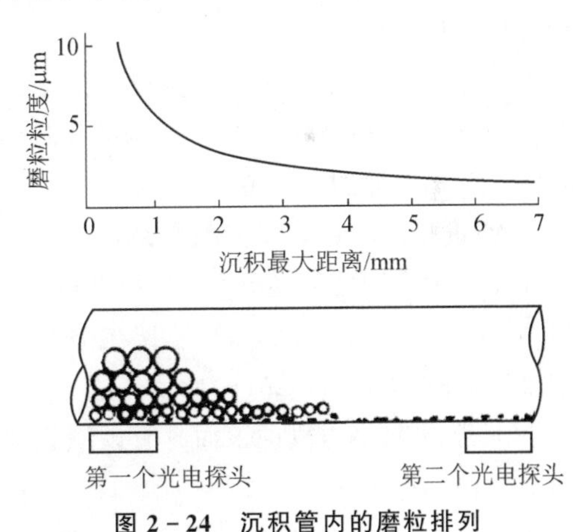

图2-24　沉积管内的磨粒排列

设 D_L 表示第一道光束处，大磨粒的沉淀覆盖面积百分数，设 D_s 表示第二道光束处，小磨粒的沉淀覆盖面积百分数，则可按前述方法定义磨损烈度指数为

$$I_s=(D_L+D_s)(D_L-D_s)=D_L^2-D_s^2 \tag{2-5}$$

直读式铁谱仪具有测试速度快，数据重复性好，操作方便等优点，但不能进一步观察和分析磨粒的形貌。因此，它主要用于状态监测工作，一旦发现磨损异常时，再采用分析式铁谱仪进行进一步观察和分析。两种仪器经常相互配合而使用。图2-25所示为北京优文公司ZTP-X1直读式铁谱仪。

3. 磨粒的分类和识别

1）磨粒图谱

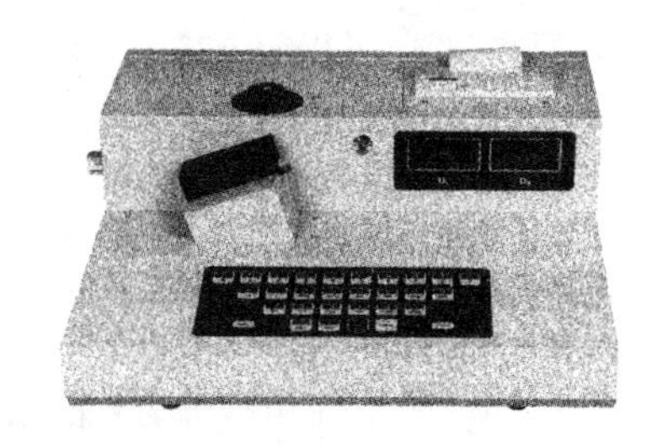

图 2-25 ZTP-X1 直读式铁谱仪

分析式铁谱仪的主要优点之一是，它不仅能提供磨粒的数量和成分（铁磁或非铁磁磨粒的形状）的信息（定量分析），而且还进一步提供了磨粒的形貌特征的信息（定性分析）。通过磨粒的形态、尺寸、颜色等形貌特征的观察，可以对磨损故障的类型、原因、程度、进程等做出比较可靠的判断。观察磨粒形貌特征的显微照片称为铁谱图，它是进行定性分析的主要依据。以下介绍根据不同的磨损原因所产生的磨粒的特征及用以识别的典型铁谱图。

美国 Foxboro 公司的 Dianel P. Anderson 编著的《磨粒图谱》（*Wear Particle Atlas*）和英国国家煤炭局科技发展总部（HQTD）编撰的类似的资料，都是大量实验成果的总结，对铁谱技术的定性分析研究起了很好的指导作用，目前国内几乎都是基于上述两本图谱进行铁谱定性分析。它们综合了实际机器在不同磨损状况下所产生的磨粒类型方面的知识，将铁谱片上获取的金属磨粒按磨损形式基本上分为八类，即正常滑动磨粒、严重滑动磨粒、切削磨粒、疲劳磨粒、球状磨粒、层状磨粒、红色氧化物以及黑色氧化物。

① 正常磨粒。正常磨粒是指机器的摩擦面经跑合后进入稳定磨合阶段时产生的磨粒，其形态特性具有光滑表面的鳞片状，其尺寸特征为厚度为 0.15～1 μm，长度为 0.5～15 μm，如图 2-26(a)所示。

② 严重滑动磨粒。摩擦副在高速重载下，当接触应力超过极限时，剪切层被完全破坏而出现大颗粒脱落，一般为块状或片状，表面带有滑动的条痕并具有整齐的刃口，其尺寸在 20 μm 以上，长厚比在 10:1左右。出现这种磨粒是表明磨损已经进入灾难性阶段，如图 2-26(b)所示。

③ 切削磨粒。当滑动表面具有硬质组成的碎屑或外来硬质磨粒浸入时就会产生切削磨粒。其尺寸宽为 2～5 μm，长为 25～100 μm，厚约为 0.25 μm。当出现这种磨粒时，提示机器已进入非正常的磨损阶段。若这种磨粒的数量急剧增加，则表明机器中某些摩擦副的失效已迫在眉睫，如图 2-26(c)所示。

④ 疲劳磨粒。这主要是由滚动轴承的疲劳点蚀或剥落而产生的磨粒，是由疲劳表面凹坑中剥落产生的碎屑，为不规则边缘的片状。其尺寸为 10～100 μm，厚 1～10 μm，如图 2-26(d)所示。

⑤ 球状磨粒。球状磨粒产生于滚动轴承的疲劳裂纹内部。其粒度为 1～5 μm，且呈球状，其直径在 1～5 μm，如图 2-26(e)所示，这是滚动疲劳磨粒的典型形态。

⑥ 层状磨粒。层状磨是磨粒黏附于滚动元件表面后，又通过滚动接触而形成的

极薄的游离金属磨粒，其粒度在 20～50 μm 之间，可见许多空洞，厚约 1 μm，如图 2-26(f)所示。

⑦ 铁的红色氧化物。铁的红色氧化物是当水进入润滑系统时生成的普通铁锈，如图 2-26(g)所示。

⑧ 铁的黑色氧化物。铁的黑色氧化物是润滑不良、存在过热的标志，颗粒外观为表面粗糙不平的堆积物，边缘能透过少许光，如图 2-26(h)所示。

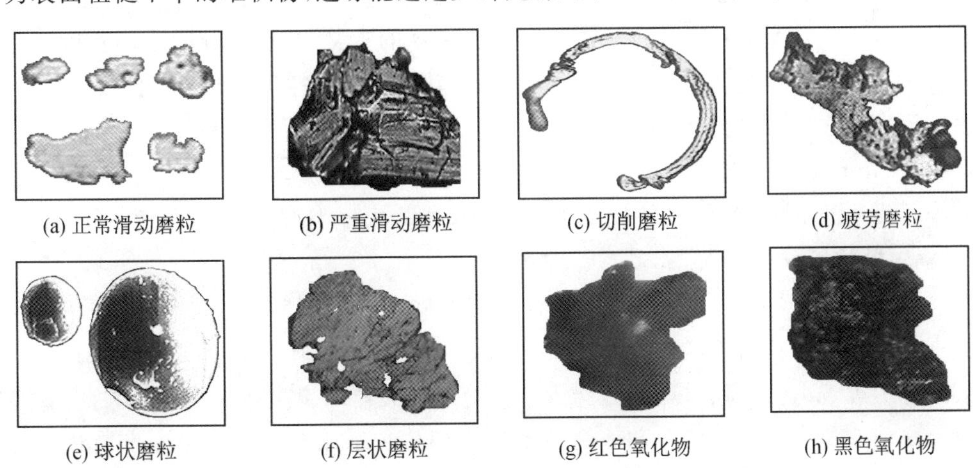

(a) 正常滑动磨粒　(b) 严重滑动磨粒　(c) 切削磨粒　(d) 疲劳磨粒

(e) 球状磨粒　(f) 层状磨粒　(g) 红色氧化物　(h) 黑色氧化物

图 2-26　八类金属磨粒

2) 磨粒图像智能识别

铁谱技术是一种重要且常用的机械设备故障诊断和状态监测技术。通过对金属磨粒的识别，可以获得机械系统的磨损程度、部位和类型，从而为正确诊断和监测机械设备磨损状态提供重要依据。传统的磨粒分析通常由人来完成，其主要缺点是工作量大，精度不高，自动化程度低以及对分析人员水平依赖性大等。为此，近十几年来国内外有诸多大学、研究机构和公司的研究人员均在研究探索采用磨粒图像处理和识别系统代替人工分析工作，研制了基于计算机图像处理技术的智能化铁谱诊断系统，提出了磨粒识别的特征参数；同时开发了磨粒识别专家系统。图 2-27 为南京航空航天大学开发的 DMAS-Ⅱ型智能铁谱分析系统。

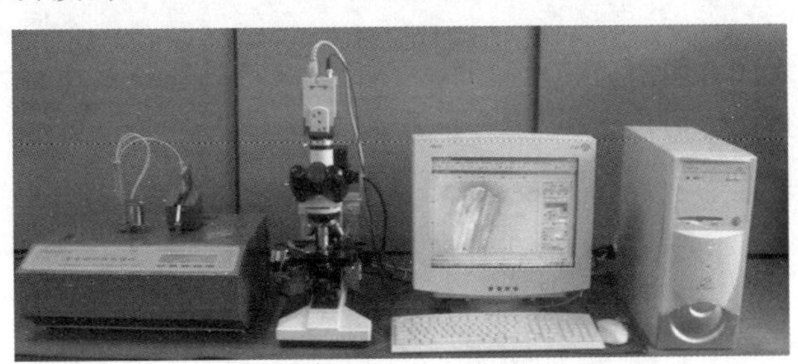

图 2-27　DMAS-Ⅱ型智能铁谱分析系统

针对磨粒图像,可以提取4类特征参数,即尺寸参数、形状参数、表面参数以及颜色参数。这些参数可以通过图像分析的方法获取,关于图像分析的方法前面已经介绍,在此从略。

① 尺寸参数

尺寸参数是衡量颗粒粒度大小的量值,是磨粒的重要参数。其大小反映了磨损的严重程度及机器设备运行的状况,可以用等效圆直径、主轴长度、短轴长度以及综合尺寸等来表示磨粒尺寸大小。这些参数所表示的意义均相同,其中主轴长度的量值最大。为了使诊断结果偏于安全,故选择主轴长度为磨粒尺寸参数。图2-28(a)表示了磨粒主轴尺寸与磨粒类型的关系,可以看到正常滑动磨粒和球状磨粒的尺寸均在15 μm以下,其他类型磨粒的尺寸范围均分布较广,其中切削磨粒的尺寸大于和小于15 μm的均存在,其他类型的磨粒的尺寸均大于15 μm。

② 形状参数

圆度 R_d 体现了磨粒接近圆的程度,反映了磨粒的整体形状。磨粒越接近圆,R_d 越小;反之,若磨粒的形状越复杂,R_d 越大。各种磨粒的圆度如图2-28(b)所示。从图中不难看出,切削磨粒的 R_d 远大于其他类型磨粒,一般均大于5.0。因此,该参数为切削磨粒的突出特征。其他参数如磨粒的长短轴比和凹度与圆度参数均存在很大相关性。故选择圆度作为磨粒整体形状参数。

边界曲折度描述了磨粒边界的曲折和复杂程度。图2-28(c)描述了磨粒边界曲折度与磨粒类型的关系,可以看到球状磨粒的边界曲折度最低,疲劳剥块的边界曲折度明显比严重滑动磨粒高,这就是疲劳剥块常有不规则的轮廓,而严重滑动磨粒具有直的棱边的缘故。因此,该参数是区分疲劳剥块和严重滑动磨粒的重要特征,同时也是球状磨粒的重要特征。

③ 表面参数

孔隙率定义了磨粒内部的孔区域面积与非孔区域面积之比,各种磨粒的孔隙率如图2-28(d)所示。可以看出,除层状磨粒外,其他磨粒的孔隙率均为0,即磨粒内部不存在孔。显然,仅通过孔隙率这个特征便可将层状磨粒与其他类型磨粒区分开。

纹理相关性是灰度共生纹理参数,描述了磨粒表面纹理的方向。如表面有水平方向的纹理,则水平方向的相关性较其他方向要大。由于严重滑动磨粒表面一般有划痕,而疲劳剥块的表面比较光滑,并且存在由于更小的磨削碎片而形成的麻点,故从表面纹理看,球状磨粒和层状磨粒的表面光滑,角二阶矩均值和均方差比其他磨粒均要大,如图2-28(e)和(f)所示;而严重滑动磨粒的方向性较强,疲劳剥块却较低,因此从图2-28(g)和图2-28(h)不难看到严重滑动磨粒的相关性均方差较疲劳剥块明显要高,而均值则疲劳剥块比严重滑动磨粒要高。所以该参数是区分疲劳剥块和严重滑动磨粒的重要特征。

梯度熵是灰度梯度共生纹理参数，作为磨粒识别参数最为显著。从图2-28(i)可以看出，除切削磨粒外，梯度熵是区分正常滑动磨粒与球状磨粒的又一重要特征；同时，它也是区分铁的氧化物与其他磨粒的显著参数。

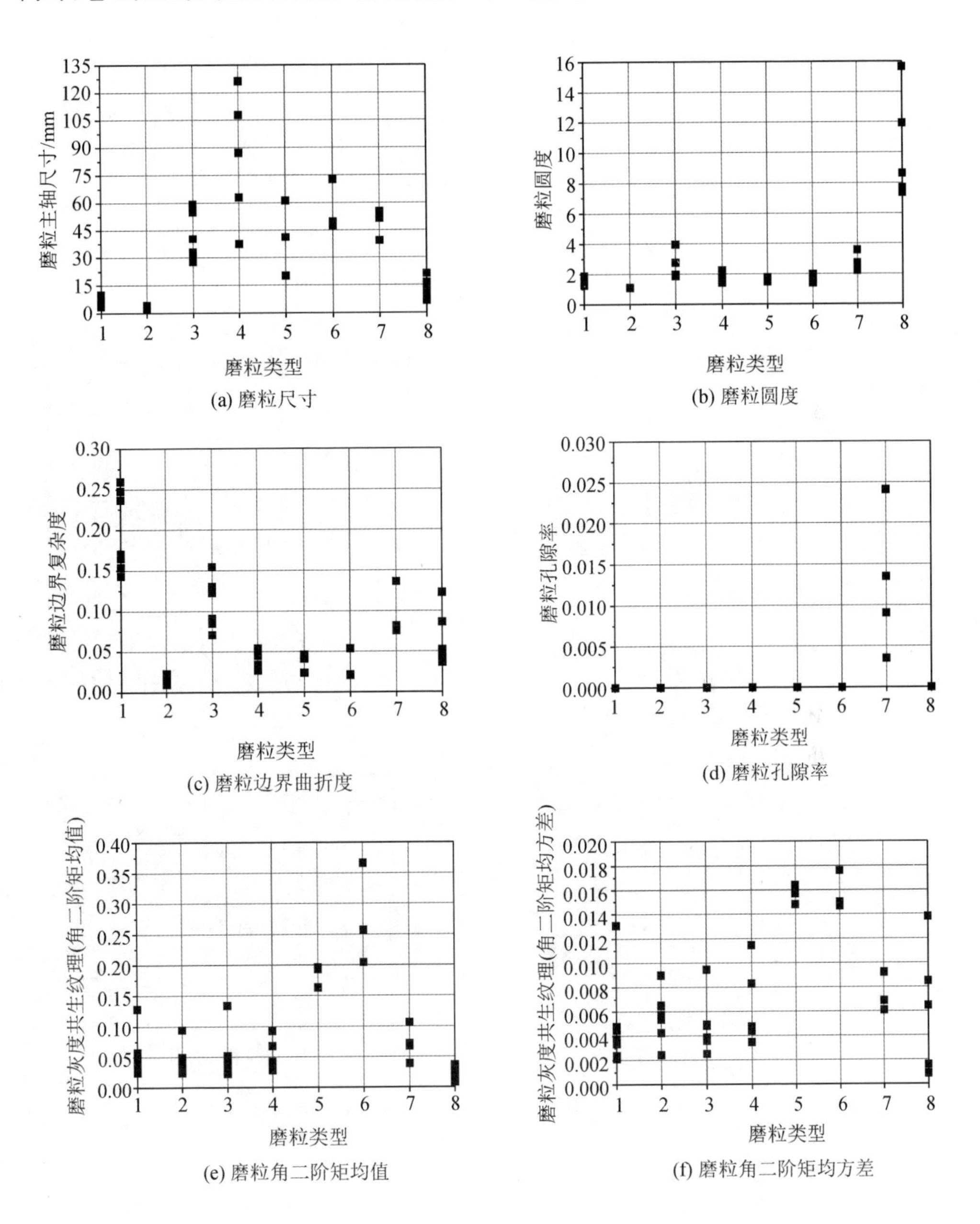

图2-28　磨粒的数字特征参数与8类磨粒的关系

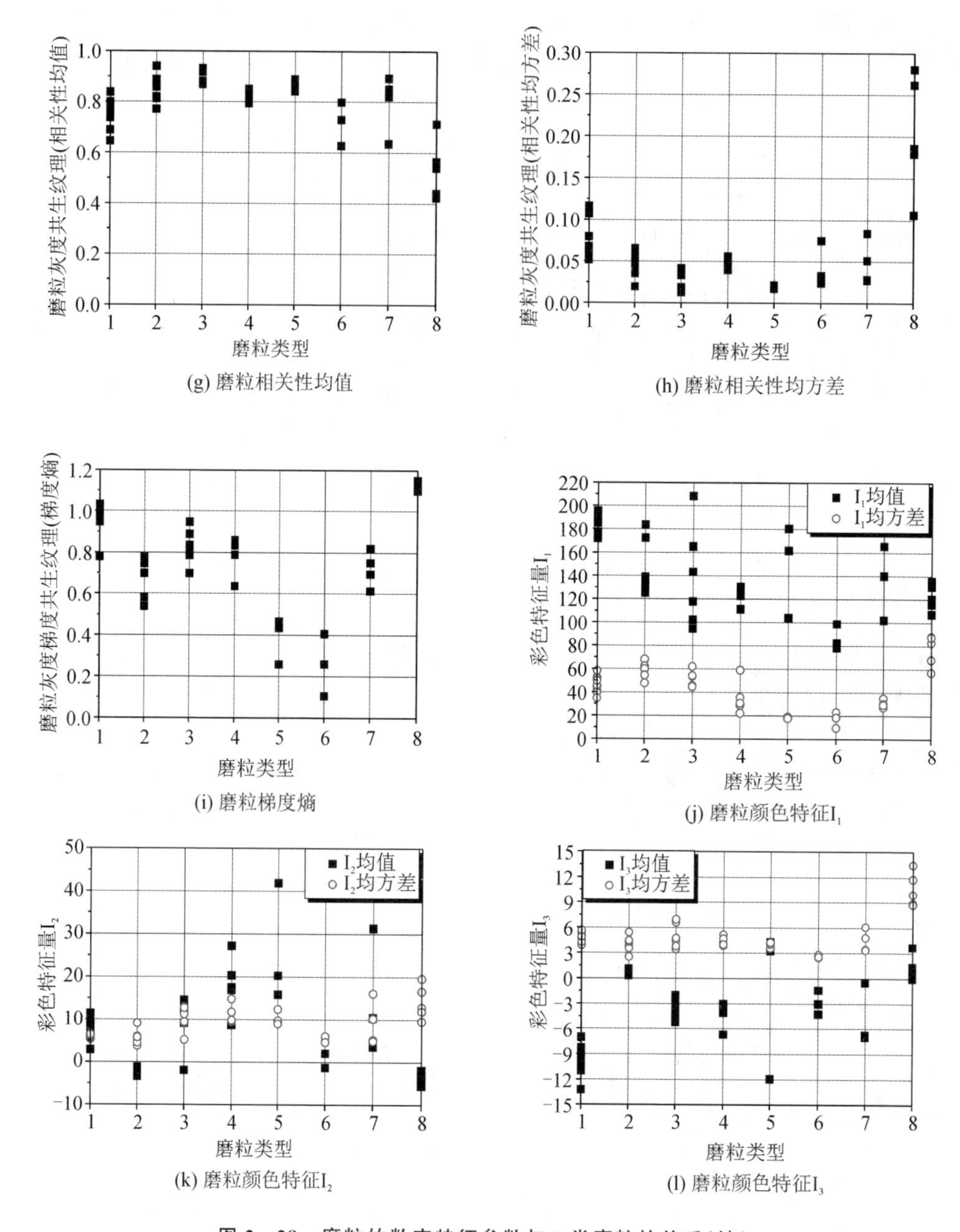

图 2-28　磨粒的数字特征参数与 8 类磨粒的关系(续)

④ 颜色参数

颜色参数主要是为了区分红色氧化物和黑色氧化物。磨粒图像的像素颜色采用 RGB 表示法，但红色和黑色本身存在模糊性，因此，如何用合适的彩色特征来识别红色和黑色成为一个关键问题。可以采用正交彩色特征 I_1、I_2、I_3 的均值和均方差，一共 6 个参数作为磨粒颜色的识别参数。图 2－28(j)～图 2－28(l)展示了磨粒 I_1、I_2、I_3 的均值和均方差与磨粒类型之间的关系，从图中不难看出，彩色特征参数对铁的红色和黑色氧化物较显著，而对其他类型磨粒则不显著，在三个彩色特征中，正交彩色特征 I_2 又较 I_1 和 I_3 更为显著，所以正交彩色特征 I_2 的均值与均方差是区分红色氧化物和黑色氧化物的重要特征。因此将彩色特征 I_2 的均值与均方差作为红色和黑色氧化物区分的特征参数。

通过上述分析和研究，可以获取各类磨粒的最佳识别参数。如果对待识别磨粒均使用所有特征参数来进行识别，那么各特征参数间会产生相互干扰，从而影响磨粒的识别速度和精度。鉴于此，可以采用磨粒的分层识别策略。其基本思路是利用最显著的特征对磨粒进行逐次分层识别，即首先用孔隙率将层状磨粒分开；其次用圆度参数将切削磨粒分开；然后再用磨粒主轴尺寸将磨粒分为两大类。对于主轴尺寸小于 15 μm 的一类，可以用圆度、边界曲折度和纹理梯度熵将其分为正常滑动磨粒和球状磨粒；对大于 15 μm 的一类，可以用纹理角二阶矩和梯度熵将其分为两类。对于其中一类，可以用边界曲折度和纹理相关性，将其分为疲劳剥块和严重滑动磨粒；对于另一类，则可以用正交彩色特征 I_2 将其划分为红色和黑色氧化物。

获取了磨粒识别的最佳参数，则可以运用模式识别的方法进行有效识别。关于磨粒识别方面的研究，还可参考相关文献。

2.2.5　电子扫描能谱分析

1. 扫描电子显微镜工作原理及特点

扫描电子显微镜(Scanning Electron Microscope，SEM)是通过聚焦电子束在试样表面逐点扫描来成像的。由电子枪发射出的电子束，在加速电压的作用下，经过电磁透镜会聚成一个细小的电子探针。在末级透镜上部扫描线圈的驱动下，电子探针在试样表面进行光栅状扫描。高能量电子与所分析试样的物质相互作用，会产生多种信息。这些信息的二维强度和分布与试样的表面形貌、晶体取向及表面状态等因素有关。因此，通过接收和处理这些信息，便可以得到反映试样微观形貌的扫描电子图像。图 2－29 所示为扫描电子显微镜的工作原理和电子束信号。

扫描电子显微镜具有场深大、放大倍数范围广泛(一般为 20～200 000 倍)、无须频繁对焦等特点，对于非均匀材料的相组成，便于在低倍下普通观察和高倍下放大分析。同时，它还具有相当的分辨率，可达 2～6 nm，所成图像富有立体感、真实感、易于识别和解释；操作自由度大，可对试样进行三维移动，试样制作简便，表面无须进行特殊处理；可测样品种类丰富，几乎不会损伤和污染原始样品，并可同时获得形貌、结构、成分和结晶学信息。目前，扫描电子显微镜已被广泛应用于生命科学、物理学、化学、司法、地球科学、材料学以及工业生产等领域的微观研究。图 2－30 所示为典型的磨损颗粒扫描电镜图。

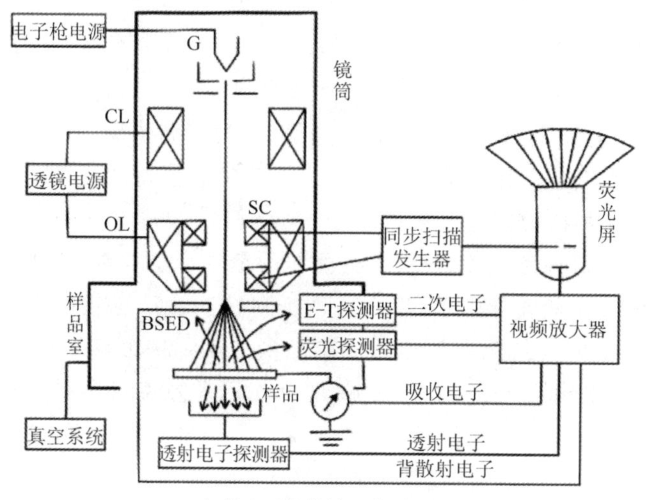

(a) 扫描电子显微镜工作原理

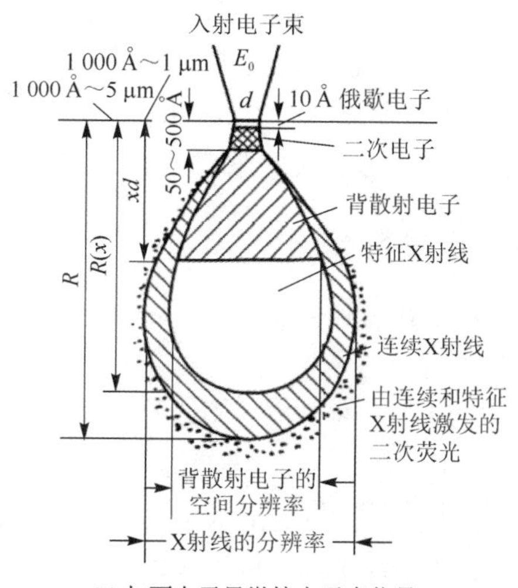

(b) 扫面电子显微镜电子束信号

图 2-29　扫描电子显微镜的工作原理和电子束信号

2. 能谱仪工作原理及特点

能谱仪(Energy Dispersive Spectrometer,EDS)是用来对材料微区成分元素种类与含量进行分析的仪器。各种元素具有自己特有的X射线特征波长,特征波长的大小取决于能级跃迁过程中释放出的特征能量ΔE,能谱仪就是利用不同元素X射线光子特征能量不同的这一特点进行成分分析的。它主要由控制及指令系统、X射线信号检测系统、信号转换及储存系统、数据输出及显示系统组成。电子束从样品中激发的X射线信号由X射线探测器接收,形成电压脉冲,其脉冲高度与进入的X射线的能量成正比。然后,这些信号经放大器进一步放大成形,送到多道分析器,按

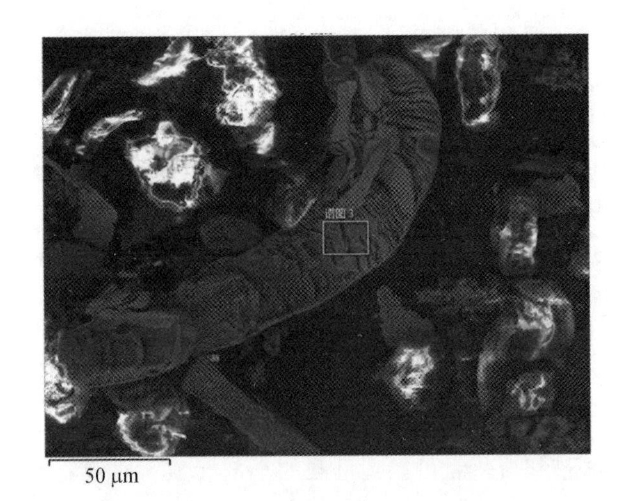

图 2-30　磨损颗粒扫描电镜图

照 X 射线能量大小分别在不同的信道内记数。最后，在记录仪或显示器上把脉冲数(即 X 射线的强度)与 X 射线能量的关系曲线显示出来，形成 X 射线能谱图。其中，横坐标表示 X 射线的能量，纵坐标表示 X 射线强度。图 2-31 为典型的能谱图。能谱图中各元素含量信息见表 2-8。

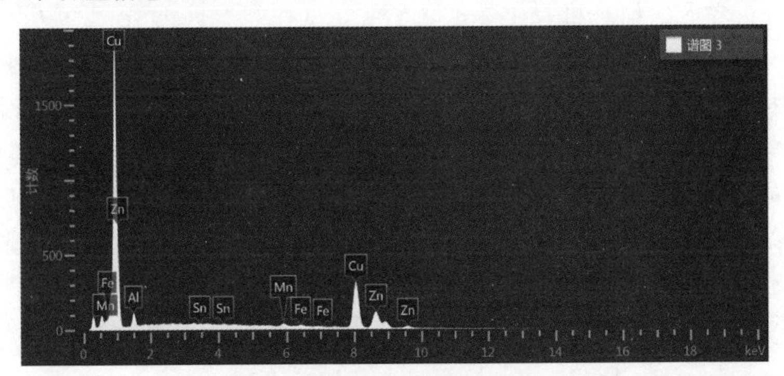

图 2-31　能谱图

表 2-8　能谱图中各元素含量信息

元　素	线类型	重量百分比/%	重量百分比的偏差	原子百分比/%
Cu	L 线系	61.98	1.09	59.96
Zn	L 线系	31.17	1.09	29.31
Al	K 线系	3.00	0.22	6.84
Mn	K 线系	1.84	0.38	2.06
Fe	K 线系	1.37	0.42	1.51
Sn	L 线系	0.64	0.40	0.33
总量		100.00		100.00

能谱仪应用广泛，可用于高分子、陶瓷、混凝土、生物、矿物、纤维等无机或有机固体材料的分析；金属材料的相分析、成分分析和夹杂物形态成分的鉴定；固体材料的表面涂层、镀层分析；金银饰品、宝石首饰的鉴别，考古和文物鉴定，以及刑侦鉴定等；材料表面微区成分的定性和定量分析；材料表面面、线、点分布分析。

3. 带能谱分析的扫描电子显微镜的特点

将扫描电子显微镜与能谱仪结合，在观察物体微观形貌的同时进行物质微区成分分析，功能更加强大，更适合前沿科学研究。它兼具了扫描电子显微镜和能谱仪的优点。

(1) 分析速度快。带能谱分析的扫描电子显微镜在进行成分分析时，由于不需要制作标样，节省了大量的标样时间，这样做虽然精度不是太高，但能满足常规科研工作的需要，且一次谱线分析就可得到可测的全部元素。在观察试样形貌的同时就可以快速进行元素的定量、定性分析。

(2) 微区定点分析准确。由于带能谱分析的扫描电镜是在观察试样微观形貌的同时对某一微定点进行分析，避免了试样的移动，消除了再次寻找这一微定点的不确定性，可以在不影响图像分辨率的前提下对微定点进行准确定量、定性分析。

(3) 线、面扫描分析。能谱仪在作为扫描电镜附件使用时，还可以对样品表面进行线扫描分析和面扫描分析。让聚焦电子束在试样观察区内沿一选定直线进行慢扫描，而显像管射线束的横向扫描与电子束在试样上的扫描同步，用谱仪探测到的 X 射线信号强度调制显像管的纵向位置，从而得到反映该元素含量变化的特征 X 射线强度沿试样扫描的线分布。聚焦电子束在试样上进行二维光栅扫描，用输出的脉冲信号调制同步扫描的显像管亮度，在荧光屏上得到由许多亮点组成的图像，图像被称为 X 射线元素面分布图像，即元素的面扫描分析。

2.3 多功能油液磨粒智能检测与诊断系统

常用的油液监控技术主要包括光谱分析、铁谱分析、污染度检测、自动磨粒分析等，每种方法具有各自的特点。光谱分析可以检测油液中金属磨损微粒的材料成分和浓度，且准确度高，检测速度快。但由于原理所限，无法检测油液中 10 μm 以上的磨粒，而滚动轴承疲劳失效产生的磨粒往往大于 10 μm。铁谱分析可以检测分析磨粒的形貌、大小、数量，检测结果直观，其主要缺点是工作量大，精度不高，自动化程度低以及对分析人员水平依赖性大等。污染度检测仅能检测油液固体颗粒污染度，无法区分金属和非金属颗粒，仅能判断当前系统的污染水平，无法准确判断航空发动机的实际磨损情况。自动磨粒分析能够对磨粒的磨损类型、数量和变化趋势做出判断，但常见的自动磨粒分析仪器仅能检测油液中 20 μm 以上的磨粒，且由于采用单透射激光原理，对于油液中的石墨封严碎片、橡胶碎片等不透光的非金属颗粒容易产生误识别现象。

基于此，北京航空工程技术研究中心联合南京航空航天大学、北京大恒光电有限责任公司合作设计开发了多功能油液磨粒智能检测与诊断系统（Multiple Intelligent Debris Classifying System，MIDCS），该系统可自动检测油液中大于 10 μm 以上的磨损颗粒。通过使用实际的航空发动机油样对新系统进行了验证，结果表明了新系统对监控航空发动机滚动轴承故障的有效性。表 2－9 所列为常见油液分析仪器对比情况。

表 2－9　常见油液分析仪器对比情况

设备类型	光谱分析	铁谱分析	污染度检测	自动磨粒分析	MIDCS
磨粒检测范围/μm	<10	>1	×	>20	>10
磨粒类型识别	×	√	×	√	√
检测时间/min	0.5	25～30	约 3	约 3	约 3
自动化	√	×	√	√	√
日常耗材	有	有	无	无	无
磨损监控功能	√	√	×	√	√
污染度检测	×	×	√	√	√
是否易于携行	×	×	√	×	√
专家诊断功能	×	×	×	×	√

2.3.1　基本原理

MIDCS 通过硬件自动采集油液中的磨粒图像，再由软件自动对运动颗粒的形貌特征进行识别，从而得到油液磨损颗粒的尺寸、类型、浓度等信息。MIDCS 既能计算油液固体颗粒污染度等级，又能对大于 10 μm 以上的颗粒进行分析判断，将颗粒识别为金属和非金属，同时对金属颗粒进一步识别为切削磨粒、严重滑动磨粒、疲劳磨粒，对非金属颗粒进一步区分为气泡、纤维、其他非金属颗粒等。油液颗粒的分析结果，可以反映出发动机轴承工作是否正常，从而实现航空发动机润滑系统的磨损故障监控、故障趋势分析和诊断，避免了铁谱分析需要制作铁谱片并依赖人工经验进行分析的缺点。MIDCS 具有检测精度高、识别效率高、自动化、无须耗材等特点，其与常见的油液分析仪器的对比情况详见表 2－9。

2.3.2　图像采集

油液颗粒图像采集由系统硬件部分完成。系统硬件主要包括高速摄像机、透射光源、反射光源、光学组件、精密样品池、蠕动泵、电路控制模块、工控机模块等，系统原理如图 2－32 所示。蠕动泵驱动取样瓶中的油液沿管路通过内部的样品池，当油液中的颗粒经过样品池时，在透射光路和反射光路共同照射下形成的颗粒图像，通过光学转换进入高速摄像机，由图像采集卡完成图像采集。

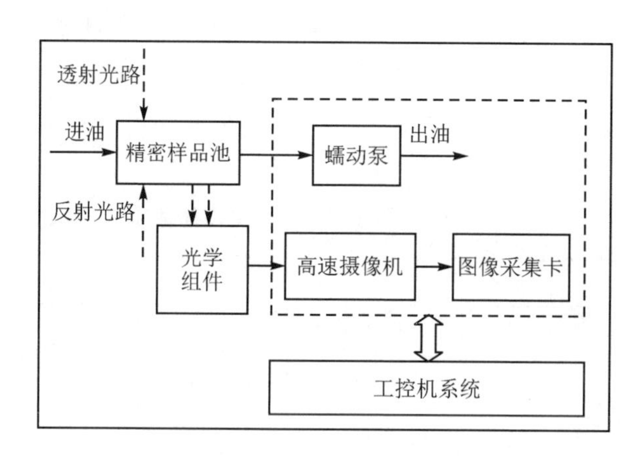

图 2－32 系统原理

考虑到便携性，系统整体体积不宜过大，因此硬件集成了工控机系统，使用触摸屏操作，无须使用外置计算机。硬件的外形尺寸为 480 mm×275 mm×275 mm。系统从上至下分为三层，最上面为触摸屏，中间层主要集中了油液管路、精密样品池、光路组件和高速摄像机，最下层为工控机系统。仪器外观如图 2－33 所示。

图 2－33 仪器外观

为实现油液快速、自动化检测，直接对油液中的颗粒进行检测。专门设计出精密样品池，其检测窗片处的厚度仅为0.1 mm。当油液颗粒通过管路流过精密样品池时，在光路的照射下将形成颗粒图像。然而，由于单透射激光光源会使背景出现干涉条纹，增加了磨粒识别的难度。此外，单色光路也存在容易将非金属颗粒误识别成金属颗粒的现象。为提高颗粒图像识别效率，宜采用透反射双光路成像系统，如图 2－34 所示。

透射光源使用波长为 515～518 nm 的绿色 LED，反射光源使用波长为 620～623 nm 的红色 LED。此种组合使得背景颜色单纯，丰富了颗粒目标表面的数字化信息。单色激光与双光路磨粒成像对比如图 2－35 所示。

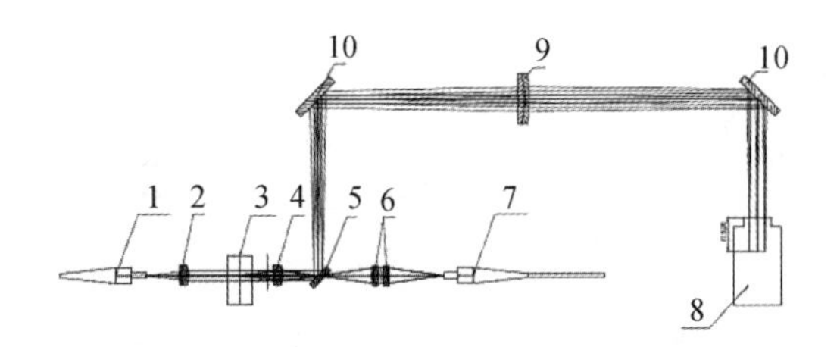

1—绿光光纤光源；2—双胶合透镜；3—精密样品池；4—光阑；
5—分光镜；6—双胶合透镜；7—红光光纤光源；8—高速 CCD；
9—透镜；10—反射镜

图 2－34　透反射双光路成像系统

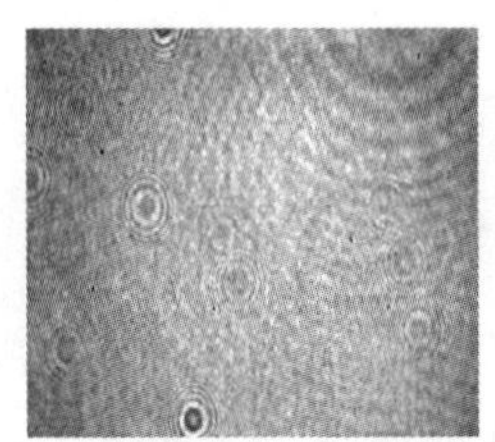

(a) 单色激光光源

(b) 透反射双光源

图 2－35　不同光源磨粒成像对比

2.3.3　运动颗粒分析与识别

1. 识别原理

运动磨粒识别是应用形态学分析方法，对油液中的磨损颗粒进行特征分析，并获取其尺寸、类别、浓度等信息，以实现对航空发动机润滑系统轴承磨损故障的检测和诊断。常见的铁谱磨粒识别一般主要依据 6 个特性，即轮廓、边缘细节、表面纹理、尺寸、颜色及厚度。铁谱磨粒识别的对象为铁谱片上的静态磨粒，磨粒图像质量较高，细节辨识度较好。但一般只适用于识别单个磨粒，无法自动计算各类磨粒的浓度。运动磨粒的识别与铁谱磨粒识别并不相同。运动磨粒的识别直接针对油液中的磨粒进行动态分析，可以自动判断磨粒的磨损类别、大小和浓度。要求识别速度快，效率高。

MIDCS 首先对采集的图像进行预处理，采用二维最大熵的动态阈值分割技术[1]，对图像上的颗粒目标进行分离和处理，以便对单个磨粒进行识别。对于运动磨粒特征参数而言，既要考虑磨粒的识别效率，又要考虑航空发动机油液监控的实际需求。对长轴尺寸大于 10 μm 的颗粒进行分析识别，将金属颗粒区分为切削磨粒、严重滑动磨粒、疲劳磨粒；对金属以外的其他颗粒区分为气泡、纤维、其他非金属颗粒。MIDCS 采集到的长轴尺寸大于 10 μm 的六类典型颗粒图像如图 2－36 所示。

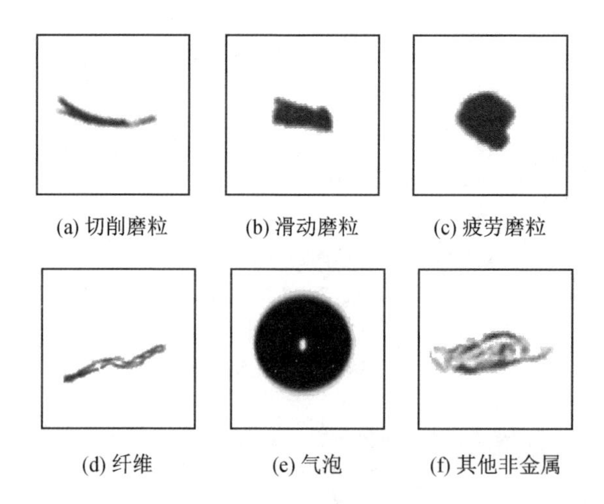
(a) 切削磨粒　(b) 滑动磨粒　(c) 疲劳磨粒

(d) 纤维　(e) 气泡　(f) 其他非金属

图 2-36　典型磨粒图像

2. 特征分析

目前，公开发表的磨粒识别特征参数已经超过了 100 个[2-6]，其中有大量的参数是重复和冗余的。因此，对运动磨粒的识别特征进行了分析，并引入了自行开发的新参数，最终确定了长轴尺寸、孔隙率、圆度、红色面积比、二次孔隙率、绿色对比度、周短比共 7 个参数，这些参数用于提取运动磨粒的分类特征。其中，长短轴、孔隙率和圆度为通用的计算方法，红色面积比、二次孔隙率、绿色对比度和周短比的计算方法均为根据 MIDCS 产生的磨粒特点而提出的新的计算公式。

① 红色面积比：红色面积比 m 表示磨粒区域上所有满足连续红色分量大于绿色分量的像素点个数 $n_{红}$ 与总像素个数 $n_{总}$ 之比，即

$$m=\frac{n_{红}}{n_{总}} \tag{2-6}$$

要求红色像素点是连续的。这是区分金属和非金属颗粒的重要指标，一般红色面积比大的为金属颗粒，红色面积小的为非金属颗粒。

② 二次孔隙率：将所有磨粒内部绿色分量大于给定值的像素点重新定义为空洞，并赋值为 0，用以区分红绿颜色分布不均匀的非金属，二次孔隙率大于 0 的也均判定为非金属颗粒。

$$E'=\frac{n(0)'}{n(1)} \tag{2-7}$$

式中，$n(0)'$为绿色分量大于给定值的像素点被赋值为 0 的像素点个数，$n(1)$为所有像素点总个数。

③ 绿色对比度：寻找磨粒核心区域中的所有像素绿色分量最大值 G_1 与核心区域之外的所有像素绿色分量最小值 G_2 之比，即

$$K = \frac{G_1}{G_2} \tag{2-8}$$

绿色对比度大于 4 的视为气泡，这是区分气泡最显著的特征。

④ 周短比：周短比为磨粒周长 P 与磨粒短轴 b 的比值，其定义为

$$J = \frac{P}{b} \tag{2-9}$$

从 6 类磨粒每种选取 20 个，计算每个磨粒的所有参数，其关系如图 2-37 所示。横坐标表示磨粒类型，1 为切削磨粒，2 为严重滑动磨粒，3 为疲劳磨粒，4 为纤维，5 为气泡，6 为其他非金属。

3. 磨粒识别策略

在上述研究基础上，提出运动磨粒的识别策略。采用最显著的磨粒特征参数或者组合运用来识别磨粒。金属颗粒包括切削颗粒、严重滑动颗粒和疲劳颗粒，非金属颗粒则包括气泡、纤维和其他非金属颗粒。

经研究分析，各类颗粒识别特征如下。

① 金属颗粒：红色面积比大于 0.3，孔隙率等于 0，二次孔隙率等于 0，绿色对比度小于 4。

② 非金属颗粒：红色面积比小于 0.3 或孔隙率大于 0 或二次孔隙率大于 0 或绿色对比度大于 4。

③ 切削颗粒：满足金属颗粒特征，且周短比大于 12。

④ 疲劳颗粒：满足金属颗粒特征，且周短比小于 8。

⑤ 严重滑动颗粒：满足金属颗粒特征，且周短比在 8～12 之间。

⑥ 气泡颗粒：红色面积比大于 0.7，圆度大于 0.9，绿色对比度大于 4 或孔隙率大于 0。

⑦ 纤维颗粒：红色面积比小于 0.3，且周短比大于 25。

⑧ 其他非金属颗粒：满足非金属颗粒特征，且剔除气泡和纤维颗粒之后余下的颗粒。

运动磨粒的识别算法流程如图 2-38 所示。在实际计算中，先将所有颗粒按红色面积比和孔隙率分为两类，满足红色面积比大于 0.3 且孔隙率为 0 的颗粒为红色实心颗粒，剩下的为绿色颗粒或有孔颗粒。在红色实心颗粒中去掉气泡和其他非金属后，按周短比分为切削颗粒、严重滑动颗粒和疲劳颗粒。绿色颗粒或有孔颗粒由纤维、气泡和其他非金属组成。在绿色颗粒或有孔颗粒中，满足周短比大于 25 的为纤维。气泡有两种，一种为红色实心的气泡，一种为有孔隙率的气泡，分别从红色实心颗粒和有孔颗粒中识别。

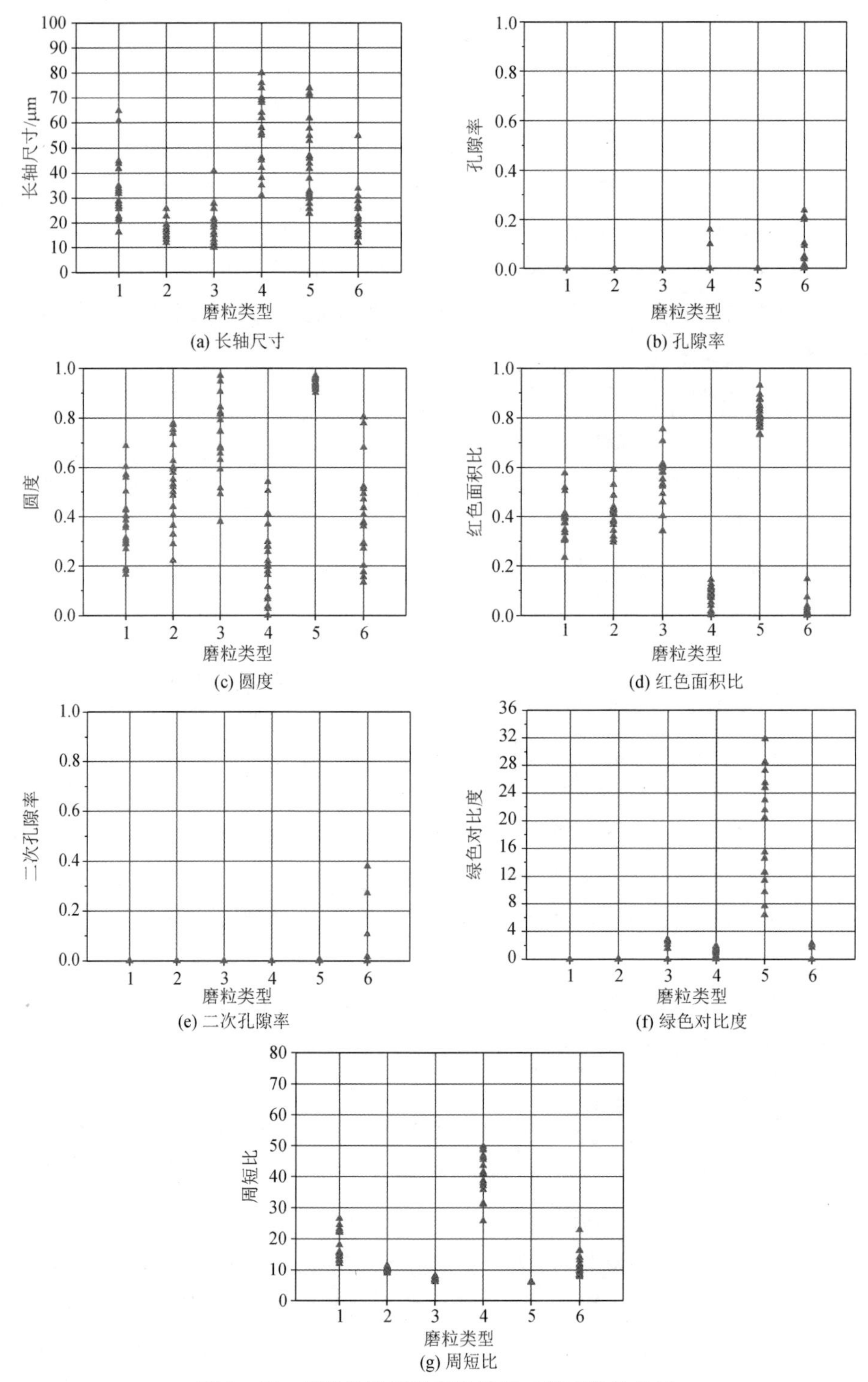

图 2-37 磨粒的数字特征参数与 6 类磨粒的关系

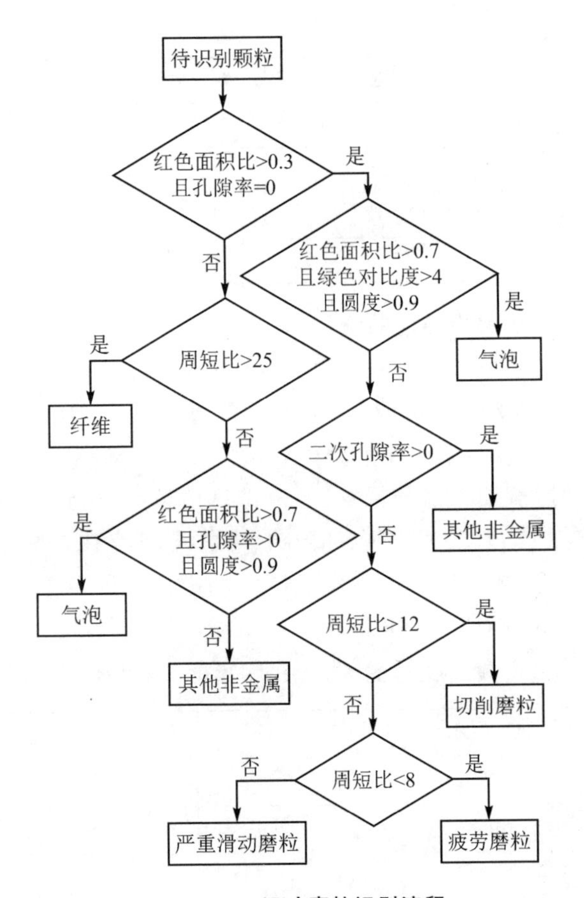

图 2-38　运动磨粒识别流程

2.3.4　试验验证

1. 磨粒参数识别验证

依据所提取的磨粒特征，按照所提出的识别流程，进行典型磨粒的识别实验。分别选取 771 个切削磨粒，824 个严重滑动磨粒，1 658 个疲劳磨粒，420 个气泡，105 个纤维，以及 1 873 个非金属颗粒，得到其识别率，具体见表 2-10。从表中可以看出，该方法获得了很高的识别率，基本上达到了 99%以上。因此可见，这里所提出的磨粒参数和识别流程对于 MIDCS 展现了很高的精度，满足了工程使用的目标。

表 2-10　磨粒识别结果

磨粒类型	试验磨粒数量/个	识别数量/个	识别率/%
切削磨粒	771	764	99.1
严重滑动磨粒	824	817	99.2

续表 2-10

磨粒类型	试验磨粒数量/个	识别数量/个	识别率/%
疲劳磨粒	1 658	1 651	99.6
气泡	420	404	96.2
纤维	105	104	99.0
非金属颗粒	1 873	1 842	98.3

2. 实际航空发动机磨损监测验证

(1) 典型故障一：某航空发动机滚动轴承疲劳剥落

某型航空发动机的光谱分析的 Cu 浓度界限值为 5.2×10^{-6}，MIDCS 磨粒检测的界限值为 3 000 个/mL。采用光谱分析对该型航空发动机进行检测，某台发动机在工作至 1 284 h 时，滑油光谱分析发现 Cu 浓度值偏高，达到 5.2×10^{-6}，而 Fe 浓度正常。经检查滑油滤、磁塞和金属屑信号器油滤，发现存在大量金属屑。

使用 MIDCS 对发动机工作时间在 1 057～1 284 h 之间的 15 个滑油样本进行了磨粒分析，滑油光谱和 MIDCS 分析数据见表 2-11。

表 2-11　光谱和 MIDCS 磨粒分析数据

序　号	发动机工作时间/h	Cu/ppm	>10 μm/(个·mL^{-1})
1	1 057	1.1	1 378
2	1 088	1.0	1 643
3	1 113	1.2	3 022
4	1 136	1.0	1 829
5	1 150	1.1	1 033
6	1 168	1.5	1 617
7	1 185	1.3	1 590
8	1 202	1.4	1 855
9	1 221	2.0	3 022
10	1 235	2.4	4 506
11	1 241	2.4	5 911
12	1 255	2.4	5 142
13	1 276	4.3	6 733
14	1 280	3.7	4 970
15	1 284	5.2	36 847

可以发现，从发动机工作至 1 221 h 时开始，油液中磨粒浓度开始明显增长，与光谱分析结果相符。发动机总磨粒浓度和光谱 Cu 浓度随工作时间的变化如图 2－39 所示。特别是工作至1 284 h 时，磨粒浓度急剧增长近 10 倍，而光谱 Cu 浓度增长不大，表明油液中大尺寸的颗粒较多。该发动机磨损情况严重，故障趋势十分明显。

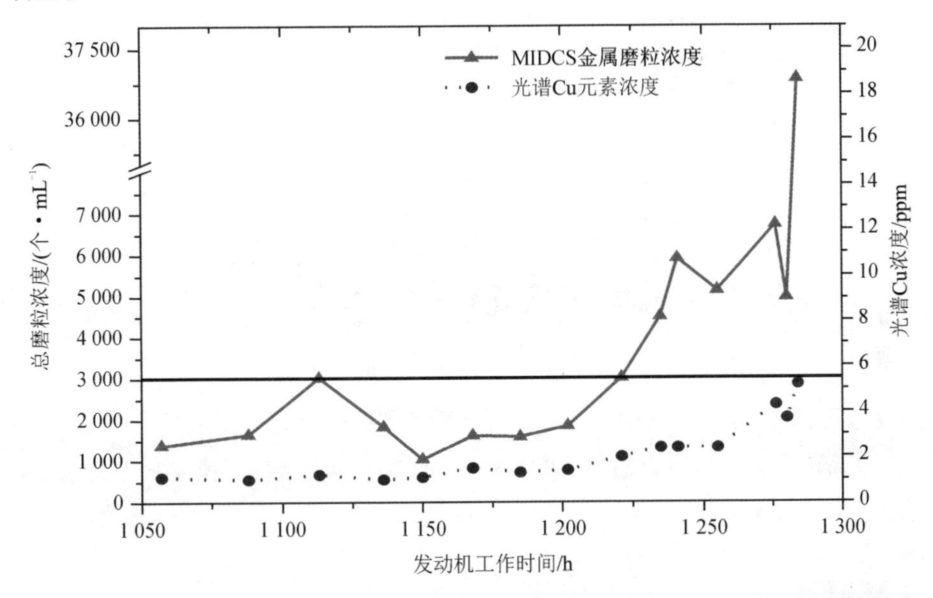

图 2－39　磨粒浓度数据和光谱 Cu 浓度变化

油液中 10～15 μm、15～20 μm、20～25 μm 以及大于 25 μm 的磨粒浓度变化情况如图 2－40 所示，油液中的磨粒以 10～15 μm 尺寸段的为主，且在该发动机磨损过程中，10～15 μm 尺寸段的磨粒增长速度最快。图 2－41 所示为切削磨粒、严重滑动

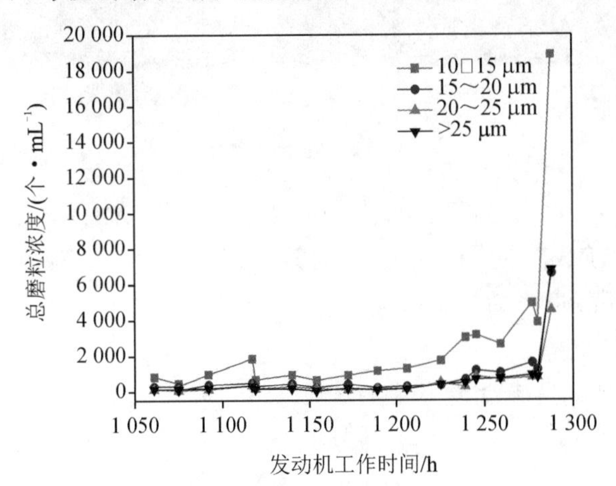

图 2－40　不同尺寸磨粒浓度变化

磨粒、疲劳磨粒随发动机工作时间的变化情况，可以看出，发动机工作在 1 057～1 239 h 之间，油液中疲劳磨粒较多；在 1 239～1 284 h，油液中严重滑动磨粒较多，表明此次故障前期失效类型主要以疲劳剥落为主，后期故障趋于严重，以磨损为主。

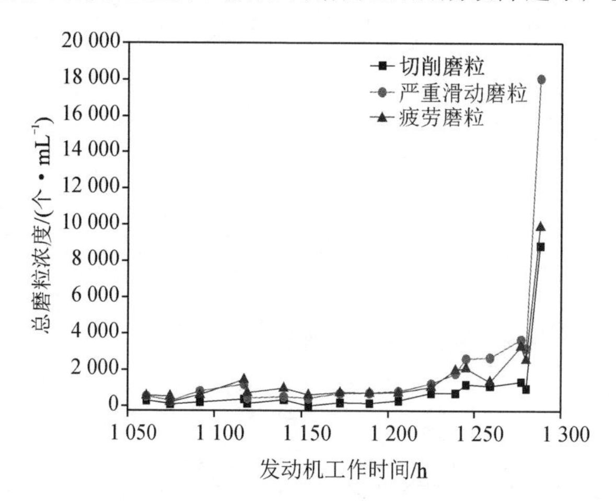

图 2－41　不同类型的磨粒浓度变化

该发动机经分解检查，发现后附件传动机匣轴承滚珠剥落、保持架严重磨损、内钢套滚道上整圈大面积剥落，如图 2－42 所示。检查结果验证了 MIDCS 磨粒分析的正确性。

(a) 内滚道损伤

(b) 滚珠损伤

图 2－42　轴承严重磨损

从图 2－39 中可以明显看出，与传统光谱分析相比，MIDCS 比光谱分析提前预警了 50 h。由于 MIDCS 对 10 μm 以上的异常磨粒检测力更强，而滚动轴承早期疲劳剥落将产生 10μm 以上的异常磨粒，因此，MIDCS 对于监控航空发动机滚动轴承疲劳磨损故障更具优势。

(2) 典型故障二：某航空发动机主轴承抱轴

某飞机夜航飞行过程中，因左发振动值急增引发“CO”信号，发生一起空中停车事故征候。导致空中停车的直接原因是发动机主轴承异常磨损导致的转子支承系统空中故障，造成发动机抱轴停车。抱轴发动机总使用时间 320 h 56 min。对该发动机故障前后共 9 个滑油样，分别采用光谱和 MIDCS 进行油液检测，检测结果详见表 2 - 12。检测结果表明，故障发生前的 4 月 10 日和 4 月 11 日，滑油中的特征磨粒信息已出现明显的故障征兆，其中大于 20 μm 的特征磨粒浓度迅速增长，分别达到 356 个/mL 和 502 个/mL，已明显超过该型发动机的正常值。

表 2 - 12　发动机滑油光谱分析和磨粒检测结果

采样日期	发动机工作时间/h	滑油工作时间/h	光谱数据/ppm		MIDCS/(个·mL^{-1})	
			Fe	Cu	>10 μm	>20 μm
3 月 23 日	297	20	0.6	0.1	210	29
3 月 26 日	300	23	0.2	0.1	270	38
3 月 28 日	302	25	0.6	0.2	106	26
4 月 1 日	305	28	0.7	0.3	637	101
4 月 6 日	310	34	0.5	0.2	328	60
4 月 7 日	314	38	0.4	0.1	229	98
4 月 10 日	317	41	0.6	0.2	1 325	356
4 月 11 日	320	43	1.3	0.3	1 004	502
4 月 15 日	324	47	28.1	4.6	15 729	2 654

(3) 典型故障三：某航空发动机齿轮衬套磨损

2014 年 6 月 20 日，某飞机发动机按规定时间间隔进行滑油检测，发现该发动机光谱分析正常，滑油磨粒检测发现大于 20 μm 总特征磨粒浓度急剧上升，已超过监控标准的异常值(大于 20 μm 总特征磨粒浓度不大于 450 个/mL)。机组拆下主滑油滤检查，发现较多金属屑。清洗滑油滤并更换滑油后试车，主油滤内仍存在金属屑，表明发动机内部产生异常磨损。滑油滤金属屑经鉴定为锡青铜，与发动机内部齿轮衬套材料相符。光谱分析和磨粒检测结果见表 2 - 13。6 月 19 日大于 20 μm 的总特征磨粒浓度较上一个油样明显上升，6 月 20 日大于 20 μm 的总特征磨粒浓度已超出了异常限定值。磨粒变化趋势较为明显，但光谱分析中铁、铜元素浓度变化不大，表明油液中的颗粒以大于 10 μm 的磨粒为主，具体见表 2 - 13。

表 2 - 13　发动机滑油光谱分析和磨粒检测结果

采样日期	发动机工作时间/h	滑油工作时间/h	光谱数据/ppm		MIDCS/(个·mL^{-1})	
			Fe	Cu	>10 μm	>20 μm
2014 - 03 - 05	1 602	100	0.6	0.2	196	52
2014 - 05 - 12	1 649	147	0.7	0.6	196	17
2014 - 06 - 19	1 702	200	0.3	0.0	788	229
2014 - 06 - 20	1 706	204	0.5	0.1	1 663	583

(4) 典型故障四:某航空发动机游星齿轮固定螺钉脱落

2015年1月23日,某飞机按规定时间间隔进行滑油检测,分析发现第二发动机的油液光谱分析正常。使用MIDCS进行滑油磨粒检测发现,磨粒检测结果较上一个滑油样本明显突增,其中大于10 μm的总特征磨粒浓度由353个/mL上升到938个/mL,大于20 μm的总特征磨粒浓度由34个/mL上升到247个/mL。大于20 μm总特征磨粒浓度已超过了警告值(不大于190个/mL)。光谱分析和磨粒检测结果见表2-14。光谱分析结果一直维持在较低水平,没有明显变化。随后检查发动机滑油系统,在主滑油泵消沫网处发现多块金属片,如图2-43所示,主滑油泵存在卡滞情况。

表2-14　发动机滑油光谱分析和磨粒检测结果

采样日期	发动机工作时间/h	滑油工作时间/h	光谱数据/ppm		MIDCS/(个·mL^{-1})	
			Fe	Cu	>10 μm	>20 μm
2014-11-26	1 583	141	1.0	1.1	282	35
2014-12-20	1 634	190	0.9	0.8	584	192
2015-01-05	1 642	213	1.3	1.3	353	34
2015-01-23	1 684	265	1.0	1.6	938	247

返厂分解检查发现,该发动机第一级游星齿轮喷油管止动垫圈与固定螺钉装配不到位,导致垫圈与固定螺钉在发动机工作过程中脱落,后被游星齿轮碾碎,随滑油进入主滑油泵,如图2-44所示。

综上所示,通过采用MIDCS对现役航空发动机进行磨粒监测,已成功提前预报多起航空发动机故障,避免了航空发动机发生空中停车的险情。

图2-43　主滑油泵内的金属片

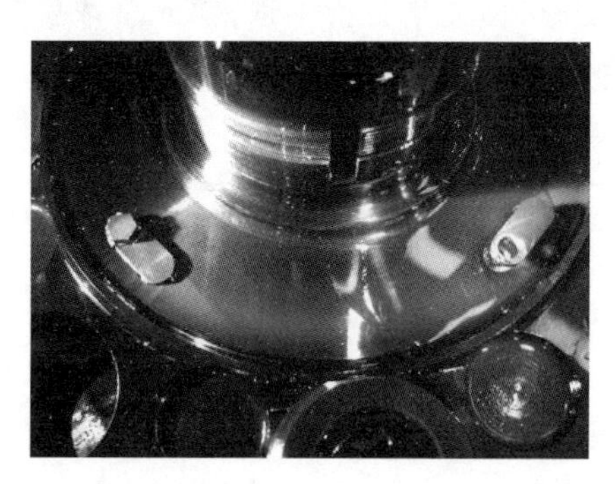

(a) 第一级游星齿轮喷油管止动垫圈与固定螺钉脱落

(b) 游星齿轮磨损

图2-44　发动机磨损痕迹

本章小结

本章介绍了飞机油液分析和磨损监控技术，包括传统的理化分析技术、污染分析技术、磁塞分析技术、光谱分析技术、铁谱分析技术、扫描电镜及能谱分析等。然后针对现有光谱分析、铁谱分析和颗粒计数方法的不足，介绍了一种新的油液磨损监控技术——MIDCS 1.0，并用实例验证了新技术的有效性。

参考文献

[1] 陈果，左洪福．图像分割的二维最大熵遗传算法[J]．计算机辅助设计与图形学学报，2002，14(6)：530-534.

[2] 吕植勇．磨粒检测数字化方法的研究[D]．武汉：武汉理工大学，2005.

[3] 何晓昀．磨粒表面形貌分析与三维重构[D]．武汉：武汉理工大学，2005.

[4] 邱丽娟，宣征南，张兴芳，等．基于支持向量机的铁谱磨粒自动识别[J]．广东石油化工学院学报，2015，25(3)：34-38.

[5] 黄鹏，贾民平，钟秉林，等．磨损磨粒显微形态分析与自动识别技术[J]．东南大学学报(自然科学版)，2006，36(3)：411-415.

[6] 刘粲．基于油液分析的设备状态监测与磨粒识别系统开发[D]．广州：华南理工大学，2011.

[7] 陈果，王海飞，潘文平，等．航空器检测与诊断技术导论[M]．北京：北京航空航天大学出版社，2022.

第 3 章 基于规则的专家系统诊断原理

自从斯坦福(Standford)大学于 1968 年开发出第一个专家系统 DENDRAL 以来，专家系统由于其广泛的应用范围和产生的巨大经济效益而得到了迅速发展，现已成为人工智能的三大研究前沿(其余两个为模式识别和智能机器人)之一。诊断专家系统作为专家系统的一个分支，其研究也得到了各国的高度重视，并相继在各行业中开发出一些诊断专家系统，如 Bell 实验室于 1983 年开发的 ACE(用于电话电缆故障诊断与维护)系统，EGG 公司于 1982 年开发的 REACTOR(用于核反应堆故障诊断与处理)系统等。

专家系统是一种智能的计算机程序，它使用知识与推理过程，来求解那些需要杰出人物的专家知识才能解决的高难度问题。它能借助人类的知识采取一定的搜索策略，并通过推理的手段去解决某一特定领域的困难问题。

专家系统技术能够使计算机帮助人们分析和解决只能用自然语言描述的复杂问题。这样就拓展了计算机计算与统计方面的工作内容，使计算机程序具有了思维能力。这些具有思维能力的程序能够与决策者进行对话，并运用推理，提出不同的可能行为过程的建议。将人类专家具有的知识和推理技能编制进专家系统，就能建造一个像人类专家一样诊断故障和提出建议的程序系统。同样，专家系统技术能让不具有编程能力的人们建立功能强大的程序系统。这样，对编程一窍不通的工程技术人员就能够把他们的知识输入专家系统。其他同样缺乏编程能力的工程技术人员通过对话能够很容易地检查这些在系统内部的知识，并在必要时修改这些知识。

因此，与专家系统相关的概念和技术是革命性的，专家系统能将本领域众多专家的经验汇集在一起，使人类共享知识成为可能。将专家系统应用于故障诊断技术领域必将极大地提高故障诊断的技术水平。

本章将介绍一类最基本的专家系统——基于规则的专家系统(Rule-Based Reasoning, RBR)，并结合其在航空发动机滑油监控专家系统(Engine Oil Monitor Expert System)EOMES 1.0 中的应用进行阐述。

3.1　专家系统原理

如图 3-1 所示，基于知识的专家系统[1]主要由知识库、推理机、人机接口、知识获取子系统、解释子系统、全局数据库组成。其工作原理为在知识库创建和维护阶段，知识获取子系统在领域专家和知识工程师（在知识自动获取的情况下，可以脱离他们，然而到目前为止，专家系统的知识自动获取能力仍很有限）的指导下，将专家知识、诊断对象的结构知识等存放于知识库中或对知识库进行维护（增加、删除和修改）；在诊断阶段，用户根据需要，将征兆信息传送给推理机，推理机根据诊断过程的需要，对知识库中的各条知识及全局数据库中的各项事实进行搜索或继续向用户索要征兆信息；完成诊断后，诊断结果也通过人机接口返回给用户。如需要，解释子系统可调用知识库中的知识和全局数据库中的事实对诊断结果和诊断过程中用户提出的问题作出合理的解释。

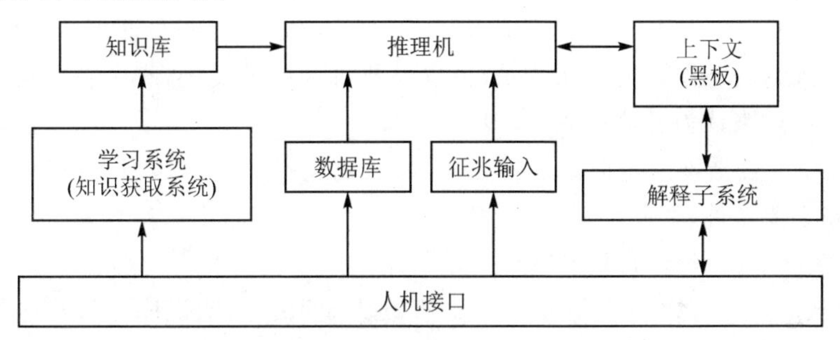

图 3-1　故障诊断专家系统结构图

3.1.1　专家系统的组成

下面简介专家系统的各组成部分。

（1）知识库

主要用来存放领域专家知识。在知识库中，知识是以一定的形式表示的。知识的表示方法有许多种，通常有产生式规则、网络、框架、决策树、谓词逻辑等表示方法。其中以产生式规则表示方法最为常用。

（2）数据库

数据库通常由动态数据库和静态数据库两部分构成。静态数据库存放相对稳定的参数，如机器的额定转速、额定功率等设计参数。动态数据库则存放运行过程中的机组参数，如某润滑油样的铁谱及光谱分析数据等。这些数据都是推理过程中不可缺少的诊断依据。

（3）推理机

推理机的功能是根据一定的推理策略从知识库中选择相关的知识，对用户提供的证据进行推理，直到得出相应的结论为止。推理机包括推理方法和控制策略两部分。

1）推理方法分为精确推理和不精确推理两类

① 精确推理。把领域知识表示成必然的因果关系，推理的结论是肯定的或否定的。

② 不精确推理。在专家给出的规则强度和用户给出的原始证据不确定性的基础上，定义一组函数，求出结论的不确定性度量。其基本方法是，给各个不确定的知识某种确定性因子，在推理过程中，依某种算法计算中间结果的确定性因子，并沿着推理链传播这种不确定性，直到得出结论。

2）控制策略主要指推理方向的控制及推理规则的选择策略

① 正向推理。由原始数据或原始征兆出发，向结论方向进行推理。推理机根据原始征兆，在知识库中寻找能与之匹配的规则，如匹配成功，则将该知识规则的结论作为中间结果，再去寻找可匹配的规则，直到找到最终结论。

② 反向推理。先提出假设，然后由假设结论出发，去寻找可匹配的规则，如匹配成功，则将规则的条件作为中间结果，再去寻找可匹配的规则，直到找到可匹配的原始征兆，则反过来认为此假设成立。

③ 正反混合推理。先根据重要征兆，通过正向推理得出假设，再以假设去反向推理，寻找必要条件，如此反复。

（4）学习系统（知识获取系统）

知识获取过程可以看作是一类专业知识从知识源到知识库的转移过程。知识源包括人类专家、资料和书本等。知识获取过程包括在知识库创建时识别出必要的知识并将其形式化。建成的知识库经常会发现错误或不完整，所以知识获取过程还包括对知识库的修改和扩充。早期的专家系统完全依靠专家和计算机工作者把领域内的知识总结归纳出来，然后将其程序化后建立知识库。此外，对知识库修改和扩充也是在系统的调试和验证过程中手工进行的。后来，一些专家系统或多或少地具备了自动知识获取功能。然而，基于规则的学习系统灵活性较差，且知识库的维护较困难。最近几年，通过专家系统和神经网络的结合才大大改善了知识自动获取的局面。

（5）上下文（黑板）

上下文即存放中间结果的地方，给推理机提供一个笔记本记录，指导推理机工作，其功能相当于一个工作过程的"记录黑板"。

（6）征兆提取器

在故障诊断领域，征兆通常是采取人机交互方式，由人机交互接口送入系统。它也可以与信号检测装置进行接口来实现故障征兆的自动提取。

3.1.2　专家系统的优缺点

基于规则的专家系统的优点是其应用广泛，技术成熟。但其缺点如下。

(1) *知识获取的瓶颈问题*

通过知识工程师与领域专家对话，将领域专家的知识总结为规则加入知识库的方法是间接的，不但费时费力，而且效率低，同时领域专家的经验知识往往很难用一定的规则来描述。

(2) *自适应能力差*

如果所涉及的知识与专业领域知识有细微的偏差，诊断系统将得不出结论。

(3) *学习能力差*

目前知识处理系统还不能实现从诊断过的实例中自动学习新的知识、维护并更新原有知识库。系统的智能水平取决于系统最初所具备的知识，因此限制了系统的自我完善、发展和提高。

(4) *实时性差*

由于在符号处理中，问题的求解过程是一个在解空间的搜索过程，因此速度很慢。

目前，数据挖掘技术和先进的人工智能方法已被应用于专家系统的知识获取，大大提高了专家系统的学习能力和自适应能力，并被广泛应用于特定领域的故障诊断。

3.2　基于规则的故障诊断专家系统在 EOMES 1.0 中的应用

EOMES 1.0 是南京航空航天大学与北京航空工程技术研究中心联合开发的、面向军用航空发动机滑油监控的新型专家系统。针对空军基地的滑油光谱分析和自动磨粒检测技术，该系统运用了基于规则的专家系统开发策略，采用了基于多源信息的融合诊断技术，根据空军基地的实际使用情况，收集了十余种机型的共计 1 500 余条知识规则，并利用正反向推理策略实现了航空发动机磨损故障的诊断。

该专家系统采用 Microsoft Visual C＋＋ 6.0 和 Microsoft Access 数据库进行系统开发，并利用动态链接库技术实现了 Visual C＋＋与 MATLAB 语言的接口。航空发动机滑油监控专家系统 EOMES 1.0 具有界面友好、操作简单、使用方便等优点。目前，该系统已经在空军基地推广使用，并取得了很好的实际使用效果。

3.2.1　知识库

1. 知识的表达

该系统采用广泛使用的 IF－THEN 规则知识表达形式。其表达式为：

IF(条件 1,条件 2,…,条件 N)THEN (结论 1,结论 2,…,结论 M)

置信度(CF),规则状态(中间结果、最终结果)

① 不失一般性,设定条件数 N 不大于 20,结论数 M 设定为 1。

② 规则置信度 CF 为 0 到 1 之间的实数。

③ 规则状态。设定为“中间结果”或“最终结果”两种状态。若为“中间结果”,则该规则尚不能得到最终诊断结果,需要补充条件(通常采用提问的方式)继续推理;若为“最终结果”,则根据该规则能得到一个最终诊断结果。

2. 规则条件内容

对于滑油光谱分析,元素的浓度及浓度增长率分为正常、警告、异常三种。同时,当规则需要补充其他信息方能得到最终结果时,通常是以问题回答的方式来获取其他信息。因此,组成规则的条件部分的内容如下。

① 元素浓度正常、元素浓度增长率正常、元素浓度警告、元素浓度增长率警告、元素浓度异常、元素浓度增长率异常。其中元素包括:Fe、Al、Cu、Cr、Zn、Cd、Si、Ag、Pb、Ti、Sn、Mg、B、Ba、Ca、Mn、Mo、Na、Ni、P、V、C、Au、S、Nb、W。实际选取的元素类型可以在系统设置中进行设置。判断元素浓度及浓度增长率的界限值可以在知识维护中实现设置和修改。

② 问题的答案为“是”“否”或“未知”。

软件知识库维护界面如图 3-2 所示。

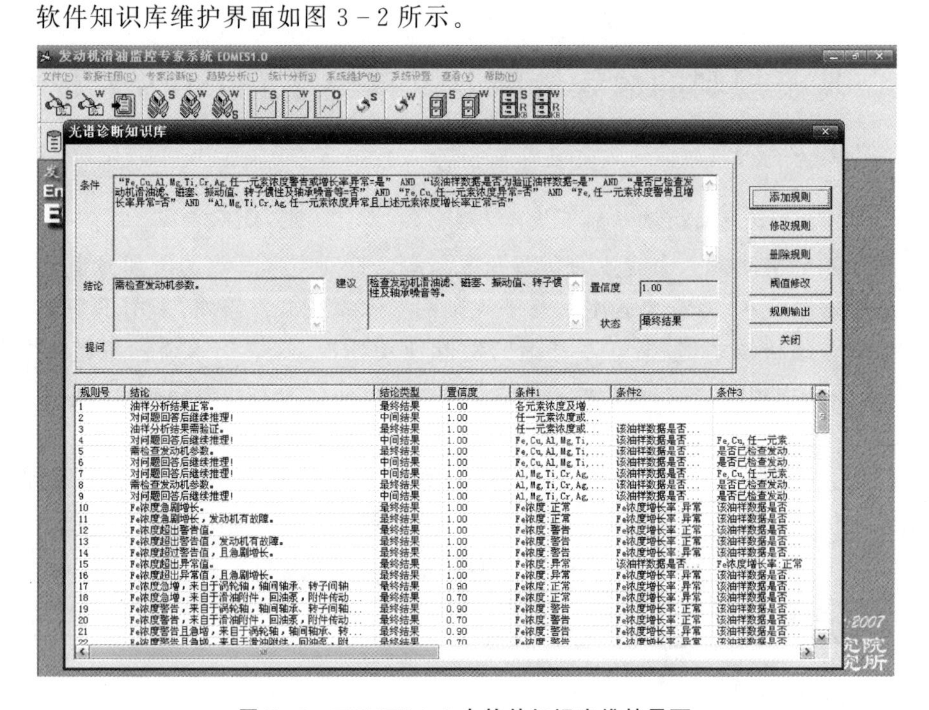

图 3-2　EOMES 1.0 中软件知识库维护界面

3.2.2 专家诊断

系统采用正反向混合推理的方式,其推理流程如图3-3所示。

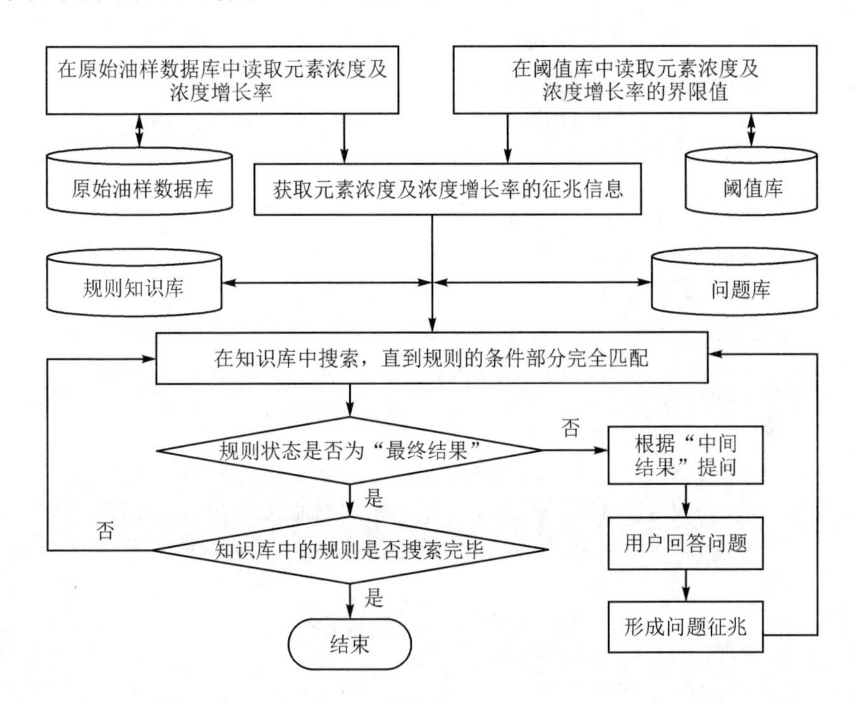

图3-3 EOMES 1.0中专家推理流程

① 在原始油样数据库中读取待诊断油样的元素浓度及浓度增长率,并在阈值库中读取相应元素浓度及浓度增长率的界限值,进行元素浓度及浓度增长率为“正常”“警告”和“异常”的判断,从而提取出元素浓度及浓度增长的征兆信息,组成规则条件。

② 根据形成的征兆条件,在规则知识库中搜索,直到与某一规则的条件部分完全匹配,则判断该规则是否为“最终结果”。

③ 如为“最终结果”,则得到一个诊断结果。同时,判断知识库中的规则是否已搜索完毕。若已搜索完毕,则诊断过程结束;否则,将继续进行搜索。

④ 若相匹配的规则为“中间结果”,则需要向用户提出问题,以获取其他信息,根据用户的回答形成问题征兆,并继续进行推理。

3.2.3 EOMES 1.0中基于规则的专家诊断实例

1. 部分飞机发动机滑油监控专家知识规则

下面列出某型飞机的部分发动机滑油监控专家系统知识规则作为诊断实例。

RULE1:
IF　各种元素浓度及增长率均正常,
THEN　油样分析结果正常,继续常规取样(置信度=10/10)
RULE2:
IF　"Fe浓度:正常"　AND
"Fe浓度增长率:异常"
THEN　中间结果,并进行提问:该发动机油样上次专家结论是否为"不换油,立即重新取样分析"(置信度=10/10)
RULE3:
IF　"Fe浓度:正常"　AND
"Fe浓度增长率:异常"　AND
该发动机油样上次专家结论是否为"不换油,立即重新取样分析"=否
THEN　注意:Fe浓度急剧增长。建议:不换油,立即重新取样分析(置信度=10/10)
RULE4:
IF　"Fe浓度:正常"　AND
"Fe浓度增长率:异常"　AND
该发动机油样上次专家结论是否为"不换油,立即重新取样分析"=是
THEN　注意:Fe浓度急剧增长。建议:检查滑油滤、回油油滤、金属屑信号器及高低压转子是否灵活。若有问题,按规程要求采取措施;无问题,不换油,缩短取样期10 h左右取样分析(置信度=10/10)
RULE5:
IF　"Fe浓度:警告"　AND
"Fe浓度增长率:正常"
THEN　注意:Fe浓度超出警告值。建议:检查滑油滤、回油油滤、金属屑信号器及高低压转子是否灵活。若有问题,按规程要求采取措施;无问题,不换油,缩短取样期10 h左右取样分析(置信度=10/10)
RULE6:
IF　"Fe浓度:警告"　AND
"Fe浓度增长率:异常"
THEN　中间结果,并进行提问:是否为"发动机没发现明显症状"
RULE7:
IF　"Fe浓度:警告"　AND
"Fe浓度增长率:异常"　AND
"发动机未发现明显症状"=是
THEN　注意:Fe浓度超出警告值,Fe浓度急剧增长(置信度=10/10)
RULE8:
IF　"Fe浓度:警告"　AND
"Fe浓度增长率:异常"　AND
"发动机未发现明显症状"=是
THEN　Fe来自主轴承滚珠、滚棒、内外钢套(置信度=7/10)
RULE9:
IF　"Fe浓度:警告"　AND

　　　　“Fe 浓度增长率：异常”　　AND
　　　　“发动机未发现明显症状”= 是
THEN　Fe 来自主轴承涨圈、涡轮轴（置信度 = 7/10）
RULE10：
IF　　“Fe 浓度：警告”　　　　AND
　　　　“Fe 浓度增长率：异常”　　AND
　　　　“发动机未发现明显症状”= 是
THEN　Fe 来自滑油泵、回油泵齿轮、附件传动装置齿轮（置信度 = 6/10）
RULE11：
IF　　“Fe 浓度：警告”　　　　AND
　　　　“Fe 浓度增长率：异常”　AND
　　　　“发动机未发现明显症状”= 是
THEN　结论和建议：检查滑油滤、回油油滤、金属屑信号器及高低压转子是否灵活。若有问题，按规程要求采取措施；无问题，不换油，工作 5 h 左右重新取样分析（置信度 = 10/10）
RULE12：
IF　　“Fe 浓度：异常”　　　　AND
　　　　“Fe 浓度增长率：正常”
THEN　中间结果，并进行提问：该发动机油样上次专家结论是否为“不换油，地面试车后重新取样分析”（置信度 = 10/10）
RULE13：
IF　　“Fe 浓度：异常”　　　　AND
　　　　“Fe 浓度增长率：正常”　　AND
　　　　该发动机油样上次专家结论是否为“不换油，地面试车后重新取样分析”= 是
THEN　中间结果，并进行提问：是否为“发动机未发现明显症状”（置信度 = 10/10）
RULE14：
IF　　“Fe 浓度：异常”　　　　AND
　　　　“Fe 浓度增长率：正常”　　AND
　　　　该发动机油样上次专家结论是否为“不换油，地面试车后重新取样分析”= 是　　AND
　　　　“发动机未发现明显症状”= 是
THEN　注意：Fe 浓度超出异常值（置信度 = 10/10）
RULE15：
IF　　“Fe 浓度：异常”　　　　AND
　　　　“FE 浓度增长率：正常”　AND
　　　　该发动机油样上次专家结论是否为“不换油，地面试车后重新取样分析”= 是　　AND
　　　　“发动机未发现明显症状”= 是
THEN　Fe 来自主轴承滚珠、滚棒、内外钢套（置信度 = 7/10）
RULE16：
IF　　“Fe 浓度：异常”　　　　AND
　　　　“Fe 浓度增长率：正常”　　AND
　　　　该发动机油样上次专家结论是否为“不换油，地面试车后重新取样分析”= 是　　AND
　　　　“发动机未发现明显症状”= 是
THEN　Fe 来自主轴承涨圈、涡轮轴（置信度 = 7/10）

RULE17：

IF “Fe浓度：异常” AND

“Fe浓度增长率：正常” AND

该发动机油样上次专家结论是否为“不换油，地面试车后重新取样分析”=是 AND

“发动机未发现明显症状”=是

THEN Fe来自滑油泵、回油泵齿轮、附件传动装置齿轮（置信度=6/10）

RULE18：

IF “Fe浓度：异常” AND

“Fe浓度增长率：正常” AND

该发动机油样上次专家结论是否为“不换油，地面试车后重新取样分析”=是 AND

“发动机未发现明显症状”=是

THEN 结论和建议：检查滑油滤、回油油滤、金属屑信号器及高低压转子是否灵活，若有问题，按规程要求采取措施；无问题，不换油，每个飞行日取样监控使用（置信度=10/10）

RULE19：

IF “Fe浓度：异常” AND

“Fe浓度增长率：正常” AND

该发动机油样上次专家结论是否为“不换油，地面试车后重新取样分析”=否 AND

“发动机未发现明显症状”=是

THEN 注意：Fe浓度超出异常值。建议：不换油，地面试车后重新取样分析（置信度=10/10）

RULE20：

IF “Fe浓度：异常” AND

“Fe浓度增长率：异常” AND

THEN 中间结果，并进行提问：是否为“发动机未发现明显症状”

RULE21：

IF “Fe浓度：异常” AND

“Fe浓度增长率：异常” AND

“发动机未发现明显症状”=是

THEN 注意：Fe浓度超出异常值（置信度=10/10）

RULE22：

IF “Fe浓度：异常” AND

“Fe浓度增长率：异常” AND

“发动机未发现明显症状”=是

THEN 注意：Fe浓度急剧增长（置信度=10/10）

RULE23：

IF “Fe浓度：异常” AND

“Fe浓度增长率：异常” AND

“发动机未发现明显症状”=是

THEN Fe来自主轴承滚珠、滚棒、内外钢套（置信度=8/10）

RULE24：

IF “Fe浓度：异常” AND

“Fe浓度增长率：异常” AND

“发动机未发现明显症状”=是

THEN　Fe 来自主轴承涨圈、涡轮轴(置信度 = 8/10)

RULE25:

IF　"Fe 浓度:异常"　AND
"Fe 浓度增长率:异常"　AND
"发动机未发现明显症状" = 是

THEN　Fe 来自滑油泵、回油泵齿轮、附件传动装置齿轮(置信度 = 7/10)

RULE26:

IF　"Fe 浓度:异常"　AND
"Fe 浓度增长率:异常"　AND
"发动机未发现明显症状" = 是

THEN　结论和建议:不能飞行或工作,查找原因,检查油滤和磁塞并将结果和处理意见上报(置信度 = 10/10)

RULE27:

IF　"Si 浓度:异常"

THEN　注意:Si 浓度超出异常值,硅来自砂子灰尘。建议:确认有污染,清洗系统,地面试车后取样,直到分析结果正常为止(置信度 = 10/10)

RULE28:

IF　"Fe 浓度:警告"　AND
"Fe 浓度增长率:异常"

THEN　中间结果,并进行提问是否为:"发动机金属屑信号灯亮"(置信度 = 10/10)

RULE29:

IF　"Fe 浓度:警告"　AND
"Fe 浓度增长率:异常"　AND
"发动机金属屑信号灯亮" = 是

THEN　Fe 来自主轴承滚珠、滚棒、内外钢套 (置信度 = 7/10)

RULE30:

IF　"Fe 浓度:警告"　AND
"Fe 浓度增长率:异常"　AND
"发动机金属屑信号灯亮" = 是

THEN　Fe 来自主轴承涨圈、涡轮轴 (置信度 = 7/10)

RULE31:

IF　"Fe 浓度:警告"　AND
"Fe 浓度增长率:异常"　AND
"发动机金属屑信号灯亮" = 是

THEN　Fe 来自滑油泵、回油泵齿轮、附件传动装置齿轮 (置信度 = 6/10)

RULE32:

IF　"Fe 浓度:警告"　AND
"Fe 浓度增长率:异常"　AND
"发动机金属屑信号灯亮" = 是

THEN　结论和建议:检查信号器敏感元件、滑油滤和磁塞。若信号器电路有问题,排故或更换;否则清洗信号器,按工艺要求检查发动机(置信度 = 10/10)

RULE33:

IF “Fe浓度：异常” AND
“Fe浓度增长率:异常”
THEN 中间结果,并进行提问是否为:“发动机金属屑信号灯亮”(置信度10/10)
RULE34:
IF “Fe浓度：异常” AND
“Fe浓度增长率:异常” AND
“发动机金属屑信号灯亮”=是
THEN Fe来自主轴承滚珠、滚棒、内外钢套(置信度=8/10)
RULE35:
IF “Fe浓度：异常” AND
“Fe浓度增长率:异常” AND
“发动机金属屑信号灯亮”=是
THEN Fe来自主轴承涨圈、涡轮轴(置信度=8/10)
RULE36:
IF “Fe浓度：异常” AND
“Fe浓度增长率:异常” AND
“发动机金属屑信号灯亮”=是
THEN Fe来自滑油泵、回油泵齿轮、附件传动装置齿轮(置信度=7/10)
RULE37:
IF “Fe浓度：异常” AND
“Fe浓度增长率:异常” AND
“发动机金属屑信号灯亮”=是
THEN 结论和建议:检查信号器敏感元件、滑油滤和磁塞。若信号器电路有问题,排故或更换。否则按工艺要求查找原因确定发动机能否继续使用(置信度=10/10)
RULE38:
IF “Fe浓度：异常” AND
“Fe浓度增长率:异常”
THEN 中间结果,并进行提问是否为:“发动机振动值高于标准”(置信度=10/10)
RULE39:
IF “Fe浓度：异常” AND
“Fe浓度增长率:异常” AND
“发动机振动值高于标准”=是
THEN Fe来自主轴承滚珠、滚棒、内外钢套(置信度=8/10)
RULE40:
IF “Fe浓度：异常” AND
“Fe浓度增长率:异常” AND
“发动机振动值高于标准”=是
THEN Fe来自主轴承涨圈、涡轮轴(置信度=8/10)
RULE41:
IF “Fe浓度：异常” AND
“Fe浓度增长率:异常” AND
“发动机振动值高于标准”=是

THEN　Fe 来自滑油泵、回油泵齿轮、附件传动装置齿轮(置信度 = 7/10)

RULE42：

IF　"Fe 浓度：异常"　AND

"Fe 浓度增长率：异常"　AND

"发动机 振动值高于标准" = 是

THEN　结论和建议：按工艺要求检查发动机，同时检查滑油滤和磁塞以确定发动机能否继续使用(置信度 = 10/10)

2. 诊断实例

(1) 光谱原始油样分析数据文件如下

"S21　　","XXX＋02Y＋410995023050＋01/07/04＋25＋25＋0.20＋特检"," 1－7－2004"," 8:42","Sn　","　",3.73,"Cu　","　",0.48,"Ag　","　",0.10,"Ti　","　",0.23,"Al　","　",0.05,"Cr　","　",0.31,"Zn　","　",0.57,"Si　","　",63.56,"Fe　","　",0.46,"Mg　","　",1.03,"Pb　","　",0.85,"Cd　","　",0.07

该文件中包含了"使用单位""飞机型号""飞机编号""发动机号""取样日期""发动机工作时间""滑油工作时间""滑油消耗率""发动机状态""分析日期""分析时间"以及各元素的含量。

(2)光谱元素浓度及其浓度增长率的获取

1) 浓度修正

由于油液中金属元素的实际浓度受发动机的滑油添加影响，因此需要进行适当修正。其修正公式为

$$C_{tn}=C_{tn-1}+C_n+C_{n-1}\left(\frac{V_{n-1}}{V}-1\right) \tag{3-1}$$

式中，C_{tn} 为第 n 次取样，滑油中某一磨损元素的修正浓度；C_{tn-1} 为第 $n-1$ 次取样，滑油中某一磨损元素修正浓度；C_n 为第 n 次取样，滑油中某一磨损元素的测定浓度；C_{n-1} 为第 $n-1$ 次取样，滑油中某一磨损元素的测定浓度；V_{n-1} 为第 $n-1$ 次取样后，补加的新油量；V 为滑油系统容量(油箱＋系统油路)；

$$V_{n-1}=Q\Delta T$$

式中，ΔT 为第 n 次与第 $n-1$ 次取样时间间隔，h；Q 为滑油消耗率，L/h。

2) 浓度增长率计算

$\Delta T \geqslant 5$ h 计算浓度增长率，其计算公式如下：

$$T_n=\frac{C_{tn}-C_{tn-1}}{\Delta T}$$

式中，T_n 为第 n 次油样修正浓度增长率值。

3) 浓度修正及浓度增长率计算原则

油样光谱分析完成后，生成的数据文件将自动传送至数据库。实现数据存储及

磨损元素修正浓度和浓度增长率的计算时，考虑5种可能性。

① 当某一油样的“飞机型号”“发动机号”在数据库中没有与其匹配的，即刚开始监控的发动机油样，修正浓度取原始浓度值，浓度增长率值为修正浓度与滑油工作时间之比。

② 某一油样“飞机型号”“发动机号”库中有与之匹配的，且该油样与上次分析油样工作时间差 $\Delta T \geqslant 5$ h，按修正浓度、浓度增长率公式计算（0 h$<\Delta T<$5 h时，与再上一个油样进行比较计算修正浓度和浓度增长率值）。

③ 当 $\Delta T<0$ h时，即换油后的发动机油样，修正浓度取原始浓度，浓度增长率值为修正浓度与滑油工作时间比值。

④ 当 $\Delta T=0$ h时，即该油样为重新取样，与再上一个油样进行比较计算修正浓度和浓度增长率值。

⑤ 当一油样无“滑油工作时间”与“滑油消耗率”时，修正浓度取原始浓度，浓度增长率值为零。

4）待诊断油样通过计算后得到光谱元素浓度及浓度增长率

通过对原始数据的读取、处理及计算，得到当前时刻滑油中各元素浓度含量及格浓度增长率的数值，见表3-1。

表3-1 待诊断油样的光谱元素浓度及浓度增长率

浓度值/ppm											
Fe	Al	Cu	Cr	Zn	Cd	Si	Ag	Pb	Ti	Sn	Mg
0.46	0.05	0.48	0.31	0.57	0.07	63.56	0.10	0.85	0.23	3.73	1.03
浓度增长率/(ppm·10 h^{-1})											
Fe	Al	Cu	Cr	Zn	Cd	Si	Ag	Pb	Ti	Sn	Mg
0.02	0.00	0.02	0.01	0.02	0.00	2.54	0.00	0.03	0.01	0.15	1.03

5）元素浓度及元素浓度增长率的界限值

为了判断待诊断油样中元素浓度及浓度增长率是否正常，首先需要在“系统设置”中对各元素的界限值进行设定。通常，界限值的获取需要经过建立在大量的试验验证和经验分析的基础上，而一旦建立，则可输入系统诊断阈值库中。为了举例说明，假设元素浓度及浓度增长率见表3-2。由于元素的浓度及浓度增长率需要判断为“正常”“警告”及“异常”三种状态，因此需要设定两个界限值。在表3-2中，上面一行为第一限，下面一行为第二限。

6）待诊断油样故障征兆

通过与光谱元素浓度及浓度增长率相比较，得到以下故障征兆。

① Fe浓度异常。

② Cu浓度异常。

③ Si浓度异常。

表 3-2　待诊断油样的光谱元素浓度及浓度增长率界限值

浓度值/ppm												
	Fe	Al	Cu	Cr	Zn	Cd	Si	Ag	Pb	Ti	Sn	Mg
第一限	0.1	10	0.1	10	10	10	10	10	10	10	10	10
第二限	0.2	20	0.15	20	20	20	20	20	20	20	20	20
浓度增长率/(ppm·10 h^{-1})												
	Fe	Al	Cu	Cr	Zn	Cd	Si	Ag	Pb	Ti	Sn	Mg
第一限	0.1	10	10	10	10	10	10	10	10	10	10	10
第二限	0.5	20	20	20	20	20	20	20	20	20	20	20

(3) 专家诊断

1) 根据“Fe 浓度异常”征兆的诊断

仅根据“Fe 浓度异常”这一个征兆还不能直接得出结论，因此需要补充提问。其推理路径如下。

① 首先激活规则。

RULE12
IF　　“Fe 浓度:异常”　　　　AND
　　　“Fe 浓度增长率:正常”
THEN　中间结果，并进行提问:该发动机油样上次专家结论是否为“不换油，地面试车后重新取样分析”(置信度 = 10/10)

② 对问题回答“是”后，激活规则。

RULE13
IF　　“Fe 浓度:异常”　　　　AND
　　　“Fe 浓度增长率:正常”　　AND
　　　该发动机油样上次专家结论是否为“不换油，地面试车后重新取样分析” = 是
THEN　中间结果，并进行提问:是否为“发动机未发现明显症状”(置信度 = 10/10)

③ 对问题回答“是”后，激活规则 RULE14、RULE15、RULE16、RULE17、RULE18。

RULE14
IF　　“Fe 浓度:异常”　　　　AND
　　　“Fe 浓度增长率:正常”　　AND
　　　该发动机油样上次专家结论是否为“不换油，地面试车后重新取样分析” = 是　　AND
　　　“发动机未发现明显症状” = 是
THEN　注意:Fe 浓度超出异常值(置信度 = 10/10)
RULE15
IF　　“Fe 浓度:异常”　　　　AND
　　　“Fe 浓度增长率:正常”　　AND

该发动机油样上次专家结论是否为“不换油，地面试车后重新取样分析”= 是　AND
“发动机未发现明显症状”= 是
THEN　Fe 来自主轴承滚珠、滚棒、内外钢套（置信度 = 7/10）
RULE16
IF　“Fe 浓度：异常”　AND
“Fe 浓度增长率：正常”　AND
该发动机油样上次专家结论是否为“不换油，地面试车后重新取样分析”= 是　AND
“发动机未发现明显症状”= 是
THEN　Fe 来自主轴承涨圈、涡轮轴（置信度 = 7/10）
RULE17
IF　“Fe 浓度：异常”　AND
“Fe 浓度增长率：正常”　AND
该发动机油样上次专家结论是否为“不换油，地面试车后重新取样分析”= 是　AND
“发动机未发现明显症状”= 是
THEN　Fe 来自滑油泵、回油泵齿轮、附件传动装置齿轮（置信度 = 6/10）
RULE8
IF　“Fe 浓度：异常”　AND
“Fe 浓度增长率：正常”　AND
该发动机油样上次专家结论是否为“不换油，地面试车后重新取样分析”= 是　AND
“发动机未发现明显症状”= 是
THEN　结论和建议：检查滑油滤、回油油滤、金属屑信号器及高低压转子是否灵活，若有问题，按规程要求采取措施；无问题，不换油，每个飞行日取样监控使用（置信度 = 10/10）

2）根据“Cu 元素浓度异常”征兆的诊断

由于没有相应的知识规则，故没有规则与之匹配，因此无诊断结论。

3）根据“Si 元素浓度异常”，匹配规则

RULE27
IF　“Si 浓度：异常”
THEN　注意：Si 浓度超出异常值，硅来自砂子灰尘。建议：确认有污染，清洗系统，地面试车后取样，直到分析结果 正常为止（置信度 = 10/10）

因此，最后得到结论：Si 浓度超出异常值，硅来自砂子灰尘。建议：确认有污染，清洗系统，地面试车后取样，直到分析结果正常为止（置信度＝10/10）。

本章小结

本章介绍了基于规则的专家系统诊断方法，详细阐述了知识库、推理机、学习系统等专家系统的关键环节，最后通过 EOMES 1.0 的实际应用进行了实例介绍。

参考文献

[1] 吴今培，肖建华. 智能故障诊断与专家系统[M]. 北京：科学出版社，1997.

第 4 章 基于案例推理的诊断专家系统

案例推理[1-17](Case - Based Reasoning,CBR)是通过目标案例的提示,从历史记忆中获取原案例,并由原案例来指导目标案例求解的一种策略。其中,案例就是带有上下文信息的知识单元,这些知识代表了推理机在达到其目标的过程中能起关键作用的经验。当前面临的问题或情况被称为目标案例,而记忆中的问题或情况则被称为原案例。对于 CBR,一个通俗的解释是:为了找到一个实际新问题的解,首先在经验库中寻找相似的问题,从过去的相似问题中提取出解,并将其作为求解实际问题解的起点,通过适应性修改来获得新问题的解。

基于案例推理是继基于规则推理之后的又一专家系统设计技术。本章将介绍 CBR 的原理、特点和关键技术,并结合实例进行分析。

4.1 基于案例的诊断方法

4.1.1 CBR 的发展历程

在 20 世纪 70 年代中期,就已经出现了一些体现 CBR 思想的计算机程序。随着关于记忆认知理论的不断成熟,CBR 的计算机模型不断完善,其被迅速应用于建立智能系统。

1982 年,Roger Shank 出版了 *Dynamic Memory* 一书,详细描述了 CBR 的最早研究工作,并给出了在计算机上建造 CBR 的方法。他的早期思想被逐渐实现,并加以应用,这一时期的代表人物是佐治亚工学院的 Janet Kolodner,CYRUS 就是其领导开发的第一个基于案例的推理系统。在 CYRUS 的案例记忆模型基础上,美国许多大学的研究人员开发了一些 CBR 系统。

20 世纪 80 年代后期至 90 年代初,出现了许多 CBR 系统,其应用越来越普遍。CBR 已经广泛应用于医疗诊断、法律、故障诊断、农业、气象、软件工程等各个领域。表 4 - 1 列出了典型的 CBR 软件。

表 4-1　典型的 CBR 软件

工具或软件	商家或作者	要点简介
JUDGE	Brain 1989	模拟司法判决
KRITIK	Goel 1992	电路领域，集成 CBR 与 MBR
CABARET	Rissland，Skalak 1989	法律，集成 CBR 和 RBR
CABOT	Callan et al 1991	游戏，动态调节检索
Projective Visualization	Goodman 1993	游戏，模拟人的视觉形象
CBR2	Inference 公司 1995	通用工具，推理的文本表示
Eclipse	Haley 公司 1998	CBR 外壳，函数修正和规则修正
ESTEEM	Esteem 公司	顺序符号层次结构，最近邻和 ID3 检索
KATE	Acknosoft 公司	层次结构，可修改界面

CBR 作为基于规则推理技术的一个重要补充，已受到人工智能研究人员的关注，是当前人工智能及机器学习领域中的热门课题与前沿方向。其目前的研究重点主要集中在以下几个方面：案例的检索及检索技术；案例修正技术及其修正规则的获取方法；案例库的维护技术及其性能的研究；案例工程的自动化；CBR 的理论基础；CBR 与其他方法的集成技术；CBR 的应用，研制 CBR 开发平台，以及将 CBR 融合进大规模并行处理等。

4.1.2　CBR 原理

人们在日常生活中解决问题或进行设计时，通常会先根据以往解决问题或进行类似设计时的经验，再针对新旧情况的不同做相应的调整，得出新的结论或新的设计，而不是每次都从头做起，一步步地重新开始。回忆过去的经历有助于缩短问题解决的途径，避免重复工作，也避免犯同样的错误。这就是 CBR 的基本思想。

CBR 是通过访问知识库中过去同类问题求解过程与结果，从而获得当前问题的解决方案的一种推理模式。与基于规则的推理系统相比，CBR 系统是以一种完全不同的方式来解决问题。一个 CBR 系统由案例索引机制、检索机制、案例改写和案例库四个核心功能部件构成。

案例库提供支持问题求解的一组案例，它是系统过去进行问题求解经验的汇集。根据问题描述，案例检索机制将搜索它的案例库以寻找一个满足问题描述要求的现有案例。如果幸运的话，将找到完全匹配问题描述的案例而直接得到问题的解答，这就使迅速解决复杂问题成为可能。另一方面说，如果没有那么幸运，那么将根据问题描述，对检索出的案例进行修改。案例改写的结果将形成一个完全满足描述要求的答案，该结果同时作为一个新的案例，经索引机制组织到案例库中以备将来使用。

4.1.3　CBR 的特点

CBR 的显著特点有信息完全表达，增量式学习，准确模拟形象思维，知识获取较为容易，求解效率高等。与传统的专家系统相比，其最大优点在于动态知识库，即通过增量学习而不断增加知识的案例库。然而，CBR 中也存在以下一些问题。

① CBR 对噪声数据较为敏感，错误数据及冗余数据容易影响系统检索和求解效果。

② CBR 系统需要保持和管理一组数量较大的案例，时间和空间的复杂性都是必须仔细考虑的问题。

③ 深层、表层、背景知识与案例所表示的特殊知识缺乏相互集成。

④ 案例工程过程的自动化程度不够，即缺乏案例知识的自动生成，这些知识的获取也存在一定的瓶颈问题。

同基于规则的推理(RBR)方法相比，CBR 方法具有以下优点。

① CBR 比单纯的 RBR 更接近于人类的决策过程，是一种自然的方法。因为专家解决问题时，总是试图回忆曾遇到过的类似问题，并借助以往的解决方法来求得新的解决方法。

② 案例库比知识库容易构造。应用领域总会有些解决问题的先例，这些先例可以作为案例库的“种子”。许多领域往往已有这些先例的成文材料，稍加整理即可使用。同时，案例是相对独立的，每个案例均有其自身的结构完整性，相互间没有依赖关系。而规则库的建造则依赖于知识工程师从领域专家那里收集、整理和编码规则，这是一项繁重而费时的工作。

③ 案例库比规则库容易维护，更具灵活性。案例的相对独立性使得增减一个案例不会影响其他案例的存在。在规则库中，一条规则的增删可能引起规则库的一致性和完整性问题。因而，对大型知识库的维护工作比较困难。

④ CBR 比 RBR 有更快的执行速度。RBR 是一种链式推理，简单的推理可能触发多条规则，而链环的检测更是费时。而 CBR 的推理只涉及与当前问题相关的若干有限案例，检索非常迅速。这就像一个知道答案的专家和一个需要想一想的专家之间的差异。

⑤ CBR 拥有学习能力。CBR 能够自动地将新问题的解决(无论成功或失败)作为案例加入案例库，从而使系统的“经验”不断丰富，求解问题的能力逐渐增加。更进一步，借助其他机器学习技术，可以从各种案例中抽象出一般的原理和方法，使知识的获取的自动化成为可能。

当然，CBR 的问题求解性能和效率依赖于案例库的覆盖范围、案例检索的合适性和解答改编的可能性。在许多应用场合下，单纯的 CBR 方法不足以保证系统求解问题的良好性能，往往需要 RBR 技术加以补充。

4.2　基于案例的专家系统的架构

CBR 来源于人类的认知心理活动，它属于类比推理方法。其基本思想是基于人们在问题求解中习惯于运用过去处理类似问题的经验和所获取的知识，再根据新旧情况的差异做相应的调整，从而得到新问题的解并形成新的案例。通常，CBR 具有如下步骤[18]，如图 4-1 所示。

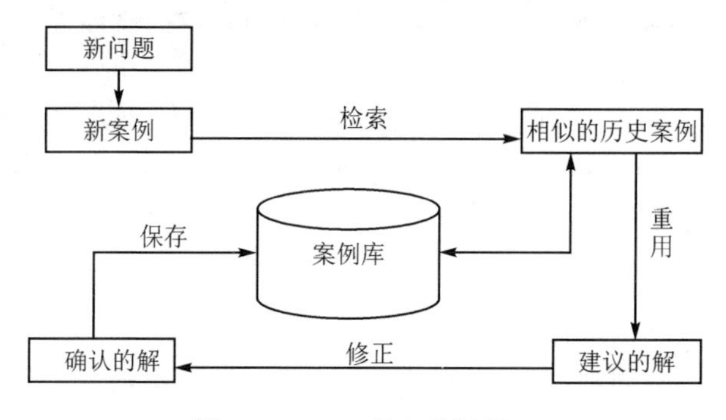

图 4-1　CBR 的工作过程

① 案例检索：根据问题的特征，从案例库中找到一个或多个与当前问题最相似的案例。检索是 CBR 进行推理的核心。

② 案例的复用：对于简单的问题，仅需要把旧案例的结果直接用于新案例。对于复杂的问题，则需要对领域知识深入理解，根据案例之间的差异对问题进行调整。

③ 案例改写：当复用阶段产生的求解结果不理想时，需要对其进行改写。改写的第一步是对复用结果进行评估，如果成功，则不必改写；否则，需要对错误和不足进行改写。

④ 案例的存储：新问题得到了解决后，将当前问题所求解的过程与结果形成新的案例，通过索引机制建立关于这个案例的主要特征的索引，并将其加入案例库中。这是学习过程也是知识获取过程。

4.3　基于 CBR 的关键技术

4.3.1　案例的组织

基于案例的推理效果在某种程度上依赖于案例的结构和知识表示形式。CBR 系统所依赖的最重要知识存储在案例中，案例的集合组成了案例库，它是 CBR 中的知识库之一。案例库包含了应用领域中的历史经验。从问题求解角度来看，案例应包含对问题整体情况的描述，还应包含对问题的解或解的方法的描述，有时还应对求解效果给予描述，所以案例可表示为如下格式。

“问题描述，解描述”或“问题描述，解描述，效果描述”

案例的表示方法有很多，如文本、关系数据库、类、面向对象的数据库、语义网、神经网络、框架结构等。对于复杂的形式，一个案例还可以由许多子案例组成。其中，采用关系数据库是广泛应用的案例表示方式，它将案例表示为导致特定结果的一系列特征。

4.3.2　案例相似度的计算

对于给定目标案例，如何从案例库中检索和选择最为相似的案例决定了 CBR 系统的学习与推理性能，案例间的相似性度量是检索的关键。在案例间相似度的评估中，通常是建立一个相似性计算函数对当前案例与旧案例进行比较，常用的相似度量函数有以下几类。

(1) Tversky 对比匹配函数

$$T_{nk}=\frac{(A^n\cap A^k)}{(A^n\cup A^k)-(A^n\cap A^k)} \tag{4-1}$$

式中，A^n，A^k 分别表示案例 n 和 k 的属性全集；T_{nk} 表示案例 n 和 k 之间的相似度，这种相似度适合于属性是二进制的应用领域。

(2) 改进的 Tversky 对比匹配函数

$$S_{nk}=\frac{\sum_{i=1}^{m}w(n,i)w(k,i)V_{nk}^{i}}{\sum_{i=1}^{m}w^2(n,i)\sum_{i=1}^{m}w^2(k,i)} \tag{4-2}$$

式中，$w(n,i)$，$w(k,i)$分别表示第 i 个属性在案例 n 和 k 中的权值；V_{nk}^{i} 表示案例 n 和 k 的第 i 个属性的相似度；m 表示案例 n 和 k 的所有属性的个数；S_{nk} 为相似度。

(3) 最近邻法

假设案例 $X=\{x_1,x_2,\cdots,x_n\}$，$x_i(1\leqslant i\leqslant n)$是它的特征值，$w_i(1\leqslant i\leqslant n)$是其权重，则案例 X 和 Y 之间的相似度可以定义为

$$\mathrm{Sim}(X,Y)=1-\mathrm{Dist}(X,Y)=1-\left(\sum_{i=1}^{n}w_iD(x_i,y_i)^r\right)^{\frac{1}{r}} \tag{4-3}$$

式中，$D(x_i,y_i)=\begin{cases}|x_i-y_i|, & \text{如果属性连续}\\ 0, & \text{如果属性离散且 } x_i=y_i;\\ 1, & \text{如果属性离散且 } x_i\neq y_i\end{cases}$

$r=2$ 为欧氏距离；$r=1$ 为汉明距离。

(4) 多参数相似性

两个案例 p，p'之间的相似性计算，须考虑多个因素，相应的计算公式为

$$\mathrm{Sim}(p,p')=\frac{\alpha\times \mathrm{Attrsim}(p,p')+\beta\times \mathrm{Addrsim}(p,p')+\gamma\times \mathrm{Contsim}(p,p')}{\alpha+\beta+\gamma} \tag{4-4}$$

式中，Attrsim，Addrsim，Contsim 表示分别计算两个案例之间的属性、地址、上下文相似性的计算函数；α，β，γ 表示用户分别为代表权值定义的参数。

(5) Weber 计算法

$$\mathrm{Sim}(X,Y)=\theta f(X\cap Y)-\alpha f(X-Y)-\beta f(Y-X) \tag{4-5}$$

式中，θ，α，β 是代表每一项重要性的参数；f 是某个算符或某个计算相关集合相匹配的度量值的算法。

4.3.3 案例的检索与匹配

CBR 的检索要达到以下两个目标：即检索出的案例应尽可能地少；检索出来的案例应尽可能与目标案例相关或相似。CBR 中的检索策略有多种，主要的检索方法有以下几种。

① 分类网模型：案例按概括/特化层次结构组织，检索时采用自上而下的探针策略，越往下，相似度越高。

② 模板检索：根据系统或用户提供的具有特定性质的模式实现检索，在其库中查找所有符合的案例。模板检索类似于关系数据库中的结构查询语言(SQL)查询。

③ 最近邻检索法：核心思想是计算案例之间的相似度，找出一个或多个相似度最大的案例作为其检索结果。

④ 归纳检索：利用基于决策树的学习算法来实现检索。从案例的各个部分抽取最能将该案例区分开的成分，并根据这些成分将案例组织成一个类似于判别网络的层次结构。检索时采用判别树搜索策略。在检索目标有明确定义且每种目标类型均有足够多的例子进行归纳的情况下，归纳法优于最近邻方法，可以根据案例自动确定最佳的用于检索的特征。归纳法的缺点在于需要大量的案例进行归纳，而且归纳学习将增加建立知识库的时间。

⑤ 基于知识的深检索：深层知识包括领域的因果模型，能依据推理过程、方法策略修改的原则来对求解结果进行解释。其深层知识避免了不相关案例的检索，甚至可在检索过程中对索引方式进行动态修改。

⑥ 神经网络检索方式：利用神经网络的诸多优势，建立案例库的并行分布式神经网络的表达模型，然后依据用户输入来搜索案例库网络。该方法具有快速、自适应、抗噪声等特点。如采用 BP 网络和自适应共振网络，可以实现基于特征的动态聚类以及从聚类模板到每一案例的索引，并在此基础上，实现层次式的神经网络索引与相应的检索操作。

⑦ 粗糙集检索方式：将粗糙集理论引入 CBR 中，充分利用案例库中冗余属性的

简化，形成案例的索引，从而可以根据不同问题按不同索引进行检索并得出结论。

⑧ 模糊检索技术：针对定性和定量混合案例属性的统一处理方法。当新问题输入后，模糊机制首先将问题中输入的定量属性转化成相应的定性属性，然后同问题中原定性属性组合在一起进行检索，得到候选案例集，再从中找出最相似的旧有案例。

4.3.4 基于 CBR 的修正技术

在 CBR 系统中，当案例库中没有与新的案例完全匹配的旧案例时，通常只能找到一个与待求问题相对相似的旧案例，然后再对该旧案例进行修正，使其能适应新情况，从而得以求解。案例修整是 CBR 的中心问题和难点问题，常用的方法如下。

① 替换方法：选择和确定一个替代物替换不适用于新环境的旧有解的一部分。

② 转换方法：使用启发式方法来替换、删除或增加成分到旧有解中，以适应新的环境。

③ 衍生类比方法：使用得到的旧有解的方法来类比推理新环境下的新解，这需要大量使用类比推理的原理。

④ 多案例综合方法：使用多个案例的结合来修正新问题以得到其解。

⑤ 基于案例的派生重演法：将过去的修正求解的过程记录下来，作为案例保存，之后的修正就以过去修正的实例作为基础，对新问题进行 CBR 推理，以完成新问题的修正。

⑥ 遗传算法：案例修正是一个非线性、多维、多参数的优化问题，因此可以采用遗传算法来完成案例的修正。

⑦ 利用修正知识来修正新案例：获取案例修正知识，利用基于规则的推理方式来实现案例的修正。

利用修正知识来实现案例的修正是目前广泛使用的方法，其关键在于修正知识的获取。目前关于修正知识获取的方法有：利用领域知识来学习修正规则，交互式修正知识规则的学习，从案例库中学习修正规则，从数据库中直接发现修正知识等。

4.3.5 基于 CBR 的系统维护技术

在 CBR 系统中，系统的增量式学习会使案例库无限增大，导致相似案例的检索时间大大增加，出现所谓的“沼泽问题”。因此系统必须具备维护功能。案例库维护的基本方法如下：

① 增量式保存法：新问题解决后，设计人员可以直接对新问题实例进行保存，而不考虑实例是否具有保存价值和实例库能否对其进行有效管理。这种方法能迅速丰富案例库，在 CBR 出现的初期常被采用，但是同时会造成案例库数据的大量冗余。

② 基于相似性的保存法：对增量式保存法进行改进。在对新实例进行保存时，

根据实例特征比较新实例与实例库中已有实例的相似性。若无与新实例相似度大于设定阈值的实例,则对新实例进行保存。该方法类似于实例检索,目前常被采用。

③ 随机删除法:当实例库的规模超出设定值时,对实例库中的实例进行随机删除。该方法适用于实例库急需精简的情况,但不考虑实例的重要程度和实用性。若删除的实例为重要实例,可能导致系统能力急剧下降。

④ 设定时间删除法:根据实例入库保存时的时间,删除实例库中某一保存时间之前或者某个时间段的实例。该方法不直接考虑实例的具体性能,常用于设计周期短、更新换代快的领域。

⑤ 基于实例分类的删除法:根据实例在实例库中的重要性依次分类为辅助实例、支持实例、连接实例和核心实例。在保证不影响系统性能的基础上,依次进行删除,以维持实例库的规模,该算法的缺点在于没有对同类实例的实用性进行评价,有时实用性良好的同类实例会被删除。

4.4 飞机液压系统磨损故障 CBR 诊断实例

在飞机使用过程中记录了大量排故案例,积累了丰富的油样数据,因此,将 CBR 方法应用于飞机液压系统故障诊断和维护,可以避开规则难以提取、知识获取困难的瓶颈。同时,将历史记录中难以规则化的知识和经验隐含在案例中,以案例形式表达,直观、容易理解,能够反映故障的总体概貌,有利于现场人员参考。

一般而言,CBR 系统分为案例检索、案例重用、案例修正和案例存储四个步骤,其中案例检索是影响系统性能的关键因素,它关系到推理过程的准确性和合理性。原始匹配算法有欧氏距离法、汉明距离法、最近邻算法等。但这些匹配策略都有一个固有的缺点,即很容易受无关属性和噪声数据的影响。目前,已有一些学者进行了相关的研究,如利用 BP 网络模型来实现相似案例的检索,虽然检索速度快,但匹配精度较低,训练网络的时间较长。

本节引入了一种新的案例检索匹配方法,利用目前人工智能领域先进的特征提取方法——核主成分分析(Kernel Principal Component Analysis,KPCA)方法对待分析数据和案例进行特征压缩,然后再进行最近邻匹配。最后,利用实际的油样数据进行的验证分析,证明了该方法的有效性。

4.4.1 基于 CBR 的飞机液压系统磨损故障诊断关键技术

1. 构建案例库

本节涉及的飞机液压系统油样案例主要来源于使用过程中的排故和维修记录。通过对某型号飞机液压系统故障油样数据进行收集、整理、知识提取,获取了典型飞机故障案例。通过对该型号飞机液压系统故障情况的分析,确定案例应包含对问题

整体情况的描述，还应包含对问题的解或解的方法的描述。即

base $=\{C_1, C_2, \cdots, C_n\}$ 表示案例库，其中 $C_i = C[F_i, S_i]$ 表示案例中的第 i 个案例；

$F_i = \{f_{i1}, f_{i2}, \cdots, f_{in}\}$ 表示案例 C_i 的征兆集，f_{in} 表示案例 C_i 的第 n 个征兆；

$S_i = \{S_{i1}, S_{i2}, \cdots, S_{in}\}$ 表示案例 C_i 的解决方案集，S_{in} 表示 C_i 的第 n 个解决方案（或者解决方案的第 n 个步骤）。

案例代表过去经验的积累，并不是一条规则。在案例库中，每个案例描述的是一种故障状态，它们是相互独立的。案例库索引策略的合理与否直接影响到案例的检索效率，合理的索引结构可以缩小搜索范围，提高检索效率。根据飞机液压系统故障特点以及专家建议，本节对飞机液压系统案例库采用基本信息类（如案例号、飞机型号、液压系统名称）建立索引结构。

2. 基于KPCA的案例特征提取意义

设计合理的案例匹配方法是CBR技术的关键之一。然而，由于油样数据（包括颗粒计数分析数据、光谱分析数据、铁谱分析数据、油品理化性能分析数据）维数较高，数据间存在很大的冗余信息，如何有效地对油样数据进行压缩和降维，有效地实现油样数据特征提取，是提高油样数据匹配成功率的关键。

目前，核主成分分析（Kernel Principal Component Analysis，KPCA）是国际上流行的一种特征提取新方法[19,20]，它是利用核技巧对经典的主成分分析法进行的一种非线性推广。与传统主成分分析法相比，KPCA具有能有效捕捉数据的非线性特征、对原始空间中数据的分布情况没有要求等优点，因此它在包括人脸识别等诸多领域的应用取得了很好的效果。有鉴于此，本节将KPCA方法应用于飞机液压系统油液的特征提取，实现油样数据的压缩与降维处理，然后根据所提取的特征，利用最近邻法实现飞机液压系统的故障诊断。

3. KPCA原理

最早将核方法思想应用于特征抽取的是Scholkopf等人[21]，他们于1999年借鉴SVM的核方法（kernel method）思想，将主成分分析（Principal Component Analysis，PCA）拓展到非线性情形，提出了KPCA。KPCA是PCA的改进算法，它采用非线性方法来提取主成分。KPCA通过一个非线性函数 Φ 将原始向量 $\boldsymbol{X}$（$\boldsymbol{X} \in \mathbf{R}^N$）映射到一个高维的特征空间 $\boldsymbol{F}$，$\boldsymbol{F} = \{\Phi(X): \boldsymbol{X} \in \mathbf{R}^N\}$ 在 $\boldsymbol{F}$ 上进行PCA分析。它可以将在输入空间无法线性分类的数据变换到特征空间来实现线性分类。

对于输入空间中的 M 个样本 $x_k (k=1,2,\cdots,M)$，$x_k \in \mathbf{R}^N$，使 $\sum_{k=1}^{M} x_k = 0$，则其协方差矩阵为

$$\boldsymbol{C} = \frac{1}{M} \sum_{j=1}^{M} x_j x_j^{\mathrm{T}} \tag{4-6}$$

对于一般PCA方法，即通过求解特征方程

$$\lambda \boldsymbol{v} = \boldsymbol{C}\boldsymbol{v} \tag{4-7}$$

获得贡献率大的特征值(对应较大的特征值)及与之对应的特征向量。现引入非线性映射函数Φ，使输入空间中的样本点$x_1, x_2, \cdots, x_n$变换为特征空间中的样本点$\Phi(x_1), \Phi(x_1), \cdots, \Phi(x_n)$。

设

$$\sum_{k=1}^{M} \Phi(x_k) = 0 \tag{4-8}$$

则在特征空间$\boldsymbol{F}$中的协方差矩阵为

$$\bar{\boldsymbol{C}} = \frac{1}{M} \sum_{j=1}^{M} \Phi(x_j) \Phi(x_j)^{\mathrm{T}} \tag{4-9}$$

因此，特征空间中的PCA是求解方程$\lambda \boldsymbol{v} = \bar{\boldsymbol{C}}\boldsymbol{v}$中的特征值$\lambda$和特征向量$\boldsymbol{v} \in \boldsymbol{F} \backslash \{0\}$，进而有

$$\lambda(\Phi(x_k) \cdot \boldsymbol{v}) = \Phi(x_k) \cdot \bar{\boldsymbol{C}}\boldsymbol{v}, \qquad k = 1, 2, \cdots, M \tag{4-10}$$

注意到式(4-10)中$\boldsymbol{v}$可以由$\Phi(x_i)(i=1,2,\cdots,M)$线性表示出，即

$$\boldsymbol{v} = \sum_{i=1}^{M} \alpha_i \Phi(x_i) \tag{4-11}$$

由式(4-9)～式(4-11)得

$$\lambda \sum_{i=1}^{M} \alpha_i (\Phi(x_k) \cdot \Phi(x_i)) = \frac{1}{M} \sum_{i=1}^{M} \alpha_i \left(\Phi(x_k) \cdot \sum_{j=1}^{M} \Phi(x_j) \right) (\Phi(x_j) \cdot \Phi(x_i))$$

$$(k = 1, 2, \cdots, M) \tag{4-12}$$

定义$M \times M$矩阵$\boldsymbol{K}$：

$$\boldsymbol{K}_{ij} \equiv \Phi(x_i) \cdot \Phi(x_j) \tag{4-13}$$

式(4-12)简化为

$$M\lambda \boldsymbol{K}\alpha = \boldsymbol{K}^2 \alpha \tag{4-14}$$

显然满足

$$M\lambda\alpha = \boldsymbol{K}\alpha \tag{4-15}$$

则必然满足式(4-14)。通过对式(4-15)的求解，即可获得要求的特征值和特征向量。测试样本在$\boldsymbol{F}$空间向量$\boldsymbol{V}^k$上的投影为

$$(\boldsymbol{V}^k \cdot \Phi(x)) = \sum_{i=1}^{M} \alpha_i^k (\Phi(x_i) \cdot \Phi(x)) \tag{4-16}$$

假设式(4-8)在一般情况下是不成立的，此时式(4-15)中的$\boldsymbol{K}$用$\widetilde{\boldsymbol{K}}$代替。

$$\widetilde{\boldsymbol{K}}_{ij} = \boldsymbol{K}_{ij} - \frac{1}{M} \sum_{m=1}^{M} 1_{im} \boldsymbol{K}_{\mathrm{mj}} - \frac{1}{M} \sum_{n=1}^{M} \boldsymbol{K}_{in} 1_{nj} + \frac{1}{M^2} \sum_{m,n=1}^{M} 1_{im} \boldsymbol{K}_{mn} 1_{nj} \tag{4-17}$$

式中，$1_{ij}=1$(对于所有的i,j)。

KPCA算法可以分为以下三个步骤。

① 选择适当形式的核函数 $k(x,y)$，将训练样本的图像数据进行核映射，实现高维空间上的中心化，然后根据式(4－17)计算矩阵 $\widetilde{\boldsymbol{K}}$。

② 计算 $\widetilde{\boldsymbol{K}}$ 的特征值和特征向量，并进行高维空间上的正规化。

③ 对于测试样本，计算其非线性主分量。

在求出测试样本的非线性主分量后，可选择最近邻分类器进行分类。

4.4.2　飞机液压系统磨损的 CBR 故障专家系统

1. 诊断流程

将提出的案例检索与匹配方法应用于某飞机液压系统磨损故障问题，开发了飞机液压系统状态监控专家系统(AHMES)。该系统的 CBR 诊断流程如图 4－2 所示。图 4－3 展示了专家系统的主界面，图 4－4 为案例添加界面，图 4－5 则是 CBR 诊断结论界面。目前，该系统已成功应用于某型国产飞机液压系统的状态监控。

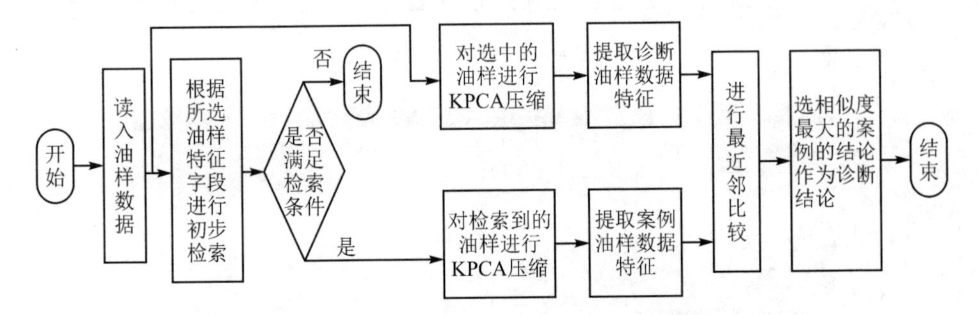

图 4－2　故障案例检索与匹配的基本流程

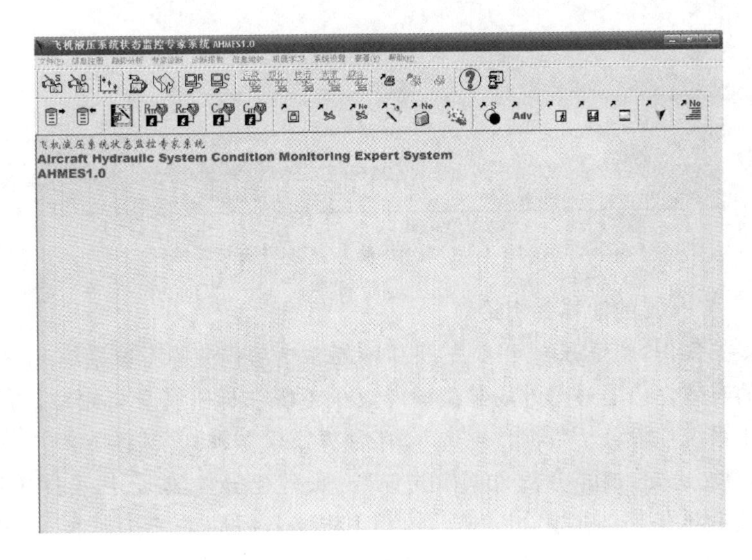

图 4－3　系统主界面

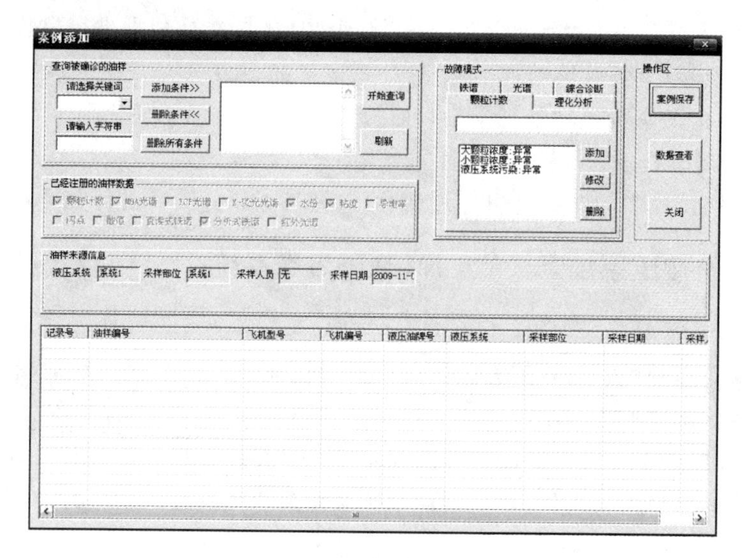

图 4-4　案例添加界面

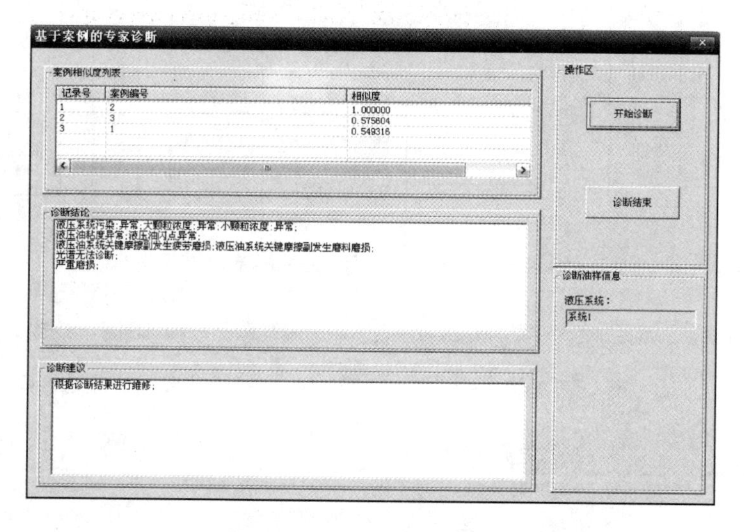

图 4-5　CBR 诊断结论界面

2. 基于 KPCA 的油样案例诊断

以下根据实例，验证基于 CBR 的飞机液压系统磨损故障专家系统故障案例特征提取方法的有效性。通过对外场某型国产液压系统油样进行分析跟踪，得到某型国产飞机液压系统油样分析数据。挑选 60 条油样案例数据列于表 4-2 中。

由表 4-2 可知，油样分析数据由光谱数据、理化分析数据、污染度等级数据组成。该数据集共有 21 维，60 条记录。随着飞机飞行时间的延长和油样分析手段的增加，案例库中案例的条数和维数必将增加。这将给案例的检索和匹配带来很大的困难。因此，对油样数据进行 KPCA 压缩和特征提取显得非常必要。

经 KPCA 压缩后(核参数 $p=0.001$,核函数为 p 阶多项式核函数),得到的能量保持率在 95%的特征矩阵如图 4-6 所示。

表 4-2　某型飞机液压系统油样分析数据

案例属性		案例编号								
		1	2	3	4	5	6	7	…	60
光谱分析数据/ppm	Fe	0.20	0.40	0.60	0.60	0.20	0.30	0.40	…	0.10
	Cr	0.40	0.20	0.20	0.40	0.30	0.30	0.40	…	0.60
	⋮	⋮	⋮	⋮	⋮	⋮	⋮	⋮	⋮	⋮
	V	0.00	0.00	0.00	0.00	0.00	0.00	0.00	…	0.10
理化分析数	黏度/($mm^2\cdot s^{-1}$)	11.7	11.9	11.7	12.1	11.9	11.7	11.0	…	11.2
	含水量/ppm	82.0	96.9	94.4	87.5	75.7	96.9	51.1	…	44.3
颗粒计数数据	污染度等级(GJB 420A—1996)	6	5	5	6	6	6	6	…	7

从特征矩阵可以看出,KPCA 将原来 21 维的油样案例数据压缩成了 3 维,并且能够将能量保持在 95%以上。

$$\begin{bmatrix} -0.0003 & 0.0003 & -0.0002 & -0.0004 & 0.0002 & -0.0018 & -0.0020 & \cdots & 0.0005 \\ -0.0001 & -0.0001 & -0.0001 & -0.0001 & -0.0001 & -0.0001 & -0.0001 & \cdots & 0.0002 \\ 0.0000 & -0.0000 & -0.0000 & -0.0000 & 0.0000 & -0.0001 & 0.0000 & \cdots & 0.0007 \end{bmatrix}^{T}_{3\times 60}$$

图 4-6　经 KPCA 压缩后的特征矩阵

由于核参数的选取对 KPCA 的特征提取效果具有很大影响,目前尚没有统一的选择理论和依据。为了验证经 KPAC 压缩后,不同的核参数对案例油样的识别效果,本文选取了多项式核函数对 KPCA 方法的识别率进行比较。p 阶多项式核函数如下:

$$K(x,x_i)=[(x\cdot x_i)+1]^p \tag{4-18}$$

现将 60 条油样案例叠加 20%的随机高斯噪声作为测试样本进行最近邻识别。识别结果见表 4-3。从表 4-3 中可以看出,不同的核参数对特征提取和结果识别有很大的影响。其中,最高识别率可以达到 95.28%,而最低识别率仅为 68.34%,平均识别率为 85.81%。

表 4-3　不同的核参数下 KPCA 对应的识别结果

多项式核函数	核参数 p	0.001	0.01	0.05	0.1	0.5	1
	识别率/%	95.28	93.33	96.71	91.67	70.00	68.34

为了验证 KPCA 对噪声数据的识别效果,现将 60 条油样案例叠加不同强度的随机高斯噪声作为测试样本与 PCA 压缩进行比较。图 4-7 为不同高斯噪声强度下 PCA 与 KPAC 的识别效果比较图。其中 KPCA 的核参数 p 取 0.05,比较结果见

表 4－4。实验表明，在相同的能量保持率和噪声强度下，KPCA 的识别率均大于 PCA。随着高斯噪声强度的增加，KPCA 相对于 PCA 的优势更加明显。

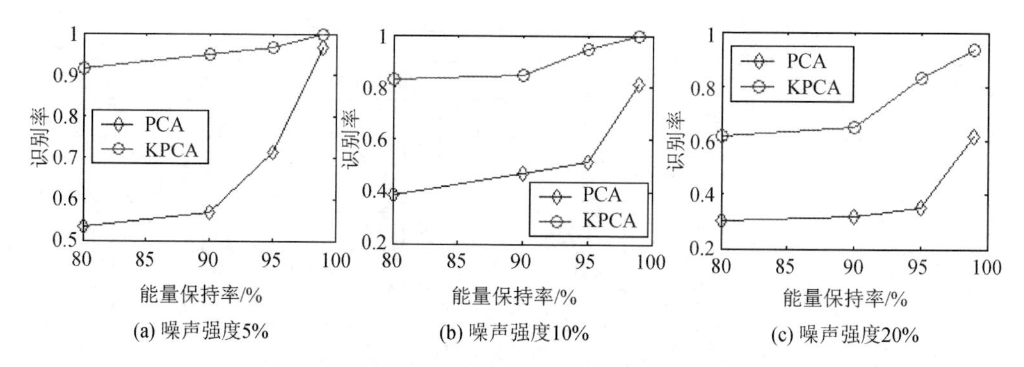

图 4－7 不同强度高斯噪声下的 PCA 与 KPCA 识别效果图

表 4－4 不同强度高斯噪声下 PCA 与 KPCA 的识别效果对比

高斯噪声强度	5%				10%				20%			
能量保持率/%	99	95	90	80	99	95	90	80	99	95	90	80
PCA 识别率/%	96.7	71.3	56.7	53.3	81.6	51.6	46.7	38.8	61.6	35	31.6	30
KPCA 识别率/%	100	96.7	95	91.6	100	95	85	83.3	93.7	83.3	65	61.6

为了进一步验证此方法的优势，笔者任意选择一条待诊断油样数据(见表 4－5)。在不压缩和经 KPCA 压缩后的情况下，分别与案例库中的案例(表 4－2 中的 60 条数据)进行最近邻匹配。对比结果如图 4－8 所示。从图中可以看出，待诊断油样数据在压缩和不压缩的情况下都是与案例库中的第 8 条案例距离最近，但经 KPCA 压缩后，由于突出了油样的主分量，降低了无关冗余属性的影响，与无特征压缩的油样数据相比，案例匹配的最近距离增大，从而表现出更好的抗噪性能。此外，由于特征维数的压缩，案例存储空间也将得到显著减小，随着案例数的增加，计算速度将有明显的提升。

表 4－5 待诊断油样数据

光谱分析数据/ppm									理化分析数据		颗粒计数数据
Fe	Cr	Pb	Cu	Sn	Al	Ni	Ag	Si	黏度/($mm^2 \cdot s^{-1}$)	含水量/ppm	污染度等级(GJB 420A—1996)
0.11	0.59	0.00	0.40	0.42	0.30	0.02	0.01	16.0			
B	Na	Mg	Ca	Ba	Zn	Mo	Ti	V	11.25	44.3	6
0.00	0.80	0.01	0.00	0.00	0.30	0.80	0.90	0.10			

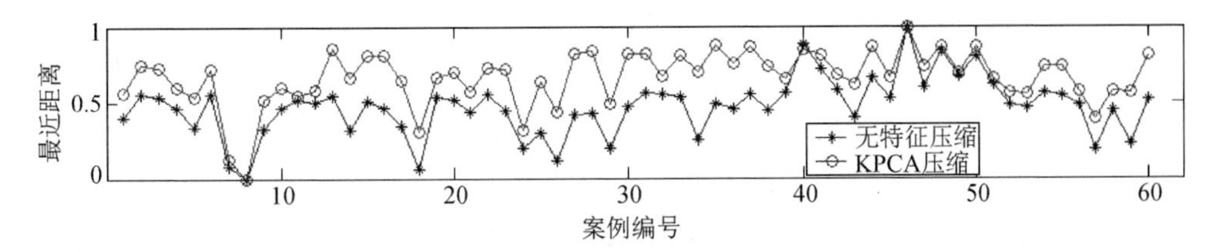

图 4-8　油样数据和案例油样之间的最近距离

本章小结

本章介绍了基于 CBR 的专家系统诊断方法，详细阐述了基于 CBR 的发展历程、CBR 原理、基于 CBR 的专家系统架构以及基于 CBR 的关键技术。最后，介绍了某型国产液压系统磨损故障 CBR 诊断实例，表明了基于案例诊断方法的应用前景。

参考文献

[1] 吴今培，肖建华. 智能故障诊断与专家系统[M]. 北京：科学出版社，1997.

[2] 张荣梅. 智能决策支持系统研究开发及应用[M]. 北京：冶金工业出版社，2003.

[3] 杨善林，倪志伟. 机器学习与智能决策支持系统[M]. 北京：科学出版社，2004.

[4] DUTTA S. Integrating Case-based and Rule-based Reasoning: The possibilistic Connection [C]//In Proceedings of the Six Conference on Uncertainty in Artificial Intelligence, 1990.

[5] KOLODNER J, MARK W. Case-based Reasoning[J]. IEEE EXPERT, 1992, 7(5): 5-6.

[6] FERET M P, GLASROW J I. Hybrid Cased Based Reasoning for Diagnosis of Complex Devices[C]//Proceedings of 11th National Conference on Artificial Intelligence, 1993.

[7] KETLER K. Case-based Reasoning: An Introduction[J]. Expert Systems with Applications, 1993, 6(1): 3-8.

[8] BING C J, LIANG T P. Fuzzy Indexing and Retrieval in Case-based Systems[J]. Expert Systems with Applications, 1995, 8(1): 135-142.

[9] DIEDERICH J, RUHMANN I, MAY M. KRITON: A Knowledge-Acquisition Tool for Expert Systems[J]. International Journal of Man - Machine Studies, 1987, 26: 29-40.

[10] FINK P K, LUSTH J C. A Second Generation Expert Systems for Diagnosis and Repair of Mechanical Devices[C]//SAE International. Congress and Exposition, 1986.

[11] GUPTA U G. How Case-based Reasoning Solves New Problems[J]. Interfaces, 1994, 24 (6): 110-119.

[12] BURKHARD H D. Similarity and Distance in Case-based Reasoning[J]. Foudamenta Informaticae, 2001, 47(3): 201-215.

[13] WATON I. Applying Case-based Reasoning: Thechniques for Enterprises System[M].

California：Morgan Kaufmman Publisher，1997.

[14] AAMODT A，PLAZA E. Case-based Resoning：Foundational Issues，Methodological Variations and System Approaches[J]. AI Communications，1994，7(1)：39-59.

[15] WATSON I. Case-based Reasoning is a Methodology Not a Technology[J]. Knowledge-based Systems. 1999，12(5)：303-308.

[16] MANTARAS R L，PLAZA E. Case-based Reasoning：An Overview[J]. AI Communications，1997，10(1)：21-29.

[17] JOSEPH C. Expert Systems Principles and Programming[M]. 3rd ed. Beijing：China Machine Press，2002.

[18] 万耀青，郑长松，马彪. 油液分析故障诊断中的信息融合问题[J]. 机械设计，2004,21(9)：1-3.

[19] MALHI A，GAO R X. PCA-based Feature Selection Scheme for Machine Defect Classification[J]. IEEE Transactions on Instrumentation and Measurement，2004，53(6)：1517-1525.

[20] SCHOLKOPF B. Kernel PCA Pattern Reconstruction Via Approximate Pre-images[C]// ICANN '98：Proceedings of the 8th International Conference on Artifical Nevral Networks，1998.

[21] 肖建华. 智能模式识别[M]. 广州：华南理工大学出版社,2005.

第5章 磨损元素界限值制定方法

磨损元素界限值是判断航空发动机是否产生磨损故障的重要依据,能够帮助预报航空发动机因磨损引起的故障,进而消除故障隐患[1]。因此,如何科学、有效地制定航空发动机磨损元素,直接影响到对航空发动机自身运行性能好坏的判断,也是对航空发动机进行故障诊断以及状态评估的前提和重要的环节。本章将着重介绍航空发动机磨损元素界限值的制定算法,即基于正态分布假设下界限值的制定方法和基于概率密度函数估计下界限值的制定方法,同时,考虑到利用航空发动机滑油磨损元素的界限值进行故障诊断时,由于滑油光谱数据包含了多种特征元素,每一种特征元素都有自己的界限值,容易出现在选择对航空发动机磨损起主要作用的元素时,因元素界限值过多而导致顾此失彼的情况发生,本章研究了一种数据融合算法,即基于自组织映射(Self-Organizing Map,SOM)的数据融合算法,通过对航空发动机磨损数据进行特征融合,得出一个综合的指标,进而再对融合指标进行界限值的制定,利用融合特征进行航空发动机磨损状态的故障诊断以及状态评估,达到评估磨损数据样本状态的目的。

5.1 油样光谱诊断界限值特点

由于航空发动机的复杂性,可将航空油液视作航空发动机的“血液”,受外界以及工作状况的变化等客观条件的影响,航空油液光谱分析数据具有以下特征。

1) 动态性:由于航空发动机各摩擦副的磨损状态随外界条件及装备工况的变化而变化,这种变化是时间的函数,包括确定和不确定因素。

2) 离散性:虽然光谱油液数据是连续时间函数,但是由于航空发动机连续运行等客观条件的限制,对油液的取样只能在特定的时间点进行,因此取样点之间的数据就会丢失,从而导致采集到的油液分析数据具有离散性,不能完整反映发动机的实际工作变化过程。但是,通过数学方法对离散数据进行处理,可以找出反映实际发动机磨损状况的变化规律。

3) 相关性:航空发动机中不同金属元素的含量虽然不同,但是各个摩擦副一般含有两种以上的元素，这些磨损元素在揭示故障时相互间存在一定的耦合性。

4）统计性：即油液中磨损元素的变化规律体现出一定的统计性特征。

基于油液分析数据具有以上特征，在制定界限值时，认为同一型号发动机的界限值相同。虽然同一型号的发动机由于工况的不同，其磨损规律也存在差异，但是在油液分析数据比较多的情况下，可以忽略该差异。此外，磨损元素的界限值还具有以下特征。

1）多样性：由于航空发动机各种磨损数据与磨损故障之间具有一种模糊的、非线性且不确定的关系，因此单一的界限值并不能完全解释航空发动机的故障征兆。例如原子发射光谱仪，多年的使用经验证明需要结合两种界限值才能成功地捕捉到故障征兆。一种是统计磨损元素含量与取样频率关系的浓度界限值，另一种界限值能够灵敏地表现磨损变化强度，这是通过统计相邻两个油样中磨损含量变化得到的趋势界限值。为直观地反映某些行走机械设备的故障征兆，研究者还制定了磨损含量与运行时间或行走里程关系的界限值。因此，目前常用的光谱诊断界限值主要包括浓度界限值、浓度梯度界限值以及基于比例模型的界限值等。

2）模糊性：机械设备的磨损是渐变发展的，而制定的界限值边界实际是一个小的模糊区间，这使其在预报故障征兆的同时还留有一定的保守裕度。如发现发动机异常时，可以留有时间间隔再进行一次加密取样，根据抽样分析得到的检测结果确定发动机的状态，若仍处于异常状态，则进行停机维修；若否则可继续工作，从而证明了在取样或分析中偶然性的存在。从安全角度考虑，进行再一次加密取样对于不能轻易停机的连续运行机器或作战飞机等是必要的，是处理模糊区间的一种策略。美国已经应用这种界限值和加密取样的策略，实践证明该策略取得了很大成效。

3）动态性：发动机在使用和维修过程中，制定的磨损界限值并不是一成不变的，在以下几种情况下，界限值需要进行动态修改。

① 航空发动机在正常运行期内，其磨损量是逐渐增加的，但在接近大修前，其磨损量会比早期的磨损含量明显增大。因此，制定界限值时应按照中、后期的油样分析结果，舍弃早期的油样分析结果。

② 由于相同发动机可以选用多种牌号的油，而不同牌号的油在性能上会有一定差别，因此最好制定不同的界限值。

③ 发动机在大修后，特别是在更换进口配件或国产配件后，其摩擦副配合性能可能不如新发动机的摩擦副性能，此时需要重新制定界限值。

5.2 传统油样磨损诊断界限值制定方法

由于机器的磨损程度在渐变的同时存在着突变，因此一般需要 3～4 种不同程度级别的界限值才能根据元素含量判断磨损状态。美国制定 4 种不同程度级别的界限值：正常、临界、偏高以及异常。而我国大多采用 3 种不同程度级别的界限值：正常、临界以及异常，据此作为预测有无故障以及故障程度的依据。目前，光谱数据界限值的制定，一般假设数据服从正态分布，然后依据统计出的均值和方差来得到相应的正常限、警告限和异常限。

(1) 磨损金属元素质量浓度界限值制定

设 $x_i(i=1,2,3,\cdots,n)$ 为某元素第 i 次的监测值。可以统计出：

均值为

$$\mu=\sum_{i=1}^{n}x_i/n \tag{5-1}$$

均方偏差为

$$\sigma=\sqrt{\sum_{i=1}^{n}(x_i-\mu)^2/(n-1)} \tag{5-2}$$

则界限值分为这 3 种情况：正常情况下 $T_N=\mu+\sigma$；警告情况下 $T_M=\mu+2\sigma$；异常情况下 $T_A=\mu+3\sigma$。

(2) 磨损金属元素质量浓度梯度界限值制定

设 $x_i,t_i(i=1,2,3,\cdots,n)$ 为某元素第 i 次的监测值和取样时间，则定义 10 h 趋势值为

$$G_i=\frac{x_{i+1}-x_i}{t_{i+1}-t_i}\times 10,\qquad i=1,2,\cdots,n-1 \tag{5-3}$$

若其计算值为负数，则取为 0。则磨损元素质量浓度趋势的均值为

$$\mu_G=\sum_{i=1}^{n}G_i/n \tag{5-4}$$

均方偏差为

$$\sigma_G=\sqrt{\sum_{i=1}^{n}(G_i-\mu_G)^2/(n-1)} \tag{5-5}$$

则界限值分为这 3 种情况：正常情况下 $T_{NG}=\mu_G+\sigma_G$；警告情况下 $T_{MG}=\mu_G+2\sigma_G$；异常情况下 $T_{AG}=\mu_G+3\sigma_G$。考虑补油影响，10 h 趋势计算的校正公式为

$$G_i=\frac{x_{i+1}-x_i}{t_{i+1}-t_i}\times 10+\frac{x_i\times\Delta V}{(t_{i+1}-t_i)\times V},\quad i=1,2,\cdots,n-1 \tag{5-6}$$

式中，V 为系统中的润滑油总量；ΔV 为测得 x_i 后的补油量。10 h 梯度法对于换油不是很频繁的机械比较适用，对于补油频繁且系统中的润滑油总量不易测量的机械设备，该方法有一定的局限性。

(3) 基于比例模型的界限值制定

在理论上，换油和补油不会影响磨损元素质量浓度之间的比例关系，所以比例模型较质量浓度模型和质量浓度梯度模型具有更大的优势。

设对油样进行规范取样，经光谱分析得到各磨损元素的含量，即 $C_1,C_2,\cdots,C_N$，

其中 N 为元素的种类数。对一组光谱数据中的各元素数据进行两两相除，得到一系列的比例值，即

$$\frac{C_1}{C_2},\frac{C_1}{C_3},\cdots,\frac{C_1}{C_N};\frac{C_2}{C_3},\frac{C_2}{C_4},\cdots,\frac{C_4}{C_N};\cdots;\frac{C_{N-1}}{C_N} \tag{5-7}$$

对上述数据进行处理，就可以得出相应元素之间的比值是否异常，以此为机械设备的磨损状态监控提供依据。

1）比例上界

在实际应用中，取一种元素和另一种元素的比例值作为原始数据 $\boldsymbol{D}$，$\boldsymbol{D}=\{d_1, d_2,\cdots,d_n\}$，$n$ 表示数据的个数。首先计算数据 $\boldsymbol{D}$ 的均值 G，然后计算数据 $\boldsymbol{D}$ 的标准差 σ，则警告限的上界为

$$G_{M上}=G+2\sigma$$

异常限的上界为

$$G_{A上}=G+3\sigma$$

2）比例下界

对原始数据 $\boldsymbol{D}$ 取倒数，$\boldsymbol{D}=\{d_1, d_2,\cdots,d_n\}$，得到 $\boldsymbol{D}'=\{1/d_1, 1/d_2,\cdots,1/d_n\}$，$n$ 表示数据的个数。首先计算数据 $\boldsymbol{D}'$ 的均值 G'，然后计算数据 $\boldsymbol{D}'$ 的标准差 σ'，则警告限的下界为

$$G_{M下}=\frac{1}{G'+2\sigma'}$$

异常限的下界为

$$G_{A下}=\frac{1}{G'+3\sigma'}$$

以上求得的界限值均是在假定油样监测数据服从正态分布的条件下得到的；然而监测数据的分布规律并不一定是正态分布，其概率分布常常是未知的。这时需要从大量的数据中估计出数据的概率密度函数，根据概率密度函数得到样本的概率分布，再依据估计出的概率分布得到磨损诊断的界限值。因此，下面我们介绍基于概率密度函数估计的磨损元素界限值制定方法。

5.3　概率密度函数估计

5.3.1　概率密度估计问题的描述

要估计概率密度函数 $F(x)=P(X\leqslant x)=\int_{-\infty}^{x}p(t)\mathrm{d}t$，需要求线性算子方程

$$\int_{-\infty}^{\infty}\theta(x-t)p(t)\mathrm{d}t=F(x) \tag{5-8}$$

的解，其中，$\theta(x)=\begin{cases}1, x>0\\0, x\leqslant 0\end{cases}$，并且解还须满足以下两个条件：

$$p(x)\geqslant 0 \tag{5-9}$$

$$\int_{-\infty}^{\infty} p(x)\mathrm{d}x=1 \tag{5-10}$$

在线性算子方程 $\int_{-\infty}^{\infty}\theta(x-t)p(t)\mathrm{d}x=F(x)$ 中，分布函数 $F(x)$ 的表达式未知，但是已给出了一组样本 $x_1, x_2, \cdots, x_l$。由概率论可知该组样本是独立同分布的。

现在利用样本 $x_1, x_2, \cdots, x_l$，构造经验分布函数

$$F_l(x)=\frac{1}{l}\sum_{i=1}^{l}\theta(x-x_i),\quad i=1,2,\cdots,l \tag{5-11}$$

目前用于概率密度估计的方法主要分为两大类：一类是参数估计方法，该方法由于其参数的相关形式已知，因此应用的局限性很大；另一类是非参数估计方法，该方法则具有更广泛的应用范围[1]，目前常用的主要有 Parzen 窗法、k_N-近邻法、最大熵法[2]以及 SVM 方法[3-6]等。

5.3.2 基于 Parzen 窗法的概率密度函数估计

Parzen 窗法是一种利用已知样本点来估计总体概率密度分布的非参数估计方法，即利用一定范围内各点密度的平均值来估计总体概率密度。由于 Parzen 窗技术坚实的理论基础以及优良的性能使其成为一种应用广泛的非参数密度估计方法。

通常，设 x 为 d 维空间中一点，选择的样本总数为 N，为了估计 x 处的分布概率密度 $p(x)$，以 x 为中心作一个超立方体 V_N，其边长为 h_N，则体积的表达式为 $V_N=h_N^d$。要计算落入超立方体 V_N 的样本数 k_N，则需要构造一个函数，使得

$$\varphi(u)=\begin{cases}1 & |u_j|\leqslant\dfrac{1}{2},\ j=1,2,\cdots,d\\0 & 其他\end{cases} \tag{5-12}$$

并使 $\varphi(u)$ 满足条件 $\varphi(u)\geqslant 0$，$\int\varphi(u)\mathrm{d}u=1$，则落入超立方体内的样本数为

$$k_N=\sum_{i=1}^{N}\varphi\left(\frac{x-x_i}{h_N}\right) \tag{5-13}$$

将式(5-13)代入估计 $\hat{p}_N(x)$ 的基本公式

$$\hat{p}_N(x)=\frac{k_N/N}{V_N} \tag{5-14}$$

得到概率密度函数的估计值为

$$\hat{p}_N(x)=\frac{1}{N}\sum_{i=1}^{N}\frac{1}{V_N}\varphi\left(\frac{x-x_i}{h_N}\right) \tag{5-15}$$

这就是 Parzen 窗法估计的基本公式，它表示 $p(x)$ 的估计可以认为是自变量 x 与 x_i 的某种函数的平均。$\varphi(u)$ 称为窗函数，上面选择的超立方体窗函数一般称为方窗，除此以外还有其他的窗函数，如正态窗函数以及指数窗函数等。实质上，窗函数是起内插的作用，而其到样本的距离决定了该样本在估计中起的作用大小。在 Parzen 窗法的基本公式中，窗宽 h_N 是非常重要的一个参数，h_N 在样本数 N 有限时对函数估计的效果有很大的影响。

5.3.3　基于 k_N-近邻法的概率密度函数估计

k_N-近邻法的主要思想是将样本的体积，而不是样本数 N 作为数据函数。例如，要利用 N 个样本来估计 $p(x)$，则首先可以为样本数 N 确定其某个函数的 k_N，然后选定 x 点周围的一个体积，并使其不断增长，直到捕获了 k_N 个样本为止。这些捕获的样本即为 x 的 k_N 个近邻。其中，体积的大小与样本点周围的密度相关，若样本点周围的密度比较高，那么要包含 k_N 个样本所需要的体积就相对较小。反之，若样本点周围的密度比较低，所需要的体积则相对较大，但一旦进入密度高的区域，体积增大就会停止。

k_N-近邻估计仍用基本公式(5-14)，并且满足以下条件：

① $\lim\limits_{N\to\infty} V_N = 0$；

② $\lim\limits_{N\to\infty} k_N = \infty$；

③ $\lim\limits_{N\to\infty} \dfrac{k_N}{N} = 0$。

N 趋于无穷时，k_N 也趋于无穷。这样可以较好地用式(5-14)估计体积 V_N 中个点的概率。但是随着 N 的增加，还需要限制 k_N 的增长速度，防止其过分增长，从而确保包含 k_N 个样本的体积 V_N 不会缩小为零。

通常，可以令 k_N 是关于 N 的某个函数，例如，取 $k_N = k_1\sqrt{N}$，其中 k_1 为使 k_N 大于等于 1 的任意大于零的常数。当样本数 N 有限的情况下，与 Parzen 窗相同，k_1 的值同样会影响估计的结果。然而当 $N\to\infty$ 时，$\hat{p}_N(x)$ 将收敛于未知总体分布 $p(x)$。

最后还应指出，k_N 近邻估计也存在一般非参数估计的问题，即所需样本很多，因而计算量、存储量很大。尤其是在高维情况下更是如此。经验表明，一维时用数百个样本一般可以得到较好的结果，而两维估计就要数千个样本，随着维度增加，样本数急剧增多。

5.3.4　基于最大熵法的概率密度函数估计

最大熵原理是通过信息论以一系列矩约束解决概率分布估计问题。考察具有概率 $p=\{p_1,\ p_2,\ \cdots,\ p_n\}$ 的离散随机变量 $X=\{x_1,\ x_2,\ \cdots,\ x_n\}$ 在归一化条件及

m 个矩约束下最大熵概率分布，即

$$\sum_{i=1}^{n} p_i = 1 \tag{5-16}$$

$$\sum_{i=1}^{n} g_{ri} p_i = a_r, \quad r = 1,2,\cdots,m \tag{5-17}$$

式中，g_{ri}，a_r 为已知的定值。Shannon 熵定义

$$S(p) = -\sum_{i=1}^{n} p_i \ln p_i \tag{5-18}$$

最大熵原理在给定约束下通过最大化 Shannon 熵（不确定量）来求解概率分布，最大概率分布是在给定信息下的最无偏、最一致的概率分布。应用拉格朗日乘子法有

$$p_i = \exp(-\lambda_0 - \lambda_1 g_{1i} - \lambda_2 g_{2i} - \cdots - \lambda_m g_{mi}), \quad i = 1,2,\cdots,n \tag{5-19}$$

$$\lambda_0 = \ln\left[\sum_{i=1}^{n} \exp\left(-\sum_{j=1}^{m} \lambda_j g_{ji}\right)\right] \tag{5-20}$$

$$a_r = \frac{\sum_{i=1}^{n} g_{ri} \exp\left(-\sum_{j=1}^{m} \lambda_j g_{ji}\right)}{\sum_{i=1}^{n} \exp\left(-\sum_{j=1}^{m} \lambda_j g_{ji}\right)}, \quad r = 1,2,\cdots,m \tag{5-21}$$

式(5－17)形成了 m 个未知数的非线性方程组，非线性方程求解问题通过应用牛顿迭代法来实现，这些方程可以表示为

$$f(\lambda)_r = a_r \sum_{i=1}^{n} \exp\left(-\sum_{j=1}^{m} \lambda_j g_{ji}\right) - \sum_{i=1}^{n} g_{ri} \exp\left(-\sum_{j=1}^{m} \lambda_j g_{ji}\right), \quad \lambda = \lambda_1, \lambda_2, \cdots, \lambda_m \tag{5-22}$$

以非线性方程组

$$F(\lambda) = 0 \tag{5-23}$$

来表示式(5－18)，则按照 Newton 法有

$$\lambda_{k+1} = \lambda_k - [\boldsymbol{F}'(\lambda)]^{-1} F(\lambda_k) \tag{5-24}$$

式中，$\boldsymbol{F}'(\lambda)$为 F 的 Jacobi 矩阵，按照式(5－23)迭代即可解出 λ。将 λ 代入式(5－18)即可得到该随机变量 X 的概率密度函数。

5.3.5　基于支持向量机的概率密度函数估计

用支持向量机方法估计概率密度函数的基本思想就是根据概率密度函数的定义，直接求解线性算子方程的解。该方法结合了非参数统计学以及不适定问题等传统统计学方面的理论思想。根据概率密度的定义，密度 $p(x)$是下面积分方程的解

$$\int_{-\infty}^{x} p(x) \mathrm{d}t = F(x) \tag{5-25}$$

根据概率密度估计问题的描述，用支持向量机来求解线性算子方程

$$Ap(t)=F(x) \tag{5-26}$$

式中,算子 A 实现了从希尔伯特空间 E_1 到 E_2 的一对一映射。

由于概率分布函数 $F(x)$ 的函数表达式是未知的,已知函数 $F(x)$ 的一系列观测值为 $(x_1,F_1(x_1)),\cdots,(x_l,F_l(x_l))$,问题可以重新描述为,在函数集

$$p(t,\boldsymbol{\omega})=\sum_{r=1}^{\infty}W_r\phi_r=(\boldsymbol{\omega}\cdot\phi(t)) \tag{5-27}$$

中寻找目标函数,通过算子 A 把函数集(5-26)式映射到导函数集

$$F(x,\boldsymbol{\omega})=Ap(t,\boldsymbol{\omega})=\sum_{r=1}^{\infty}\boldsymbol{\omega}_rA\phi_r(t)=\sum_{r=1}^{\infty}\boldsymbol{\omega}_r\varphi_r(x)=\boldsymbol{\omega}\cdot\Psi(x) \tag{5-28}$$

它在另一个特征空间 $\Psi(x)=(\varphi_1(x),\cdots,\varphi_N(x),\cdots)$ 中是线性的,其中,$\varphi_r(x)=A\phi_r(t)$。

像空间中的生成核定义为(假设对任意固定的 x_i 和 x_j 都收敛)

$$K(x_i,x_j)=\sum_{r=1}^{\infty}\varphi_r(x_i)\varphi_r(x_j) \tag{5-29}$$

交叉核函数定义为(假设对任意固定的 x_i 和 t,算子 A 都使该式的右边收敛)

$$\kappa(x_i,t)=\sum_{r=1}^{\infty}\varphi_r(x_i)\phi_r(t) \tag{5-30}$$

由上可见,寻找线性算子方程的解(即寻找相应的系数向量 $\boldsymbol{\omega}$)等价于在像空间中通过观测值 $(x_1,F_1(x_1)),\cdots,(x_l,F_l(x_l))$ 来得到线性回归函数(5-27)中的向量 $\boldsymbol{\omega}$。

通过二次优化的支持向量技术对该回归问题进行求解,即用式(5-29)的核求出支持向量 $x_i(i=1,\cdots,N)$ 和相应的系数 β_i,它们定义了支持向量回归逼近的向量 $\boldsymbol{\omega}$

$$\boldsymbol{\omega}=\sum_{i=1}^{N}\beta_i\Psi(x_i) \tag{5-31}$$

由于算子方程的解的逼近也使用同样的系数 $\boldsymbol{\omega}$ 来定义,因此将 $\boldsymbol{\omega}$ 代入表达式(5-27)中,那么线性算子方程的解可以表示为

$$p(t,\beta)=\sum_{i=1}^{N}\beta_i(\Psi(x_i)\cdot\phi(t))=\sum_{i=1}^{N}\beta_i\kappa(x_i,t) \tag{5-32}$$

本文采用基于 ε 不敏感损失函数的线性 SVM 方法进行回归估计,该问题等价于

$$\min F(\xi,\xi^*)=\sum_{i=1}^{l}\delta_i\beta_i+\sum_{i=1}^{l}\xi+\sum_{i=1}^{l}\xi^* \tag{5-33}$$

$$\text{s.t.}\quad y_j-\sum_{i=1}^{l}\beta_iK(x_j,x_i)\leqslant\varepsilon+\xi_j^*,\quad j=1,2,\cdots,l$$

$$\sum_{i=1}^{l}\beta_iK(x_j,x_i)-y_j\leqslant\varepsilon+\xi_j,\quad j=1,2,\cdots,l$$

$$\sum_{i=1}^{l}\beta_i=1;\ \xi_j^*\geqslant0,\xi_j\geqslant0,\beta_j\geqslant0,\quad j=1,2,\cdots,l$$

$$\delta_i = \frac{1}{l}\sum_{j=1}^{l} \| x_i - x_j \|_2 \tag{5-34}$$

$$\varepsilon = \min\sqrt{\frac{1}{l}y_i(1-y_i)}, \quad j=1,2,\cdots,l \tag{5-35}$$

逼近精度 ε 越低则需要的支持向量的个数越少。本文采用的核函数为

$$K(x,z) = \frac{1}{1+\mathrm{e}^{-t(x-z)}} \tag{5-36}$$

$$\kappa(x,z) = \frac{t}{2} + \mathrm{e}^{t(x-z)} + \mathrm{e}^{-t(x-z)} \tag{5-37}$$

其中，t 为常数，函数 K 是 κ 的积分，经检验，$\kappa(x,z) \geqslant 0$ 且 $\int_{-\infty}^{+\infty}\kappa(x,z)\mathrm{d}x = 1$。

对以上建立的基于支持向量机的概率密度函数估计模型，本章采用 MATLAB 优化工具箱中的二次约束规化进行求解，具体步骤如下。

步骤 1：计算样本点 $(x_1,y_1),(x_2,y_2),\cdots,(x_l,y_l)$ 中所有任意两个 x_i,x_j 的核函数值 $k(x_i,x_j)$。

步骤 2：根据样本点 $(x_1,y_1),(x_2,y_2),\cdots,(x_l,y_l)$ 计算所有 $K(x_i,x_j)$ 的值。

步骤 3：将以上构建的概率密度估计模型用矩阵来表示，即

$$\min z = (\beta_1,\cdots,\beta_l,\xi_1,\cdots,\xi_l,\xi_1^*,\cdots,\xi_l^*)\begin{bmatrix} k_{11} & \cdots & k_{1l} \\ \vdots & \vdots & \vdots \\ k_{l1} & \cdots & k_{ll} \\ 0 & \cdots & 0 \\ 0 & \cdots & 0 \\ \vdots & \vdots & \vdots \\ 0 & \cdots & 0 \end{bmatrix}\begin{pmatrix} \beta_1 \\ \vdots \\ \beta_l \\ \xi_1 \\ \vdots \\ \xi_l \\ \xi_1^* \\ \vdots \\ \xi_l^* \end{pmatrix} + (0,\cdots,0,1\cdots,1)\begin{pmatrix} \beta_1 \\ \vdots \\ \beta_l \\ \xi_1 \\ \vdots \\ \xi_l \\ \xi_1^* \\ \vdots \\ \xi_l^* \end{pmatrix} \tag{5-38}$$

约束方程

$$\begin{bmatrix} -K_{11} & \cdots & -K_{1l} & 0 & 0 & \cdots & 0 & -1 & 0 & \cdots & 0 \\ \vdots & \vdots & \vdots & \vdots & \vdots & \vdots & \vdots & \vdots & \vdots & \vdots & \vdots \\ -K_{l1} & \cdots & -K_{ll} & 0 & 0 & \cdots & 0 & 0 & 0 & \cdots & -1 \\ K_{11} & \cdots & K_{1l} & -1 & 0 & \cdots & 0 & 0 & 0 & \cdots & 0 \\ \vdots & \vdots & \vdots & \vdots & \vdots & \vdots & \vdots & \vdots & \vdots & \vdots & \vdots \\ K_{l1} & \cdots & K_{ll} & 0 & 0 & \cdots & -1 & 0 & 0 & \cdots & 0 \end{bmatrix}\begin{pmatrix} \beta_1 \\ \vdots \\ \beta_l \\ \xi_1 \\ \vdots \\ \xi_l \\ \xi_1^* \\ \vdots \\ \xi_l^* \end{pmatrix} \leqslant \begin{pmatrix} -y_1+\varepsilon \\ \vdots \\ -y_l+\varepsilon \\ y_1+\varepsilon \\ \vdots \\ y_l+\varepsilon \end{pmatrix} \tag{5-39}$$

$$(1 \quad \cdots \quad 1 \quad 0 \quad \cdots \quad 0)\begin{pmatrix}\beta_1\\ \vdots\\ \beta_l\\ \xi_1\\ \vdots\\ \xi_l\\ \xi_1^*\\ \vdots\\ \xi_l^*\end{pmatrix}=1, \quad \begin{pmatrix}0\\ \vdots\\ 0\end{pmatrix}\leqslant\begin{pmatrix}\beta_1\\ \vdots\\ \beta_l\\ \xi_1\\ \vdots\\ \xi_l\\ \xi_1^*\\ \vdots\\ \xi_l^*\end{pmatrix} \tag{5-40}$$

步骤4：利用二次规划函数quadprog()求解步骤3中的二次规划问题，得到$\beta_1,\beta_2,\cdots,\beta_l$的值，$\boldsymbol{X}=\text{quadprog}(\boldsymbol{H},\boldsymbol{c},\boldsymbol{A},\boldsymbol{b},\mathbf{Aeq},\text{beq},\mathbf{VLB},\mathbf{VUB})$。其中，

$$\boldsymbol{H}=\begin{bmatrix}k_{11} & \cdots & k_{1l}\\ \vdots & \vdots & \vdots\\ k_{l1} & \cdots & k_{ll}\\ 0 & \cdots & 0\\ 0 & \cdots & 0\\ \vdots & \vdots & \vdots\\ 0 & \cdots & 0\end{bmatrix}, \quad \boldsymbol{A}=\begin{bmatrix}-K_{11} & \cdots & -K_{1l} & 0 & 0 & \cdots & 0 & -1 & 0 & \cdots & 0\\ \vdots & \vdots & \vdots & \vdots & \vdots & \vdots & \vdots & \vdots & \vdots & \vdots & \vdots\\ -K_{l1} & \cdots & -K_{ll} & 0 & 0 & \cdots & 0 & 0 & 0 & \cdots & -1\\ K_{11} & \cdots & K_{1l} & -1 & 0 & \cdots & 0 & 0 & 0 & \cdots & 0\\ \vdots & \vdots & \vdots & \vdots & \vdots & \vdots & \vdots & \vdots & \vdots & \vdots & \vdots\\ K_{l1} & \cdots & K_{ll} & 0 & 0 & \cdots & -1 & 0 & 0 & \cdots & 0\end{bmatrix}$$

$$\boldsymbol{c}=(0,\cdots,0,1\cdots,1), \quad \boldsymbol{b}=(-y_1+\varepsilon,\cdots,-y_l+\varepsilon,y_1+\varepsilon,\cdots,y_l+\varepsilon)$$

$$\mathbf{Aeq}=(1,\cdots,1,0,\cdots,0), \quad \text{beq}=1, \quad \mathbf{VLB}=\begin{pmatrix}0\\ \vdots\\ 0\end{pmatrix}, \quad \mathbf{VUB}=[\,]$$

$$\boldsymbol{X}=(\beta_1,\cdots,\beta_l,\xi_1,\cdots,\xi_l,\xi_1^*,\cdots,\xi_l^*)'$$

步骤5：将求得的$\beta_1,\beta_2,\cdots,\beta_l$的值代入式(5-32)得到实际概率密度的回归估计结果。

5.3.6 概率密度函数估计方法验证与比较

产生40个服从正态分布$N(0,1)$的随机样本点，分别利用Parzen窗法、k_N-近邻法、最大熵法以及SVM方法进行概率密度估计。其中，在Parzen窗方法中，样本数N的值取32，参量h_1的值取为4，窗宽$h_N=h_1/\sqrt{N}$；在k_N-近邻法中，k_1的值取为3.5，N的值取40；在SVM方法中，核函数中的t的值取1.85。实验结果如图5-1～图5-4所示，分别为利用四种方法对正态分布样本点进行概率密度估计得到的概率分布曲线以及概率密度曲线。从图中可以看出，SVM方法构造的概率密度曲线与实际的概率密度曲线最接近，而且它仅使用了训练样本中的对概率密度

估计影响最大的样本，占总样本的 38.6%。相比之下，Parzen 窗法、k_N -近邻法以及最大熵法需要利用全部训练样本来估计概率密度。

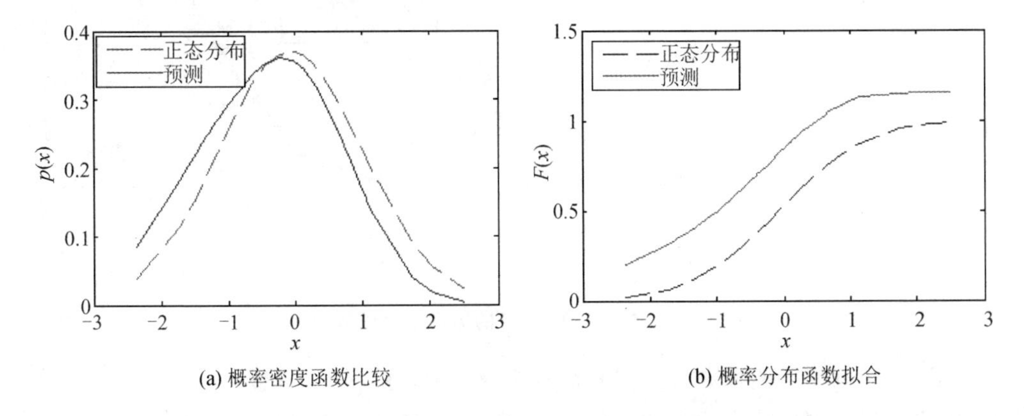

(a) 概率密度函数比较　　(b) 概率分布函数拟合

图 5-1　基于 Parzen 窗法的概率密度函数估计

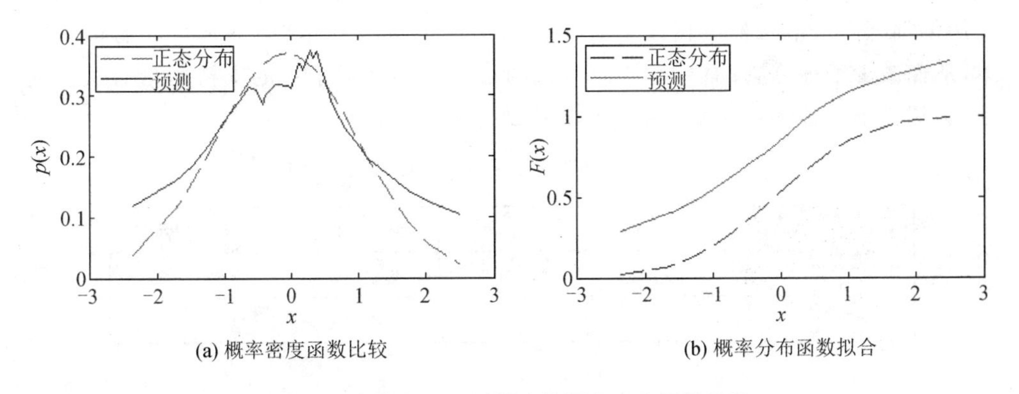

(a) 概率密度函数比较　　(b) 概率分布函数拟合

图 5-2　基于 k_N -近邻法的概率密度函数估计

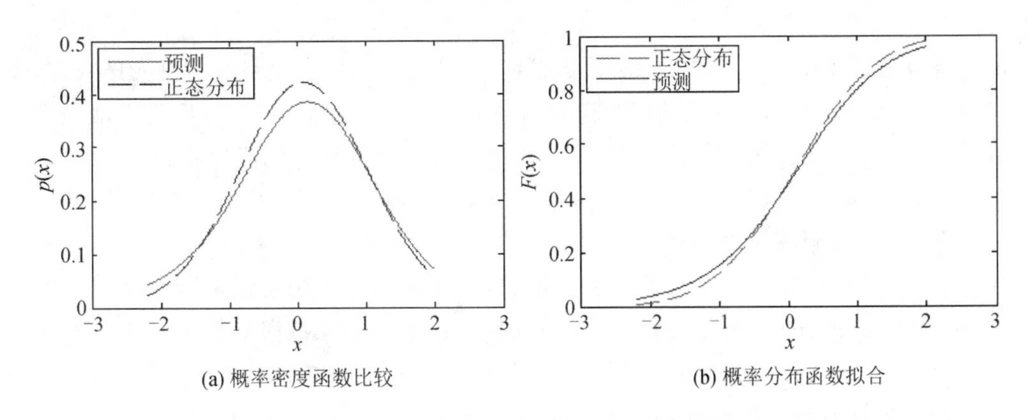

(a) 概率密度函数比较　　(b) 概率分布函数拟合

图 5-3　基于最大熵法的概率密度函数估计

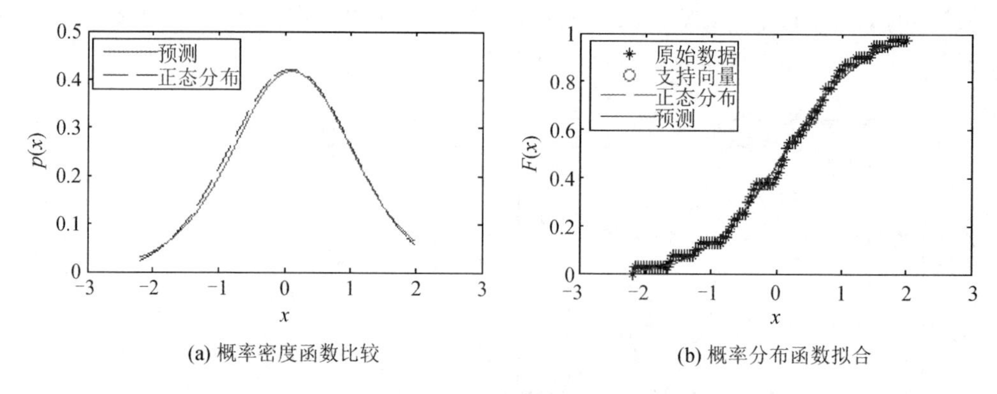

(a) 概率密度函数比较

(b) 概率分布函数拟合

图 5-4 基于 SVM 方法的概率密度函数估计

表 5-1 列出了四种方法进行概率密度函数估计的误差值以及计算时间，显然用 SVM 方法进行概率密度函数估计的误差值最小，而且支持向量机方法比 k_N -近邻法和最大熵法的计算时间要少。因此，基于支持向量机的概率密度函数估计方法只使用了训练样本中对概率密度估计影响最大的一部分样本，而不是全部的训练样本，从而减少了计算量；而且支持向量机的解只和训练样本中的支持向量有关。因此，它提供了一种良好的概率密度函数估计方法。

表 5-1 概率密度函数估计结果比较

	Parzen 窗法	k_N -近邻法	最大熵法	SVM 方法
误差	0.001 6	0.001 4	0.000 5	0.000 08
计算时间/s	0.4	1	2.7	0.9

5.4 航空发动机磨损界限值制定

鉴于 SVM 概率密度估计方法的优越性，本节通过实际的航空发动机光谱数据，应用该方法进行实际航空发动机光谱数据的概率密度的近似估计，然后科学地制定出光谱诊断界限值，并与传统的基于正态分布假设下所确定的界限值进行比较分析。结果表明，基于 SVM 的油样光谱界限值制定方法所得到的结果更加真实可靠。

基于 SVM 概率密度估计的磨损界限值制定的具体流程如图 5-5 所示。首先输入样本数据，从概率密度函数的定义出发，利用输入样本构造经验分布函数。然后用 SVM 来求解线性算子方程，求解的过程相当于利用支持向量技术来求解一个回归问题，求出支持向量和相应的拉格朗日系数后，即得到线性算子方程的解，从而得到概率密度函数。接着对概率密度函数求积分，得到其概率分布函数。最后依据经典三线值法，由估计出的概率分布函数求得磨损元素的正常、警告、异常界限值。

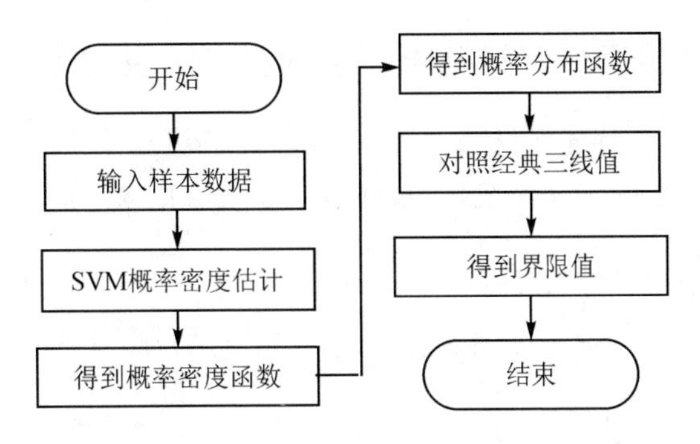

图 5-5 基于 SVM 概率密度估计的磨损界限值制定

5.4.1 航空发动机油样光谱数据

本文采用实际航空发动机油样光谱监测数据，该数据为发动机从 78～307 h 工作期间采集得到的 47 个油样，数据包含了对发动机影响比较大的 Fe、Cu、Cr、Ag、Ti 及 Mg 共 6 种元素的质量浓度。图 5-6 所示为各个元素的质量浓度随发动机运行时间的变化趋势图。

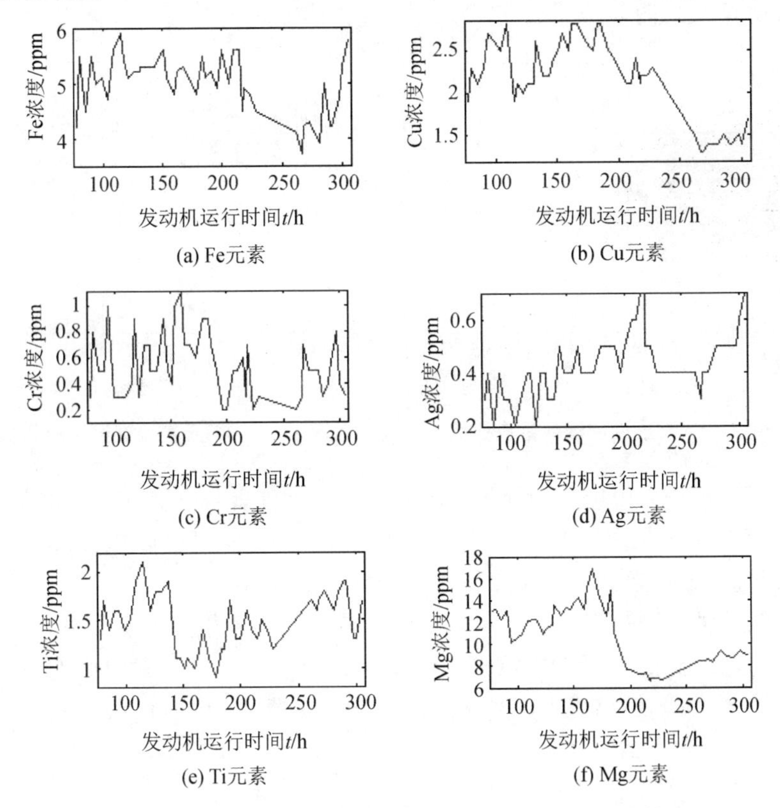

图 5-6 光谱元素浓度随航空发动机运行时间变化趋势图

5.4.2　航空发动机油样光谱数据质量浓度界限值制定

以 Fe 元素为例，设样本值为 $x_1,x_2,\cdots,x_n$。采用基于支持向量机的概率密度估计问题，从概率密度的定义出发，求解线性算子方程的解

$$f(x,\beta)=\sum_{i=1}^{N}\beta_i(\Psi(x_i)\cdot\Phi(t))=\sum_{i=1}^{N}\beta_i\kappa(x_i,x) \tag{5-41}$$

于是得到 Fe 元素光谱概率密度函数为(其中 t 取 4)

$$f(x,\beta)=\sum_{i=1}^{N}\beta_i\frac{t}{2+\mathrm{e}^{t(x_i-x)}+\mathrm{e}^{-t(x_i-x)}} \tag{5-42}$$

函数曲线如图 5-7 所示。

对 Fe 元素光谱概率密度函数求积分，得到其概率分布函数：

$$\begin{aligned}F(y)&=\int_0^y f(x)\mathrm{d}x=\sum_{i=1}^{N}\beta_i\int_0^y\frac{1}{2+\mathrm{e}^{t(x_i-x)}+\mathrm{e}^{-t(x_i-x)}}\mathrm{d}x\\&=\sum_{i=1}^{N}\beta_i\frac{\mathrm{e}^{tx_i}-\mathrm{e}^{t(x_i-y)}}{\left(1+\mathrm{e}^{t(x_i-y)}\right)\left(1+\mathrm{e}^{tx_i}\right)}\end{aligned} \tag{5-43}$$

其分布函数曲线如图 5-8 所示。

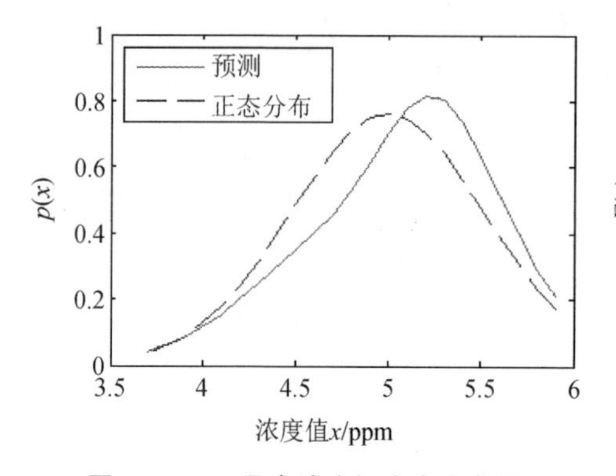

图 5-7　Fe 元素浓度概率密度曲线

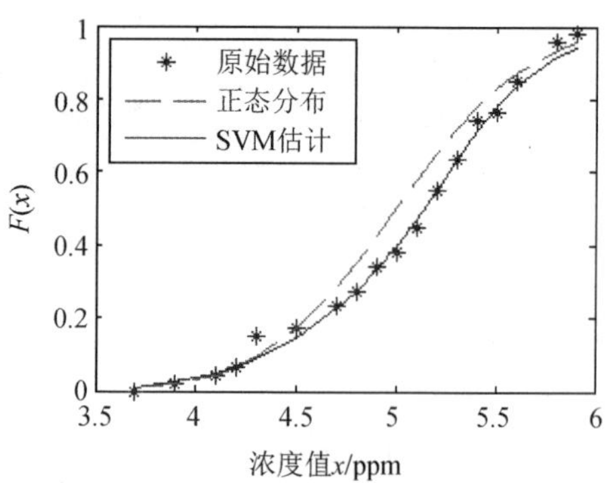

图 5-8　Fe 元素浓度概率分布曲线

图 5-7、图 5-8 中虚线部分为传统的基于正态分布假设下得到的元素光谱质量浓度概率密度函数曲线以及概率分布曲线。经 SVM 概率密度估计的结果可以看出，实际的油液监测数据的分布并不是完全服从正态的分布。

考虑到油液监测数据的是否异常只与其是否超过数据的上界相关，同时对照经典的三线值法给定的范围做出以下规定：定义 $F(y)=\Phi(1)$(Φ 为标准正态分布函数)，即 $F(y)=0.841\,3$ 时的 y 值为系统的正常分界点；$F(y)=\Phi(2)$，即 $F(y)=0.977\,2$ 时的 y 值为系统的警告分界点；$F(y)=\Phi(3)$，即 $F(y)=0.998\,7$ 时的 y 值为系统的危险分界点，则

① y 值介于正常分界点以下，即 $F(y)\leqslant 0.841\,3$ 时，系统处于正常的运行状态；

② y 值介于正常分界点以上，警告分界点以下，即 $0.841\ 3 < F(y) \leqslant 0.977\ 2$ 时，系统处于应当引起注意的运行状态；

③ y 值介于警告分界点以上，危险分界点以下，即 $0.977\ 2 < F(y) \leqslant 0.998\ 7$ 时，系统处于应当警告的运行状态；

④ y 值介于危险分界点以上，即 $F(y) \leqslant 0.841\ 3$ 时，系统处于危险的运行状态。

根据本文对正常分界点、警告分界点和危险分界点的规定，该型发动机 Fe 元素光谱监测诊断标准的三个关键运行状态分界点为：正常限 5.604 6，警告限 6.138 6，异常限 6.862 5。假设 Fe 元素服从正态分布，得到的界限值为：正常限 5.519 6，警告限 6.043 5，异常限 6.567 4。

对于其他元素，同理可以得到其界限值，见表 5-2。其中，括号中的值为依据正态分布假设得到的界限值。

表 5-2　发动机主要元素质量浓度界限值

单位：$\mu g \cdot mL^{-1}$

元　素		Fe	Cu	Cr	Ag	Ti	Mg
界限值	正常	5.60(5.52)	2.69(2.62)	0.88(0.78)	0.63(0.55)	1.89(1.78)	14.02(13.37)
	警告	6.14(6.04)	3.16(3.08)	1.26(1.00)	0.79(0.67)	2.22(2.08)	17.25(16.03)
	异常	6.86(6.57)	3.76(0.55)	1.75(1.256)	1.01(0.79)	2.68(2.37)	21.51(18.70)

5.4.3　航空发动机油样光谱数据质量浓度梯度界限值制定

同样以 Fe 元素为例，利用 SVM 概率密度估计方法计算其质量浓度梯度界限值。设样本值为 $(x_1, y_1), (x_2, y_2), \cdots, (x_n, y_n)$，根据质量浓度梯度的定义

$$g_i = \frac{(x_{(i+1)} - x_i)}{(y_{(i+1)} - y_i)} \times 10 \tag{5-44}$$

式中，$x_i, x_{(i+1)}$ 表示相邻两次质量浓度值；$y_i, y_{(i+1)}$ 表示相邻两次采集时发动机运行时间。

将 $(g_1, g_2, \cdots, g_n)$ 作为原始数据，采用与求解光谱数据质量浓度界限值相同的方法。首先用 SVM 估计其概率密度，函数曲线如图 5-9 实线所示。对概率密度函数积分后得到概率分布函数，函数曲线如图 5-10 实线所示。图 5-9 和图 5-10 中虚线部分为传统的基于正态分布假设下得到的元素光谱质量浓度梯度概率密度函数曲线以及概率分布曲线。可以看出，实际的油液监测数据的梯度值也并不完全服从正态分布。

依据界限值制定方法，得到该型发动机 Fe 元素光谱质量浓度梯度界限值：正常限 0.193 15，警告限 0.640 35，异常限 0.907 5。假设 Fe 元素服从正态分布得到的界限值为：正常限 0.220 5，警告限 0.401 21，异常限 0.581 93。对于其他元素，同理得到其他界限值，见表 5-3。其中，括号中的值为依据正态分布假设得到的界限值。

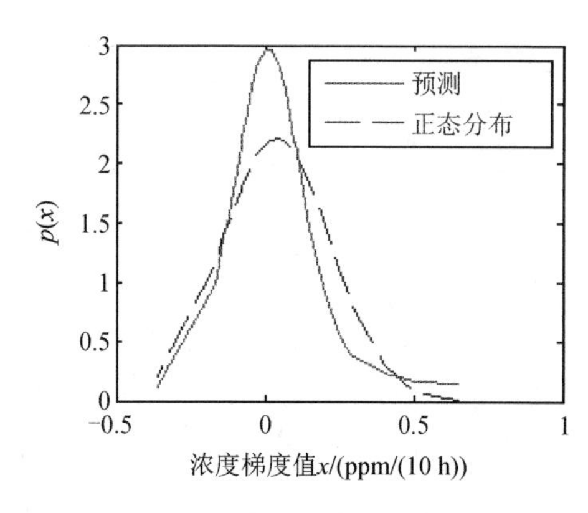

图 5-9 Fe 元素浓度梯度概率密度曲线

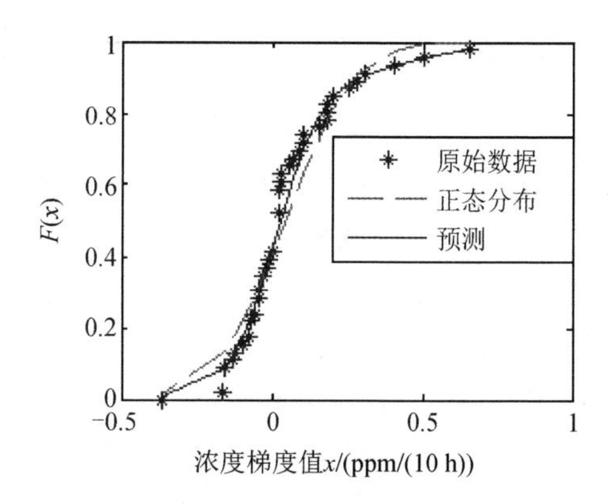

图 5-10 Fe 元素浓度梯度概率分布曲线

表 5-3 发动机主要元素质量浓度梯度界限值

单位：$\mu g \cdot mL^{-1}/(10\ h)$

元素		Fe	Cu	Cr	Ag	Ti	Mg
界限值	正常	1.93(2.21)	0.82(1.14)	1.00(1.13)	0.35(0.41)	0.67(0.68)	2.22(4.35)
	警告	6.40(4.01)	2.09(2.08)	4.24(2.57)	0.60(0.84)	1.97(1.28)	4.84(8.50)
	异常	9.08(5.82)	5.94(3.01)	5.52(3.81)	0.94(1.27)	2.86(1.88)	8.45(12.66)

5.4.4 航空发动机油样光谱数据质量浓度比例界限值制定

对于航空发动机油样光谱数据质量浓度比例界限值的制定，以制定 Fe 元素与 Cu 元素的比例界限值为例。

1. 比例上界

设 Fe 元素的光谱数据为$(x_1, x_2, \cdots, x_n)$，Cu 元素的光谱数据为$(y_1, y_2, \cdots, y_n)$，首先计算 Fe 元素与 Cu 元素的比例值作为原始数据 $\boldsymbol{D}$，$\boldsymbol{D}=(x_1/y_1, x_2/y_2, \cdots, x_n/y_n)$，$n$ 表示数据的个数。接着使用 SVM 求解比例值 $\boldsymbol{D}$ 的概率密度函数以及概率分布函数，曲线图如图 5-11 和图 5-12 所示，虚线表示在假定数据服从正态分布的条件下得到的概率密度曲线和概率分布曲线，可以看出实际的油液监测数据的比例值分布也并不符合正态分布。根据界限值制定方法，得出 Fe/Cu 元素的正常限的上界为 2.954 8，警告限的上界为 3.761 6，异常限的上界为 4.62。

2. 比例下界

对于比例下界，根据实际情况，通过对 Cu/Fe 比例值的上界取倒数来计算相应的 Fe/Cu 的比例值的下界，得出 Fe/Cu 元素的正常限的下界为 1.906 9，警告限的下界为 1.653 2，异常限的下界为 1.410 8。同理得到其他质量浓度比例界限值，见表 5-4。其中，括号中的值为依据正态分布假设得到的界限值。

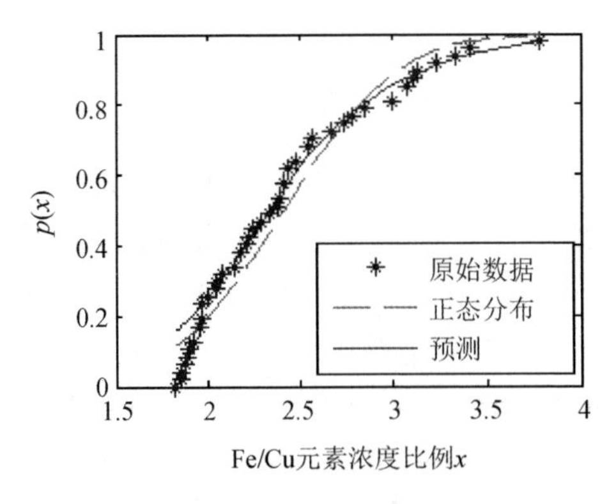

图 5－11　Fe/Cu 元素浓度比例概率密度曲线

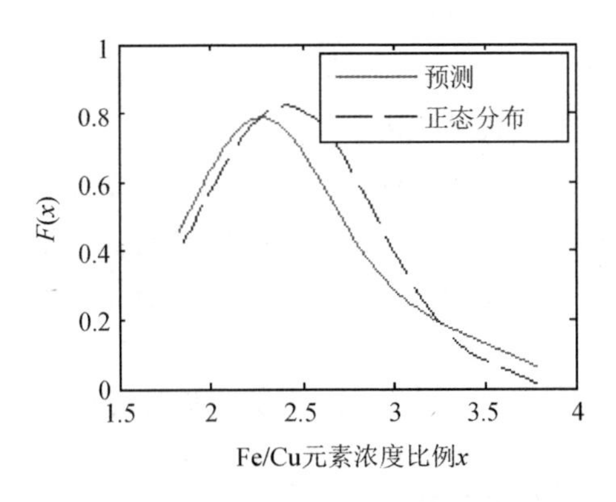

图 5－12　Fe/Cu 元素浓度比例概率分布曲线

表 5－4　发动机主要元素质量浓度比例界限值

元　素			Fe/Cu	Fe/Cr	Fe/Ag	Fe/Ti	Fe/Mg
界限值	正常	上界	2.95(2.90)	17.4(17.0)	16.7(16.6)	4.59(4.38)	0.64(0.62)
		下界	1.91(1.97)	6.16(6.43)	8.52(8.93)	2.64(2.67)	0.63(0.38)
	警告	上界	3.76(3.38)	27.5(22.6)	25.4(20.7)	5.69(5.24)	0.85(0.74)
		下界	1.65(1.71)	4.39(4.93)	6.52(7.33)	2.08(2.24)	0.34(0.32)
	异常	上界	4.62(3.87)	37.3(28.1)	29.8(24.8)	6.90(6.11)	1.04(0.86)
		下界	1.41(1.51)	3.25(3.99)	4.92(6.21)	1.72(1.93)	0.26(0.28)

5.5　基于数据融合的健康指标界限值制定

目前，针对航空发动机滑油磨损光谱检测的元素达到 12 种之多，考虑到浓度梯度元素，这样总共检测特征元素种类共有 24 种。因此，这就造成制定出的元素界限值很多，但是单靠一种元素的界限值并不能够完全代表航空发动机实际的磨损状态。如果使用某一种或者某些不具有代表性的元素，就很容易对航空发动机实际的磨损状态造成误判。相反，融合值恰恰能够在某种程度上很好地反映航空发动机实际的磨损状态。因此，这里对航空发动机滑油磨损元素多特征数据进行特征融合，利用融合特征的界限值对航空发动机磨损状态进行评估。

5.5.1　油液数据融合技术

数据融合(Data Fusion)又称特征融合(Feature Fusion)、信息融合(Information Fusion)，其概念最早诞生于 20 世纪 70 年代，并且最先应用于军事领域。直至 20 世纪 90 年代，我国才开始积极研究数据融合技术，并且取得了较好的研究成果。与传统的利用单特征(或单信息源)进行故障诊断相比,运用特征融合技术得到的融合特征在进行故障诊断时有着较高的识别率以及较好的状态评估效果,因此通常作为评判系统状态的依据。

随着对计算机技术以及相关智能融合算法研究的深入,特征融合技术已经成为一个研究热点,并在各大领域中推广应用。目前,数据融合技术主要分为以下几大类,即人工智能算法、决策论方法[7]、统计推断算法、信号处理与估计理论方法以及信息论方法等[8]。其中,人工智能方法包括遗传算法[9-12]、神经网络[13]、模糊逻辑[14]以及基于规则的推理[15];统计推断方法包括支持向量机理论[16,17]、随机集理论[18,19]、证据推理[19,20]、Bayes推理[21,22]以及经典推理等;信号处理与估计理论方法包括线性估计的Kalman滤波[23,24]、最小二乘法[25]、加权平均、小波变换[26,27]等;信息论方法包括最小描述长度方法[28]、熵方法[3]等。

由于实际的航空发动机滑油光谱数据中蕴含了多种特征元素,每种特征元素蕴含着不同的知识,而且单一元素进行航空发动机磨损故障诊断以及状态评估时准确率往往不高;同时在选择特征元素时往往出现顾此失彼的情况,因此,采用数据融合技术对航空发动机滑油光谱数据进行数据融合,通过融合值对航空发动机的状态进行评估就成为一种最有优势的方法。

5.5.2　基于SOM的健康指标融合

自组织映射网络(Self-Origanizing Maps, SOM)最早是由芬兰赫尔辛基理工大学Kohonen教授于1981年提出,它是一种无导师学习方式进行网络训练的、具有自组织能力的神经网络。它能够对输入模式进行自组织的训练和判断,并将其最终分为不同的类型。在网络结构上,SOM是由输入层和竞争层构成的两层网络,网络没有隐含层,输入层和竞争层之间的神经元实现双向连接,同时竞争层各个神经元之间还存在横向连接。在学习算法上,它模拟生物神经系统依靠神经元之间兴奋、协调与抑制、竞争的作用来进行信号处理的动力学原理,指导网络的学习与工作。图5-13是SOM结构图。因此,本节的特征融合选择基于自组织神经网络的特征融合方法。

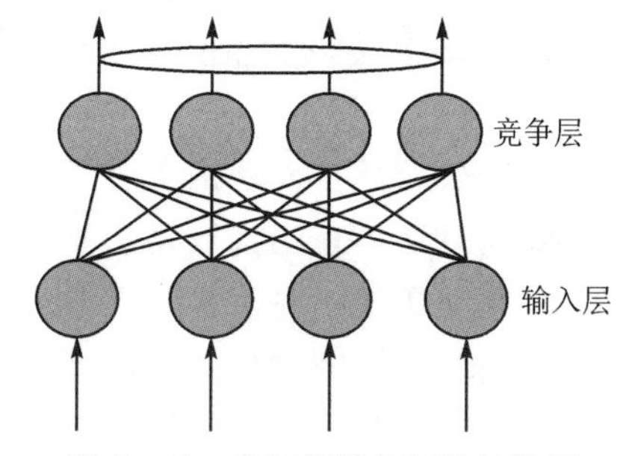

图5-13　自组织神经网络结构图

自组织神经网络算法属于无监督竞争学习算法。SOM可以将任意维数的输入模式以拓扑有序的方式变换到一维或二维的离散空间上,这种变换称为特征映射(Feature Mapping),用Φ表示,Φ:输入空间$\boldsymbol{H}\rightarrow$输出空间$\boldsymbol{A}$。其中,输入空间$\boldsymbol{H}$是输入向量的集合,其维数等于输入向量的维数;输出空间$\boldsymbol{A}$在二维网格的自组织映射中是二维的平面。

自组织神经网络的界限值制定算法步骤如下。

① 初始化。对 N 个输入神经元到输出神经元的连接权值随机赋予较小的权值。选取输出神经元 j 的“邻接神经元”的集合 S_j，$S_j(t)$ 表示时刻 t 的“邻接神经元”的集合。区域 $S_j(t)$ 是随着时间的增长而不断缩小的。

② 提供新的输入模式 $\boldsymbol{X}$。

③ 计算欧式距离，即输入样本与每个输出神经元 j 之间的距离：

$$d_j = \| X - W_j \| = \sqrt{\sum_{i=1}^{N} [x_i(t) - w_{ij}(t)]^2} \tag{5-45}$$

计算出一个具有最小距离的神经元 j，即确定出某一单元 k：$d_k = \min\limits_j (d_j)$，$\forall j$。

④ 给出一个周围的邻域 $S_k(t)$。

⑤ 按照下式修正输出神经元 j 及其“邻接神经元”的权值

$$w_{ij}(t+1) = w_{ij}(t) + \eta(t)[x_i(t) - w_{ij}(t)] \tag{5-46}$$

式中，η 为一个增益项，并随时间变化逐渐下降为零，一般取

$$\eta(t) = \frac{1}{t}$$

或

$$\eta(t) = 0.2 \times \left(1 - \frac{t}{10\ 000}\right)$$

⑥ 计算输出 o_k

$$o_k = f(\min_j \| X - W_j \|) \tag{5-47}$$

⑦ 提供新的学习样本重复上述学习过程，直到训练完毕。

⑧ 计算样本 Y 到权值矢量 W 的欧式距离 d，进而融合出距离曲线，达到特征融合的目的。

$$d = f(\min_j \| Y - W_j \|) \tag{5-48}$$

⑨ 利用 Parzen 窗法进行界限值的制定。由于 weka 软件进行规则提取时需要知道样本的状态，即正常、警告以及异常。因此，采用 Parzen 窗法对融合特征值进行界限值制定划分样本的状态也为正常、警告以及异常状态。

5.5.3　基于健康指标的磨损界限值制定

由于多特征元素在进行状态评估以及故障诊断时容易出现顾此失彼的情况，每种元素都超过其对应元素界限值的可能性很低，因此，本文考虑借鉴特征融合的思想对多特征数据样本进行数据融合，融合出一个综合的健康指标对飞机实际的磨损情况进行故障诊断。

为验证融合界限值制定的有效性，采用某军用飞机发动机实际的 2 089 个光谱数据进行效果验证。由于光谱仪测定 12 种元素（依次为 Fe、Al、Cu、Cr、Zn、Cd、Si、Ag、Pb、Ti、Sn、Mg），因此原始数据的特征维数为 12。

采用SOM网络进行自组织训练，得到原始数据的神经网络结构图以及近邻神经元图，如图5-14所示。通过分析拓扑神经元图像的颜色以及对应神经元上数据样本的数值大小提取出正常样本。其中，颜色由浅入深，代表两者距离由近到远。

接下来，本书借助SOM的聚类功能，将从16个神经元上聚集的数据样本中，从中选择某一个神经元上聚集的样本为正常样本。由于处于正常状态的样本比处于警告状态以及异常状态的样本在数值上更小。因此，对16个神经元上样本的数量以及对应数值的大小进行统计，结果见表5-5。

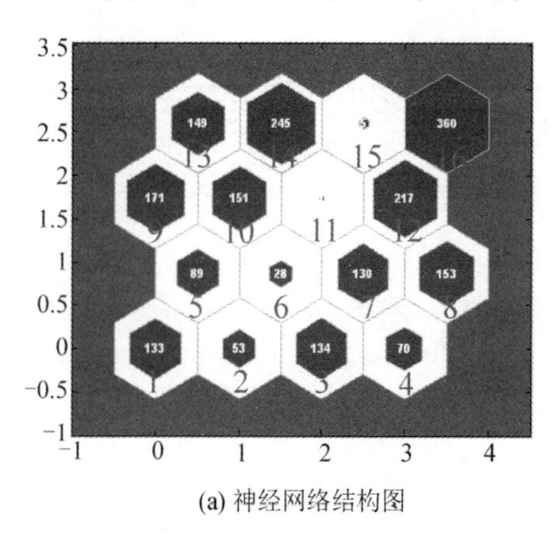

(a) 神经网络结构图

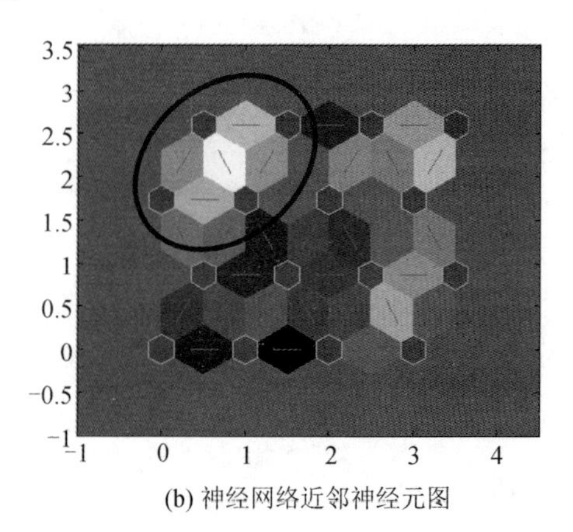

(b) 神经网络近邻神经元图

注：① 数字代表神经元序号；

② 椭圆区域代表距离较近的邻神经元的分布。

图5-14 全部特征元素神经网络图

表5-5 各神经元上样本数量及数值统计表

序　号	神经元1	神经元2	神经元3	神经元4
样本个数/个	133	53	134	70
样本数值区间	[0,1]	[0,1]	[0,1]	[0,0.75]
序　号	神经元5	神经元6	神经元7	神经元8
样本个数/个	89	28	130	153
样本数值区间	[0,1]	[0,0.6]	[0,0.8]	[0,0.916 7]
序　号	神经元9	神经元10	神经元11	神经元12
样本个数/个	171	151	1	217
样本数值区间	[0,0.823 5]	[0,0.4]	[0,0.294 1]	[0,0.621 0]
序　号	神经元13	神经元14	神经元15	神经元16
样本个数/个	149	245	5	360
样本数值区间	[0,1]	[0,0.666 7]	[0,0.337 8]	[0,0.489 8]

由图 5－14 及表 5－5 可知，第 10 个神经元上的样本个数及数值区间可以认定为正常的数据样本。因此，以第 10 个神经元上的样本为训练样本进行融合训练，结果如图 5－15 所示。

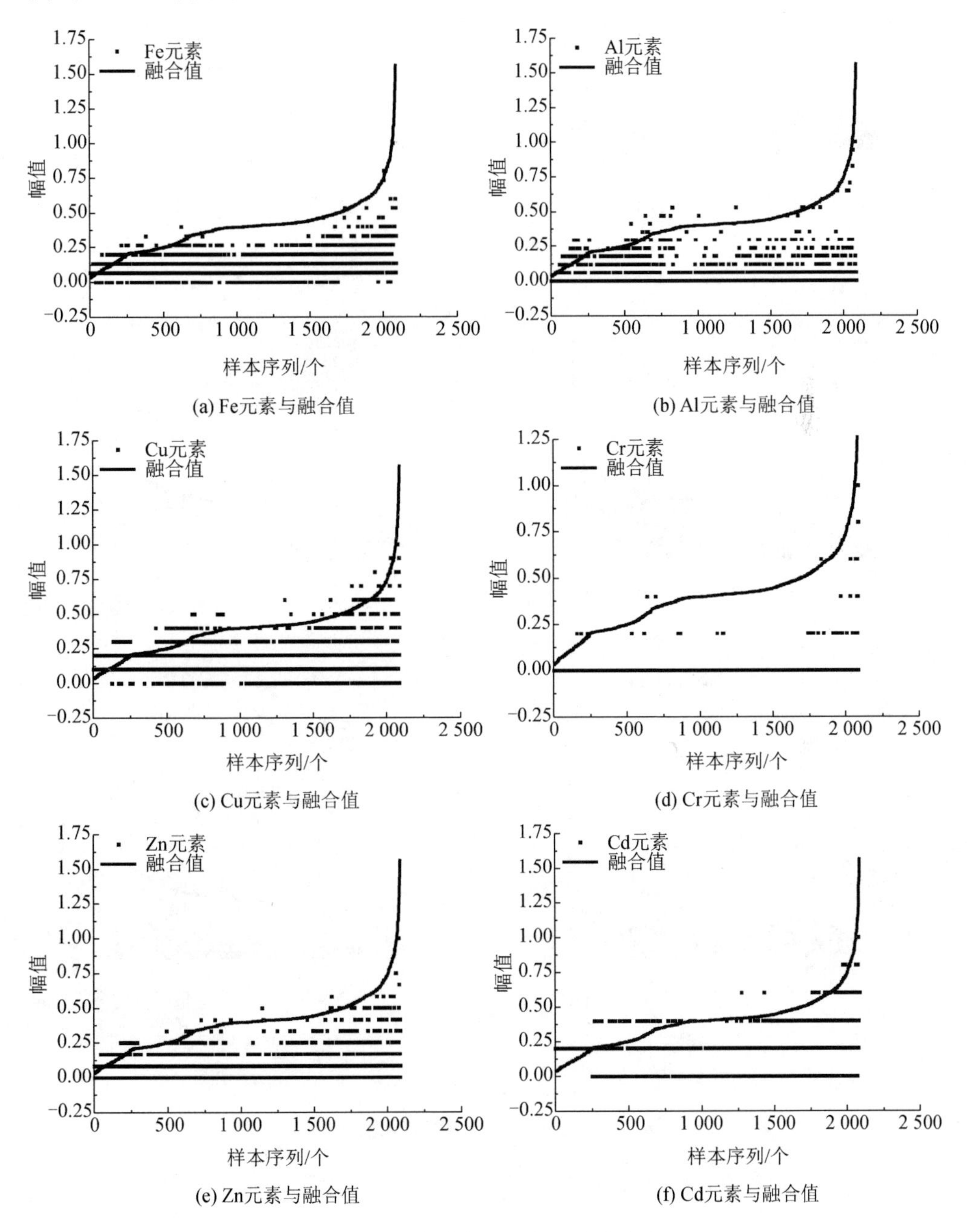

(a) Fe元素与融合值 (b) Al元素与融合值

(c) Cu元素与融合值 (d) Cr元素与融合值

(e) Zn元素与融合值 (f) Cd元素与融合值

图 5－15 各磨损元素与融合值对比

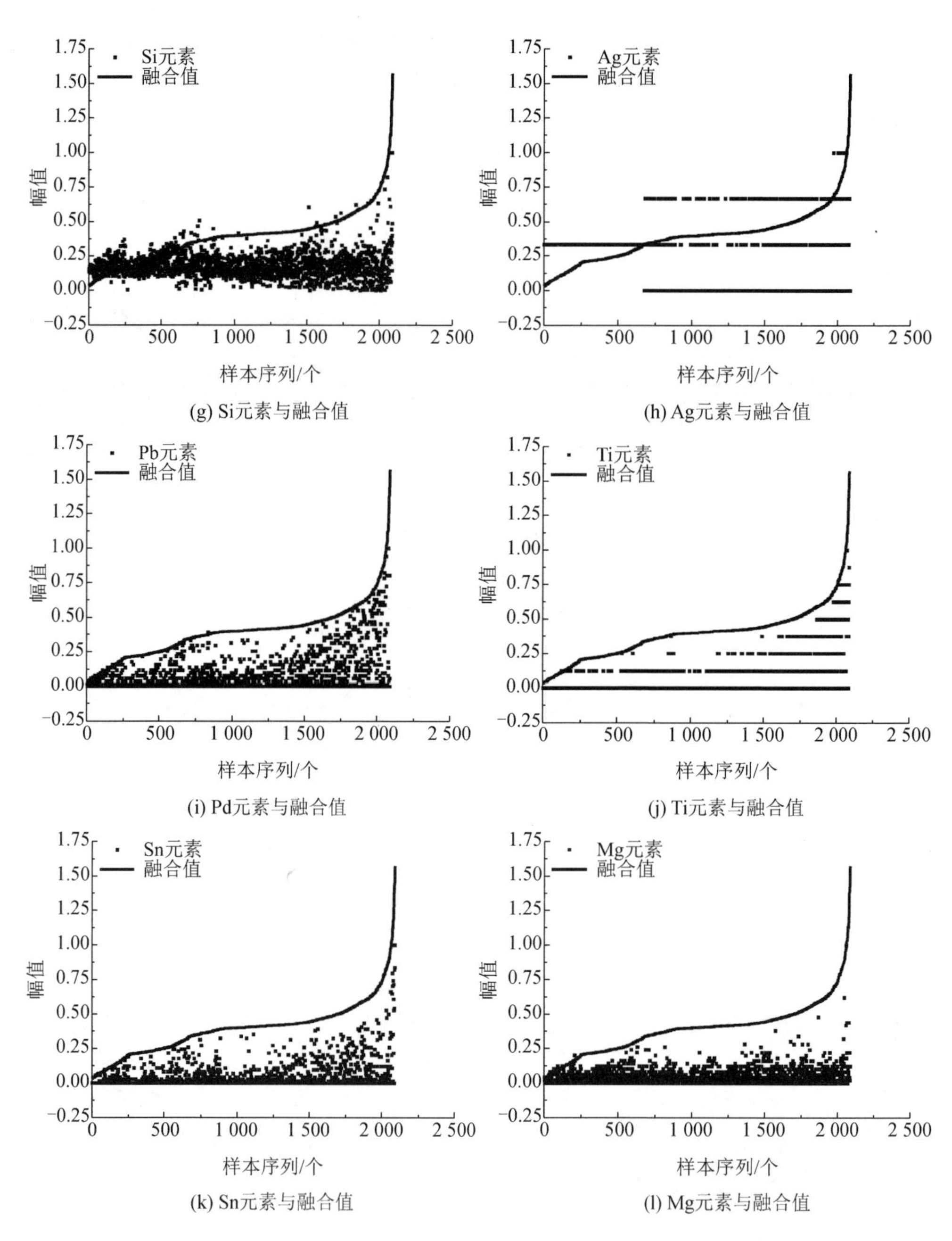

(g) Si元素与融合值　(h) Ag元素与融合值

(i) Pd元素与融合值　(j) Ti元素与融合值

(k) Sn元素与融合值　(l) Mg元素与融合值

图 5-15 各磨损元素与融合值对比(续)

由图 5-15 可知,融合值的趋势与各元素趋势基本吻合。由此可见,融合值基本反映了飞机发动机磨损状态的变化趋势和规律。因此对融合值进行警告限以及异常限进行界限值制定,基本可以实现对原始数据正常、警告以及异常状态进行划分的目的。

为了更好地对航空发动机的磨损状态进行划分，就必须制定出合适的界限值。由图 5－15 可知，该数据明显不服从正态分布，因此，这里仅选择三种基于概率密度估计的界限值制定方法来进行对比，从中选择合适的界限值，对比情况如图 5－16 所示。

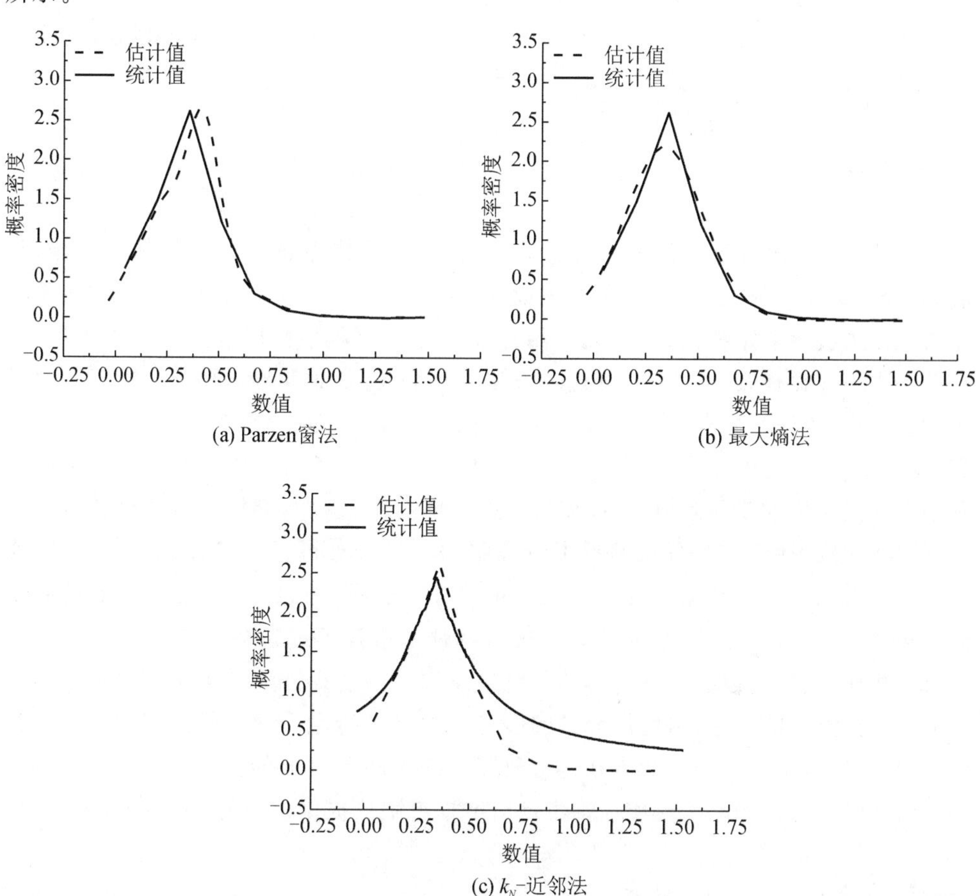

(a) Parzen窗法

(b) 最大熵法

(c) k_N-近邻法

图 5－16　三种概率密度估计界限值制定方法对比

由图 5－16 可以看出，三种方法中除了 k_N -近邻法中的估计与统计的概率密度函数曲线拟合效果不甚理想，存在较大的偏差外，其余两种方法的曲线拟合效果都很好。同时，为了更加准确地观察各方法的实际界限值的数值大小，本书对三种方法界限值的结果进行汇总，结果见表 5－6。

表 5－6　三种方法制定界限值的结果

方　法	最大熵法	Parzen 窗法	k_N -近邻法
警告	0.711 3	0.797 5	1.402 6
异常	0.899 4	1.510 8	1.524 9

从表 5-6 中可以看出，最大熵法的警告限界限值与 Parzen 窗法的警告限界限值接近，k_N-近邻法的异常限界限值与 Parzen 窗法的异常限界限值接近，其余的则有较大差距。因此，除考虑根据曲线的拟合效果进行界限值的制定外，还要依据数据的实际情况进行选择，这样才能选择出合适的界限值。

对融合的界限值进行制定之后，就能够对原始数据所处状态进行划分，进而为后面的规则提取中明确数据样本的状态提供帮助。

本章小结

本章介绍了磨损界限值的制定方法，详细阐述了概率密度函数的估计方法，包括 Parzen 窗法、k_N-近邻法、最大熵法以及 SVM 方法。本章对基于 SVM 的概率密度估计方法进行了详细论述，首先利用标准正态分布概率密度函数进行了验证，表明了方法的正确有效性。然后将这一方法运用到估计油样光谱数据的概率密度函数，根据光谱数据的概率分布求出光谱诊断正常、警告以及异常界限值。最后，针对实际的航空发动机光谱数据，利用基于 SVM 的概率密度函数估计方法制定了航空发动机磨损质量浓度界限值、磨损质量浓度梯度界限值以及磨损质量浓度比例界限值，并与传统的基于正态分布假设下所确定的界限值进行了比较分析，结果表明实际的航空发动机油样数据并不完全服从正态分布假设，通过 SVM 估计得到的界限值应该更真实，更可靠。同时，考虑到融合特征的故障诊断准确率与单一特征的诊断效果相比有很大的提高，以及实际的航空发动机的磨损元素种类很多，因此，本章借助了特征融合的思想，将磨损元素的多特征数据进行融合，得到统一的特征量，即融合特征量，避免了多特征元素在进行故障诊断中顾此失彼的情况发生。本章的磨损界限值制定方法为科学制定航空发动机磨损界限值提供了新的方法和思路。

参考文献

[1] 边肇祺，张学工. 模式识别[M]. 2 版. 北京：清华大学出版社，2000.

[2] MILLER G, HORN D. Probability Density Estimation Using Entropy Maximization[J]. Neural Computation, 1998, 10(7):1925-1938.

[3] SCHÖLKOPF B, SMOLA A. Learning with Kernels: Support Vector Machines, Regularization, Optimization and Beyond[M]. Cambridge, MA: MIT Press, 2002.

[4] RATSCH G, MIKA S, SCHÖLKOPF B, et al. Constructing Boosting Algorithms from SVMs: An Application to One-class Clasificatin[J]. IEEE Transactions on Pattern Analysis and Machine Intelligence, September 2002, 9(24): 111-115.

[5] MUKHEREE S, VAPNIK V. Multivariate Density Estimation an SVM Approach[R]. Cambridge, MA: Massachusetts Institute of Technology, 1999.

[6] PARZEN E. On the Estimation of a Probability Density Function and Its Mode[J]. Ann Mathstatist, 1962, 33(3): 1065-1076.

[7] GOODMAN I R, MAHLER R P S, Nguyen H T. Mathematics of Data Fusion[M]. Netherlands: Springer, 2009.

[8] BERGER J O. Statistical Decision Theory and Bayesian Analysis[M]. 2nd ed. London: Springer, 1985.

[9] 李喜武. 汽车发动机润滑油信息融合技术监测方法的研究[D]. 长春:吉林大学,2012.

[10] 李志宇,史浩山. 基于自适应遗传算法的传感器网络数据融合算法[J]. 系统仿真学报, 2009, 21(14):4429-4432.

[11] LI J, PENG Z. Multi. Source Image Fusion Algorithm Based on Cellular Neural Networks with Genetic Algorithm[J]. Optik. International Journal for Light and Electron Optics, 2015, 126(24):5230-5236.

[12] AMEER A, KUMAR K S. Efficient Automatic Image Annotation Using Optimized Weighted Complementary Feature Fusion Using Genetic Algorithm[J]. Procedia Computer Science, 2015, 58:731-739.

[13] 关晓颖,陈果,林桐. 特征选择的多准则融合差分遗传算法及其应用[J]. 航空学报,2016, 37(11):3455-3465.

[14] 陈果,左洪福. 发动机磨损故障的集成神经网络融合诊断[J]. 南京航空航天大学学报, 2004, 36(3):278-283.

[15] 王峰,籍锦程,聂百胜. K-均值聚类模糊逻辑数据融合改进算法研究[J]. 中北大学学报(自然科学版), 2014(6):699-703.

[16] 胡金海,余治国,翟旭升,等. 基于改进D-S证据理论的航空发动机转子故障决策融合诊断研究[J]. 航空学报,2014, 35(2):436-443.

[17] SALAHSHOOR K, KORDESTANI M, KHOSHRO M S. Fault Detection and Diagnosis of an Industrial Steam Turbine Using Fusion of SVM (support vector machine) and ANFIS (adaptive neuro. fuzzy inference system) Classifiers[J]. Energy, 2010, 35(12):5472-5482.

[18] LUO Y, WU C M, ZHANG Y. Facial Expression Recognition Based on Fusion Feature of PCA and LBP with SVM[J]. Optik. International Journal for Light and Electron Optics, 2013, 124(17):2767-2770.

[19] MORI S. Random Sets in Data Fusion Problems[J]. Proceedings of SPIE-The International Society for Optical Engineering, 1997, 3163:278-289.

[20] MURPHY R R, SHAFER D. Theory for Sensor Fusion in Autonomous Mobile Robots[J]. IEEE Transactions on Robotics&Automation, 1998, 14(2):197-206.

[21] BHATT D, BABU S R, CHUDGAR H S. A Novel Approach Towards Utilizing Dempster Shafer Fusion Theory to Enhance WiFi Positioning System Accuracy[J]. Pervasive&Mobile Computing, 2016.

[22] SHI X, MANDUCHI R. On the Bayes Fusion of Visual Features[J]. Image&Vision Computing, 2007, 25(11):1748-1758.

[23] 姜万录，刘思远. 多特征信息融合的贝叶斯网络故障诊断方法研究[J]. 中国机械工程，2010(8):940-945.

[24] BOADA B L, BOADA M J L, DIAZ V. Vehicle Sideslip Angle Measurement Based on Sensor Data Fusion Using an Integrated ANFIS and an Unscented Kalman Filter Algorithm [J]. Mechanical Systems&Signal Processing, 2015, 72/73:832-845.

[25] 陈航科，张东升，盛晓超，等. 基于 Kalman 滤波算法的姿态传感器信号融合技术研究[J]. 传感器与微系统，2013，32(12):82-85.

[26] 焦竹青，熊伟丽，徐保国. 基于加权最小二乘法的异质传感器数据融合[J]. 吉林大学学报(工)，2010，40(3):816-820.

[27] 于亚萍，孙立宁，张峰峰，等. 基于小波变换的多特征融合 sEMG 模式识别[J]. 传感技术学报，2016，29(4):512-518.

[28] 李洪，王晟. 基于小波包和神经网络的电力输电线故障诊断研究[J]. 数据采集与处理，2004，19(4):411-416.

第6章 磨损趋势预测技术

对油样分析数据进行数学建模，对相关系统的磨损状态进行监测，并推测出未来发展趋势，对于视情维修、避免重大事故的发生具有重要意义。磨损趋势预测是基于预测的磨损颗粒的浓度或数目的变化趋势，来决定是否对发动机零部件进行更换或维修，这就需要借助于先进的趋势预测技术来实现。经典的趋势预测技术包括灰色模型预测、基于ARMA模型的线性时间序列预测、神经网络预测法、支持向量预测法、组合模型预测等。

本章首先对经典的预测理论和方法进行介绍。在此基础上，引入一种更为有效的组合预测方法，并采用该方法对某发动机实际的油样光谱分析数据进行预测分析，同时与AR模型、BP网络模型以及GM(1,1)模型预测结果进行比较。结果充分证明了组合预测模型的有效性和优越性。

6.1 时间序列预测法

所谓时间序列[1]，是指按时间先后或空间前后顺序排列的一组数据。时间序列分析简称时序分析，它将依某一规律变化的信号(数据)视为依时间变化而变化的先后有序的数据，在一定的假设前提下，依据某一准则建立起数学模型，以此对原时间序列或产生这一时间序列的系统进行分析辨识。时序分析目前已广泛应用于许多领域，成为动态数据处理的一种极为重要的数学工具。将时间序列分析用于机械设备的故障诊断则是近十多年的事情，通过对有关数学模型的时域特性和频域特性分析，可识别机械设备所处的工况，但其更主要的应用则是对机械设备的剩余寿命或其未来发展趋势的预测。

时序分析的数据需要满足各态历经假设。在工程实际应用时，往往不对动态数据进行检验，而直接用所得数据建立时序分析数学模型，只要经检验残差满足白噪声条件，即说明前面所得的数学模型适用。

6.1.1 时间序列预测的基本思想

众所周知，对于一个系统而言，如机械振动系统，知道了系统的输入和系统传递函数，可以求得其响应；知道了系统的输入和响应，可以辨识出其传递特性；同样，知道系统的传递特性和输出，也可以获取其输入。这在机械振动中分别被称为振动分析、系统辨识和振动测试。事实上，在系统中，往往产生观测数据的系统并不具体，或者产生观测数据的系统虽然具体，但无法获知，或者无法准确地获知系统的输入，或者系统是可观测的，但是系统处于严重的、无法观测的噪声干扰中。亦即在实际中，系统的输入和传递特性往往无法获取，仅仅能够得到系统的观测值，即系统的输出。此时，只能采用与系统分析相结合的时间序列分析法，对动态数据进行“系统化”的处理而获得系统的数学模型，利用该模型来实现系统的辨识和对未来发展趋势的预测。

6.1.2 时间序列分类

1. 线性时间序列

线性时间序列的数学定义为：如果随机序列$\{x_t\}$可表示成

$$x_t = \sum_{j=0}^{\infty} \beta_j x_{t-j} + \varepsilon_t \tag{6-1}$$

式中，系数序列$\{\beta_j\}$满足

$$\sum_{j=0}^{\infty} \beta_j^2 < \infty \tag{6-2}$$

而$\{\varepsilon_t\}$是白噪声序列，满足

$$E(\varepsilon_t) = 0, \quad E(\varepsilon_t^2) = \sigma^2 < \infty \tag{6-3}$$

则称$\{x_t\}$为线性序列。

2. 非线性时间序列

凡是不能表示成式(6-1)所示的线性序列形式的时间序列，都是非线性时间序列。一种最简单也是最重要的特解模型是非线性自回归(Nonlinear Autoregression)模型，可表示为

$$x_t = \varphi(x_{t-1}, \cdots, x_{t-p}) + \varepsilon_t \tag{6-4}$$

式中，φ是R^p到R^1的可测函数；$\{\varepsilon_t\}$为白噪声序列，满足式(6-3)条件，与$\{x_s, s<t\}$相互独立；p称为模型的阶数。

非线性时间序列模型主要包括非线性自回归模型、门限自回归模型、指数自回归模型、双线性模型和状态依赖模型等。

6.2 线性时间序列预测模型

当时间序列的模型由线性差分方程所描述时，该时间序列视为线性时间序列，

否则即为非线性时间序列。ARMA 模型(包括 AR 模型和 MA 模型)是传统的经典线性时间序列预测模型,已在故障诊断、经济、社会等领域得到广泛应用。

6.2.1　自回归滑动平均模型 ARMA(n,m)

假设已知采样后的平稳随机序列 $y(k)$ 及白噪声序列 $x(k)$,二者之间的关系可用以下随机差分方程描述

$$\begin{aligned} & b_n y(k-n)+b_{n-1}y(k-n+1)+\cdots+b_0 y(k) \\ & =a_m x(k-m)+a_{m-1}x(k-m+1)+\cdots+a_0 x(k) \end{aligned} \tag{6-5}$$

则该式为自回归滑动平均模型 ARMA(n,m)。其中,自回归参数 b_j,自回归阶数 n,滑动平均参数 a_j,滑动平均阶数 m 均是未知的。建模通过一定的运算来识别这些参数。首先根据经验确定 n 和 m,再利用相关矩法、最小二乘法、最小平方和法、极大似然估计法等方法进行识别。若 n 和 m 选择不合理,将产生较大误差,因此应根据定阶准则进行验算,直到确定合适的 n 和 m。

下面介绍常用的最小二乘识别法,不失一般性,设 $m=n=2N$,$a_0=b_0=1$,则

$$\sum_{j=0}^{2N} b_j y(k-j)=\sum_{j=0}^{2N} a_j x(k-j)$$

所以在 $t=(k+2N+1)\Delta t$ 时刻的输出为

$$\begin{aligned} & y(k+2N+1) \\ & =x(k+2N+1)+[x(k+2N)-y(k+2N)+\cdots+x(k+1)-y(k+1)]\begin{Bmatrix} a_1 \\ b_1 \\ a_2 \\ \vdots \\ b_{2N} \end{Bmatrix} \end{aligned}$$

令 $k=0,1,2,\cdots,M-1$,简化为矩阵方程 $\{y\}=[P]\{\theta\}+\{\varepsilon\}$,式中,

$$\{\theta\}=\{a_1,b_1,a_2,\cdots,b_{2N}\}^{\mathrm{T}}$$

$$\{y\}=[y(2N+1),y(2N+2),\cdots,y(2N+M)]^{\mathrm{T}}$$

$$\{\varepsilon\}=[x(2N+1),x(2N+2),\cdots,x(2N+M)]^{\mathrm{T}}$$

$$[P]=\begin{bmatrix} x(2N) & -y(2N) & \cdots & -y(1) \\ x(2N+1) & -y(2N+1) & \cdots & -y(2) \\ \vdots & \vdots & \vdots & \vdots \\ x(2N+M-1) & -y(2N+M-1) & \cdots & -y(M) \end{bmatrix}$$

方程的最小二乘解为

$$\{\theta\}=([P]^{\mathrm{T}}[P])^{-1}[P]^{\mathrm{T}}\{y\} \tag{6-6}$$

6.2.2 自回归模型 AR(n)

假设输入信号无法观测，若输入可假设为均值为零的白噪声，则可构造一个自回归模型，即自回归模型 AR(n)。

$$\sum_{j=0}^{n} b_j y(k-j) = x(k) \tag{6-7}$$

将式(6-7)两边同乘 $y(k-r)$，并按 k 变化来进行平均，得到

$$\frac{1}{n}\sum_{k=0}^{n}\sum_{j=0}^{n} y(k-r) b_j y(k-j) = \frac{1}{n}\sum_{k=0}^{n} y(k-r)x(k) = 0 \tag{6-8}$$

令 $C(r-j)=\frac{1}{n}\sum_{k=0}^{n} y(k-j)y(k-r)$，得到 $\sum_{j=0}^{n} b_j C(r-j)=0$。再令 $r=0,1,2,\cdots,n$，得到方程

$$\begin{bmatrix} C(0) & C(1) & \cdots & C(n) \\ C(1) & C(0) & \cdots & C(n-1) \\ \vdots & \vdots & \vdots & \vdots \\ C(n) & C(n-1) & \cdots & C(0) \end{bmatrix} \begin{Bmatrix} 1 \\ b_1 \\ \vdots \\ b_n \end{Bmatrix} = \begin{Bmatrix} 0 \\ 0 \\ \vdots \\ 0 \end{Bmatrix}$$

或

$$\begin{bmatrix} C(1) & C(2) & \cdots & C(n-1) \\ C(0) & C(1) & \cdots & C(n-2) \\ \vdots & \vdots & \vdots & \vdots \\ C(n-1) & C(n-2) & \cdots & C(0) \end{bmatrix} \begin{Bmatrix} b_1 \\ b_2 \\ \vdots \\ b_n \end{Bmatrix} = \begin{Bmatrix} -C(0) \\ -C(1) \\ \vdots \\ -C(n) \end{Bmatrix} \tag{6-9}$$

通过解方程(6-9)，得到自回归参数 b_j。

6.2.3 检验准则

模型中阶数 p 的值是直接影响模型适用性的重要因素。可以通过检验模型适用性的方法来得到 p 值，同时检验了模型对实际观测值的拟合程度。目前常用的检验准则主要有以下几种。

① 利用时间序列相关性检验准则，该检验准则是一种初级方法，通常在建模初期对阶数 p 进行简单估计，该方法主要基于模型中自相关系数的截尾性和偏相关系数的拖尾性。

② 利用数理统计方法检验准则，如 F 检验方法检验模型残差的相关特征以及根据模型参数的置信区间是否含零等。

③ 利用信息准则，首先定义一个与阶数 p 相关的变量，当该变量达到最小时，此时的 p 值即为所求的模型阶数。目前常用的信息准则主要有赤池信息准则(Akaike Information Criterion，AIC)以及最终预报误差(Final Prediction Error，FPE)准

则等。

FPE 和 AIC 这两种准则均是由日本统计学家赤池弘次创立和发展的。FPE 准则的主要原理是根据模型进行单步预测后得到的误差方差来确定阶数，当误差方差最小时对应的 p 值即为所求的模型阶数。AIC 准则是用来衡量统计模型拟合优良性的一种准则，它建立在熵的基础上，用来权衡所估计模型的复杂度以及此模型在拟合数据时的准确度。

在相应模型识别出参数后，应计算残差序列。

对于 ARMA 模型

$$e(k)=y(k)+\sum_{j=1}^{n}b_j y(k-j)-\sum_{j=1}^{m}a_j x(k-j) \tag{6-10}$$

对于 AR 模型

$$e(k)=y(k)+\sum_{j=1}^{n}b_j y(k-j) \tag{6-11}$$

残差方差

$$\sigma_e^2=\sum_{k=0}^{n}e^2(k) \tag{6-12}$$

（1）FPE 准则

$$\mathrm{FPE}=\sigma_e^2\ \frac{N+P}{N-P} \tag{6-13}$$

式中，N 为数据点数；P 为待估参数个数，取使 FPE 值最小的 n 和 m 作为适当阶数。

（2）AIC 准则

$$\mathrm{AIC}=N\ln\sigma_e^2+2P \tag{6-14}$$

式中，N 为数据点数；P 为待估参数个数，取使 AIC 值最小的 n 和 m 作为适当阶数。

ARMA 模型只能对线性系统、平稳且满足正态分布的信号进行辨识和预测，对于非线性系统和非平稳的信号则显得力不从心。然而，自然界的本质往往呈现出非线性的内在机制。对于弱非线性系统，通过线性化处理往往可以得到比较满意的结果，但对于许多非线性系统，只有建立非线性模型才能准确描述其内在规律。

6.3 非线性时间序列预测模型

6.3.1 相空间重构理论

混沌理论[2]是研究非线性系统动力行为的新方法。其基本观点是：简单的非线性系统既可以产生简单的确定行为，也可以产生不稳定但有界的、貌似随机的不确定现象。但这种随机不等同于统计学中的随机，本质上是复杂确定性系统产生的行为。由于混沌对初始条件极端敏感，这意味着混沌动力学特性能够放大微小的差异，导致宏观尺度上完全不可预测的程度。因此，时间序列的长期预测不可行，只可能进行短期预测。

非线性系统所有可能的状态的集合称为相空间。系统的状态随时间在相空间中运动，形成一条有向空间曲线，称为相轨迹。对于耗散系统，相空间中的体积在运动过程中会不断收缩。不同性质的系统，其收缩程度和收缩方式也不同。有的收缩至不动点(稳定定态)，维数为0；有的收缩至闭曲线上(极限环)，维数为1；有的收缩到二维或二维以上的环面上(准周期态)；而有的收缩到复杂的无穷层次的自相似结构轨道上(混沌)。经过足够长时间后系统在相空间中所收缩的有限区域，称为吸引子。吸引子有定常吸引子、周期吸引子、准周期吸引子及奇异吸引子，其中奇异吸引子是非线性系统最复杂的吸引子，是局部不稳定而全局稳定的运动，它对运动初始值极其敏感。

因此，为了对非线性系统产生的时间序列进行预测，需要研究非线性系统的运动规律，把握其运动状态。这就要求从系统产生的时间序列中抽取动力系统，重构相空间。最常用的方法是时延法。

假设所研究的时间序列为$\{x(t)\}(t=1,2,\cdots,N)$，则当前状态的信息可以表示成m维的延迟矢量

$$x(t+\tau)=f\{x(t),x(t-\tau),\cdots,x(t-(m-1)\tau)\} \tag{6-15}$$

式中，m为嵌入维数；τ为时间延迟，通常取为采样间隔。

Takens已经证明：假设动力系统的维数为d，如果$m\geqslant 2d+1$，则这种映射产生的伪相空间和系统的状态空间微分同胚，即拓扑等价，它们的动力学特性在定性意义上完全相同。

由此可见，对时间序列的预测，关键在于根据已知时间序列数据，对非线性系统相空间的重构，找出从m维空间映射到一维空间的映射函数。而基于神经网络和支持向量机用于预测，就是用其来拟合这一非线性函数的。

6.3.2 人工神经网络

人工神经网络模型[3]是在现代神经生理学和心理学的研究基础上，模仿人的大脑神经元结构(见图6-1)特性而建立的一种非线性动力学网络系统。它由大量简单的非线性处理单元(类似人脑的神经元)高度并联、互联而成，具有对人脑某些基本特性的简单的数学模拟能力。目前，已经提出的神经网络模型有几十种，其中较为著名的有Hopfield模型，Rumelhart等提出的多层感知机(Multilayer Perceptron，MLP)模型，Grossberg和Carpenter提出的自适应共振理论(Adaptive Resonance Theroy，ART)，Hinton提出的Boltzmann机，Kohonen提出的SOM以及Kosko提出的双向联想存储器模型等。这些网络在语音识别、文字识别、目标识别、计算机视

觉、图像处理与识别、智能控制、系统辨识等方面显示出其极大的应用价值。作为一种新的模式识别技术或知识处理方法，人工神经网络在故障诊断领域中展现了其极大的应用潜力。

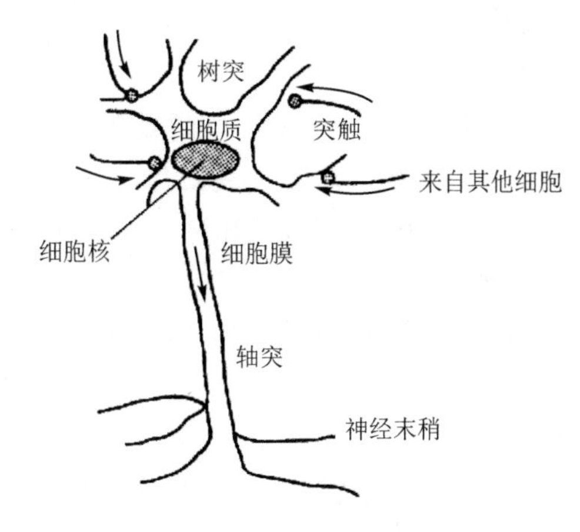

图 6-1　生物神经元结构

人工神经网络在故障诊断领域的应用主要集中在三方面：一是从模式识别的角度应用神经网络作为分类器进行故障诊断；二是从预测的角度应用神经网络作为动态预测模型进行故障预测；三是从知识处理的角度建立基于神经网络的诊断专家系统。

1. 人工神经网络的拓扑结构及学习规则

人工神经网络是由大量简单单元——人工神经元高度错综复杂连接而成的网状系统。人工神经元的特性、连接拓扑结构以及学习规则是确定一个人工神经网络的三要素。

(1) 生物神经元

神经元(神经细胞)是大脑组织的基本单元。人脑是由大约 10^{11} 个不同种类的神经元所组成的，神经元的主要功能是传输信息。典型的神经元结构如图 6-2 所示，它具有以下结构特性。

① 细胞体：由细胞核、细胞质与细胞膜等组成；

② 轴突：由细胞体向外伸出的最长的一条神经纤维称为轴突。轴突相当于神经元的输出电缆，其端部的许多神经末梢为信号的输出端子，用于输出神经冲动(信息)；

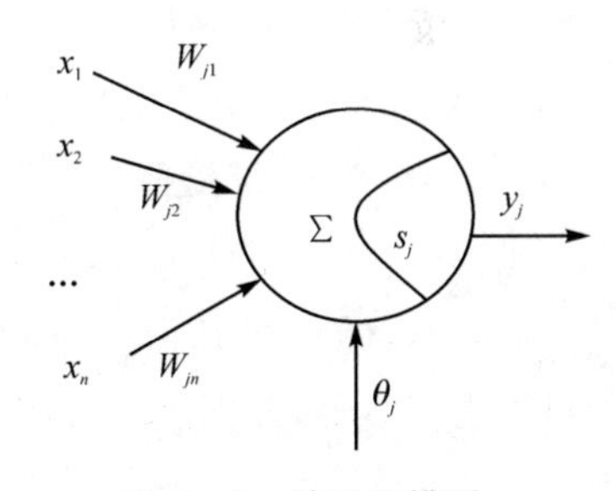

图 6-2　神经元模型

③ 突触：轴突神经末梢与树突相接触的交界面称为突触，每个神经元有 $10^3 \sim 10^4$ 个突触。突触是神经元之间信息传递的载体，它将一个神经元的神经冲动信息传递给其他神经元。突触有两种类型，即兴奋型和抑制型。

④ 膜电位：神经元细胞膜内外之间存在 20～100 mV 的电位差。膜外为正，膜内为负。

⑤结构可塑性：神经元突触的信息传递特性是可变的，随着神经冲动传递方式的变化，其传递作用可增强或减弱，即神经元之间的连接强度具有可塑性。生物实验表明，突触结构的可塑性是大脑学习和记忆的基础。

因其特性，神经元有以下功能。首先，神经元具有时空整合功能，神经元对于不同时间通过同一突触传入的神经冲动具有时间整合功能，而对于同一时间通过不同突触传入的神经冲动则具有空间整合功能。其次，当传入的神经冲动经过时空整合后，导致神经元进入两种常规工作状态：兴奋和抑制。当传入冲动的时空整合结果使细胞膜电位升高，超过被称为动作电位的阈值（约 40 mV）时，神经元进入兴奋状态，产生神经冲动，由轴突输出。相反，当传入的神经冲动经时空整合后，使膜电位下降至低于动作电位的阈值，细胞则进入抑制状态，无神经冲动输出。这一过程遵循“0－1”律，即为“兴奋－抑制”状态。突触界面具有脉冲/电位信号转换功能，沿神经纤维传递的电脉冲为等幅、恒宽、编码的离散脉冲信号。而细胞膜电位变化为连续的电位信号。在突触接口处进行“数/模”转换时，通过神经介质以量子化学方式实现电脉冲—神经化学物质—膜电位变化过程。此外，突触对神经冲动的传递还具有延时和不应期的特性。所谓不应期，是指在相邻的两次冲动之间需要一个时间间隔，在此期间对激励不响应，不能传递神经冲动。突触对神经冲动的作用可增强或减弱，甚至达到饱和，这体现了神经元的可塑性。因此，神经元具有相应的学习功能、遗忘或疲劳（饱和）效应。

（2）人工神经元模型

人工神经网络是由大量处理单元，即人工神经元，广泛互连组成的网络，它反映了人脑功能的基本特性，是对人脑的某种抽象、简化与模拟。

人工神经网络突破了以传统的线性处理为基础的数字电子计算机的局限，它是一个具有高度非线性的超大规模连续时间动力系统。其主要特征包括连续时间非线性动力学、网络的全局作用、大规模并行分布处理和联想学习能力。

神经元一般是一个多输入/单输出的非线性器件结构，如图 6－2 所示。其中，$\sum$ 表示求和；θ_j 表示阈值；S_j 表示神经元 j 的求和输出，常称为神经元的激活水平；y_j 为输出；$\{x_1, x_2, \cdots, x_n\}$ 为输入，即其他神经元的轴突输出；n 为输入数目；$\{W_{j1}, W_{j2}, \cdots, W_{jn}\}$ 为其他 n 个神经元与神经元 j 的突触连接强度，通常成为权重，W_{ji} 可以为正或负，分别表示为兴奋性突触和抑制性突触；$f(\cdot)$ 即为神经元的 I/O 特性，即为神经元的激活函数或者转移函数。其作用是将可能的无限域输入变换到一指定的有限范围内。

神经元模型可以表示为

$$s_j = \sum_{i=1}^{n} W_{ji} x_i - \theta_j, \quad y_j = f(s_j) \tag{6-16}$$

常用的功能函数如下。

① 线性函数：$f(x)=x$。

② 阈值函数（阶跃函数）：$f(x)=\begin{cases}1, & x \geqslant 0 \\ 0, & x<0\end{cases}$。

③ Sigmoid 函数(S 函数)：$f(x)=\dfrac{1}{1+\mathrm{e}^{-x}}$。

④ 双曲正切函数：$f(x)=\dfrac{1-\mathrm{e}^{-x}}{1+\mathrm{e}^{-x}}=\mathrm{th}(x)$。

⑤ 高斯型函数：$f(x)=\exp\left(-\dfrac{(x-c)^2}{2s^2}\right)$。

从神经生物学的角度看，人工神经元模型是过于简化的，它没有考虑影响神经元动态特性的时间延迟，没有包括同步机能和神经元的频率调制功能，而这些特性被认为是非常重要的。尽管如此，人工神经网络对于认识人脑“计算”的原则仍然具有重要价值。

(3) 人工神经网络的拓扑结构

虽然单个神经元的信息处理功能十分有限，但将多个神经元连成网状结构后，其处理功能却将大大增强。按照神经元连接方式的不同，神经网络可以分为以下两种类型的结构形式。

① 不含反馈的前向神经网络：神经元分层排列，组成输入层、隐层(也称中间层，可有若干个)和输出层。每一层的神经元只接受前一层神经元的输出作为输入。输入模式经过各层的顺次处理后，在输出层得到输出。MLP 和 BP 算法中所使用的网络都属于这一类型。

② 反馈网络：包括 Hopfield 网络、全互联网络以及具有局部互联反馈的网络模型，如虚报神经网络、状态神经网络、输出反馈神经网络等。由于存在反馈，这种网络具有相当丰富的动态特性，从某一初始状态开始，网络经过若干次的状态变化，才能达到某一稳定点，进入周期振荡或混沌等状态。

(4) 人工神经网络的学习规则

人工神经网络最有价值的特性就是它的自适应功能，这种自适应功能是通过学习或训练实现的。任何一个神经网络模型要实现某种功能的操作，必须先对它进行训练，即让它学会所要完成的任务，并把这些学得的知识记忆(存储)在网络权重中。

人工神经网络的学习规则分为如下几种。

① 相关规则：仅依赖于连接间的激活水平改变权重，如 Hebb 规则及其各种修正形式等。

② 纠错规则：依赖于输出节点的外部反馈改变网络权重，如感知器学习规则、Delta 规则以及广义 Delta 规则等。

③ 竞争学习规则：类似于聚类分析算法，学习表现为自适应输入空间的事件分布，如矢量量化(Learning Vector Quantization，LVQ)算法、SOM 算法以及 ART 训练算法都利用了竞争学习规则。

④ 随机学习规则：利用随机过程、概率统计和能量函数的关系来调节连接权，如

模拟退火(Simulated Annealing,SA)算法。此外,基于生物进化规则的基因遗传(Genetic Algorithm,GA)算法在某种程度上也可视为一类随机学习算法。

尽管神经网络的学习规则多种多样,但它们一般都可归结为以下两类。

① 有导师学习:不仅需要学习用的输入事例(即训练样本,通常为一矢量),同时还要求与之对应的表示所需输出的目标矢量。进行学习时,首先计算一个输入矢量的网络输出,然后同相应的目标输出比较,根据比较结果的误差按规定的算法调整加权。如上述的纠错规则和竞争学习规则。

② 无导师学习:不要求有目标矢量,网络通过自身的“经历”来学会某种功能,在学习时,关键不在于网络实际输出如何与外部的期望输出相匹配,而在于调整权重以反映学习样本的分布。因此,整个训练过程的实质是抽取训练样本集的统计特性。

2. 多层前向神经网络模型及 BP 算法

多层前向神经网络又称 BP 网络,得名于著名的 BP 算法。BP 网络是经典的前向网络,主要由输入层、隐层(可有若干层)和输出层组成。一个具有任意压缩型激活函数(如 Sigmoid 函数、双曲正切函数等)的单隐层前向网络,只要有充分多的隐层单元,就能以任意精度逼近任意一个有限维的 Borel 可测函数,从而表明 BP 网络可以作为一个通用的函数逼近器。

事实上,基于 BP 网络的故障诊断模型利用 BP 网络的泛函逼近能力,逼近故障的分类边界,从而完成特征空间到故障空间的非线性映射。图 6-3 展示了多层 BP 网络,其输入模式 P 为 n 维,输出模式 V 为 N 维,网络层数为 m,则该神经网络的非线性映射 F 为

$$F: R^n \rightarrow R^N \tag{6-17}$$

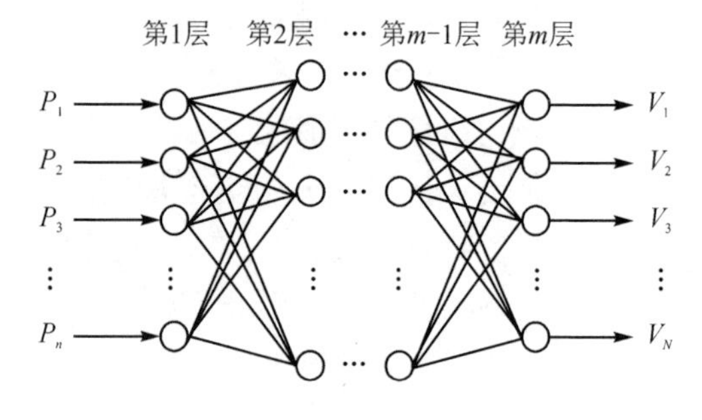

图 6-3　BP 网络结构

BP 算法的学习过程由正向传播和反向传播两部分组成。在正向传播过程中,输入模式从输入层经过隐层神经元的处理后,传向输出层,每一层神经元的状态只影响下一层神经元状态。如果在输出层得不到期望的输出,则转入反向传播,此时误差信号从输出层向输入层传播并沿途调整各层间的连接权值和阈值,以使误差不断减小,直到达到精度要求。该算法实际上是求误差函数的极小值,它通过多个样本的反复训练,并采用最快下降法使得权值沿着误差函数负梯度方向改变,最终收敛于最小点。

假设有 m 层神经网络。如果在输入层加上输入模式 P,并设第 k 层 i 单元输入的总和为 U_i^k,输出为 V_i^k,由 $k-1$ 层的第 j 个神经元到 k 层的第 i 个神经元的连接权

值为 W_{ij}，各个神经元的输入与输出关系函数是 f，则各变量之间的关系为

$$V_i^k = f(U_i^k) \tag{6-18}$$

$$U_i^k = \sum_j W_{ij} V_j^{k-1} \tag{6-19}$$

式中，输入与输出函数 f 常用 S 函数表示，如

$$f(x) = \frac{1}{1+\mathrm{e}^{-x}} \tag{6-20}$$

这个算法的学习过程由正向传播和反向传播组成。正向传播过程中，输入模式从输入层经隐层处理，并传向输出层。每一层神经元的状态只影响下一层神经元的状态。如果在输出层不能得到期望的输出，则进入反向传播，将误差信号沿原来的连接通路返回，通过修正各神经元的权值使得误差信号最小。

首先定义误差函数 E 为期望输出与实际输出之差的平方和

$$E = \frac{1}{2}\sum_i (V_i^m - Y_i)^2 \tag{6-21}$$

式中，Y_i 是输出单元的期望输出，在此作为导师信号，因此 BP 算法是一种有导师学习算法；V_i^m 是实际输出，它是输入模式 P 和权值 W 的函数。

BP 算法实际上是求误差函数的极小值。可利用非线性规划中的最快下降法，使权值沿着误差函数的负梯度方向改变，其权值 W_{ij} 的更新量 ΔW_{ij} 可由式(6-22)表示

$$\begin{aligned}\Delta W_{ij} &= -\varepsilon\frac{\partial E}{\partial W_{ij}} = -\varepsilon\frac{\partial E}{\partial U_i^k}\frac{\partial U_i^k}{\partial W_{ij}} \\ &= -\varepsilon\frac{\partial E}{\partial U_i^k}\frac{\partial}{\partial W_{ij}}\left(\sum_j W_{ij}V_j^{k-1}\right) = -\varepsilon\frac{\partial E}{\partial U_i^k}V_j^{k-1}\end{aligned} \tag{6-22}$$

式中，ε 是学习步长，取正数。设 $d_i^k = \frac{\partial E}{\partial U_i^k}$ 为误差信号，可得学习公式

$$\Delta W_{ij} = -\varepsilon d_i^k V_j^{k-1} \tag{6-23}$$

d_i^k 的计算式为

$$d_i^k = \frac{\partial E}{\partial U_i^k} = \frac{\partial E}{\partial V_i^k}\frac{\partial V_i^k}{\partial U_i^k} = \frac{\partial E}{\partial V_i^k}f'(U_i^k) = \frac{\partial E}{\partial V_i^k}V_i^k(1-V_i^k) \tag{6-24}$$

下面讨论 $\frac{\partial E}{\partial V_i^k}$，分为以下两种情况考虑。

① 如果 k 是输出层(第 m 层)的神经元，$k=m$，则 Y_i 是整个网络的期望输出，且 Y_i 为定值。由式(6-24)可得 $\frac{\partial E}{\partial V_i^k} = (V_i^m - Y_i)$，则

$$d_i^k = V_i^m(1-V_i^m)(V_i^m - Y_i) \tag{6-25}$$

② 如果 k 不是在输出层，而是中间的隐层 k，因为第 $k+1$ 层第 l 个神经元输入

为 $U_l^{k+1}=\sum_i W_{li}\cdot V_i^k$，$E=\sum_l g(U_l^{k+1})$，所以有

$$\frac{\partial E}{\partial V_i^k}=\sum_l \frac{\partial E}{\partial U_l^{k+1}}\frac{\partial U_l^{k+1}}{\partial V_i^k}=\sum_l W_{li}d_l^{k+1}$$

则

$$d_i^k=V_i^k(1-V_i^k)\sum_l W_{li}d_l^{k+1} \tag{6-26}$$

由式(6-26)可见，k 层的误差信号 d_i^k 正比于上一层的误差信号 d_k^{k+1}。

综上所述，BP 算法可以描述如下

① 选定初始权值 W，一般产生在[-1，1]区间平均分布的随机数。

② 重复下述过程直到收敛：

a. 对 $k=1$ 到 m 计算 U_i^k，$f'(U_i^k)$和 V_i^k（正向过程）；

b. 对各层从 m 到 2 反向计算（反向过程），对同一层节点，使用式(6-25)和式(6-26)计算 d_i^k；

c. 修正权值 $W_{ij}=W_{ij}+\Delta W_{ij}=W_{ij}-\varepsilon d_i^k V_j^{k-1}$。

为了提高收敛速度，在权值修改中往往还加入一个惯性项（又称动量项）$\alpha\Delta W_{ij}(t-1)$，即 $\Delta W_{ij}(t)=-\varepsilon d_i^k V_j^{k-1}+\alpha\Delta W_{ij}(t-1)$，后一次的权值更新会适当考虑到上一次的权值更新值，其中惯性项调整系数为 α。当学习步长 ε 为 0.1～0.4 时，α 可取 0.7～0.9。需要注意的是，BP 算法容易收敛到局部最小，将 BP 算法与模拟退火法和遗传算法相结合可以有效地解决局部最小问题。

3. 神经网络预测法

通常利用 BP 网络来进行时间序列预测。Lippmann 和 Cybenko 曾指出，有两个隐层就可以解决任何形式的分类问题。后来 Robert Hecht-Nielson 等人的研究进一步指出只有一个隐层的神经网络，只要隐层节点足够多，就可以以任意精度逼近一个非线性函数。不失一般性，可以用三层 BP 网络来进行时间序列的预测。其结构如图 6-4 所示。

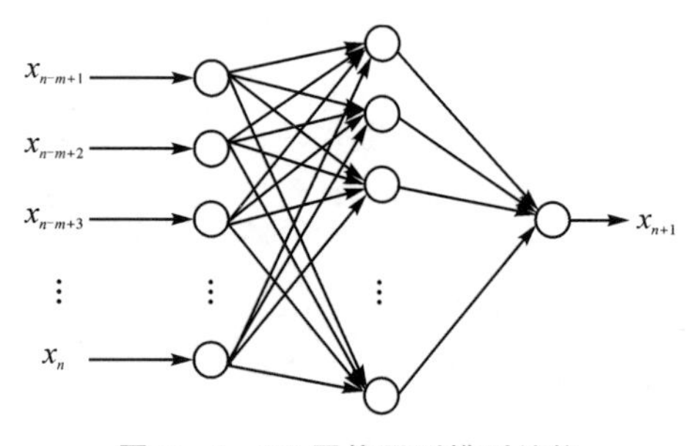

图 6-4　BP 网络预测模型结构

利用神经网络进行多变量时间序列的预测原理与单变量时间序列预测相同，多步预测可以由单步预测迭代而成，因此不失一般性，可以以单变量单步预测为例进行研究。设一个单变量时间序列$\{x_1,x_2,\cdots\}$，对它进行预测的前提是认为其未来值与其前面的 m 个值之间有着某种函数关系，可描述为

$$x_{n+k}=F(x_n,x_{n-1},\cdots,x_{n-m+1}) \tag{6-27}$$

设图 6-4 所示神经网络的隐层节点数为 q，隐层节点的激活函数为 f_H、阈值为 $\theta_j(j=1,2,\cdots,q)$；输出层节点数为 1，输出层节点的激活函数为 f_O、阈值为 β。第 i

个隐层节点与第 j 个输入层节点的连接权值为 w_{ij}，则第 i 个隐层节点与输出层节点的连接权值为 W_i，则

$$x_{n+1} = f_O\left\{ \sum_{i=1}^{q} W_i f_H \left[\sum_{j=0}^{m-1} w_{ij} x_{n-j} + \theta_i \right] + \beta \right\} \tag{6-28}$$

通常 f_H 选取对数 S 函数或正切 S 函数，f_O 通常为线性函数，但也可选取对数 S 函数或正切 S 函数。显然，利用神经网络来拟合这种函数关系 F，并可用它来推导未来的值。进行时间序列预测的神经网络结构可以分为两种，一种是单步预测网络，一种是多步预测网络，单步预测网络输出个数为 1 个，一次可计算一步预测值。多步预测网络的输出个数不止一个而是多个(k 个)，每次可计算出 k 步的预测值。在预测过程中，可将得到的预测值作为下一步预测的输入来计算进一步的预测值，这样通过迭代来进行多步预测。

神经网络预测精度，关键在于训练后的网络泛化能力的强弱，通常影响 BP 网络的因素有：输入层节点数(嵌入维数)、隐层数、隐层节点数、节点是否带反馈、初始权值、训练精度(允许的均方误差 Mean of Squared Error，MSE)。因此神经网络预测模型的结构设计通常比较困难。通常，选取三层前馈神经网络模型作为神经网络预测模型，初始权值由随机数产生[－1，＋1]的值，因此神经网络的预测模型参数主要为输入层节点数(嵌入维数)N、隐层数 M 和 MSE。下面对神经网络模型参数对预测精度的影响进行详细分析。

(1) 神经网络预测精度评价函数

在实际应用中，对于实际测得的时间序列$\{x_1, x_2, \cdots\}$，可以利用其一部分数据(通常为前 50%)来建模，而用另一部分数据(后 50%)来对所建模型进行验证。如果预测值与实测值相差越少，显然模型越理想。理想情况是预测值与实测值相等，则达到完美预测。通常衡量预测值与实测值差别的变量采用平均相对变动值(ARV)，其定义为

$$\mathrm{ARV} = \frac{\sum_{i=1}^{N} [x(i) - \hat{x}(i)]^2}{\sum_{i=1}^{N} [x(i) - \bar{x}(i)]^2} \tag{6-29}$$

式中，N 为比较数据个数；$x(i)$为实测数据值；$\bar{x}$ 为实测数据平均值；$\hat{x}(i)$为预测值。

显然，平均相对变动值 ARV 越小，表明预测效果越好，ARV 为 0 表示达到了理想预测效果。当 ARV 为 1 时，表明模型仅达到平均值的预测效果。

为了分析神经网络的泛化能力，设训练点数为 N_1，测试点数为 N_2，根据 ARV 的定义再定义三个函数，即综合 ARV 值 ARV1、训练 ARV 值 ARV2、预测 ARV 值 ARV3。

$$\left.\begin{aligned}&\mathrm{ARV1}=\frac{\sum_{i=1}^{N_1+N_2}[x(i)-\hat{x}(i)]^2}{\sum_{i=1}^{N_1+N_2}[x(i)-\bar{x}(i)]^2}\quad \mathrm{ARV2}=\frac{\sum_{i=1}^{N_1}[x(i)-\hat{x}(i)]^2}{\sum_{i=1}^{N_1}[x(i)-\bar{x}(i)]^2}\\&\mathrm{ARV3}=\frac{\sum_{i=1}^{N_2}[x(i)-\hat{x}(i)]^2}{\sum_{i=1}^{N_2}[x(i)-\bar{x}(i)]^2}\end{aligned}\right\} \tag{6-30}$$

显然，ARV1 综合反映了网络对训练点和预测点的拟合程度，ARV2 仅反映了网络对训练点的拟合程度，ARV3 仅反映了网络对预测点的拟合程度。

(2) 影响因素分析

选取 1700 年至 1987 年的太阳黑子数据，其中用前 50%的数据进行三层 BP 网络建模，用后 50%的数据来对模型进行检验。可以分析神经网络的输入层节点数和隐层节点数对预测精度的影响。表 6-1 和表 6-2 在网络收敛 MSE 等于 0.001 的情况下，通过穷举法得到的前 5 个最优网络。由表可见，不同的输入层和隐层节点数，网络的预测精度将不同。

表 6-1　按 ARV1 排序得到的前 5 个最优网络结构(MSE=0.001)

序　号	输入层节点数	隐层节点数	ARV1	ARV2	ARV3
1	7	37	0.116 2	0.027 5	0.177 6
2	6	37	0.120 9	0.027 7	0.185 6
3	14	45	0.129 2	0.027 4	0.194
4	7	25	0.137 1	0.028	0.212 5
5	8	32	0.137 6	0.028 5	0.212 5

表 6-2　按 ARV3 排序得到的前 5 个最优网络结构(MSE=0.001)

序　号	输入层节点数	隐层节点数	ARV1	ARV2	ARV3
1	7	37	0.116 2	0.027 5	0.177 6
2	6	37	0.120 9	0.027 7	0.185 6
3	14	45	0.129 2	0.027 4	0.194
4	7	25	0.137 1	0.028	0.212 5
5	8	32	0.137 6	0.028 5	0.212 5

另外,网络收敛 MSE 直接反映了其收敛位置和收敛情况,对网络的预测精度也有很大的影响。图 6-5 展示了使用同样的太阳黑子数据,在拓扑结构为输入层节点数为 7、隐层节点数为 37 的网络下,对不同的 MSE 目标值进行训练,并用训练好的网络进行预测,得到的 ARV1、ARV2 及 ARV3 函数随 MSE 目标值的变化情况。由图 6-5 可见,存在一个最优的 MSE 值,使网络预测精度最高。

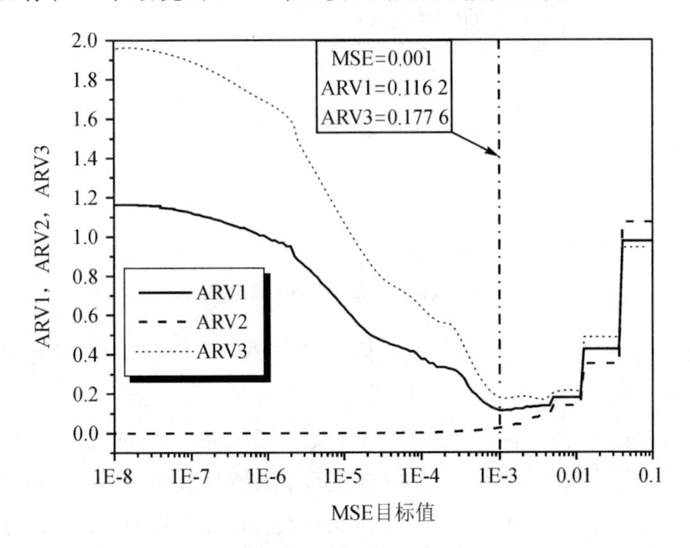

图 6-5　预测精度与 MSE 目标值的关系

由此可见,输入层节点数 N、隐层节点数 M 及网络收敛的 MSE 目标值对神经网络预测精度具有重要影响。而且,存在一个最优的 N、M 和 MSE 组合,使 BP 网络的预测精度达到最佳。

(3) 结构自适应神经网络预测模型

通过上述分析发现,为了获取最佳预测性能的 BP 网络,需要确定最佳的 N、M 和 MSE 目标值。显然,这是一个优化问题。如果采取穷举的方式搜索最优值,计算量将十分巨大以至于无法实现。由于遗传算法具有隐含的并行性和强大的全局搜索能力,可以在很短的时间内搜索到全局最优点。因此,本文利用遗传算法来进行 BP 网络的预测模型的结构优化。

如图 6-6 所示,构造 BP 网络预测模型优化的遗传算法的步骤如下。

① 设定种群数目 n。种群数目太小,遗传算法的性能将变得很差或根本找不出问题的解;若种群数目太大,则会增加计算量,使收敛时间增长。种群数目一般取为 30～50 个。

② 对输入层节点数 N、中间隐层节点数 M 和 MSE 进行二进制编码,并随机产生初始种群。根据优化参数的取值范围,将其量化值(用二进制串表示)编码成基因串 $a=\{\alpha_0,\cdots,\alpha_{B-1};\alpha_B,\cdots,\alpha_{2B-1}\ \alpha_{2B},\cdots,\ \alpha_{3B}\}$,其中 a 中的前 B 个量化值代表输入

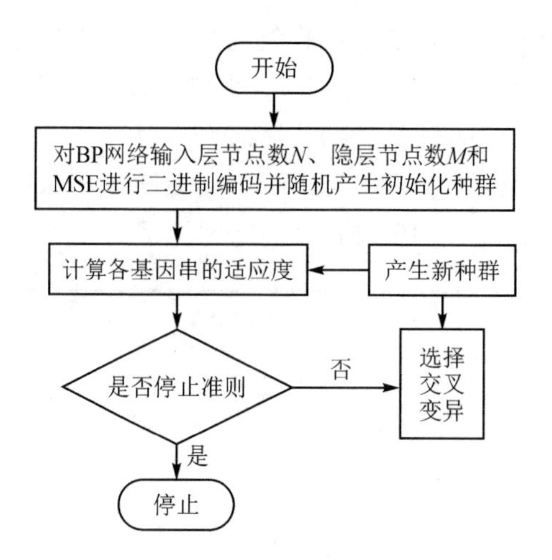

图 6-6　BP 网络结构优化的遗传算法

层节点数 N，中间 B 个量化值代表中间隐层节点数 M，最后 B 个量化值代表 MSE。因此，每个基因串长度为 $3B$ 个 b，此时的搜索空间有 2^{3B} 个点。

③ 确定适应度函数。由于 ARV1 综合反映了网络对训练点和预测点的拟合程度，ARV2 仅反映了网络对训练点的拟合程度，ARV3 仅反映了网络对预测点的拟合程度。显然，ARV2 不能用作确定适应度函数，而 ARV1 和 ARV3 可以用作确定适应度函数。但 ARV1 反映了神经网络内插和外推泛化能力，显然更为合理。因此，所定义适应度函数为

$$f=\frac{1}{\mathrm{ARV1}} \tag{6-31}$$

④ 对种群解码，计算每条基因串的适应度。

⑤ 将适应度最大的个体，即种群中最好的个体无条件地复制到下一代新种群中，然后对父代种群进行选择、交叉和变异等遗传算子运算，从而繁殖出下一代新种群中其他 $n-1$ 个基因串。通常采用转轮法作为选取方法，适应度大的基因串被选择的机会大，从而被遗传到下一代的机会大；相反，适应度小的基因串被选择的机会小，从而被淘汰的概率大。交叉和变异是产生新个体的遗传算子，交叉率太大，将使高适应度的基因串结构很快被破坏，太小则可能使搜索停滞不前，一般取值为 0.5～0.9。变异率太大，将使遗传算法变为随机搜索，太小则难以产生新个体，一般取值为 0.01～0.1。

⑥ 如果达到设定的繁衍代数，返回最好的基因串，并将其作为输入层节点数和隐层节点数，算法结束。否则，回到步骤④继续下一代的繁衍。

(4) 实例验证

仍然采用 1700 年至 1987 年的太阳黑子数据进行验证分析，其中使用前 50%的数据建模，后 50%的数据进行外推预测验证。选取遗传算法参数为：种群数 $n=30$，

基因串(染色体)采用二进制编码,交叉率和变异率分别为 0.50 和 0.05,进化代数为 100 代。

N、M 及 MSE 均用 5 位二进制编码。为了避免节点数为 0,规定解码后,对于输入层节点数加上 5 得到 N,而隐层节点数加上 10 以得到 M。对于 MSE,通过计算 $\text{MSE}=10^{-(1+\text{MSE}\times 5/32)}$ 得到网络训练允许误差目标值。

图 6-7 展示了适应度函数最大值、适应度函数平均值、适应度函数最小值随遗传代数增加的变化规律。从图中可以看出,经过 50 代进化后,适应度函数达到了最大值,并得到了最优的输入层节点数 N 和隐层节点数 M。其优化结果为:最优的适应度值为 9.689 6,平均相对变动值 ARV1 为 0.103 2,输入层节点数 N 为 5,隐层节点数 M 为 15,MSE 为 0.003 92。图 6-8 所示为该网络结构对太阳黑子数据的预测值与实测值的比较,从图中可以看出其预测精度达到了很高水平。

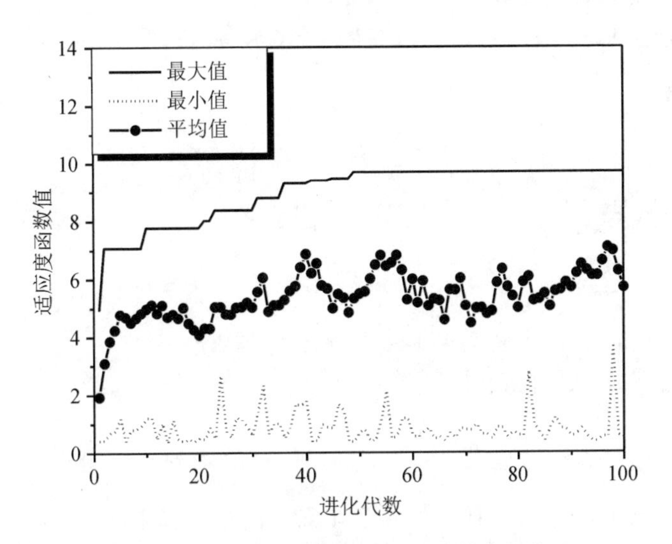

图 6-7　进化代数与适应度函数值的变化关系

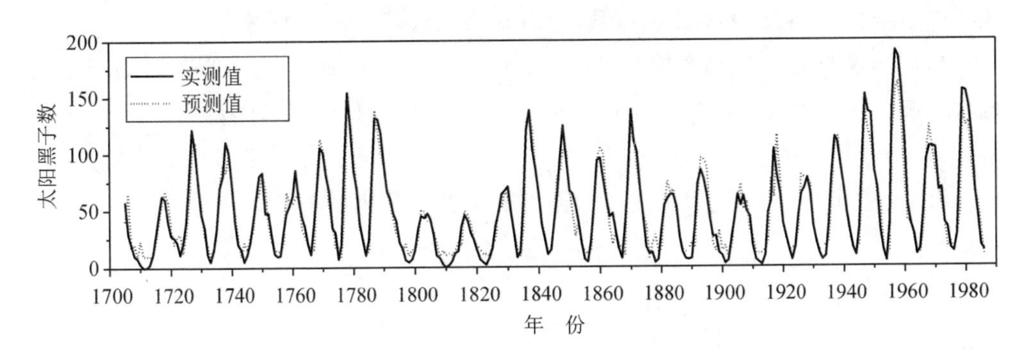

图 6-8　最优网络(N=5,M=15)的预测值与实测值的比较

(5) 结　论

利用神经网络的强非线性映射能力建立非线性预测模型,进行非线性时间序列预测,与传统的 ARMA 模型相比,该方法具有较大优势。然而,神经网络的模型结构参数对其预测能力具有重要影响。通过利用遗传算法,可建立结构自适应神经网络模型,使得神经网络模型结构参数能够根据时间序列的特点进行自适应进行调整,进而获得具有最佳预测效果的神经网络模型。整个过程自动完成,有效解决了神经网络参数确定困难的问题。由于结构自适应神经网络预测模型具有算法简单、构造容易等优点,因此具有较大的实际工程应用价值。

6.3.3 支持向量机预测法

1. 支持向量机预测原理

对于给定的训练样本 $(\boldsymbol{x}_i, y_i)$,$\boldsymbol{x} \in R^d$,$y_i \in R$,$i=1,2,\cdots,n$,运用 SVM 学习算法可以得到回归函数

$$f(\alpha,\alpha^*,\boldsymbol{x}) = \sum_{i=1}^{n}(\alpha_i - \alpha_i^*)K(\boldsymbol{x},\boldsymbol{x}_i) + b \tag{6-32}$$

式中,α_i,α_i^*,满足

$$\sum_{i=1}^{n}(\alpha_i - \alpha_i^*) = 0,\quad 0 \leqslant \alpha_i \leqslant C,\quad i=1,2,\cdots,n$$

$$0 \leqslant \alpha_i^* \leqslant C,\quad i=1,2,\cdots,n$$

解出参数 α_i,α_i^* 后,就可以利用

$$b = -\frac{1}{2}\sum_{i=1}^{n}(\alpha_i - \alpha_i^*)[(\boldsymbol{x}_i,\boldsymbol{x}_t) + (\boldsymbol{x}_i,\boldsymbol{x}_s)] \tag{6-33}$$

求得常数项 b,其中,$\boldsymbol{x}_s$,$\boldsymbol{x}_t$ 为任选的两个非支持向量。式中,C 为惩罚因子;K 为核函数。采用不同的核函数将导致不同的支持向量机算法,目前广泛应用的核函数形式主要有线性核函数、多项式核函数、径向基核函数、Sigmoid 核函数。

自回归模型是建立动态模型,需要利用以前 p 个时刻的值,对当前时刻 t 的值进行预测。简单地说,如果 $x(t)$ $(t=p+1\cdots)$是预测的目标值,则需要将先前 p 个目标值 $\boldsymbol{x}_t = \{x_{t-1}, x_{t-2}, \cdots, x_{t-p}\}$ $(t=p+1\cdots)$与输出 x_t 之间建立一一映射关系,即 $f:R^P \to R$,其中 p 为嵌入维数。根据以上思想形成训练样本集

$$\boldsymbol{X} = \begin{bmatrix} x_1 & x_2 & \cdots & x_{n-p} \\ x_2 & x_3 & \cdots & x_{n-p+1} \\ \vdots & \vdots & \ddots & \vdots \\ x_p & x_{p+1} & \cdots & x_{n-1} \end{bmatrix} = [\boldsymbol{x}_1, \boldsymbol{x}_2, \cdots, \boldsymbol{x}_{n-p}]$$

$$Y = \{\boldsymbol{x}_{p+1} \quad \boldsymbol{x}_{p+2} \quad \cdots \quad \boldsymbol{x}_n\} = \{\boldsymbol{y}_{p+1} \quad \boldsymbol{y}_{p+2} \quad \cdots \quad \boldsymbol{y}_n\}$$

利用式(6-32)建立预测模型

$$\boldsymbol{y}_t=\sum_{i=1}^{n-p}(\alpha_i-\alpha_i^*)k(\boldsymbol{x}_i,\boldsymbol{x}_t)+\boldsymbol{b},\quad t=p+1\cdots \tag{6-34}$$

式中，y_t 表示 t 时刻的预测值。

支持向量机是建立在统计学习坚实的理论基础之上的。由于理论的完备性，使得支持向量机从一出现就成为众多研究者关注的热点，但是在应用上，仍然存在一些问题。典型的问题就是模型参数的选择：嵌入维数 p、损失函数参数 ε、惩罚因子 C 及核函数。下面依据实例，进行详细讨论。

2. 支持向量机预测模型参数对时间序列预测精度的影响分析

(1) 时间序列预测精度评价函数

选择式(6-29)的平均相对变动值 ARV 作为时间序列预测精度的评价函数，式中 N 为整个时间序列的长度，ARV 综合反映了 SVM 预测模型对训练点和预测点的拟合程度。

(2) 评价预测精度的时间序列

选取 1700 年至 1987 年的太阳黑子数据，其中用前 20%的数据进行 SVM 建模，用后 80%的数据来对模型进行检验。

(3) 支持向量机预测模型参数的分析

支持向量机是建立在统计学习坚实的理论基础之上的，具有理论的完备性，但是在应用上仍然存在一些问题，典型的问题就是模型参数的选择，对预测精度有重要影响的参数是：嵌入维数 p、损失函数参数 ε、惩罚因子 C、核函数及其参数。

① 嵌入维数 p：关系到能否重构非线性系统的相空间，对时间序列预测精度有重要影响。

② 损失函数的参数 ε：控制回归逼近误差管道的大小，从而控制支持向量的个数和泛化能力，其值越大，精度越低，则支持向量越少。ε 的取值范围一般为 0.000 1～0.1。

③ 惩罚因子 C：用于控制模型复杂度和逼近误差的折中，C 越大则对数据的拟合程度越高。C 的取值范围一般为 1～1 000 000。

④ 对不同的类型的核函数，所产生的支持向量的个数变化不大，但是核函数的相关参数，如对于多项式核函数，其多项式次数一般为 2～9；对于径向基核函数，其 σ 值一般为 0.1～3.8，对模型的预测精度有重要影响。本文选定多项式核函数，对其次数 N_p 进行优化研究。

表 6-3～表 6-6 分别为同一时间序列在不同的模型参数下所得到的预测精度比较。通过比较表 6-3～表 6-6，可以看出，除损失函数参数 ε 的影响相对较小外，其他参数对预测结果的影响均较大。

3. 参数自适应支持向量机预测模型

通过上述分析发现，支持向量机模型预测精度与惩罚因子 C、损失函数参数 ε、

多项式核函数次数 N_p 及嵌入维数 p 均存在一定的关系，为了获取最佳预测性能的SVM模型，需要得到最佳的 C、ε、N_p 和 p 值。显然这是一个优化问题，如果采取穷举的方式搜索最优值，计算量将十分巨大以至于无法实现。

表 6-3　惩罚因子 C 对预测精度的影响

惩罚因子 C	损失函数参数 ε	多项式核函数次数 N_p	嵌入维数 p	平均相对变动值 ARV
1	0.01	2	9	0.232 0
10	0.01	2	9	0.734 1
100	0.01	2	9	163.32
1 000	0.01	2	9	17 820
10 000	0.01	2	9	79 785

表 6-4　损失函数参数 ε 对预测精度的影响

惩罚因子 C	损失函数参数 ε	多项式核函数次数 N_p	嵌入维数 p	平均相对变动值 ARV
1	0.1	2	9	0.204 0
1	0.01	2	9	0.232 0
1	0.001	2	9	0.245 0
1	0.000 1	2	9	0.245 1
1	0.000 01	2	9	0.245 0

表 6-5　多项式核函数次数 N_p 对预测精度的影响

惩罚因子 C	损失函数参数 ε	多项式核函数次数 N_p	嵌入维数 p	平均相对变动值 ARV
1	0.01	1	9	0.253 4
1	0.01	2	9	0.232 0
1	0.01	3	9	0.466 0
1	0.01	4	9	0.914 7
1	0.01	5	9	1.514 7

表 6-6　嵌入维数 p 对预测精度的影响

惩罚因子 C	损失函数参数 ε	多项式核函数次数 N_p	嵌入维数 p	平均相对变动值 ARV
1	0.01	2	1	0.528 5
1	0.01	2	3	0.216 5
1	0.01	2	5	0.390 2
1	0.01	2	7	0.413 4
1	0.01	2	9	0.232 0

由于遗传算法[4]具有隐含的并行性和强大全局搜索能力，可以在很短的时间内搜索到全局最优点，因此，可以利用遗传算法来进行 SVM 预测模型的参数优化。首先，对 SVM 预测模型惩罚因子 C、损失函数参数 ε、多项式核函数次数 N_p 及嵌入维数 p 进行二进制编码，并随机产生初始化种群。其次，对种群中的各染色体解码，获取 C、ε、N_p 及 p 值，运用一部分数据建立 SVM 预测模型，计算所有数据的预测值与实测值的 ARV 值，从而得到各基因串的适应度。最后，判断遗传算法的停止准则是否满足，如果满足则停止计算，输出最优参数；否则，则执行选择、交叉和变异等操作以产生新一代种群，并开始新一代的遗传。

本文遗传算法中：交叉率和变异率分别为 0.50 和 0.05。基因串(染色体)中 C、ε、N_p 和 p 值均采用二进制编码。染色体中的排列顺序为 p、N_p、C 及 ε，设它们的位数分别为 n_1、n_2、n_3 及 n_4，则染色体的长度为 $n_1+n_2+n_3+n_4$，搜索空间为 $2^{n_1+n_2+n_3+n_4}$。

为了避免嵌入维数和多项式次数为 0，规定解码后，加上 1 得到嵌入维数 p 和多项式次数 N_p，由于 C 和 ε 均为实数，对于 C，通过计算 $C=10^C$ 得到惩罚因子 C，对于 ε，通过计算 $\varepsilon=0.1^\varepsilon$ 得到损失函数参数 ε。

由于实测值与预测值的平均相对变动值 ARV 充分反映了模型的预测精度，因此，将遗传算法的适应度函数取为 $f=1/\text{ARV}$。

4. 效果验证

用前 20%的数据建模。遗传算法的计算参数为：交叉率和变异率分别为 0.50 和 0.05。种群数为 10，进化代数为 10。参数 p、N_p、C 及 ε 的二进制编码长度分别为 $n_1=4$、$n_2=2$、$n_3=2$ 及 $n_4=2$。通过 10 代遗传后得到了最优的参数：$p=9$、$N_p=2$、$C=1$、$\varepsilon=0.01$。最优的适应度值为 9.689 6，平均相对变动值 ARV 为 0.232 0。图 6-9 所示为该模型对太阳黑子数据的预测值与实测值的比较。从图中可以看出其拟合良好。

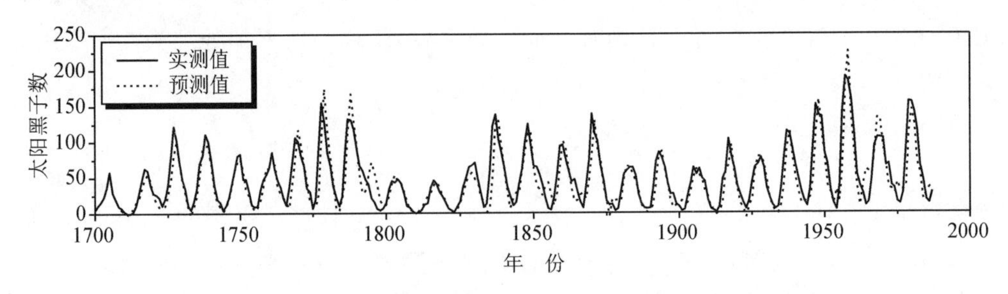

图 6-9　参数自适应 SVM 模型对太阳黑子数据的预测结果

尽管 SVM 在理论上保证了预测模型的泛化能力，但是其模型参数的选取目前尚无统一的理论指导。这些模型参数对预测的精度具有重要影响，因此，需要针对时间序列对 SVM 预测模型参数进行优化。通过分析，提出了影响 SVM 预测能力的四个重要参数——嵌入维数 p、多项式核函数次数 N_p、惩罚因子 C 及损失函数参数 ε，并对四个参数进行了预测精度影响分析，同时利用遗传算法构造了参数自适应SVM 预测模型。该模型可以同时优化影响 SVM 预测精度的参数（嵌入维数 p、多项式核函数次数 N_p、惩罚因子 C 及损失函数参数 ε），利用遗传算法自动获取最优的SVM 预测模型。由于模型简单，构造容易，因此具有较大的工程实用价值。

6.4 灰色预测法

任何动态过程都可以称为系统。当系统的参数、其内部的结构以及与外部联系的关系（即传递函数的特性）已知时，其输入/输出关系便得以确定，这种系统可称为白色系统，当系统的参数、内部结构及特征无法获知时，这种系统便称为黑色系统或黑箱。而对系统的参数，结构和特征部分已知、部分未知时，这种系统则称为灰色系统。或者更概括地说，部分信息已知，部分信息未知的这类系统便可称为灰色系统。

灰色系统理论利用一种新颖思路和独特方法，研究利用已知信息来确定系统未知信息而使系统由"灰"变"白"的过程称为系统的"白化过程"。一台运行中的设备就是一个复杂的灰色系统，主要特征在于其故障（输入）和征兆（输出）之间关系的随机性和模糊性。灰色系统理论则把这种关系称为"灰色"关系，并进行统一处理。灰色系统理论涵盖了灰色系统建模、关联度分析以及灰色模型预测等。

灰色系统理论采用了一种独特的数据处理方法，即累加处理或累减处理。其目的在于削弱信号中的随机成分，同时加强其确定性成分（单调性趋势或周期性趋势），从而提高信噪比。

6.4.1 数据累加处理

数据累加（Accumulated Generating Operation，AGO）又称累加生成，设原始数据为 $\{X^{(0)}(t_i)\}$，$i=1,2,\cdots,N$，则对其进行如下处理，称一次累加处理为 1 - AGO，并记为

$$X^{(1)}(t_i)=\sum_{k=1}^{i}X^{(0)}(t_k),\quad i=1,2,\cdots,N \tag{6-35}$$

由此可得 1 - AGO 的新数列 $\{X^{(1)}(t_i)\}$，$i=1,2,\cdots,N$，仿此可求得 m - AGO 的数列为 $\{X^{(m)}(t_i)\}$，$i=1,2,\cdots,N$。对于含有单调趋势的信号来说，当 m 足够大时，m - AGO 的数列即可认为数据的随机性已被消除而变成了确定性数列。单调趋势数列可用指数函数来逼近。

图 6 - 10(a)所示为具有明显摆动（随机性）的原始序列，图 6 - 10(b)所示为经一次累加后的数列，其随机性已被明显地削弱。

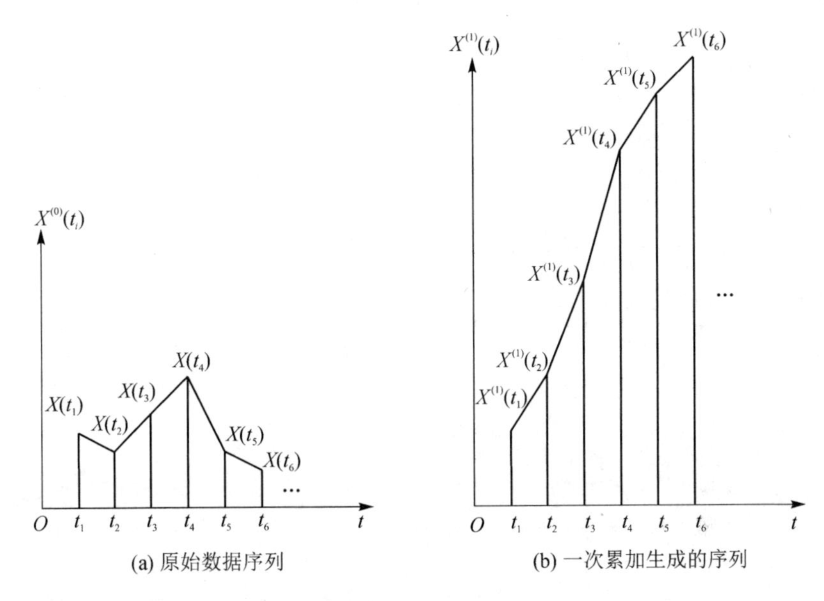

图 6-10　灰色模型数据处理

6.4.2　数据累减处理

在灰色建模时，常需要对累加数据数列进行累减处理，这是累加处理的逆运算，记为 IAGO(Inverse AGO)。假设 m-AGO 处理后得到的数列为$\{X^{(m)}(t_i)\}$，$i=1,2,\cdots,N$，则对其进行如下处理，称一次累减处理为 1—IAGO，并记为

$$X^{(m-1)}(t_i)=X^{(m)}(t_i)-X^{(m-1)}(t_{i-1}),\quad i=1,2,\cdots,N \tag{6-36}$$

依此类推，可以得到 j-IAGO 序列 $X^{m-j}(t_i)$，$i=1,2,\cdots,N$。

6.4.3　灰色系统的建模

灰色系统模型简称 GM 模型(Grey Model，GM)。它是基于原始数列所得的 1-AGO 数列而建立的微分方程式，记为 GM(n，N)。其中，n 为微分方程的阶数，N 为微分方程中包含变量的个数。

预测用模型一般采用 GM(n，1)模型。其中，最重要的同时也是在实际中应用得最多的是 GM(1，1)模型。GM(1，1)模型为包含一个变量的一阶微分方程式

$$\frac{\mathrm{d}X^{(1)}(t)}{\mathrm{d}t}+aX^{(1)}(t)=u \tag{6-37}$$

用差分代替微分，式(6-37)可以展开为

$$X^{(1)}(t_i)-X^{(1)}(t_{i-1})+aX^{(1)}(t_i)=u \tag{6-38}$$

令 $\dfrac{X^{(1)}(t_i)+X^{(1)}(t_{i-1})}{2}\approx X^{(1)}(t_i)$，同时，由 1-IAGO 运算得 $X^{(0)}(t_i)=$

$X^{(1)}(t_i)-X^{(1)}(t_{i-1})$，代入式(6－38)得到

$$X^{(0)}(t_i)+a\left[\frac{X^{(1)}(t_i)+X^{(1)}(t_{i-1})}{2}\right]=u$$

即

$$-a\left[\frac{X^{(1)}(t_i)+X^{(1)}(t_{i-1})}{2}\right]+u=X^{(0)}(t_i) \tag{6-39}$$

将 $i=2,3,\cdots,N$ 代入式(6－39)，可以得到 $N-1$ 个方程。令微分方程系数 a 和参数 u 组成的向量为 $\hat{\boldsymbol{a}}=\{a,u\}^{\mathrm{T}}$，则该方程写为矩阵的形式

$$\boldsymbol{B}\cdot\hat{\boldsymbol{a}}=\boldsymbol{Y}_N \tag{6-40}$$

其中，

$$\boldsymbol{B}=\begin{bmatrix}-\frac{1}{2}[X^{(1)}(2)+X^{(1)}(1)] & 1\\ -\frac{1}{2}[X^{(1)}(3)+X^{(1)}(2)] & 1\\ \cdots & \cdots\\ -\frac{1}{2}[X^{(1)}(K)+X^{(1)}(K-1)] & 1\end{bmatrix},\quad \boldsymbol{Y}_N=\begin{bmatrix}X^{(0)}(t_2)\\ X^{(0)}(t_3)\\ \vdots\\ X^{(0)}(t_N)\end{bmatrix}$$

$\hat{\boldsymbol{a}}$ 由最小二乘法可以解出

$$\hat{\boldsymbol{a}}=\{a,u\}^{\mathrm{T}}=(\boldsymbol{B}^{\mathrm{T}}\boldsymbol{B})^{-1}\boldsymbol{B}^{\mathrm{T}}\boldsymbol{Y}_N \tag{6-41}$$

因为$\frac{\mathrm{d}X^{(1)}(t_i)}{\mathrm{d}t}=u-aX^{(1)}(t_i)$，所以$-\frac{1}{a}\frac{\mathrm{d}(u-aX^{(1)}(t_i))}{\mathrm{d}t}=u-aX^{(1)}(t_i)$，进而$\frac{\mathrm{d}(u-aX^{(1)}(t_i))}{u-aX^{(1)}(t_i)}=-a\,\mathrm{d}t$，故 $\ln(u-aX^{(1)}(t_i))=-at_i+b$。所以得到

$$u-aX^{(1)}(t_i)=\mathrm{e}^{-at_i+b}\Rightarrow \mathrm{e}^b=\mathrm{e}^{at_i}[u-aX^{(1)}(t_i)] \tag{6-42}$$

当 $i=1$ 时，可以解出 $\mathrm{e}^b=\mathrm{e}^{at_1}[u-aX^{(1)}(t_1)]$，代入式(6－42)得到

$$X^{(1)}(t_i)=\frac{1}{a}\{u-\mathrm{e}^{-a(t_i-t_1)}[u-aX^{(1)}(t_1)]\} \tag{6-43}$$

又 $X^{(1)}(t_{i-1})=\frac{1}{a}\{u-\mathrm{e}^{-a(t_{i-1}-t_1)}[u-aX^{(1)}(t_1)]\}$，所以

$$X^{(0)}(t_i)=X^{(1)}(t_i)-X^{(1)}(t_{i-1})=\frac{1}{a}[aX^{(1)}(t_1)-u][1-\mathrm{e}^{a\Delta t}]\mathrm{e}^{-at_i} \tag{6-44}$$

式中，$\Delta t=t_i-t_{i-1}$ 为数据点间的时间间隔，$i=2,3,\cdots$。

显然，灰色预测模型的特点在于根据自身数据建立动态微分方程，再预测自身发展。由式(6－44)可以对数据序列做出外推预测。

6.5 基于LSSVM的组合预测模型

近年来，随着对预测方法理论的不断深入研究，出现了越来越多的时间序列预测方法，但是还没有出现一种方法能够适用于所有问题。每种预测方法各有利弊，从而很难选出适合某一问题的最佳模型。因此，有专家利用多种预测方法对同一预测问题进行预测，然后将各个预测方法得到的预测结果组合起来作为最终预测结果，我们将这种方法称之为组合预测方法。该方法结合单项预测模型的有用信息，得到了比单项预测模型更高的精度，从而降低了预测风险。组合预测一般分为线性组合预测与非线性组合预测。线性组合预测模型的预测精度要优于单项预测模型，但是由于模型结构简单，使得其对复杂问题的预测往往得不到好的效果。

鉴于线性组合预测方法的局限性，越来越多的研究倾向于非线性组合预测方法。非线性组合预测方法的原理是：首先针对某一问题建立 m 种预测模型，得到每一个模型的预测值 $\varphi_i(x)(i=1,2,\cdots,m)$；然后由 m 个预测值建立一个非线性函数 $\hat{y}=\Phi(\varphi_1,\varphi_2,\cdots,\varphi_m)$。一般情况下，预测值 $\hat{y}$ 要比 φ_i 更接近于真实值。目前，越来越多的专家学者将神经网络、支持向量机、遗传算法、模糊理论等多种方法结合起来，以建立非线性组合预测模型。然而，目前研究的组合预测模型大多依据某一种最优化准则来得到一个固定权重，而组合预测的权重应该是变权重的，即随着预测步数的变化而变化。

由于航空发动机是一个复杂的非线性系统，而且从实际情况出发，一般有故障的航空发动机其磨损样本数据量少且所含的信息量相对贫乏。这些特点决定了现在流行的预测方法并不一定都适用于航空发动机磨损趋势预测。由于支持向量机在处理小样本数据方面展现出显著的优势，并且支持向量机回归方法具有良好的拟合和外推能力，故本节提出一种带粒子群优化的最小二乘支持向量机（PSO_LSSVM）的非线性变权重组合预测模型。该模型采用多种不同的预测模型对数据进行预测，然后利用最小二乘支持向量机（Least Square Support Vector Machine，LSSVM）将各种预测结果进行组合。同时，利用粒子群算法对支持向量机的模型参数进行了优化，实现了支持向量机的参数优化和自动建模。

6.5.1 LSSVM回归算法原理

支持向量机最早是由 Vapnik 提出的，在处理非线性回归问题时，SVM 利用核函数定义的非线性变换将输入空间映射到高维空间中，然后在高维空间中构造线性决策函数，从而实现了原空间的非线性回归。基于最小二乘支持向量机的函数回归算法简称为最小二乘支持向量回归算法（LS-SVR）。该算法描述如下。

给定一个训练集 $T=\{(x_1,y_1),\cdots,(x_l,y_l)\}\in(\chi\times\gamma)^l$，其中，$x_i\in\chi=R^k$；

$y_i \in \gamma = R, i = 1, 2, \cdots, l$。$x_i$ 是模型的样本输入，y_i 是模型的样本输出。那么最小二乘支持向量回归算法在样本训练后，可以得到函数 f，通过函数 f 可以预测与新样本 x 对应的输出值 y。将数据集从原低维特征空间通过非线性映射 $x \rightarrow \varphi$ 转换到高维特征空间 H，并在空间 H 中实现线性回归。函数表达式可以表示为

$$f(x) = \boldsymbol{\omega}^{\mathrm{T}} \varphi(x_i) + b \tag{6-45}$$

式中，$\boldsymbol{\omega}$ 为拟合样本集，$\boldsymbol{\omega} = (\omega_1, \omega_2, \cdots, \omega_l)$；$b$ 为常值偏差；$\varphi(x_i)$ 为非线性映射函数。

通过非线性映射函数 $\varphi(x_i)$，将数据集从低维特征空间映射到高维特征空间，从而使得原特征空间中的非线性回归问题转换为高维特征空间中的线性回归问题。根据结构风险最小化原理，综合考虑函数的复杂度以及拟合误差，将该回归问题表示为如下约束优化问题：

$$\min_{\boldsymbol{\omega}, b, e} J(\boldsymbol{\omega}, e) = \frac{1}{2} \| \boldsymbol{\omega} \|^2 + \frac{C}{2} \sum_{i=1}^{l} e_i^2 \tag{6-46}$$

约束条件为

$$y_i = \boldsymbol{\omega}^{\mathrm{T}} \varphi(x_i) + b + e_i, \quad i = 1, 2, \cdots, l \tag{6-47}$$

式中，C 是正则化参数；e_i 为误差。

为了求解上述约束优化问题，将其转化为无约束优化问题，构建 Lagrange 函数如下：

$$L(\boldsymbol{\omega}, b, e, \alpha) = J(\boldsymbol{\omega}, e) - \sum_{i}^{l} \alpha_i \{ \boldsymbol{\omega}^{\mathrm{T}} \varphi(x_i) + b + e_i - y_i \} \tag{6-48}$$

式中，α_i 为 Lagrange 因子；$\alpha_i \in R$。由卡罗需-库恩-塔克(KKT)条件可知最优解的条件有

$$\begin{cases} \dfrac{\partial L}{\partial \boldsymbol{\omega}} = 0 \Rightarrow \boldsymbol{\omega} = \sum\limits_{i=1}^{l} \alpha_i \varphi(x_i) \\ \dfrac{\partial L}{\partial b} = 0 \Rightarrow \sum\limits_{i=1}^{l} \alpha_i = 0 \\ \dfrac{\partial L}{\partial e_i} = 0 \Rightarrow \alpha_i = \gamma e_i, \quad i = 1, 2, \cdots, l \\ \dfrac{\partial L}{\partial \alpha_i} = 0 \Rightarrow \boldsymbol{\omega}^{\mathrm{T}} \varphi(x_i) + b + e_i - y_i = 0, \quad i = 1, 2, \cdots, l \end{cases} \tag{6-49}$$

式(6-49)可以写成如下线性方程组：

$$\begin{bmatrix} \boldsymbol{I} & 0 & 0 & -\boldsymbol{Z}^{\mathrm{T}} \\ 0 & 0 & 0 & -\boldsymbol{E}^{\mathrm{T}} \\ 0 & 0 & r\boldsymbol{I} & -\boldsymbol{I} \\ \boldsymbol{Z} & \boldsymbol{E} & \boldsymbol{I} & 0 \end{bmatrix} \begin{bmatrix} \boldsymbol{\omega} \\ b \\ \boldsymbol{e} \\ \boldsymbol{\alpha} \end{bmatrix} = \begin{bmatrix} 0 \\ 0 \\ 0 \\ \boldsymbol{y} \end{bmatrix} \tag{6-50}$$

这里$\boldsymbol{Z}=[\varphi(x_1),\varphi(x_2),\cdots,\varphi(x_l)]$，$\boldsymbol{e}=[e_1,e_2,\cdots,e_l]^{\mathrm{T}}$，$\boldsymbol{y}=[y_1,y_2,\cdots,y_l]$，$\boldsymbol{\alpha}=[\alpha_1,\alpha_2,\cdots,\alpha_l]^{\mathrm{T}}$，$\boldsymbol{E}=[1,1,\cdots,1]^{\mathrm{T}}$。并对于$i=1,2,\cdots,l$，消去$e_i$和$\boldsymbol{\omega}$后，得到线性方程组

$$\begin{bmatrix} 0 & \boldsymbol{E}^{\mathrm{T}} \\ \boldsymbol{E} & Q+1/C \end{bmatrix}\begin{bmatrix} b \\ \boldsymbol{\alpha} \end{bmatrix}=\begin{bmatrix} 0 \\ \boldsymbol{y} \end{bmatrix} \tag{6-51}$$

式中，$Q_{ij}=\phi(x_i)\cdot\phi(x_j)=K(x_i,x_j)$，$i,j=1,2,\cdots,l$。核函数$K(x_i,x_j)$有多种可选择，目前常用的核函数主要如下：

① 线性核函数，即$K(x_i,x_j)=(x_i\cdot x_j)$；

② 多项式核函数，即$K(x_i,x_j)=[(x_i\cdot x_j)+1]^q$；

③ 径向基核函数，即$K(x_i,x_j)=\exp(-g\|x_i-x_j\|^2)$；

④ Sigmoid 核函数，即$K(x_i,x_j)=\tanh(\upsilon(x_i\cdot x_j)+c)=\dfrac{1-\mathrm{e}^{-2[\upsilon(x_i\cdot x_j)+c]}}{1+\mathrm{e}^{-2[\upsilon(x_i\cdot x_j)+c]}}$。

根据实际油样光谱分析数据的特性，在进行支持向量机回归时采用径向基核函数。

从式(6-49)可以看出，最小二乘支持向量回归算法的优化问题最终转化为应用最小二乘法求解线性方程组的问题，而经典支持向量机的优化问题需要求解一个二次型规划问题，从而大大节省了计算时间，提高了模型效率。

综上所述，LSSVM 回归模型可以表示为

$$f(x)=\sum_{i=1}^{l}\alpha_i K(x,x_i)+b \tag{6-52}$$

6.5.2 基于 PSO 的 LSSVM 回归模型优化

在选取高斯径向基核函数的条件下，影响 LSSVM 回归模型精度的两个核心参数包括核函数参数g以及 LSSVM 中正则化参数C。为了获取最佳预测性能的 LSSVM 回归模型，需要得到最佳的g和C的值。显然，这是一个优化问题，如果采取穷举的方式搜索最优值，计算量将十分巨大，以至于无法实现。目前，主要采用群体智能算法进行参数优化。自 20 世纪 90 年代起，群体智能算法开始进入研究视野。群体智能算法[5,6]主要是通过模拟生物界的群体行为来构建智能优化算法。一般情况下，单个生物并不智能，但当这些生物组成生物群体之后，就能够很好地处理现实世界中某些复杂问题。群体智能算法正是模仿了生物群体的这种行为，并将其应用于人工智能问题当中。

常用的群体智能算法包括遗传算法、粒子群算法、蚁群算法等。其中，粒子群优化算法(Particle Swarm Optimization，PSO)是 20 世纪 90 年代中期美国社会心理学家 James Kennedy 和电气工程师 Russell Eberhart 提出的。该算法的主要思想是利用生物学家 Frank Heppner 的生物群体模型模拟鸟群、鱼群在觅食过程中的迁移和

聚集行为[7,8]。与遗传算法相比，粒子群算法随机优化方法同样基于群体智能的迭代搜索，但遗传算法在搜索过程中需要交叉、变异，而 PSO 算法仅通过群体协作即可完成最优解的搜索。粒子群算法利用了生物群体中共同分享外界信息的原理，不仅概念简单而且模型算法易于实现。同时，由于它以智能思想为基础，粒子群算法不仅适用于实验室科研工作，而且尤其适用于实际工程应用中。PSO 一经提出就受到了广大研究学者的青睐，在几年的时间里就取得了大量研究成果[5-10]。因此，本文使用粒子群算法来优化这两个参数。

1. 粒子群算法的基本原理

PSO 算法具有个体进化和群体智能两个特征。两位创始人在创建模拟鸟群寻找食物的模型过程中得到启示，并将得到的启示应用于求解优化问题中。与其他群体智能算法一样，该算法同样是利用个体与个体之间的竞争与合作，从而在复杂空间中寻得问题的最优解。

在粒子群算法的搜索空间中，每一个问题的最优解被看作是一只鸟，即“粒子”。在粒子群优化过程中，首先在可行解区间得到一个初始化种群，种群中每个粒子都能作为优化问题的一个解。同时，根据目标函数，可以得到每个粒子的适值。在优化过程中，每个粒子根据自己的运动速度在解空间中追随当前的最优粒子进行搜索。在每一次迭代中，粒子根据其本身搜索到的最优解以及整个种群搜索到的当前最优解，确定全局最优解。

PSO 算法可以阐述为：设 n 维空间中的一个优化问题，首先生成一个初始化种群 X，该种群由 m 个粒子组成 $\{X_1, X_2, \cdots, X_m\}$，每一个粒子的位置为 $X_i = \{x_{i1}, x_{i2}, \cdots, x_{in}\}$。粒子通过连续改变其位置 X_i 来搜索新的最优解。在搜索过程中，每个粒子记住自己搜索到的个体最优解 p_{id} 以及整个种群搜索到的当前最优解 p_{gd}。另外每个粒子的运动过程记做 $\mathbf{V}_i = \{v_{i1}, v_{i2}, \cdots, v_{in}\}$。当个体最优解以及全局最优解都得到之后，根据式(6-53)来更新每个粒子的速度。

$$v_{id}(t+1) = \omega \times v_{id}(t) + c_1 \times \text{rand}() \times (p_{id} - x_{id}(t)) + c_2 \times \text{rand}() \times (p_{gd} - x_{id}(t)) \tag{6-53}$$

$$x_{id}(t+1) = x_{id}(t) + v_{id}(t+1) \tag{6-54}$$

式中，ω 表示惯性权重；$v_{id}(t+1)$为第 i 个粒子在进行第 $t+1$ 次迭代时 d 维上的运动速度；rand()表示在 0～1 之间取随机数；c_1，c_2 表示加速常数。同时，为了防止粒子的运动速度过大，规定运动速度能达到的最大值为 $v_{\max}$，即当式(6-53)中的 $v_{id}(t+1)$ 大于 $v_{\max}$ 时，$v_{id}(t+1)$为 $v_{\max}$；当 $v_{id}(t+1)$小于$-v_{\max}$ 时，$v_{id}(t+1)$为$-v_{\max}$。

2. 基于 PSO 的 LSSVM 回归模型优化步骤

利用粒子群算法优化 LSSVM 回归模型时，将核函数参数 g 以及正则化参数 C 设为每个粒子位置的 x 轴坐标和 y 轴坐标，将粒子最大迭代次数设为 $h_{\max}$，初始化种群规模为 M。粒子群优化步骤如图 6-11 所示。

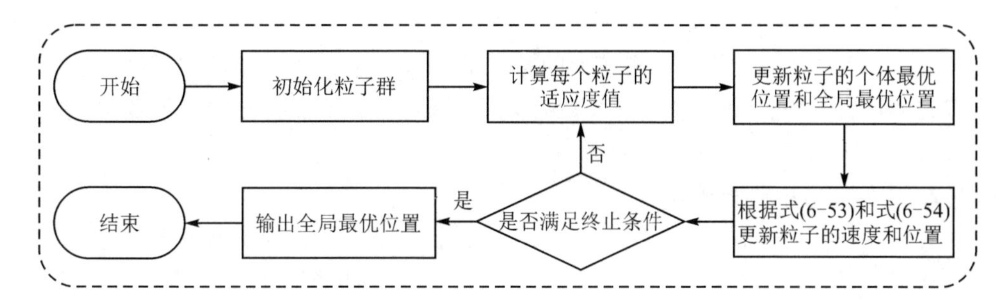

图 6-11　粒子群优化步骤

① 初始化粒子群，在可行解空间中生成 M 个粒子，并针对每个粒子的初始速度 v 以及初始位置 x 进行随机设置。

② 计算各个粒子适应度值 fitness。根据每个粒子位置得到两个参数的值以及 LSSVM 回归模型，利用训练样本得到训练好的模型，然后计算测试样本的预测值，并将测试样本的真实值与预测值的平均绝对误差作为粒子的适应度值。

③ 对所有的 $i \in \{1,2,\cdots,M\}$，如果 $\text{fitness}_i > \text{Pbest}_i$（$\text{Pbest}_i$ 为第 i 个粒子曾经达到的最大适应度值），则令 $\text{Pbest}_i = \text{fitness}_i$，$x_i^{\text{Pbest}} = x_i$（$x_i^{\text{Pbest}}$ 为第 i 个粒子曾经达到最大适应度值时对应的位置）。如果 $\text{fitness}_i > \text{gbest}$（gbest 为整个群体曾经达到的最大适应度值），则调整 gbest 的索引号 a。

④ 根据式(6-53)、式(6-54)调节每个粒子的速度 v_i 以及位置 x_i。在此取 $c_1 = c_2 = 2$，w 为惯性权重。顾名思义，w 即保持粒子的运动惯性。当 w 较大时，能够帮助迭代算法不受局部极小点的约束；当 w 较小时，能够帮助算法迅速收敛。在本节中，$w = w_{ini} - hw_h + sw_s$。此种取法不仅能保证粒子的多样性，而且可以使算法快速地收敛得到最优解。

⑤ 检查算法停止条件，若达到了最大的迭代次数就停止算法迭代，若没有则返回到第二步。

⑥ 得到最优参数 g 和 C 并建立相应的 PSO_SVM 回归模型。

6.5.3　单一预测模型的选取

在航空发动机中，随着运行时间的增加，油液分析数据呈明显的上升趋势，并伴随着一定的随机趋势。鉴于 GM(1,1) 预测模型在处理信息不完全、时间序列短以及统计数据少的样本时具有更大的优势，并且在反映系统的确定性趋势方面表现卓越，因此将其作为组合预测模型的一个基础模型。同时，自回归 AR 预测模型在对随机序列的预测问题上具有较大的优势，因此也将其选为组合预测模型的基础模型之一。BP 网络可实现输入/输出的高度非线性映射功能，对处理非线性数据具有显著优势，因此本文引入 BP 网络作为组合预测的第三个基础模型。

1. GM(1,1)预测模型

6.4 节已经介绍了灰色预测模型的基本概念和原理。该模型的主要特点在于，它首先通过自身数据序列建立一个动态微分方程，然后预测自身的发展趋势，并通过式(6-44)对数据序列进行外推预测。

2. 自回归 AR 预测模型

时间序列分析中自回归(Autoregressive,AR)模型与其他回归模型相比，消除了因选择自变量、多重共线性等问题导致的障碍。关于 AR 模型的原理已经在 6.2 节中介绍，本节将结合 FPE 和 AIC 这两种信息准则来进行模型阶数的判定以及模型检验。由式(6-13)和式(6-14)可得出

$$\text{AIC 准则函数}:\mathrm{AIC}(p)=N\ln\sigma^2+2p$$

$$\text{FPE 准则函数}:\mathrm{FPE}(p)=\frac{N+p}{N-p}\sigma^2$$

式中，N 为样本序列个数，p 为模型阶数，σ^2 为模型误差方差。通过给定的一系列 n 值，可针对不同的模型阶数 p，计算出对应的 AIC 值与 FPE 值。取 AIC 或 FPE 的平均值，其最小值对应的 n 值即为适用模型的阶数，相应的模型即为最佳适用模型。

3. BP 网络预测模型

目前，最常用的神经网络是 BP 网络，它是一种多层前馈网络，作为前向网络的核心，展示了人工神经网络中最经典的部分。关于神经网络的原理，详见 6.3.2 节，此处不再赘述。

基于 BP 网络预测模型是典型的非线性时间序列预测方法，其具体步骤如下。

① 建立网络，为了使建立的预测模型更加有效，需要对训练样本进行相空间重构，即把一维空间中的时间序列变换成矩阵的形式，从中捕捉数据间的相互关联关系，从而挖掘出尽可能多的信息。建立自相关输入 $x_t=\{x_{t-1-(m-1)\tau},\cdots,x_{t-1-\tau},x_{t-1}\}$ 与输出 $y_t=\{x_t\}$ 之间的一一映射关系 $f:R^m\to R$，其中 m 为嵌入维数。m 值实际反映了变换后矩阵所蕴含的知识。在时间序列预测中，对于 m 的选取目前尚无严格意义的理论指导，因此，本章将 AR 模型的阶数 p 作为 BP 网络模型的嵌入维数。令训练样本个数为 n，经过相空间重构后，得到输入矩阵 $\boldsymbol{X}$ 和输出向量 $\boldsymbol{Y}$，即

$$\boldsymbol{X}=\begin{bmatrix} x_1 & x_2 & \cdots & x_m \\ x_2 & x_3 & \cdots & x_{m+1} \\ \vdots & \vdots & \ddots & \vdots \\ x_{n-m} & x_{n-m+1} & \cdots & x_{n-1} \end{bmatrix},\quad \boldsymbol{Y}=\begin{bmatrix} x_{m+1} \\ x_{m+2} \\ \vdots \\ x_n \end{bmatrix} \tag{6-55}$$

② 学习阶段，将矩阵 $\boldsymbol{X}$ 输入神经网络，经过前向传播过程以后得到输出向量 $f(\boldsymbol{X})$。将输出值 $f(\boldsymbol{X})$ 与真实值 $\boldsymbol{Y}$ 相比，若存在误差或者误差值大于设定阈值，则进入误差反向传播过程，并修正连接权值，达到减小误差的目的。将正向传播过程

和误差反向传播过程一直交替进行，直到误差满足设定条件为止。BP 网络模型的隐层神经元数目由经验公式给出：$n_H=\sqrt{n_I+n_O}+l$，其中，n_I 为输入层神经元数目；n_H 为隐含层神经元数目；n_O 为输出层神经元数目；l 为 1～10 之间的整数。

③ 预测阶段，将 $\boldsymbol{X}'=[x_{n-m+1}\quad x_{n-m+2}\quad \cdots\quad x_{n+1}]^{\mathrm{T}}$ 作为神经网络输入，此时的输出就是该序列的实际预测值 $\boldsymbol{Y}'=x_{n+2}$。

6.5.4　误差指标

在实际预测过程中，可以将实际测得样本$\{x_1,x_2,\cdots\}$的一部分来构建模型，然后用剩余部分的数据对建立的模型进行检验。若得到的预测值与真实值之间的误差越小，则说明该模型的预测性能越好。采用平均绝对百分比误差作为评价模型预测精度的指标

$$\begin{cases}E_{\mathrm{Tr}}=\dfrac{1}{n_{\mathrm{Tr}}}\displaystyle\sum_{i=1}^{n_{\mathrm{Tr}}}\dfrac{|\hat{y}_{\mathrm{Tr}i}-y_{\mathrm{Tr}i}|}{y_{\mathrm{Tr}i}}\times 100\%\\ E_{\mathrm{Te}}=\dfrac{1}{n_{\mathrm{Te}}}\displaystyle\sum_{i=1}^{n_{\mathrm{Te}}}\dfrac{|\hat{y}_{\mathrm{Te}i}-y_{\mathrm{Te}i}|}{y_{\mathrm{Te}i}}\times 100\%\\ E_s=E_{\mathrm{Tr}}+E_{\mathrm{Te}}\end{cases}\tag{6-56}$$

式中，$\hat{y}_{\mathrm{Tr}i}$ 为训练样本预测值；$y_{\mathrm{Tr}i}$ 训练样本实测值；n_{Tr} 为训练样本个数；E_{Tr} 表示训练样本预测误差；i 表示某一个时刻；$\hat{y}_{\mathrm{Te}i}$ 为测试样本预测值；$y_{\mathrm{Te}i}$ 测试样本实际值；n_{Te} 测试样本个数；E_{Te} 表示测试样本外推误差。本章所提预测模型将训练和测试的预测误差之和 E_s 作为衡量模型优劣的准则。

6.5.5　获取训练样本

分别利用三个预测模型：GM(1,1)模型、AR 模型以及 BP 网络模型进行单项预测，将预测结果作为 LSSVM 组合预测模型的训练样本$(x_{1t},x_{2t},x_{3t},y_t)$，$t=1,2,\cdots,n$。其中，$y_t$ 为第 t 时刻的实测数据值，(x_{1t},x_{2t},x_{3t})分别表示三种单项预测模型在第 t 时刻预测结果，那么组合预测模型的训练样本即为

$$\boldsymbol{X}=\begin{bmatrix}x_{11} & x_{21} & x_{31}\\ \vdots & \vdots & \vdots\\ x_{1t} & x_{2t} & x_{3t}\end{bmatrix}\tag{6-57}$$

输出值为

$$\boldsymbol{Y}=[y_1,y_2,\cdots,y_t]^{\mathrm{T}}\tag{6-58}$$

训练样本 $\boldsymbol{X}$ 经过非线性映射 $\varphi(x)$后，从原特征空间转换到高维特征空间中，并在该空间进行线性回归。建立回归模型为

$$\boldsymbol{Y}(\boldsymbol{X})=\boldsymbol{\omega}^{\mathrm{T}}\varphi(\boldsymbol{X})+b \tag{6-59}$$

根据 LSSVM 回归算法原理求解得到 LSSVM 组合模型。

6.5.6 组合预测步骤

基于 PSO_LSSVM 的组合预测步骤如图 6-12 所示。

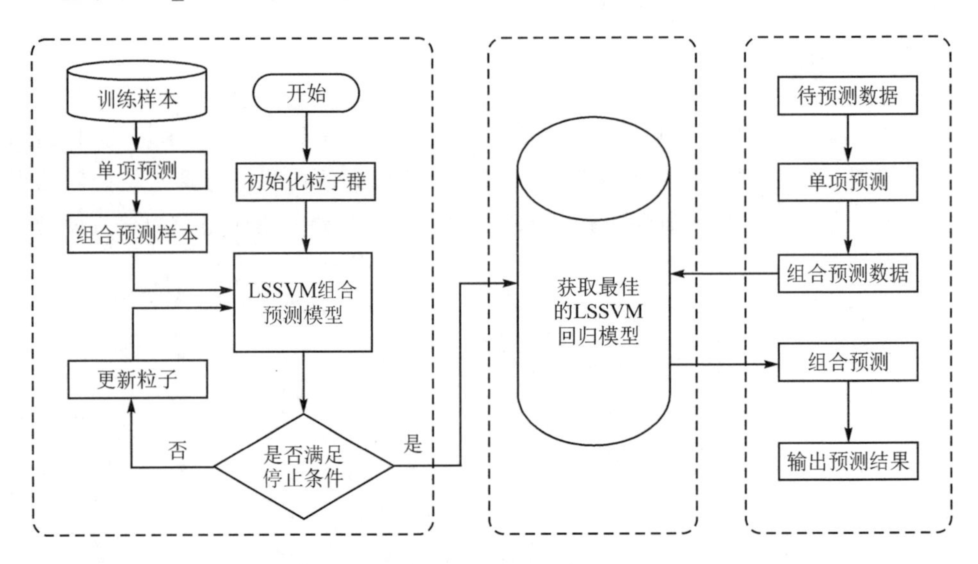

图 6-12　PSO_LSSVM 组合预测流程

1. 确定训练集和测试集

对于给定时间序列，将其分为训练集 T_r 和测试集 T_e。$y_{\mathrm{Tr}i}$ 和 n_{Tr} 分别代表训练集 T_r 的实际值和样本量。$y_{\mathrm{Te}i}$ 和 n_{Te} 分别代表测试集的实际值和样本量。

2. 利用训练集 T_r 进行建模

利用训练集 T_r 中的 $y_{\mathrm{Tr}i}$ 作为样本完成三种单一模型——AR 模型、BP 网络模型以及 GM(1,1)模型的建模。利用所建模型，得到训练样本单项预测值，并组合它们以形成组合预测训练样本 $\boldsymbol{X}$。对组合样本进行训练后，得到 LSSVM 组合预测模型。应用粒子群算法确定正则化参数 C 以及核函数参数 g，并求得参数 α 和 b，从而得到最佳的 LSSVM 组合预测模型。利用该模型对初始训练样本进行预测得到预测结果，并通过式(6-56)得到各模型的拟合误差 E_{Tr}。

3. 利用测试集 T_e 数据进行数据预测

利用已建的三种单项模型分别进行外推预测得到预测值 $[Y_{Ai},Y_{Bi},Y_{Gi}]$ 之后，将该预测值输入已确定的最佳 LSSVM 组合预测模型，计算得到预测值。同时，根据式(6-56)，可计算得到各模型的外推误差 E_{Te}，以及拟合误差与外推误差之和 E_s。

6.6　航空发动机油液光谱分析数据组合预测实例分析

为了验证本章所建的 LSSVM 组合预测模型的有效性，分别用两组实际的飞机发动机的光谱数据对模型进行验证。该光谱数据由美国 Bird 公司的原子发射光谱仪获得。

6.6.1　算例 1

某型航空发动机从 2～85 h 的运行过程中，采集得到 24 个光谱油样分析数据，选取其中 Cu 元素的含量($\mu g \cdot mL^{-1}$)对所建模型进行验证，具体数据见表 6-7。分别在测试样本与训练样本比例为 70%、80%、90%的条件下进行验证，以证明本文方法的有效性。

表 6-7　某型航空发动机油样光谱分析 Cu 元素含量

单位：$\mu g \cdot mL^{-1}$

编　号	1	2	3	4	5	6	7	8
含　量	0.8	0.8	1.1	1.2	1.3	1.4	1.7	1.8
编　号	9	10	11	12	13	14	15	16
含　量	1.9	1.8	1.9	2.2	2.2	2.1	2.3	2.3
编　号	17	18	19	20	21	22	23	24
含　量	2.2	2.4	2.4	2.1	2.1	3.0	3.2	4.7

分别使用 BP 网络模型、AR 模型、GM(1,1)模型得到样本值并计算其样本误差。在 AR 模型建模中，对于模型阶数 p，选择 AIC 值与 FPE 值的和达到最小时对应的阶数作为 AR 模型的阶数。图 6-13(a)、图 6-14(a)、图 6-15(a)为测试样本与训练样本比例分别为 70%、80%、90%时，AIC 值与 FPE 值的和与阶数 p 的关系曲线。从图中可以看出，AR 模型分别在 5 阶、5 阶以及 2 阶时，AIC 值与 FPE 值的和达到最小。BP 网络模型的隐层神经元数目由经验公式给出，表 6-8 列出了单一模型建模过程中求得的各模型参数。

表 6-8　各样本比例下 PSO_LSSVM 组合预测模型参数

样本比例	阶数 p(AR 模型)	隐层神经元数目(BP 模型)	g	C
70%	5	13	0.492 6	58.326 0
80%	5	13	0.216 0	43.774 9
90%	2	12	0.426 0	33.669 5

利用 PSO_LSSVM 组合预测方法，将 3 种单项模型预测得到的训练样本的预测值作为训练样本输入组合预测模型进行训练，并用测试样本来验证得到的模型。利

用粒子群优化算法优化 LSSVM 回归模型中的两个核心参数：核函数参数 g 以及正则化参数 C。本章设定粒子群规模 $M=30$，最大进化代数 $h_{max}=100$，$C\in[1,10\ 000]$，$g\in[0,1]$。图 6-13 (b)、图 6-14(b)、图 6-15(b)为测试样本与训练样本比例分别为 70%、80%、90%时，粒子群最优粒子适应度值的变化图，求得的 LSSVM 组合预测模型的参数 C 和 g 见表 6-8。

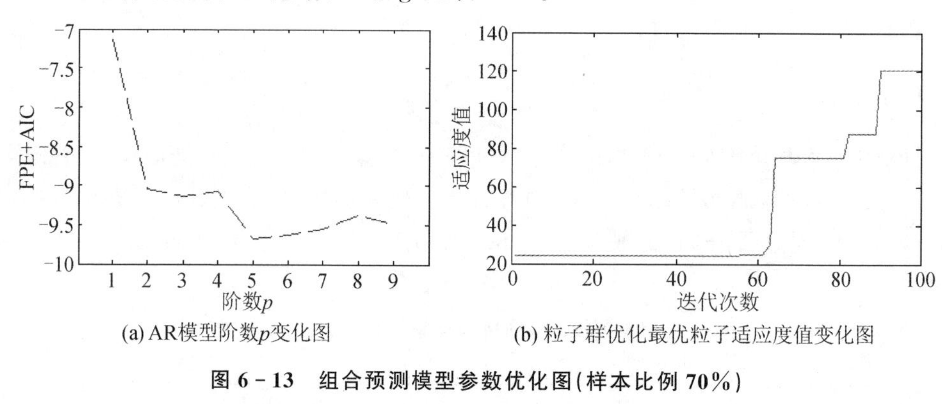

(a) AR模型阶数p变化图　　(b) 粒子群优化最优粒子适应度值变化图

图 6-13　组合预测模型参数优化图(样本比例 70%)

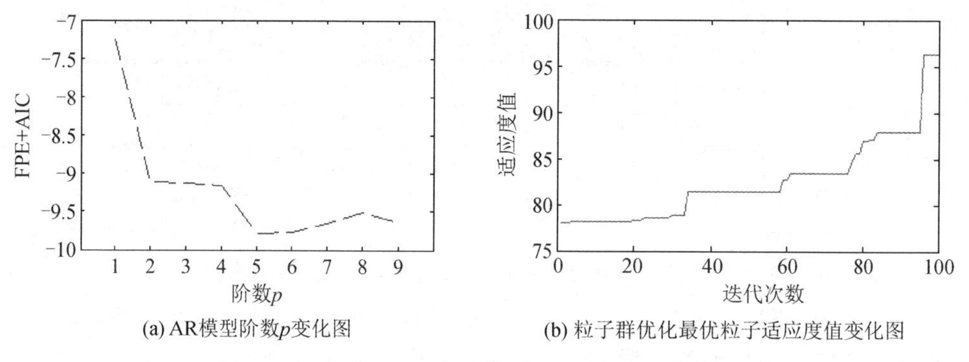

(a) AR模型阶数p变化图　　(b) 粒子群优化最优粒子适应度值变化图

图 6-14　组合预测模型参数优化图(样本比例 80%)

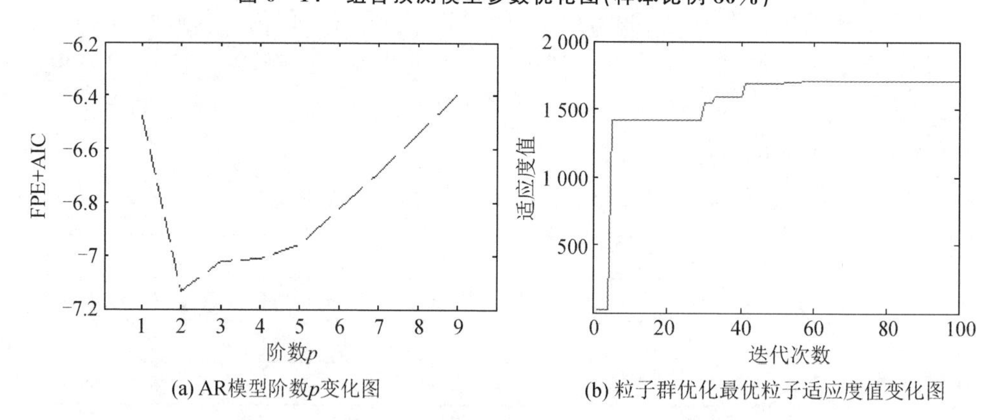

(a) AR模型阶数p变化图　　(b) 粒子群优化最优粒子适应度值变化图

图 6-15　组合预测模型参数优化图(样本比例 90%)

通过计算得到的各模型预测误差见表 6-9。从表 6-9 可以看出，在不同样本比例下，采用 LSSVM 组合预测模型得到的结果的误差要远远小于 GM(1,1)模型、BP 网络以及 AR 模型的预测误差，这验证了所提方法的有效性以及优越性。尤其是在样本比例为 90% 时，预测效果最好，预测效果如图 6-16～图 6-19 所示。其中，图 6-16、图 6-17、图 6-18 为三种单一模型预测得到的结果，图 6-19 则为本文基于 PSO_LSSVM 的组合预测方法得到的结果。从图中可以明显看出，基于 PSO_LSSVM 的组合预测方法得到了更佳的预测效果。

表 6-9　各种预测方法对 Cu 的预测误差比较

样本比例	误　差	BP 模型	GM(1,1)模型	AR 模型	PSO_LSSVM 组合模型
70%	E_{Tr}	0.014 3	0.421 5	0.012 7	0.000 0
	E_{Te}	0.126 5	0.306 6	0.118 2	0.040 1
	E_s	0.140 8	0.728 2	0.131 0	0.040 1
80%	E_{Tr}	0.088 2	0.448 7	0.013 0	0.000 0
	E_{Te}	0.314 4	0.184 0	0.157 2	0.039 2
	E_s	0.402 6	0.632 6	0.170 2	0.039 2
90%	E_{Tr}	0.057 9	0.415 5	0.052 2	0.000 0
	E_{Te}	0.124 3	0.298 3	0.136 7	0.028 0
	E_s	0.182 3	0.713 8	0.188 9	0.028 0

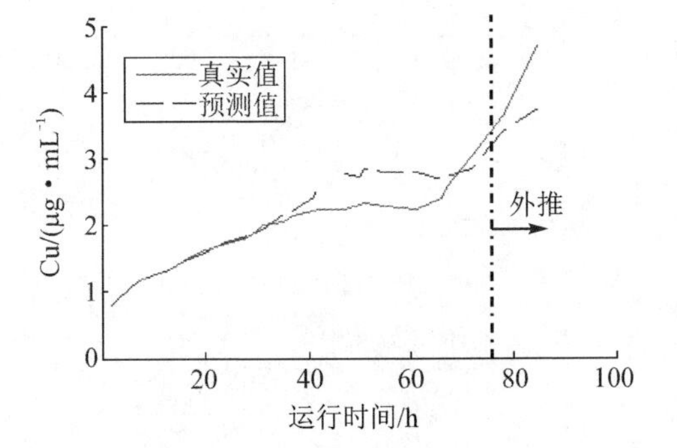

图 6-16　BP 模型预测结果

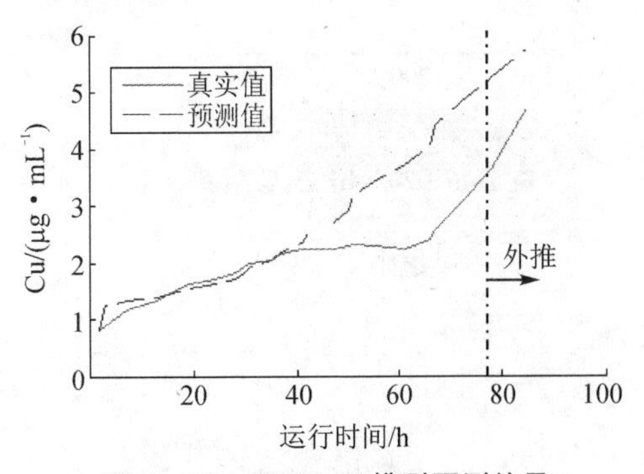

图 6-17　GM(1,1)模型预测结果

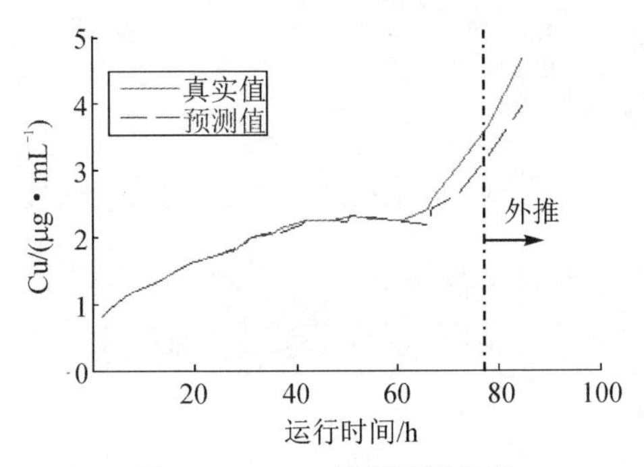

图 6-18　AR 模型预测结果

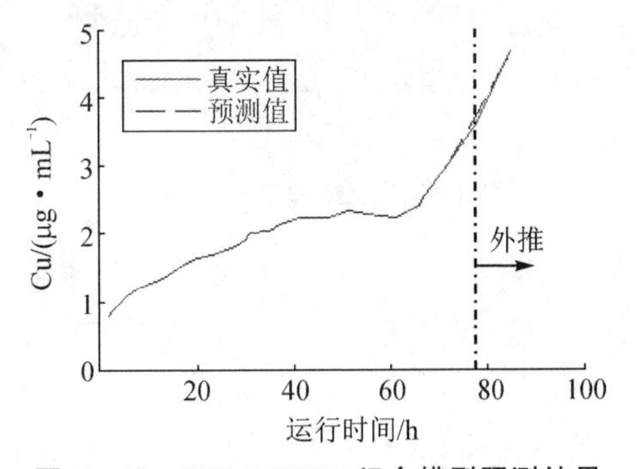

图 6-19　PSO_LSSVM 组合模型预测结果

6.6.2　算例 2

采集某航空发动机在 192～341 h 的运行过程中光谱油样分析数据，总共有 102 个数据。选取其中 Fe 元素的含量（$\mu g \cdot mL^{-1}$）对所建模型进行验证。将采样数据分成两个部分，其中 80％的数据用于建模，剩余的 20％数据用于进行外推验证。采用与算例 1 相同的方法，建模过程中求得的 AR 模型的阶数为 47，BP 网络模型的隐层神经元数目为 17，粒子群优化设定粒子群规模 $M=30$，最大进化代数 $h_{max}=100$，$C\in[1,10\ 000]$，$g\in[0,1]$。求得的 LSSVM 组合预测模型的参数 $g=0.226\ 7$ 和 $C=134.8$，得到实验结果如图 6-20～图 6-23 所示。计算的误差见表 6-10。从图中可以看出，对于具有波动趋势的光谱数据，基于 PSO_LSSVM 的组合预测模型同样得到了比单项预测模型更好的预测效果，进一步验证了所提方法的优越性。

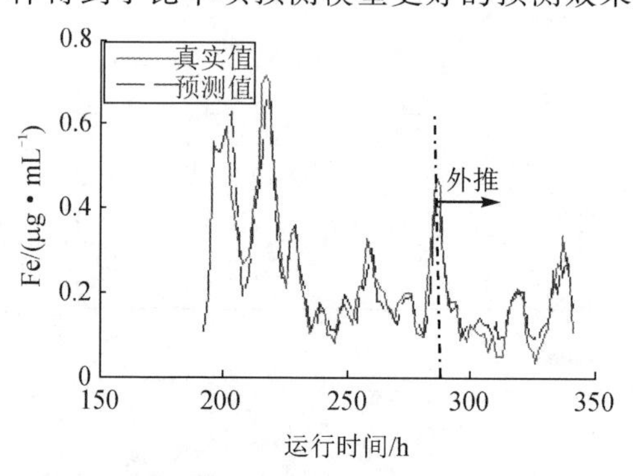

图 6-20　BP 模型预测结果

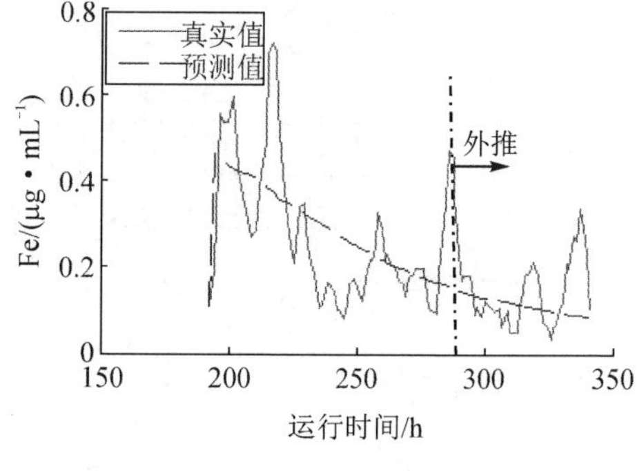

图 6-21　GM(1,1)模型预测结果

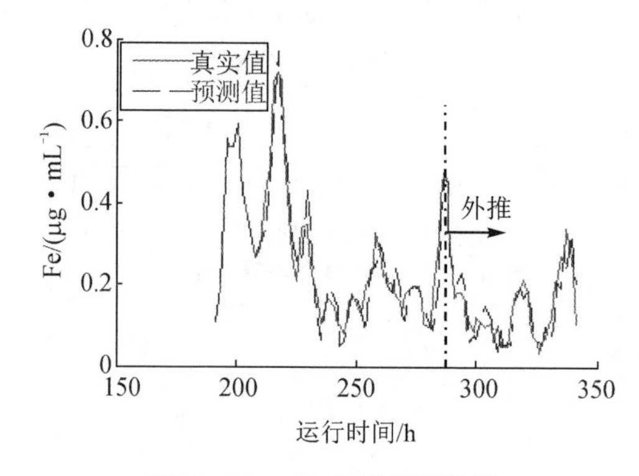

图 6-22　AR 模型预测结果

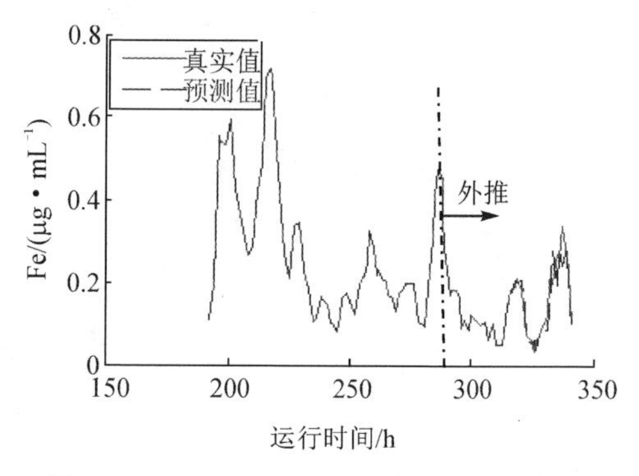

图 6-23　PSO_LSSVM 组合模型预测结果

表 6-10　各种预测方法的预测误差

预测方法	BP 模型	GM(1,1)模型	AR 模型	PSO_LSSVM
E_{Tr}	0.317 9	0.697 7	0.266 5	0.000 0
E_{Te}	0.370 5	0.598 6	0.335 2	0.224 4
E_s	0.688 5	1.296 4	0.601 7	0.224 4

本章小结

本章介绍了磨损趋势预测技术，包括时间序列分析法、人工神经网络法、支持向量机法、灰色模型法以及基于 LSSVM 的组合预测模型法，并用实际的航空发动机磨损监控数据进行了方法验证，结果表明了本章所介绍的预测方法对航空发动机磨损趋势预测具有有效性。

参考文献

[1] 杨叔子，吴雅. 时间序列分析的工程应用[M]. 武汉：华中理工大学出版社，1991.
[2] FORD J. Chaos AT Random[J]. Natrue，1983，305 (20) ：17-24.
[3] 董长虹. MATLAB 神经网络与应用[M]. 长沙：国防科技大学出版社，2007.
[4] GOLDBERG D. Genetic Algorithms in Search，Optimization and Machine Learning[M]. New Jersey：Addison-Wesley Professional，1989.
[5] BONABEAU E，DORIGO M，THERAULAZ G. Inspiration for Optimization from Social Insect Behavior[J]. Nature，2000，406(6)：39-442.
[6] BONABEAU E，DORIGO M，THERAULAZ G. Swarm Intelligence from Natural to Artificial Systems[M]. New York：Oxford Univ. Press，1999.
[7] KENNEDY J，EBERHART R C. Particle Swarm Optimization[C]//Proceeding IEEE International Conference on Neural Networks，1995.
[8] 杨维，李岐强. 粒子群优化算法综述[J]. 中国工程科学，2004，6(5)：87-92.
[9] EBERHART R C，SHI Y H. Evolving Artificial Neural Networks[C]//Proceeding of International Conference on Neural Networks and Brain，1998.
[10] 张选平，杜玉平，秦国强，等. 一种动态改变惯性权的自适应粒子群算法[J]. 西安交通大学学报，2005，39(10)：1039-1042.

第7章 故障诊断知识规则获取技术

目前,专家系统普遍存在的缺点主要有不能有效地获取知识,很难进行知识的更新以及获取的知识推广能力差等。专家系统的知识获取主要是基于经验的机械式的学习方法,不仅很难进行知识的更新,还存在知识规则严重的不一致、冗余,甚至组合爆炸等问题。

数据挖掘知识获取方法的基本思想是利用机器学习或者统计学方面的一些方法理论,从大量的数据集中提取知识规则。目前,应用于知识获取比较多的数据挖掘算法主要有粗糙集算法、关联分析法、人工神经元网络以及决策树方法等。若将上述方法应用于实际工程中,并自动从实际的数据集中提取出规则,可有效地克服专家系统中的知识获取瓶颈问题,从而很大程度地提升专家系统的知识获取能力以及智能化水平。

本章将引入数据挖掘理论中的一些概念和知识获取方法,对一些经典的知识规则获取技术进行详细阐述,并结合实例,重点对各种决策树算法进行比较分析。

7.1 数据挖掘理论及知识获取方法

数据挖掘又称知识发现(Knowledge Discovery in Database,KDD)、数据分析、数据融合 (Data Fusion)以及决策支持等,旨在运用一定的算法分析存于数据库里的数据来解决问题[1-14]。本节主要介绍数据挖掘基本理论和方法。

数据挖掘主要由3个阶段组成:数据准备阶段、数据挖掘阶段、结果表达和解释阶段,如图7-1所示。数据挖掘可以描述为以下3个阶段的不断往复。

(1) 数据准备阶段

数据准备阶段可以分成4个子步骤:数据清理、数据集成、数据选择及数据变换。

① 数据清理:消除数据中的噪声数据和不一致数据。

② 数据集成:将多种数据源和多个数据库运行环境中的数据进行合并处理。

③ 数据选择:从数据库中提取与分析任务相关的数据。

④ 数据变换:将数据变换或统一为适合挖掘的形式,如通过汇总或聚集操作。

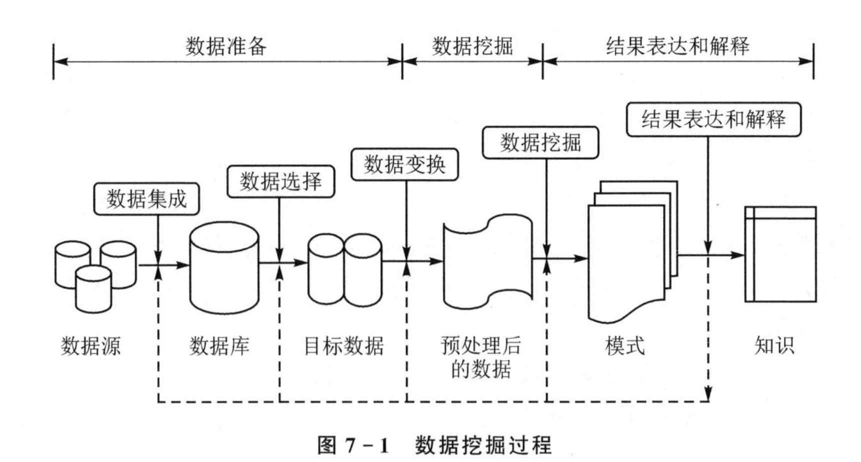

图 7－1　数据挖掘过程

(2) 数据挖掘阶段

这一阶段的主要任务是根据不同用户的要求及数据挖掘不同的目标，选择合适的数据挖掘算法、模型和参数，从数据中提取知识，并利用置信度或可视化等手段对挖掘出的知识进行评价。

(3) 结果表达和解释

根据用户最终的决策目的对提取的信息进行分析，把最有价值的信息区分出来，并给出合理的解释。用户因此能更好地理解和发现知识，充分发挥知识的作用。

7.1.1　数据挖掘中几种典型的知识获取方法

1. 决策树

决策树(Decision Tree)是代表着决策集的树形结构。其中，每个内部节点表示在一个属性上的测试，每个分支代表一个测试输出，而每个叶节点存放一个类标号。它是一种归纳分类算法，采用信息论方法，减少对象分类的测试期望值。决策树的构造不需要任何领域的知识或参数设置，因此它适合于探测式知识发现。决策树可以处理高维数据，获取的知识用树的形式表示是直观并且容易被人理解的。

2. 人工神经网络

简单地说，神经网络是一种非线性预测模型，它在一定程度上模仿人脑神经系统的信息处理、存储及检索功能，因此具有学习、记忆和计算等智能处理能力。神经网络具有一些明显的特征，如不需要精确的数学模型，具有非线性处理能力，容易实现并行计算等。目前，神经网络的理论和应用研究蓬勃发展，其主要应用领域有非线性系统识别、模式识别、决策优化、智能机器人[15,16]等。

3. 粗糙集

粗糙集理论是在 1982 年由华沙理工大学计算机科学研究所的数学家 Pawlak 提出的。这是一种用于处理不完整、不确定性知识的数学方法，能够很好地实现近似分类[17-19]。

粗糙集理论的核心思想是将不确定的或不精确的知识用已知的知识库中的知识来近似的描述。该理论最重要的优点是：首先，除问题所需处理的数据集合之外，粗糙集理论不需要任何先验信息，所以对问题不确定性的描述和处理相对比较客观；其次，粗糙集理论包括了知识的一种形式模型，该模型将知识定义为不可区分关系的一个族集，这就使得知识有了一种清晰的数学意义；最后，粗糙集理论可以进行并行运算，且算法简单、容易操作，因此，粗糙集理论正越来越受到人们的重视。

4. 关联规则

关联规则技术是数据挖掘领域的一个重要方法，由 Agrawal 等人提出。它侧重确定数据中不同领域之间的联系，找出满足给定支持度和置信度阈值的多个域之间的依赖关系[20-22]。

设 $I=\{i_1, i_2, \cdots, i_m\}$为 m 个不同文字的集合，其中的文字称为项(Item)，或者商品。称任何 $X\subseteq I$ 为一个项集(如果$|X|=k$，则称 X 为 k 项集)。记 $D=\{T_1, T_2, \cdots, T_n\}$，其中，$T_i\subseteq I$ 称为一个交易或事务(Transaction)。D 被称为 I 上的交易集或者数据集(Dataset)，简称交易集或者数据集。

定义 7.1　关联规则(Association Rules)。给定 I，关联规则就可以表示为形如 $X\Rightarrow Y$ 的一个表达式，其中，$X\subseteq I$，$Y\subseteq I$，$X\cap Y=\Theta$。

一般情况下，用户只对满足一定的支持度和可信度的关联规则感兴趣。假如不考虑关联规则的支持度和可信度，那么在事务数据库中将会存在许多关联规则。衡量关联规则是否有意义主要有两个标准：支持度(Support)、置信度(Confidience)。第一个用于衡量关联规则在整个数据集中的统计重要性：如果支持度太低，则说明规则比较特殊且不具有一般性。第二个用于衡量关联规则的可信程度：如果置信度太低，则说明规则的可信度比较低。

定义 7.2　数据集 D 的投影。给定 I 和数据集 D，对于项集 $X\subseteq I$，记

$$D_x=\{T \mid T\in D \wedge X\subseteq T\} \tag{7-1}$$

式中，D_x 为 D 中包含项集 X 的所有事务的集合，称 D_x 为数据集 D 在项集 X 上的投影。

定义 7.3　关联规则的支持度。给定关联规则 $X\Rightarrow Y$ 和已知数据集 D，令

$$\mathrm{sup}_D(X\Rightarrow Y)=\frac{|D_{X\cup Y}|}{|D|} \tag{7-2}$$

式中，sup_D 是关联规则 $X\Rightarrow Y$ 在数据集 D 上的支持度。

定义 7.4　关联规则的置信度。给定关联规则 $X\Rightarrow Y$ 和已知数据集 D，令

$$\mathrm{conf}_D(X\Rightarrow Y)=\frac{|D_{X\cup Y}|}{|D_X|} \tag{7-3}$$

式中，conf_D 是关联规则 $X\Rightarrow Y$ 在数据集 D 上的置信度。

7.1.2 数据挖掘工具

1. 国内外常用的数据挖掘工具及其特点

尽管数据挖掘的概念提出时间不长,但国内外的数据挖掘工具发展却十分迅速[23,24]。按照传统的分类方法可以将工具分为特定应用领域的数据挖掘工具和通用的数据挖掘工具。特定应用领域的数据挖掘工具主要解决某个特定领域的问题,所以在设计算法的时候需要考虑到数据、需求的特殊性,并根据这些特性对算法进行优化,通常这类挖掘工具在该特定的领域能取得比较好的效果。通用的数据挖掘工具不区分具体数据的含义,仅采用通用的挖掘算法处理常见的数据类型。用户可以根据自己的需要来选择挖掘算法。通常这类挖掘工具的功能都比较完善。这两类数据挖掘工具的实例见表7-1。

表7-1 特定应用领域与通用的数据挖掘工具实例

<table>
<tr><th>分 类</th><th>数据挖掘工具</th><th>开发单位</th><th>功能与特点</th></tr>
<tr><td rowspan="5">特定应用领域的数据挖掘工具</td><td>AdvancedScout</td><td>IBM公司</td><td>帮助篮球教练优化战术组合,主要针对NBA的数据</td></tr>
<tr><td>TASA</td><td>赫尔辛基大学计算机科学系</td><td>帮助预测网络通信中的警报</td></tr>
<tr><td>SKICAT系统</td><td>天文科学家与加州理工学院喷气推进实验室合作开发</td><td>被天文学家用来分析图像,对所研究的天空中的对象的图像进行分类和编目</td></tr>
<tr><td>ScopeMiner</td><td>东北大学</td><td>面向先进制造业的数据挖掘系统</td></tr>
<tr><td>LREFDDDM</td><td>国防科学技术大学</td><td>面向液体火箭发动机故障检测</td></tr>
<tr><td rowspan="4">通用的数据挖掘工具</td><td>SAS/EM(Enterprise Miner)</td><td>美国北卡罗来纳大学研究所</td><td rowspan="4">通用型</td></tr>
<tr><td>Intellient Miner</td><td>IBM公司</td></tr>
<tr><td>DBMiner</td><td>加拿大Simon Fraser大学</td></tr>
<tr><td>Weka</td><td>新西兰Waikato大学</td></tr>
</table>

2. 数据挖掘工具的评价标准

目前,数据挖掘工具较多,如何根据自己的需求选择满足需要的数据挖掘工具,具体评价标准可以参考以下几个方面。

(1)产生的模式种类的多少

即数据挖掘工具拥有的不同算法(如分类、聚类、回归、关联规则等)的数量。一般认为,拥有的不同算法越多,挖掘工具的性能越强大。

(2)处理复杂数据的能力

现代信息社会,数据呈现爆炸式增长。随着数据数量及维数的不断增加,对数据挖掘软件的数据处理能力提出了更高的要求,很多特定领域的数据挖掘软件面对这些复杂的数据无能为力。因此,能否处理复杂数据也成为一个评价标准。

(3) 挖掘工具的易操作性

易操作性是评价数据挖掘工具的一个重要的因素,其中,又以工具是否有图形化界面及是否符合人们操作习惯为评价重点。

(4) 数据存取能力

数据挖掘工具是否可以使用 SQL 语句直接从数据库管理系统(Database Management System,DBMS)中读取数据及把自己的实验结果存入数据库。

(5) 与其他产品的接口

目前,有很多工具可以实现与数据挖掘软件的接口帮助用户理解数据,理解结果,如传统的查询工具、联机分析处理(Online Analytical Processing,OLAP)工具。因此,数据挖掘工具是否能和这些工具很好地连接,也是一个重要的评价标准。

7.2 基于粗糙集理论的知识规则获取

由波兰学者 Pawlak 提出的粗糙集(Rough Set)理论[25,26]具有很强的定性分析能力,即不需要预先给定某些特征或属性的数量描述先验知识,而是直接从给定问题的描述集合出发,通过不可分辨关系和不可分辨关系类确定给定问题的近似域,进而找出问题中的内在联系规律。粗糙集理论目前已成为不确定性计算的一个重要分支。其在处理信息不完备、冗余及冲突等方面具有独特优势。本节将以航空发动机油样光谱诊断专家系统为例,对粗糙集理论的关键技术进行阐述。

7.2.1 应用粗糙集理论的知识获取流程

运用粗糙集理论从油样数据样本库获取知识规则,流程如图 7-2 所示,关键步骤如下。

1. 连续属性的离散

通常光谱分析获取光谱元素浓度及浓度梯度为连续值,而粗糙集理论只对离散的属性值进行分析处理,因此,在应用粗糙集理论从诊断数据中提取规则之前,需要对其中的连续属性值进行离散处理。连续属性值的离散处理直接影响基于粗糙集理论分析的结果,因此受到了广泛关注。对连续属性的离散也可以不用粗糙集处理方法,而是通过统计的方法获取元素浓度及浓度梯度的界限值,将元素浓度分为正常、警告和异常离散值。然而,界限值的确定需要假设数据服从正态分布,并且是在正常磨损状态下获取的数据,同时数据不充分也将导致界限值的不合理。而使用粗糙集理论的处理方法,可以直接从数据中获取离散断点集,无须任何假设和先验知识,因此更具客观性。目前,粗糙集理论中已有多种连续属性值离散化方法,如等距

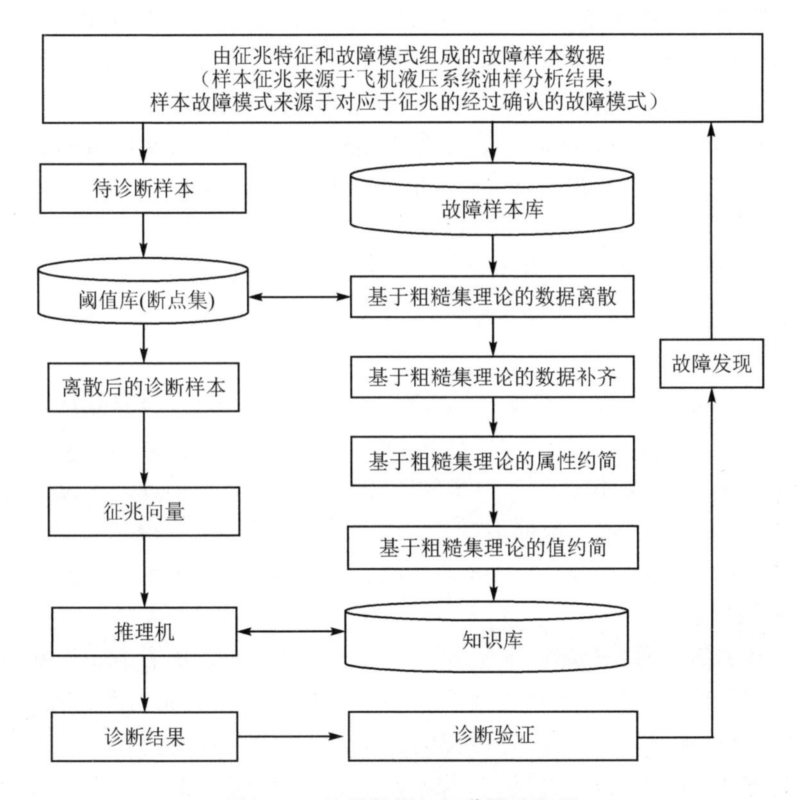

图 7-2　油样数据知识获取流程图

离法、等频率法、最大熵法、L-方法、W-方法、P-方法和 C-方法等。这些方法各有所长，其中，等距离和等频率方法算法简单、应用方便，但是会导致数据分布不均，丢失部分信息；最大熵法是基于信息论的离散方法，能够保证离散过程中损失最少的信息；L-方法、W-方法、P-方法和 C-方法是基于统计学的离散方法，若数据不充分，则结果意义不大，且其中的一些参数需要根据实践经验来确定，不利于实际应用。由 Skowron 等人提出的粗糙集与布尔逻辑方法是离散化算法在思想上的突破。基于该思想，Nguyen H. S. 和 Skowron 采用启发式算法（贪心算法）求得最小数目的断点数。该算法能够在不改变决策表的相容性的条件下选择最少的断点，目前已成为粗糙集理论连续属性离散的主流方法。

2. 不完备信息的补齐

在样本库形成的决策表中，条件属性为各元素的浓度、浓度梯度值以及其他补充信息，很多情况下，分析元素的选取差异及数据遗漏等原因将导致表中的某些属性无法知道其原始值。这样就造成信息系统的不确定性，使得待处理的信息表为一个不完备的信息表。因此，在进行知识获取前，需要补齐不完备信息。对于不完整数据目前主要有以下几种处理方法。

① 平均值补齐算法(Mean Completer)。对于遗漏的属性值,如果是数字型的则采用其他样本的平均值来代替遗漏值,如果是字符型的,就用其他样本中出现频率最高的字符来代替遗漏值。在此基础上,还可以演绎出带条件的平均值补齐算法(Conditioned Mean Completer)。它用于计算平均值或最大频率字符的样本是与含有遗漏属性值的样本具有相同决策属性值的样本。

② 使用空缺属性值的所有可能值来补齐缺损值,即将一个含有缺损属性的样本用包含了所有属性值的新样本来代替。另外,在此基础上演绎出的还有只参照相同决策属性值的样本,利用这些样本中所有可能属性值来补齐缺损属性,构成新样本集来代替缺损样本。

③ 将含有缺损属性值的样本直接删除,得到一个完整的信息表。这种方法在数据量较少的情况下,会严重地减少信息表中的信息量。

④ 将缺损的属性值作为一个特殊符号处理,不同于其他的任何属性值。

⑤ ROUSTIDA 算法。根据不可分辨关系补齐缺损数据。算法思想是使补齐后的完整信息表所产生的规则有尽可能高的支持度,并且产生的规则尽可能集中。

3. 属性约简

通常,在原始的油样数据样本库所形成的决策表信息系统中的知识并不是同等重要的,有些条件属性是冗余的。冗余属性的存在势必会造成资源的浪费,也会对做出正确的决策判断带来干扰。例如,某元素的浓度或梯度的变化若能直接反映某种故障,则该征兆的重要性大;反之,若不能反映某种故障,则其重要性将较低。属性约简的目的就是保留重要的属性,消除这些冗余属性,因此属性重要程度是对决策信息表进行约简的重要依据。在粗糙集理论中,属性重要程度的评判完全依赖于论域中的样本,不依赖于先验知识。由于获取所有的属性约简被证明是一个 NP 完全问题,因此,属性约简需要用启发性算法来实现。属性约简的方法通常有基于辨识矩阵的约简方法、基于信息熵的属性约简方法等。

4. 值约简与规则提取

决策表冗余属性消除后,所形成的新决策表还存在一定的冗余性,为了得到条件个数最少的最简规则,还需要进行值约简操作。其基本思想是对于具有相同决策结果的实例,如果某属性值对决策结果无影响,则该属性值为冗余,可以删除。通过值约简后,再合并相同的实例,所得到的新的决策表,其每条实例即代表一条规则。同样,由于值约简也被证明是一个 NP 完全问题,因此也需要用启发性算法实现。目前已经提出了很多值约简方法,如启发式值约简算法、归纳属性值约简法、基于辨识矩阵的值约简方法及缺省规则提取方法等。

5. 形成知识库

规则提取后可以直接存入知识库。

7.2.2 粗糙集理论关键技术的具体实现

1. 连续属性离散

粗糙集理论只能对离散数据进行处理,而光谱分析数据为连续量,因此需要离散处理。

定义7.5　决策表。 决策表是一个通过信息表来进行知识表达的系统,表的列表示属性,行表示实例对象。决策表 $S=\{U,R,V,f\}$,其中,$R=C\cup\{d\}$ 是属性集合,子集 C 和 $\{d\}$ 分别称为条件属性集和决策属性集;$U=\{x_1,x_2,\cdots,x_n\}$ 是有限的对象集合,即论域;V 为属性值域; $f:U\times R\rightarrow V$ 为一个信息函数,指定了 U 中每一个对象的属性值。设决策种类的个数为 $r(d)$。属性 a 的值域 V_a 上的一个断点可以记为 (a, c),其中 $a\in R$,c 为实数集。在值域 $V_a=[l_a,r_a]$ 上的任意一个断点集合 $\{(a,c_1^a),(a,c_2^a),\cdots(a,c_{k_a}^a)\}$ 定义了 V_a 上的一个分类 P_a,有

$$P_a=\{[c_0^a,c_1^a),[c_1^a,c_2^a),\cdots,[c_{k_a}^a,c_{k_a+1}^a]\}$$

$$l_a=c_0^a<c_1^a<c_2^a<\cdots<c_{k_a}^a<c_{k_a+1}^a=r_a$$

$$V_a=[c_0^a,c_1^a)\cup[c_1^a,c_2^a)\cup\cdots\cup[c_{k_a}^a,c_{k_a+1}^a]$$

因此,任意的 $P=\bigcup_{a\in R}P_a$ 定义了一个新的决策表 $S^p=(U,R,V^p,f^p)$,$f^p(x_a)=i\Leftrightarrow f(x_a)\in[c_i^a,c_{i+1}^a)$,对于 $x\in U$,$i\in\{0,1,\cdots,k_a)$,即经过离散化后,原来的信息系统被一个新的信息系统所代替。

在光谱分析数据中,通常根据元素的警告和异常界限值将浓度及浓度梯度离散为“正常”“警告”和“异常”三类。这也是一种离散方法,但其需要确定界限值。通常,界限值的确定非常困难,需要建立在大量的实验和统计基础上,而且需要事先假设其统计分布规律。

本文从数据本身出发,利用粗糙集理论的离散方法进行连续属性离散处理。目前,Nguyen S. H. 和 Skowron 提出的布尔逻辑与粗糙集理论相结合的离散方法是粗糙集理论中离散化思想的重大突破。其基本思想是在保持信息系统的不可分辨关系不变的前提下,尽量以最小数目的断点把所有实例的分辨关系区分开。Nguyen S. H. 和 Nguyen H. S. 在此基础上提出了贪心算法,大大降低了计算的空间和时间复杂度,因此,本文利用贪心算法来实现连续属性离散。

2. 属性约简

定义7.6　不可分辨关系。 对于每个属性子集 $B\subseteq R$,定义不可分辨二元关系 IND(B),即 IND(B)$=\{(x,y)\in U^2\mid b(x)=b(y),\ \forall b\in B\}$。在粗糙集理论中,不可分辨关系是定义其他概念的基础。

定义7.7　基本集。 由论域中相互间不可分辨的对象组成的集合,它是组成论域知识的颗粒。

定义 7.8 属性约简。如果 $B \subseteq A$，属性集 A 和属性集 B 相对于决策属性的分类一致，即具有相同的分类能力，则称 B 为 A 的相对约简。对于论域 U，P 和 Q 定义为在 U 上的两个等价关系簇且 $Q \subseteq P$。如果① $\mathrm{IND}(Q)=\mathrm{IND}(P)$；② Q 是独立的，则称 Q 是 P 的一个绝对约简。对于论域 U，P 和 Q 定义为在 U 上的两个等价关系簇，P 的所有 Q 不可省略的原始关系簇称为 P 的 Q 核，记为 $\mathrm{CORE}_Q(P)$。如果记 P 的所有 Q 约简关系簇为 $\mathrm{RED}_Q(P)$，则有 $\mathrm{CORE}_Q(P)=\bigcap \mathrm{RED}_Q(P)$。

属性约简的目的就是保留重要的属性，消除这些冗余属性，因此属性重要程度是对信息决策表进行约简的重要依据。在粗糙集理论中，对于属性重要程度的评判完全依赖论域中的样本，不依赖先验知识。由于获取所有的属性约简被证明是一个NP 完全问题，因此，属性约简需要用启发性算法来实现。本文采用基于辨识矩阵的约简方法。

3. 值约简与规则提取

定义 7.9 值约简。对于属性约简后的决策表，仍然含有部分冗余信息。对于规则集合中的每条规则的任意条件属性，如果去掉该条件属性，该规则不与规则集中的其他规则冲突，则可以从该规则中去掉该条件属性。经过这样处理的规则集合中不含有冗余条件属性，这一过程即为值约简。

定义 7.10 决策规则。对于决策表 $S=\langle U,R,V,f\rangle$，$\{a_1,a_2,\cdots,a_n\}\in P$，则公式 $(a_1,v_1)\wedge(a_2,v_2)\wedge\cdots\wedge(a_n,v_n)$ 称为 P 基本公式。如果 A 是 P 基本公式且 $B=(d,d_i)$，则 $A\rightarrow B$ 为基本决策规则。

同样，由于值约简也被证明是一个 NP 完全问题，因此也需要用启发性算法实现。目前已经提出了很多值约简方法，如启发式值约简算法、归纳属性值约简法、基于辨识矩阵的值约简方法及缺省规则提取方法等。本文采用启发式值约简算法[8]。提取后的规则可以直接存入知识规则库，航空发动机知识规则中应该包含发动机编号、发动机型号、飞机编号、飞机型号、规则编号、规则条件、规则结论、规则可信度及规则覆盖度等字段。

4. 推理机

定义 7.11 规则绝对覆盖度及可信度。对于决策表 $S=\langle U,R,V,f\rangle$，决策规则 $A\rightarrow B$ 的不确定性可以用参数对 (α,β) 来表示，其中，$\alpha=|X\cap Y|$，$\beta=|X|$。规则可以表示为 $A\rightarrow B|(\alpha,\beta)|$，其中，$X=\{x|x\in U\wedge A_x\}$，$Y=\{x|x\in U\wedge B_x\}$。$A_x$ 表示实例 x 的条件属性值满足公式 A，B_x 表示实例 x 的决策属性值满足公式 B。这里，参数 β 表示了该规则在决策表中的绝对覆盖度，α/β 就是该规则的可信度。

定义 7.12 多数优先的规则推理方法。多数优先的规则选择策略认为覆盖多数样本的规则（即根据多个样本得到的规则）具有更大的适应性及更高的得到合适结论的概率。其基本思想认为，假设有两条不一致的规则 R_1 和 R_2 同时与一个待识别样本匹配，那么：

若 $\alpha_1/\beta_1=\alpha_2/\beta_2$，则 $\gamma=\gamma_i$，$\beta_i=\max\{\beta_i \mid i=1,2\}$；若 $\alpha_1/\beta_1\neq\alpha_2/\beta_2$，则

1）若 $\beta_1=\beta_2$，则 $\gamma=\gamma_i$，$\alpha_i=\max\{\alpha_i \mid i=1,2\}$，即在频度一样的情况下选择可信度较大的那条规则的结论。

2）若 $\beta_1\neq\beta_2$，则① 若 $\beta_1>\beta_2$，$\alpha_1/\beta_1>\alpha_2/\beta_2$（出现频度大的规则的可信度高），则 $\gamma=\gamma_1$；② 若 $\beta_1>\beta_2$，$\alpha_1/\beta_1<\alpha_2/\beta_2$（出现频度大的规则的可信度低），则选择 $\gamma=\gamma_i$，$\alpha^2/\beta_i=\max\{\alpha_i^2/\beta_i \mid i=1,2\}$。

在推理机设计中，需要考虑规则的冲突解决问题。规则推理通常采用多数优先的推理机制，其匹配原则是优先选择可信度最高的规则，当最高可信度的规则有多条时，选取覆盖度最大（支持规则的样本数最多）的规则。而规则的可信度和覆盖度在规则提取过程中能够计算出来。因此，正确识别的定义为：根据多数优先的推理机制得到的规则结论正确。错误识别的定义为：根据多数优先的推理机制得到的规则结论错误。拒识定义为：① 测试样本在规则集中找不到与之相匹配的规则；② 规则集中有多条规则与测试样本相匹配，具有最高可信度的规则有多条，且它们的支持样本数相同，但规则结论不完全一样。

在对具体的新样本进行诊断时，首先将原始待诊断样本的数值与阈值库中的阈值进行比较，以实现连续值的离散，该阈值库中的阈值为粗糙集离散算法获得的断点；再由离散值形成征兆条件输入推理机；最后，运用推理机的推理机制，在知识库中进行搜索，获得所匹配的规则。

7.2.3 诊断实例

以某军用航空发动机油样分析数据为例，见附表，该数据包含了10台航空发动机在正常状态下和磨损状态下的237个样本。Fe、Al、Cu、Cr、Ag、Ti、Mg七种元素的含量作为样本实例的条件属性分别对应于A1～A7。磨损状态“F”分为“1”——正常状态、“2”——轴间轴承磨损以及“3”——轴间轴承磨损且保持架断裂三种形式。磨损状态“F”作为实例的决策属性D。

表7-2为其中的部分数据。随机选取其中的107个样本作为训练样本进行规则提取，其余的130个数据作为测试样本对规则进行验证。表7-3为利用贪心算法对训练样本进行属性离散的结果。表7-4为用表7-3中的断点对训练样本集进行离散后得到的结果。用基于辨识矩阵的约简方法进行属性约简，得到约简后的属性为A1和A3，再利用启发式值约简算法进行规则提取，得到表7-5的规则提取结果。表7-6为用测试样本对规则进行验证后的结果，该结果充分表明了所提取的规则的正确性。本节利用粗糙集理论对光谱数据进行规则提取，用三条规则、两个属性表达了数据中所蕴含的规律，实现了对数据冗余特征的压缩和信息浓缩。

表 7-2　光谱油样分析部分原始数据

Fe(A1)	Al(A2)	Cu(A3)	Cr(A4)	Ag(A5)	Ti(A6)	Mg(A7)	F(D)
4.8	0.0	1.5	0.2	0.1	1.0	6.1	1
15.6	0.5	2.4	1.4	0.5	1.1	7.2	2
4.0	0.0	1.6	0.2	0.4	1.1	4.2	1
8.8	0.0	1.9	0.4	0.5	1.4	4.7	2
3.5	0.2	0.8	0.3	0.2	1.3	5.4	1
8.1	0.7	1.1	0.4	0.8	1.2	8.4	2
4.3	0.2	1.2	0.3	0.3	0.8	1.4	1
32.3	4.7	5.8	6.2	2.1	10.5	1.4	2
5.8	0.9	1.7	0.3	0.7	1.7	8.9	1
23.9	1.8	9.8	1.1	1.8	1.9	9.3	3
5.1	0.0	0.9	0.4	0.3	1.1	5.2	1
19.2	0.6	1.8	1.5	0.4	1.3	5.6	3
5.8	0.0	3.2	0.2	0.6	1.5	8.3	1
11.7	0.4	4.7	0.7	0.9	1.7	8.4	2

表 7-3　光谱元素离散断点结果

离散方法	Fe(A1)	Al(A2)	Cu(A3)	Cr(A4)	Ag(A5)	Ti(A6)	Mg(A7)
断点数	1	0	1	0	0	0	0
断点值	6.850 0	—	7.800 0	—	—	—	—

表 7-4　光谱元素离散结果

F	实例数	Fe(A1)	Al(A2)	Cu(A3)	Cr(A4)	Ag(A5)	Ti(A6)	Mg(A7)
1	102	1	1	1	1	1	1	1
2	4	2	1	1	1	1	1	1
3	1	2	1	2	1	1	1	1

表 7-5　规则提取结果

RULE1	(A1=1)⇒(D=1)[1.00][102,102] 即 IF Fe 元素含量<6.85 THEN 磨损状态为正常(可信度=100%)
RULE2	(A1=2)&(A3=1)⇒(D=2)[1.00][4,4] 即 IF Fe 元素含量>6.85 且 Cu 元素含量<7.8 THEN 轴间轴承磨损(可信度=100%)
RULE3	(A3=2)⇒(D=3)[1.00][1,1] 即 IF Cu 元素含量>7.8 THEN 轴间轴承磨损且保持架断裂(可信度=100%)

表 7-6　用测试样本对规则进行验证后的结果

实例名	样本数/个	识别数/个	误识数/个	拒识数/个	识别率	误识率	拒识率
测试样本	130	129	1	0	99.2%	0.8%	0

显然，将基于粗糙集理论的知识获取方法应用于航空发动机滑油监控专家系统，可实现知识的自动获取。利用粗糙集理论获取的知识规则直接写入知识库，有效地突破了知识获取的瓶颈问题，大大提升了专家系统的智能化水平和知识获取能力。

7.3　基于神经网络规则提取的知识规则获取

航空发动机的磨损故障诊断主要是通过监测发动机滑油中的金属和非金属磨粒的含量、浓度、尺寸、形状和颜色等信息来诊断发动机传动系统摩擦副的磨损性质、磨损类型和磨损部位。由于故障征兆和故障原因之间往往存在复杂的非线性关系，具有模糊性、随机性和不完备性等不确定性特征，因此，神经网络因其优越的非线性映射能力和超强的容错性，在磨损故障诊断中得到了广泛应用。

然而，由于神经网络获取的知识蕴含在大量的连接权中，难以理解和解释，因此，从训练好的神经网络中提取知识规则，是神经网络智能诊断和神经网络专家系统的迫切需求。通过引入粗糙集理论及数据挖掘中的相关技术，本节提出新的基于功能性观点的神经网络规则提取方法，能够实现磨损故障诊断知识获取。

7.3.1　神经网络规则提取的方法流程

与结构分析方法不同，基于功能性分析的神经网络规则提取方法并不对神经网络结构进行分析和搜索，而是把神经网络作为一个整体来处理，即把神经网络看成“黑箱”。这类方法更注重在功能上对神经网络的重现能力，即产生可以替代原来网络的规则。通常，用训练好的神经网络对一个示例的输入模式进行判别，并将其判别结果作为输出模式，与该输入模式一起组成一个完整示例。显然，该示例在一定程度上反映了网络在示例空间中该点上的响应特性，如果这类示例的数量足够多，并且相对均匀地覆盖整个示例空间，那么从该示例集中抽取的规则将具有与原神经网络相似的使用效果，即这些规则可以描述原网络的功能。这即是基于功能性观点的神经网络规则提取原理。

在现有研究的基础上，通过引入粗糙集理论和数据挖掘技术，本书提出一种新的基于功能性观点的神经网络规则提取方法，该方法流程如图 7-3 所示。

① 对属性进行特征选取以简化计算。

② 对所有属性(包括连续和离散)进行统一离散化处理，并保留断点。

③ 神经网络的结构设计与优化，获取最佳泛化能力的神经网络。

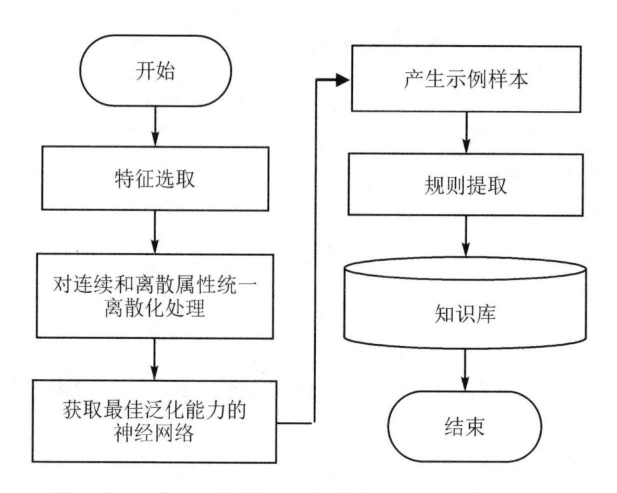

图 7－3 基于功能性观点的神经网络规则提取流程

④ 利用所得到的神经网络产生示例样本。

⑤ 从示例样本中提取出知识规则，并存入知识库。

该方法的特点为：引入了由 Nguyen S. H. 和 Skowron 提出的布尔逻辑与粗糙集理论相结合的经典离散化方法，该方法可以将离散属性看作连续属性的特例，并进行统一处理，这很大程度地降低了计算的复杂性；在神经网络结构设计中，采用了结构自适应神经网络模型，以确保训练好的神经网络具有最佳的泛化能力；在规则提取中，提出了一种分层穷举式的规则提取方法，确保规则提取的完整性和优先次序。下面对其中的关键技术进行介绍。

7.3.2 神经网络规则提取的关键技术

1. 特征排序与选取

特征排序与选择对于减少数据特征的冗余、优先提取出重要规则以及提高计算效率具有重要意义。本文将特征选取作为神经网络规则提取的第一步，首先根据数据特征重要性排序，然后依据排序结果，对特征进行适当删减。本文采用基于熵的特征选取方法。该方法的基本思路是，逐一去除属性，观察集合的熵变化。特征越重要，则在去除后集合的熵将变化越大，因此，该特征的重要性指标值也越大。由此可见，可以根据特征重要性指标对特征进行排序。规定一个适当的阈值，当特征重要性指标小于阈值时，即可将其从特征集合 F 中删除，从而实现特征选取。

2. 离散化处理

由于粗糙集理论不需要先验知识便可完全从数据或经验中获取知识，因此，引入粗糙集理论中的离散化理论进行离散化处理。离散化本质上可归结为利用选取的断点来对条件属性构成的空间进行划分。如果仅仅考虑单个属性，经过离散化后，可能会引入冲突。而由 Nguyen S. H. 和 Skowron 提出的布尔逻辑与粗糙集理论相结合的离散化方法，是粗糙集理论中离散化思想的重大突破。其基本思想是在保持信息系统的不可分辨关系不变的前提下，尽量以最小数目的断点把所有实例的分辨关系区分开，这样离散化后数据集不会引入冲突。由于求解最小数目的断点集是 NP 完全问题，因此只能寻找近似最优的算法来求得。

3. 神经网络设计

在基于神经网络的知识获取和规则提取研究中，针对具体的样本数据，设计出具有最佳泛化能力的最优网络结构至关重要。此处使用在 6.3.2 节提出的一种结构自适应神经网络模型——一种能够从给定样本中自动设计出具有最佳泛化能力的神经网络模型。其基本原理阐述如下。

结构自适应神经网络模型以三层 BP 网络为研究对象，将神经网络模型分为外部结构参数和内部权值参数，规定如下：

(1) 内部参数。内部参数即网络连接权值，通过对训练样本采用神经网络的 BP 算法学习成功后自动产生。

(2)外部参数。① 初始权值：影响网络的收敛位置。② 隐层节点数：直接影响所逼近的非线性函数复杂程度和模型的泛化能力。③ 训练步数：对网络泛化能力具有很大的影响，网络训练步数越多，网络结构越复杂，泛化能力将变得很差。

结构自适应神经网络模型的基本思想如下：

首先，在样本集中对 N 个样本叠加 10%的随机噪声，每个样本产生 M 个新的样本，一共产生 $M\times N$ 个新样本，形成神经网络训练集。按同样方法得到 $M\times N$ 个新样本作为测试集。利用神经网络的 BP 算法对训练样本集进行学习，获取模型的内部连接权值参数；再利用测试样本集，对学习模型进行测试，并计算识别误差，形成遗传算法的适应度函数；然后运用遗传算法的学习机制，自动调节神经网络模型的外部结构参数；最后通过逐代进化，得到具有最优泛化能力的神经网络模型。

其中，关于训练样本和测试样本的产生方法为：对第 i 个样本、第 j 个特征、产生 0～1 分布的随机噪声，叠加到第 i 个样本、第 j 个特征值上，形成一个新的样本；重复 M 次，则得到 M 个样本；令 $i=i+1$，直到 $i=N$，结束。最终产生 $M\times N$ 个规定噪声强度的样本。

4. 示例样本产生

通过优化后获取的神经网络模型应该具有较强的泛化能力，因此，如果用原始数据集训练出一个神经网络，再利用该神经网络产生一个数据集，则该数据集将比原始的数据集包含更多的有助于预测的信息。假设现有一个训练好的神经网络 ANN，如果用 ANN 对输入模式 $A_k=(a_1,a_2,\cdots,a_n)$ 进行判别，则神经网络将产生与 A_k 对应的输出模式 $C_k=(c_1,c_2,\cdots,c_q)$。其中，n 为输入属性数；q 为输出分类数。将 A_k 和 C_k 组合起来就可以得到一个示例样本(A_k,C_k)。如果有很多这样的示例样本，就得到了一个示例样本集。

示例样本可以通过在实例空间中缓慢移动 A_k 而产生，即对每一个输入属性 a_i $(i=1,2,\cdots,n)$，令其值在取值范围内逐渐变化，使得尽可能多的值得以出现。本文示例样本的产生在连续属性离散化和神经网络训练之后，处理的均是离散属性的数据，因此，只须对 a_i 的值进行列举即可。

示例样本的具体产生方法为：首先确定输入属性的取值范围，在该范围内生成一个随机数据集，原始的训练集也被加入该数据集中；然后，由训练好的神经网络对该数据集进行判别，以产生相应的输出；最后将输入和输出进行结合即得到规则学习部分所用的示例样本。实验结果表明，当随机数据集中的样本数为原样本数的5倍时，可以获得相当好的规则。由于这个实例集是用由神经网络产生的，所以实例集能够体现神经网络的分类功能。

5. 规则提取

为了从数据中提取出更多的满足一定可信度的知识规则，同时规则具有更大的适应性（即泛化能力），本文提出了分层穷举式规则提取方法。该方法的基本思想是优先提取出属性数目最少的满足给定可信度和覆盖度的规则，在实施过程中按属性数目由少到多进行分层，在每层中进行属性穷举组合，并依次提取知识规则。算法的具体描述如下。

(1) 算法输入：决策表 $S=<U, R, V, f>$。其中，U 是论域；$R=C\cup\{d\}$ 是属性集合，子集 C 和 $\{d\}$ 分别称为条件和决策属性集。条件属性数目为 m，决策属性数目为1，可信度阈值为 T，覆盖度阈值为 F，属性总数为 N_{MAX}。

(2) 算法输出：可信度大于 T 且覆盖度大于 F 的规则集。

步骤1：条件属性数 NC 从1开始到 N_{MAX} 进行下列循环计算。

步骤2：在第 NC 层，首先进行属性组合，属性组合的数目为 C_m^{NC}，设 $\overbrace{c_{i_1}\cdots c_{i_{\mathrm{NC}}}}^{\mathrm{NC}}$ 为第 i 个属性组合 $(i=1, 2, \cdots, C_m^{\mathrm{NC}})$。令 $C^*=\{c_{i_1},\cdots,c_{i_{\mathrm{NC}}}\}$，即条件属性集 C^* 对决策表 S 的划分 $E_{(K,C^*)}$。其中，$E_{(K,C^*)}$ 属于 $\{U|\mathrm{IND}(C^*)\}$；$K=1,\cdots,|\{U|\mathrm{IND}(C^*)\}|$。如果某个划分 $E_{(K,C^*)}$ 对特定决策（如 X_j）的可信度超过给定阈值 T，即

$$\mu_{C^*}(E_{(K,C^*)},X_j)=|E_{(K,C^*)}\cap X_j|/|E_{(K,C^*)}|\geqslant T \tag{7-4}$$

则得到规则

$$\begin{gathered}\mathrm{Des}(E_{(K,C^*)},C')\rightarrow\mathrm{Des}(X_j,D)\\(|E_{(K,C^*)}\cap X_j|,|E_{(K,C^*)}|)\end{gathered} \tag{7-5}$$

式中，$|E_{(K,C^*)}\cap X_j|$ 为该规则在决策表中的绝对覆盖度，表示决策表中同时满足该规则前件和后件的实例数；$E_{(K,C^*)}$ 为决策表中满足该规则前件的实例数；$|E_{(K,C^*)}\cap X_j|/|E_{(K,C^*)}|$ 为该规则的可信度。设实例样本总数为 N，则定义 $|E_{(K,C^*)}\cap X_j|/N$ 为该规则在决策表中的相对覆盖度。如果相对覆盖度大于给定阈值 F，则该规则有效，否则无效，即该规则不放入规则集合中。

将原始决策表 S 中满足该条规则条件的实例删除，得到新的决策表 $S'=<U,R,V,f>$，其中 $U'=\{x \mid x\in U, c_{i_1}(x)\neq v_{i_1} \vee \cdots \vee c_{i_{NC}}(x)\neq v_{i_{NC}}\}$。显然，随着规则的不断提取，$S'$的实例规模将远小于 S。

步骤 3：如果 $U'=\varnothing$，则转入步骤 4；否则，令 $S=S'$，$NC=NC+1$。如果 $NC>N_{MAX}$，则转入步骤 4；否则转入步骤 2。

步骤 4：输出所有规则集。计算结束。

7.3.3 神经网络规则提取在磨损故障诊断中的应用

以某航空发动机油样光谱分析数据为例，见附表。将神经网络规则提取新方法应用于发动机磨损故障诊断的知识获取。该数据包含了 10 台航空发动机在正常状态下和磨损状态下的 237 个样本。Fe、Al、Cu、Cr、Ag、Ti、Mg 七种元素的含量作为样本实例的条件属性。磨损状态“F”分为正常状态、轴间轴承磨损以及轴间轴承磨损且保持架断裂三类。

表 7-7 所列为各属性的熵的变化量计算结果。熵的变化量越大意味着属性的重要性越大，可以看出，属性的重要性依次为 Mg、Ag、Cu、Fe、Ti、Al、Cr。表 7-8 所列为数据离散化结果。从表中可以看出，Fe 具有 2 个断点，将属性分为 3 个区间；Mg 具有 1 个断点，将属性分为 2 个区间；其他属性无断点，因此对分类无任何影响。表 7-9 所列为通过自适应神经网络得到的最优神经网络结构参数。表 7-10 所列为所提取的规则集。

表 7-7　各属性的熵的变化量计算结果

属　性	Fe	Al	Cu	Cr	Ag	Ti	Mg
熵变化量	219	114	450	109	624	175	2 610

表 7-8　离散化断点结果

属　性	Fe	Al	Cu	Cr	Ag	Ti	Mg
断点值	7.00,17.40	—	—	—	—	—	1.45

表 7-9　最优神经网络结构参数

输入层节点数	中间层节点数	最大训练步数	权值随机种子	训练误差
2	5	50	0	0.001

表 7-10　提取的规则集

规则号	规则集
RULE1	IF (0.20<Fe<7.00) THEN 正常状态[1.00][481,481]

续表 7-10

规则号	规则集
RULE2	IF (7.00<Fe<17.40)THEN 轴间轴承磨损[1.00][239,239]
RULE3	IF (0.40<Mg<1.45)&(17.40<Fe<32.3) THEN 轴间轴承磨损[1.00][159, 159]
RULE4	IF (1.45<Mg<16.9)&(17.40<Fe<32.3) THEN 轴间轴承磨损且保持架断裂[1.00][179,179]

① RULE1:(0.20<Fe<7.00)⇒正常状态;表示当油样中铁元素含量很低时,系统磨损为正常磨损状态。

② RULE2 和 RULE3:(7.00<Fe<17.40)⇒轴间轴承磨损,(0.40<Mg<1.45)且(17.40<Fe<32.3)⇒轴间轴承磨损。此两种情况表示油样中铁元素含量升高,但镁元素含量在较低的水平时,发动机轴间轴承磨损严重。

③ RULE4:(1.45<Mg<16.9)且(17.40<Fe<32.3)⇒轴间轴承磨损且保持架断裂,表示油样中铁元素含量升高,同时镁元素含量也增高,发动机轴间轴承磨损严重且保持架断裂。

对原始样本集引入一定强度的随机噪声,形成 237 个测试样本,利用该 237 个测试样本对所提取出的规则集进行测试。表 7-11 所列为利用所提取的规则对不同噪声强度下的样本集进行测试的结果。从结果可以看出,所提取的规则具有很高的精度,且受噪声干扰很小,从而验证了方法的有效性。

表 7-11　规则验证结果

噪声强度/%	数据数/个	正确数/个	误识数/个	拒识数/个	识别率/%	误识率/%	拒识率/%
0	237	237	0	0	100	0	0
20	237	235	2	0	99.16	0.84	0
40	237	230	7	0	97.05	2.95	0
60	237	219	19	0	92.41	7.59	0
80	237	213	24	0	89.87	10.13	0
100	237	208	29	0	87.76	12.24	0

7.4　基于支持向量机的知识规则获取

基于 SVM 坚实的理论基础和优良的泛化性能,本节提出了一种新的基于支持向量机聚类(Support Vector Clustering,SVC)的知识规则提取方法。在该方法中,为了提高知识规则的解释性,首先利用遗传算法(Genetic Algorithm,GA)对样本数据特征进行选取;然后将特征选取后的数据样本从原始特征空间映射到高维特征空间中，用于得到样本的支持向量以及最优分类超平面，样本的聚类分配矩阵由支持向量聚类算法得到；最后在聚类分配矩阵的基础上构建超矩形，当这些超矩形映射到坐标轴上后，就得到超矩形规则。为了使规则更加简洁且易于解释，采用规则合并、维数约简、区间延伸等方法对超矩形规则进行进一步简化，增加了其解释性。将该方法应用于航空发动机磨损故障诊断专家系统中，可对实际的油液光谱数据进行规则提取。结果表明，利用基于遗传算法的支持向量聚类 GA - SVC（Genetic Algorithm Support Vector Clustering）规则提取方法能有效地获取专家系统知识规则，突破了专家系统知识动态获取的瓶颈。

7.4.1 基于 GA - SVC 的知识获取流程

基于 GA - SVC 的规则提取过程主要包括数据预处理、支持向量聚类、超矩形规则提取和规则简化等步骤。整个规则提取流程如图 7 - 4 所示。

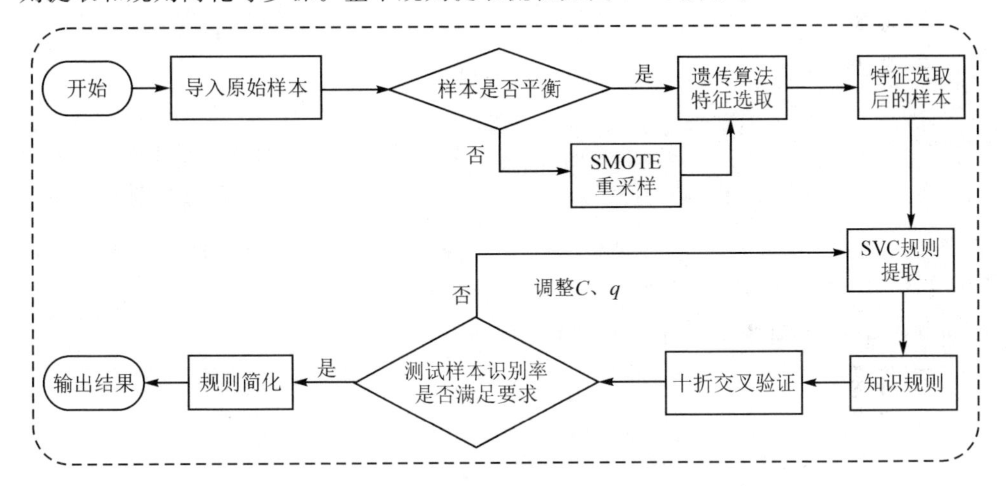

图 7 - 4 基于 GA - SVC 的规则提取流程

7.4.2 数据预处理

1. 对不平衡数据的预处理

传统的数据挖掘实验中，用来学习的数据集一般均假设数据集中各类样本的数目是均衡的。但是在实际应用中，各类样本分布平衡的数据集是很少存在的，真实的数据集一般是不平衡的，即各个类别的样本数目是不等的，甚至差距很大，将这一类型的数据集称为不平衡数据集。在数据集中将样本数目多的一类样本称为多数类，样本数目少的一类称为少数类[27]。往往少数类样本要比多数类样本更重要，因此误判少数类样本所带来的损失，相比误判多数类样本所带来的损失要更大一些。在对不平衡样本进行规则提取时，往往会将少数类样本当成噪声去掉，从而提取不出关于少数类样本的规则。因此，为了完整地提取各类样本规则，首先对数据进行平衡化处理。

这里，采用过抽样算法中典型的合成少数类过采样技术（Synthetic Minority Over-sampling Technique，SMOTE）算法[28]对故障样本进行重采样。SMOTE 算法最早是由 Chawla 等人提出的一种重采样方法。SMOTE 算法的基本思想是利用 k 近邻方法找到距离某个样本最近的 k 个同类样本，利用线性插值方法，在该样本与 k 个近邻样本间插入新的样本，从而使少数类样本增加，数据集达到分布平衡。SMOTE 算法的详细步骤如下。

① 计算少数类样本中每一个样本到其同类样本集中每个样本的欧式距离。根据 k 近邻算法的思想，得到每一个样本的 k 个近邻样本，将每个近邻样本的标号记录下来。k 的值根据算法中的重采样倍率设置，重采样倍率 N 根据数据集的不平衡率 U 设置。采用式(7-6)得到 $N=\mathrm{round}(U)-1$，其中 round() 函数表示对变量进行四舍五入。

② 对少数类样本中的每一个样本 $\boldsymbol{x}$，在该样本与 k 个样本间进行线性插值。设其中一个近邻样本为 $\tilde{\boldsymbol{x}}$，利用该样本与 $\boldsymbol{x}$，可得到新样本

$$\boldsymbol{x}_{\mathrm{new}}=x+\mathrm{rand}(0,1)\times(\tilde{\boldsymbol{x}}-\boldsymbol{x}) \tag{7-6}$$

式中，rand(0,1)表示取一个 0～1 之间的随机数。

③ 将生成的新样本融入原始数据集中，从而得到一个新的数据集。图 7-5 即为利用 SMOTE 重采样算法对二维仿真样本 $\{\boldsymbol{x}=(x_1,x_2)\}$ 进行的样本扩充，其中，x_1 为第一维数据，x_2 为第二维数据。从图中可以看出，重采样后的新样本均集中在原始样本周围，并且很好地反映了样本潜在的分布。

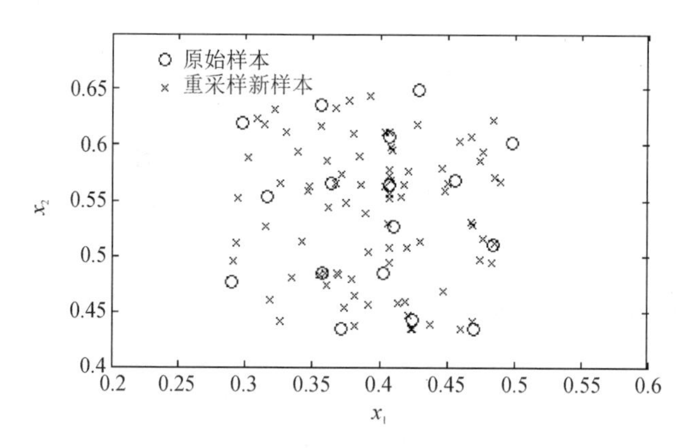

图 7-5　SMOTE 算法重采样结果

2. 基于遗传算法特征选取的数据预处理

为了减小特征样本维数、提高规则提取效率、增强规则理解性，需要对数据进行预处理。特征选择是一种重要的预处理方法，目前国内外众多学者对特征选择方法做了大量的研究，提出了多种方法，如神经网络法、PCA 法、无监督聚类法、粗糙集理

论法、遗传算法等。其中，遗传算法简单、应用广泛，并且具有隐含的并行性以及全局搜索能力，已被广泛应用于机器学习、函数优化、生产调度、图像处理等领域，在特征选择领域也发挥了不可替代的作用。因此，本节提出基于遗传算法的特征选择方法，应用于规则提取前对数据的预处理，以提高规则提取效率。

基于遗传算法的特征选择的主要思想是对特征进行二进制编码，每一个特征作为码中一位。值为“0”的那一位对应的特征将被舍弃；相反，值为“1”的那一位对应的特征将被选择保留下来。利用遗传算法来得到最优的二进制编码，具体步骤如下：

（1）编码，采用二进制编码方法。

（2）产生初始种群，随机生成 N 个基因串即二进制编码串构成初始种群，通常将种群数设为50～100。

（3）适应度函数的选择。适应度函数主要用来说明个体基因的优劣程度。适应度函数是否有效会对遗传算法在进化过程中的搜索方向以及收敛效果造成直接影响。本章选取基于最近邻分类法的适应度函数。最近邻法属于非参数模式识别方法，是一种有监督学习方法。此处利用最近邻法的分类识别率作为适应度函数。最近邻法的基本思想如下。

假设数据集中有 n 个样本

$$\chi=\{\boldsymbol{X}_1,\boldsymbol{X}_2,\cdots,\boldsymbol{X}_n\}$$

已知每个样本所属类标号。对于待分类样本 $\boldsymbol{X}$，若在 n 个样本中，$\boldsymbol{X}'\in\chi$ 是距离其最近的样本，那么 $\boldsymbol{X}$ 与 $\boldsymbol{X}'$ 属于同一类。因此，适应度函数构造的具体步骤如下：

① 将样本随机划分为训练样本和测试样本。

② 根据种群中的每一个编码串，将训练样本和测试样本中值为“0”的位对应的特征数据去掉，得到新的训练样本和测试样本；根据最近邻法，在训练样本中找距离测试样本最近的样本，从而得到类标号；根据实际类标号得到识别率 R，$0\leqslant R\leqslant 1$。

③ 综合考虑选择的特征数目 M，将适应度函数定义为

$$J=R^{(1+M^n)} \tag{7-7}$$

因为 $0\leqslant R\leqslant 1$，所以特征数目 M 的值越小，识别率 R 越大，那么适应度函数的 J 值就越大。即用最少的特征得到最高的识别率，这恰恰就是特征选择的基本原则。其中，n 是用来均衡识别率与特征数目之间权重的参数。一般情况下，$0\leqslant n\leqslant 1$，此处令 $n=0.5$。

（4）将种群中最优的个体，即适应度函数值最高的基因串继续保留到下一代新种群中，然后对父代即上一代种群进行遗传算子运算，包括选择、交叉和变异等，以得到新种群中的其他 $N-1$ 个基因串。

（5）检查停止条件。若达到设定的迭代次数，则返回目前最好的特征组合，算法结束；否则，回到步骤（4）继续进行迭代。

7.4.3 支持向量聚类算法

支持向量聚类是由 Ben - Hur A. 等人[29]提出一种新型的聚类方法，其主要思想是：将训练样本从原始特征空间中通过非线性映射 φ 变换到一个高维特征空间中，在高维特征空间中由支持向量可以确定一个包围所有样本的超球体，并且当该超球体变换到原始特征空间中时可以是任意形状。

1. 聚类的数学描述

设训练样本集 $\{x_1, x_2, \cdots, x_n\} \subseteq X$（其中，$X \subseteq R^d$，$R^d$ 为特征空间），通过非线性变换 φ 将 x_j 映射到一个高维的特征空间中。在此空间中寻找一个能够包围所有的样本点而且半径最小的超球，超球的半径设为 R，则有

$$\| \Phi(x_j) - a \|^2 \leqslant R^2, \quad \forall j \tag{7-8}$$

式中，$\| \cdot \|$ 是欧式距离；a 是超球的球心。

考虑实际情况中若干点在超球体之外，引入松弛变量 ζ_j，可得

$$\| \Phi(x_j) - a \|^2 \leqslant R^2 + \zeta_j \tag{7-9}$$

上述问题的数学描述为

$$\min R^2 + C \sum_{j=1}^{N} \zeta_j \tag{7-10}$$

$$\text{s.t.} \quad \| \varphi(x_j) - a \|^2 \leqslant R^2 + \zeta_j \tag{7-11}$$

$$\zeta_j \geqslant 0 \tag{7-12}$$

式中，C 为惩罚系数。C 值越大，超出球的噪声点越少。为了解决上述问题引入 Lagrange 乘子

$$L = R^2 - \sum_{j=1}^{N} \left(R^2 + \zeta_j - \| \Phi(x_j) - a \|^2 \beta_j - \sum_{j=1}^{N} \zeta_j \mu_j + C \sum_{j=1}^{N} \zeta_j \right) \tag{7-13}$$

式中，$C \sum_{j=1}^{N} \zeta_j$ 为惩罚项；N 为支持向量个数；$\beta_j \geqslant 0$；$\mu_j \geqslant 0$ 为 Lagrange 乘子。分别对函数 L 中的 a，R，ζ 求一阶偏导并令其等于 0，得

$$\frac{\partial L}{\partial R} = 2R - 2 \sum_{j=1}^{N} R\beta_j = 0 \Rightarrow \sum_{j=1}^{N} \beta_j = 1 \tag{7-14}$$

$$\frac{\partial L}{\partial a} \sum_{j=1}^{N} \beta_j (\Phi(x_j) - a) = 0 \Rightarrow a = \sum_{j=1}^{N} \beta_j \Phi(x_j) \tag{7-15}$$

$$\frac{\partial L}{\partial \zeta_j} = -\beta_j - \mu_j + C = 0 \Rightarrow \beta_j = C - \mu_j \tag{7-16}$$

由 KKT 定理可知条件，最优解满足

$$\zeta_j \mu_j = 0 \tag{7-17}$$

$$(R^2 + \zeta_j - \| \Phi(x_j - a) \|^2) \beta_j = 0 \tag{7-18}$$

根据式(7-14)、式(7-15)、式(7-16)化简参数只剩下 β_j，转化为对偶形式，有

$$\max W=\sum_{j=1}^{N}\Phi(x_j)^2\beta_j-\sum_{i=1}^{N}\sum_{j=1}^{N}\beta_i\beta_j\Phi(x_i)\cdot\Phi(x_j) \tag{7-19}$$

满足下列条件：

$$\sum_{j=1}^{N}\beta_j=1 \tag{7-20}$$

$$0\leqslant\beta_j\leqslant C,\quad j=1,2,3,\cdots,N \tag{7-21}$$

定义满足 Mercer 条件的核函数

$$K(x_i,x_j)=\Phi(x_i)\cdot\Phi(x_j) \tag{7-22}$$

式中,“·”表示内积。在支持向量聚类中常用的核函数为高斯径向基核

$$K(x_i,x_j)=\exp(\|x_i-x_j\|^2/q^2) \tag{7-23}$$

则

$$W=\sum_{i=1}^{N}K(x_j,x_j)\beta_j-\sum_{i=1}^{N}\sum_{j=1}^{N}\beta_i\beta_jK(x_i,x_j) \tag{7-24}$$

根据式(7－20)、式(7－21)、式(7－23),式(7－19)可变为

$$\max W=1-\sum_{i=1}^{N}\sum_{j=1}^{N}\beta_i\beta_jK(x_i,x_j) \tag{7-25}$$

即

$$\min W'=\sum_{i=1}^{N}\sum_{j=1}^{N}\beta_i\beta_jK(x_i,x_j) \tag{7-26}$$

$$\text{s.t. } 0\leqslant\beta_j\leqslant C,\quad j=1,2,3,\cdots,N \tag{7-27}$$

从而解出 β_j。

特征空间中的一个点到其最小包含超球球心的距离可以写为

$$D(x_i)=\sqrt{\sum_{i=1}^{N}\sum_{j=1}^{N}\beta_i\beta_jK(x_i,x_j)+K(x_i,x_i)-2\sum_{j=1}^{N}K(x_j,x_i)\beta_j} \tag{7-28}$$

那么,在特征空间中,$R=D(x_i)\mid\forall\,0<\beta_i<C$ 表示最小包含超球半径,其中 β_i 为任一支持向量。

2. 特征空间类簇的标识

样本经过支持向量聚类后得到了包含所有样本点的超球体以及样本到超球体球心的距离。由于样本的具体分类还没有确定,因此需要确定样本的类别属性,即进行聚类标识。经典的聚类标识算法的基本思想为:对同属于一个簇的两个样本点,在其映射到高维空间中后,所有在这两个样本点连接线上的点都不在球外,据此构造邻接矩阵 $\mathbf{A}$:

$$A_{ij}=\begin{cases}1, & \text{对于 } x_i \text{ 与 } x_j \text{ 的连接线上的点 } y \text{ 都满足 } D(y)\leqslant R\\ 0, & \text{其他}\end{cases} \tag{7-29}$$

在实际应用时,考虑到计算量,通常在连接线上采集若干个点,若这些点均满足

条件，则认为条件满足 $A_{ij}=1$，寻找由邻接矩阵 **A** 表示的图的连通部分。其中，一个聚类由一个连通部分来表示。对于只有一个点的连通，标记为噪声。

支持向量位于特征空间超球的表面上，它决定了特征空间超球的轮廓以及大小。然而，对整个样本数据点进行聚类标识需要花费大量的时间。因此，在所提新算法中，仅对支持向量进行聚类标识，然后进行规则提取。实验表明，这种方法可以大大降低计算量。

3. SVC 中参数的影响

惩罚参数 C 和高斯核函数参数 q 为对 SVC 聚类算法影响比较大的两个参数，惩罚参数 C 用来设定最大允许误差，参数 q 用来限定空间中类簇的个数。以两个仿真样本为例来说明两个参数对聚类结果的影响。

对于样本Ⅰ，如图 7-6 所示，当 $q=5$ 时，在样本空间中只有一个簇；当 q 值增大为 30 时，样本空间中变为 3 个簇，说明 q 的大小影响样本空间中类簇的数量的多少。对于样本Ⅱ，如图 7-7 所示，当 $C=1$ 时，包括噪声在内的所有的样本都属于算法 SVC 生成的簇。当 $C=0.1$ 时，有三个样本（孤立点）位于簇之外。位于簇之外的样本点越少，得到的簇覆盖样本也更加紧密，说明参数 C 决定了类簇的紧致性。因此，选择合适的参数可以提高规则的识别率。

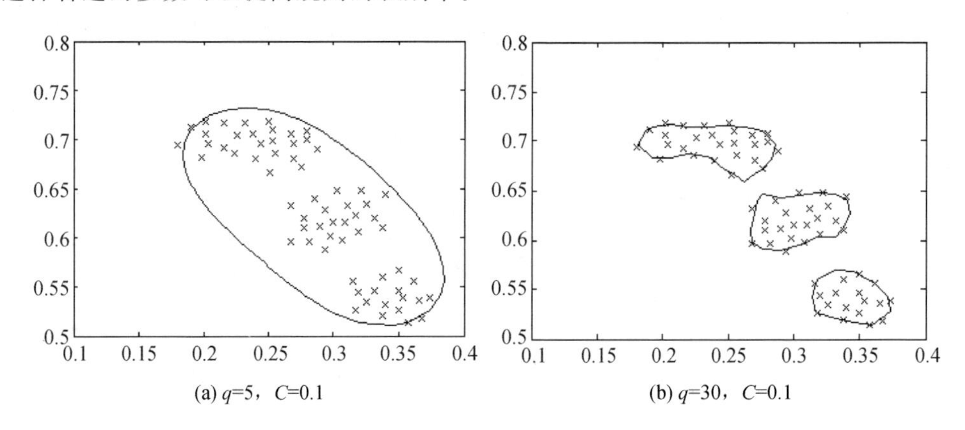

(a) q=5，C=0.1　　(b) q=30，C=0.1

图 7-6　不同参数 q 时类簇的个数

4. 超矩形规则

基于 SVC 聚类的超矩形规则提取方法是由支持向量决定一个超平面，并以该超平面为基础构建超矩形，且该超矩形覆盖了整个样本输入空间。每一类簇决定一个超矩形 H^{j,L_j}，由类簇所覆盖样本的各个属性的区间 $x_1\in[x_1^{\mathrm{L}},x_1^{\mathrm{U}}]\cap\cdots\cap x_i\in[x_i^{\mathrm{L}},x_i^{\mathrm{U}}]\cap\cdots\cap x_N\in[x_N^{\mathrm{L}},x_N^{\mathrm{U}}]$来定义。其中，$L_j$ 表示类标号；$x_i^{\mathrm{L}},x_i^{\mathrm{U}}$ 分别表示类簇中第 i 个属性的取值区间。将 H^{j,L_j} 转换到坐标轴上之后，即可得到 IF-THEN 规则 R^{j,L_j}：

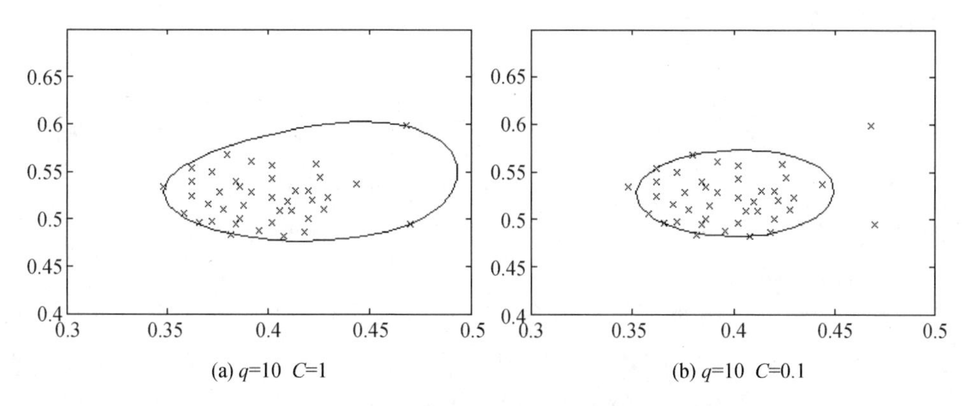

图 7-7　不同参数 C 时类簇的紧致性

$$R^{j,L_j}:\text{IF } x_1 \in [x_1^{\mathrm{L}}, x_1^{\mathrm{U}}] \cap \cdots \cap x_i \in [x_i^{\mathrm{L}}, x_i^{\mathrm{U}}] \cap \cdots \cap x_N \in [x_N^{\mathrm{L}}, x_N^{\mathrm{U}}],\ \text{THEN CLASS } L_j \tag{7-30}$$

在本节方法中，采用支持度(Support)与置信度(Confidence)作为评价本文所提规则的有效性的标准，其中支持度表示规则的频度，置信度代表规则的强度。将符合最小支持度阈值(Minimum Support Threshold，MST)以及最小置信度阈值(Minimum Confidence Threshold，MCT)的规则称为强规则。为了提取符合实际需求的规则，需要预先设置 MCT 和 MST 的值。对于超矩形 H^{j,L_j} 规则 R^{j,L_j}，定义如下的支持度和置信度：

$$\mathrm{conf}(R^{j,L_j}) = \frac{N_{H^{j,L_j},L_j}}{N_{H^{j,L_j}}} \tag{7-31}$$

$$\mathrm{supp}(R^{j,L_j}) = \frac{N_{H^{j,L_j},L_j}}{N_{L_j}} \tag{7-32}$$

式中，N_{H^{j,L_j},L_j} 表示被超矩形 H^{j,L_j} 覆盖并且类标号为 L_j 的样本数；$N_{H^{j,L_j}}$ 表示被超矩形 H^{j,L_j} 覆盖的样本数；N_{L_j} 表示类标号为 L_j 的样本数。

7.4.4　基于规则的样本识别方法

1. 距离识别法

距离识别法即根据一个样本到其最近的超矩形规则的距离来确定其类标号。用每一个超矩形的左下角 $H_{\mathrm{lower}}^{j,L_j}$ 与右上角 $H_{\mathrm{upper}}^{j,L_j}$ 来确定一个超矩形 H^{j,L_j}。在空间中，样本 $X=(x_1, x_2, \cdots, x_n)$与超矩形 H^{j,L_j} 的距离定义为

$$D(X, H^{j,L_j}) = \sqrt{\sum_{i=1}^{N} (w_{fi} \times (d_i(X, H^{j,L_j}))^2)} \tag{7-33}$$

式中，w_{fi} 是第 i 维属性的权。

$$d_i(x, H^{j,L_j}) = \begin{cases} x_i - H_{\text{upper},i}^{j,L_j}, & x_i > H_{\text{upper},i}^{j,L_j} \\ H_{\text{lower},i}^{j,L_j} - x_i, & x_i < H_{\text{lower},i}^{j,L_j} \\ 0, & \text{其他} \end{cases} \tag{7-34}$$

式中，$H_{lower,i}^{j,L_j}$ 是 H_{lower}^{j,L_j} 的第 i 个分量。

2. 范围识别法

范围识别法即根据规则的范围直接确定样本的类标号。对于每一个超矩形 H^{j,L_j}，其规则范围为 $[x_{j1}^{\text{L}}, x_{j1}^{\text{U}}] \cap \cdots \cap [x_{ji}^{\text{L}}, x_{ji}^{\text{U}}] \cap \cdots \cap [x_{jN}^{\text{L}}, x_{jN}^{\text{U}}]$，$x_{ji}^{\text{L}}, x_{ji}^{\text{U}}$ 分别代表第 j 类样本 X 第 i 个分量 x_i 的取值区间。对于样本 $X=(x_1, x_2, \cdots, x)$，若 $x_1 \in [x_{j1}^{\text{L}}, x_{j1}^{\text{U}}] \cap \cdots \cap x_i \in [x_{ji}^{\text{L}}, x_{ji}^{\text{U}}] \cap \cdots \cap x_N \in [x_{jN}^{\text{L}}, x_{jN}^{\text{U}}]$，则该样本属于第 j 类。

7.4.5　规则的简化

利用 SVC 得到规则以后，需要采用一些方法，如规则合并、维数约简、区间延伸等，来进一步简化规则，使其变得更加简洁，更容易理解。

1. 规则的合并

规则合并的基本思想是按照最近邻的策略，将支持度相对较小、距离相对较近并且属于同一类的超矩形规则合并成一个支持度相对较大的规则。在合并过程中，最小置信度阈值作为评判合并过程是否有效的准则。对于同属于一类的两个不同超矩形，重叠程度越大表示两个超矩形距离越近。这里重叠程度根据两个超矩形重叠部分的面积来衡量。

以图 7-8 中的超矩形为例，首先找到距离超矩形 $H^{1,1}$ 最近的超矩形 $H^{2,1}$，经过合并得到一个较大的超矩形 $H^{a,1}$，然后将 $H^{a,1}$ 与距离其最近的超矩形 $H^{3,1}$ 合并，得到最后的超矩形 $H^{b,1}$。在合并过程中，计算所有新产生超矩形的支持度和置信度，如果小于预先指定的 MCT 和 MST，则取消这次合并。合并过程如图 7-8 所示。

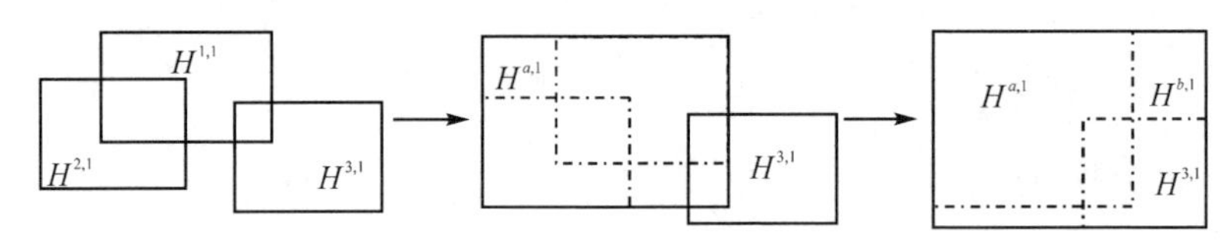

图 7-8　超矩形规则合并过程

2. 规则的约简

为了使规则更容易理解和解释，更具有代表性，需要对规则进行约简。约简过程包括区间延伸和维数归约两个步骤。区间延伸的基本思想是改变所生成的规则的属性值区间模式，即从闭合区间变换为开区间；维数归约的基本思想是将规则中对识别率影响比较小的属性去掉。在约简过程中，同样采用 MCT 和 MST 进行判断——如果小于预先指定的 MCT 和 MST,则取消这次约简。

以图 7 - 9 的规则约简为例,首先对超矩形 $H^{1,1}$ 进行区间延伸,将超矩形的每个属性值的闭合区间转化为开区间,假设只有属性 x_2 的闭合区间被打破时,仍然满足 MCT 和 MST,此时 IF - THEN 规则可以写为

$$R^{1,1}: x_1 \in [x_{1L}, x_{1U}] \cap x_2 > x_{2L} \cap x_3 \in [x_{3L}, x_{3U}] \tag{7-35}$$

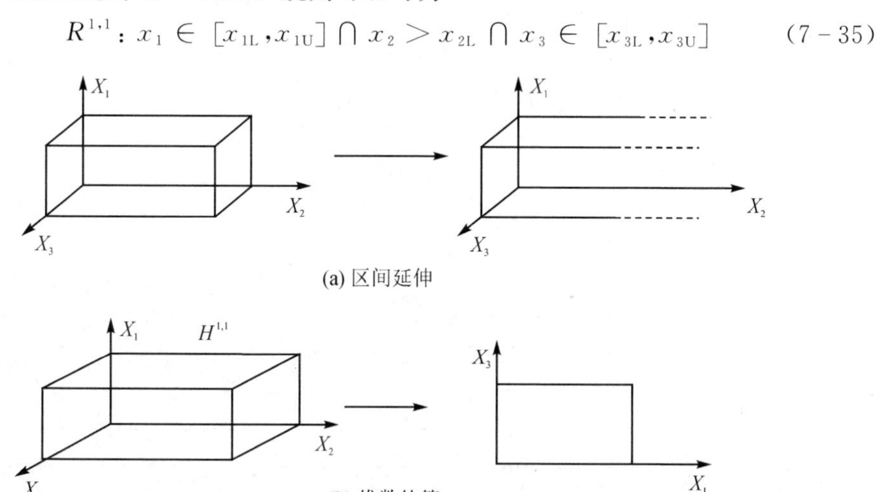

(a) 区间延伸

(b) 维数约简

图 7 - 9 超矩形规则约简

对新生成的超矩形 $H^{1,1}$ 进行维数规约,若属性 x_2 被剔除后,conf($R^{1,1}$)仍然满足 MCT 和 MST 值,此时规则可以写为

$$R^{1,1}: x_1 \in [x_{1L}, x_{1U}] \cap x_3 \in [x_{3L}, x_{3U}] \tag{7-36}$$

如果计算新生成规则的置信度小于给定的最小置信度阈值,那么这一过程将取消。

7.4.6 诊断实例

1. 航空发动机磨损故障案例数据

针对实际的某航空发动机的光谱油样分析数据进行规则提取。数据见附表,该数据包含 237 个样本,其中大部分是正常类样本,一小部分为故障类样本,表 7 - 12 为其中的部分数据。该油液光谱数据中由 7 种元素的含量组成,包括 Fe、Al、Cu、Cr、Ag、Ti、Mg,每一种元素对应样本集的一个条件属性(A1~A7)。表中最后一列表示该组样本的故障类别,即决策属性。决策属性主要分为 3 类:"1"——正常状态,"2"——轴间轴承磨损,"3"——轴间轴承磨损且保持架断裂。

2. 基于 SVM 的知识获取

在 237 个样本数据中,"1"类样本为 230 个,"2"类样本只有 5 个,而"3"类样本更少,只有 2 个,从而导致样本严重不平衡。因此,采用过抽样算法中典型的 SMOTE 算法,对故障样本进行重采样之后再进行规则提取。

表 7-12　光谱油样分析部分原始数据

Fe(A1)	Al(A2)	Cu(A3)	Cr(A4)	Ag(A5)	Ti(A6)	Mg(A7)	F(D)
4.8	0.0	1.5	0.2	0.1	1.0	6.1	1
15.6	0.5	2.4	1.4	0.5	1.1	7.2	2
4.0	0.0	1.6	0.2	0.4	1.1	4.2	1
8.8	0.0	1.9	0.4	0.5	1.4	4.7	2
3.5	0.2	0.8	0.3	0.2	1.3	5.4	1
8.1	0.7	1.1	0.4	0.8	1.2	8.4	2
4.3	0.2	1.2	0.3	0.3	0.8	1.4	1
32.3	4.7	5.8	6.2	2.1	10.5	1.4	2
5.8	0.9	1.7	0.3	0.7	1.7	8.9	1
23.9	1.8	9.8	1.1	1.8	1.9	9.3	3
5.1	0.0	0.9	0.4	0.3	1.1	5.2	1
19.2	0.6	1.8	1.5	0.4	1.3	5.6	3
5.8	0.0	3.2	0.2	0.6	1.5	8.3	1
11.7	0.4	4.7	0.7	0.9	1.7	8.4	2

经过重采样后,"2"类和"3"类样本可分别扩充至100个,然后将人工合成的新样本与原始样本集合并为一个新的样本集进行规则提取。首先进行遗传算法特征选择,最优特征组合的编码为1100100,适应度为0.78,即选择Fe、Al、Ag三个元素的光谱数据进行规则提取。在进行支持向量聚类时,采用10折交叉验证得到算法中惩罚参数C和高斯核参数q,在这里C和q分别为0.5和2,MCT和MST分别设为0.9和0.1。表7-13给出了由GA-SVC提取的规则以及10折交叉验证得到的平均识别率,包括根据样本到其最近的超矩形规则的距离判断其类标号以及直接根据规则范围判断样本所属类标号的识别率。在这两种情况下,识别率均达到了90%以上,表明该算法提取的规则具有很好的质量。

表 7-13　光谱数据 GA-SVC 规则提取结果

<table>
<tr><th>超矩形规则</th><th>支持度和置信度</th><th>距离识别法</th><th>范围识别法</th></tr>
<tr><td>1. IF Fe ∈ [0.2,5.9], Al ∈ [0,0.9], Ag ∈ [0,1] THEN CLASS 1</td><td>[1,1]</td><td rowspan="4">0.975 0</td><td rowspan="4">0.917 5</td></tr>
<tr><td>2. IF Fe∈ [8.1,11.8], Al∈ [0,0.7], Ag∈ [0.5,0.9] THEN CLASS 2</td><td>[0.58,1]</td></tr>
<tr><td>3. IF Fe∈ [12.7,15.6], Al∈ [0.26,0.6], Ag∈ [0.5,0.89] THEN CLASS 2</td><td>[0.21,1]</td></tr>
<tr><td>4. IF Fe∈ [19.02,23.9], Al∈ [0.6,2.21], Ag∈ [0.4,1.8] THEN CLASS 3</td><td>[1,0.97]</td></tr>
</table>

表 7-14 和表 7-15 分别给出了进行规则合并和约简后得到的规则以及识别率。对比表 7-13、表 7-14 和表 7-15 可以看出，经过规则合并和约简后，大大提高了规则的理解性和解释性，更利于工程实际应用。从表 7-15 可以看出，规则中仅用到了 Fe 元素，说明利用 Fe 元素的光谱分析数据即可实现故障类型的识别。图 7-10 为 Fe 元素数据分布图，从图中也可以看出，除了个别的数据点，每一类样本都分得很清楚。由此可见，基于 SVM 得到的规则能反映数据的本质特征。

表 7-14　合并后规则结果列表

<table>
<tr><th>超矩形规则</th><th>支持度和置信度</th><th>距离识别法</th><th>范围识别法</th></tr>
<tr><td>1. IF Fe∈[0.2,5.9],Al∈[0,0.9],Ag∈[0,1]
THEN CLASS 1</td><td>[1,1]</td><td rowspan="3">0.975 0</td><td rowspan="3">0.917 5</td></tr>
<tr><td>2. IF Fe∈[8.1,15.6],Al∈[0,0.7],Ag∈[0.5,0.9]
THEN CLASS 2</td><td>[0.79,1]</td></tr>
<tr><td>3. IF Fe∈[19.02,23.9],Al∈[0.6,2.21],Ag∈[0.4,1.8]
THEN CLASS 3</td><td>[1,0.97]</td></tr>
</table>

表 7-15　约简后规则列表

<table>
<tr><th>超矩形规则</th><th>支持度和置信度</th><th>范围识别法</th></tr>
<tr><td>1. IF Fe≤5.9 THEN 磨损状态为正常</td><td>[1,1]</td><td rowspan="3">0.97</td></tr>
<tr><td>2. IF Fe≥8.1AND Fe≤15.6 THEN 轴间轴承磨损</td><td>[0.79,1]</td></tr>
<tr><td>3. IF Fe≥19.02 THEN 轴间轴承磨损且保持架断裂</td><td>[1,0.97]</td></tr>
</table>

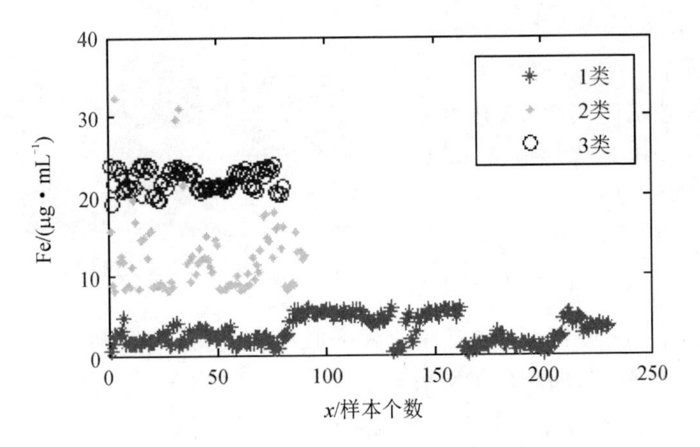

图 7-10　Fe 元素数据分布图

7.5 基于决策树的知识规则获取

决策树(Decision Tree,DT)算法是数据挖掘技术中的一类重要分类方法。它建立在信息论的基础上,常用于预测模型。它通过对大量数据进行有目的地归类,在每一类中发现许多能够利用且不易发现的信息。由于这种方法理论基础比较充实,在计算精确度和计算效率方面优越性比较高,而且成为获取知识的主要工具,因此逐渐成为数据挖掘的主要研究方向[30-42]。

随着计算机技术的发展,概念学习系统(Concept Learning System,CLS)逐渐派生出许多优良的算法,其中决策树算法就是一种比较好的算法。从开创先例的 ID3 开始,逐渐发展到 C4.5 和 C5.0 两种算法。这两种算法在性能上有了一个较大的提升,能够对存在连续属性的问题进行分析。除此之外,决策树算法还包括许多优良的算法,其中比较经典的算法有 CHAID 算法和 CART 算法。通过对这些经典算法的研究,在继承上述算法的基础上,研究人员又做出了许多创新性研究,提出了许多新的算法,如 FACT、GINI、SEE5、IBLE、SLIQ、LBET 和 SPRINT 等。这些算法都支持分类,少数还可以用于回归。

通过前面对决策树算法的介绍,知道这种算法必须要通过一定的指导才能够形成为人所用的算法,它是在每一个训练子集的基础上得到最终想要的决策树模型。对于一个具体的分类问题,如果前面所述的决策树算法没有办法完成对全部对象的准确分类,就需要在初始的子集中额外添加别的子集,重复该过程,直到形成正确的决策集。最终可得到一棵树,其叶节点是类名,树的中间节点能够产生分支,每一个分支将对应着一个可能的数值。如果将决策树看作是一个具有布尔算法的函数,那么输入端将是要研究问题的某些属性,输出端为针对这些属性的决策值。具体到实际的决策树中来,不同的节点代表着不同的含义,其中,每一个树枝节点代表着某项具体的属性,而各个叶节点则代表某项属性对应的函数判别值。图 7－11 为一个针对实际问题的决策树模型。在图中,中间节点全是针对特定属性的测试值;其他值为“是”和“否”的节点均为叶节点,表示一个决策值,即布尔函数值。

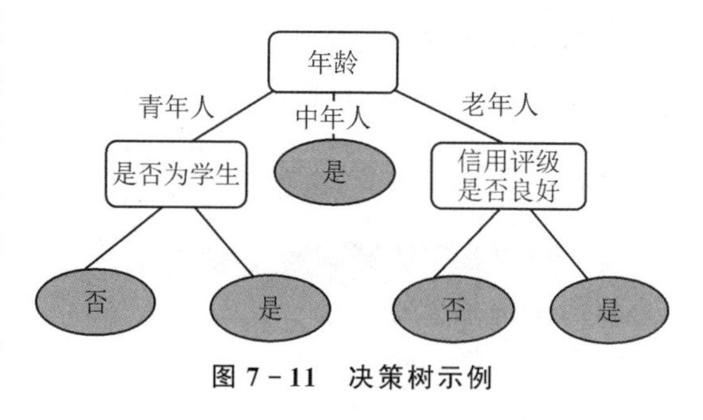

图 7－11　决策树示例

处理实际问题时,通常所得到的数据中包含大量的不连续的点和噪声,如果此时使用决策树模型进行分析,得到的大部分结果仅仅体现出获取数据的异常情况。因此,要通过特定的方法对决策树模型进行改进。应用统计度量的剪枝方法能够满足实际的要求，在这种方法的优化下，不仅能增强决策树模型针对其他数据的分类的正确性，还能大大提高分类的速度。这种算法的具体流程如图 7-12 所示。

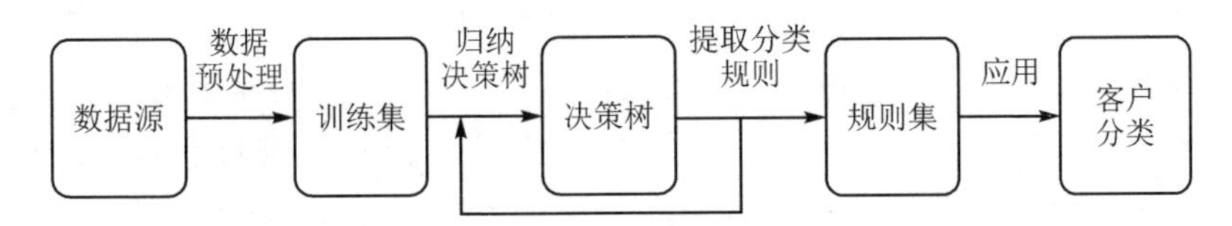

图 7-12　决策树算法操作流程图

7.5.1　典型的决策树分类算法

1. ID3 算法

ID3 算法是最早的且最有影响的决策树算法，于 1986 年由 Quinlan 提出。它只能处理离散值属性，是一个从上到下、分而自治的归纳过程。ID3 选择具有最高信息增益的属性作为测试属性。

定义 7.13　设样本 T 按离散属性 A 的 s 个不同的取值，划分为 n 个不同类 $T_j(j=1,2,\cdots,n)$，则 T 以 A 为自变量的信息增益的结果是

$$\mathrm{Gain}(A,T)=-\sum_{i=1}^{s}\frac{|T_i|}{|T|}\times I(T_i) \tag{7-37}$$

式中，$I(T)$表示 T 的信息熵。设 T 中有 m 个类，则

$$I(T)=-\sum_{j=1}^{m}p_j\times\log_2(p_j) \tag{7-38}$$

式中，类别 j 在 T 中的概率用 p_j 代表。

这种算法的具体流程如下：

① 将决策树进行初始化，使其只包括一个根节点(X,Q)，X 代表整个样本的集合，Q 是整个样本属性的集合；

② 如果 T 的全部叶节点(X',Q')能够使得 X 在同一类别中或Q'是空集，则停止所进行的算法；

③ 否则将步骤②中不满足要求的叶节点(X',Q')随机取出一个；

④ 对于每一个 Q'中的 A 使用公式 $\mathrm{Gain}(A,X')$进行计算；

⑤ 找出使得 $\mathrm{Gain}(A,X')$取得最大值的 B，并将 B 作为(X',Q')的测试属性；

⑥ 对于每一个 B 的具体值 b_i，计算得到 X 中的 B 和 b_i 相等的集合 X_i，并且得到对应的叶节点$(X',Q'-\{B\})$；

⑦ 重复步骤②。

ID3 采用自顶向下的策略搜索全部的属性空间，它利用了互信息的概念，算法理论清晰，且较为简单。此外，树的深度小，分类速度快，但也有缺陷：

① 对于大的数据集，它的执行效率依赖于特征取值的数目较多的特征，而某些

情况下，这类属性可能不会提供太多有价值的信息，故不是很合理；

② 对于大的数据集，它的执行效率和准确性会大大降低，并且学习能力差；

③ 只能处理离散属性；

④ 对噪声较为敏感，这里的噪声包含两个方面，一是特征值取错，二是类别取错；

⑤ 当训练集增加时，由于各特征的互信息会随样本数的增加而改变，从而生成的决策树会随之变化，这对渐进学习(即训练样本不断增加)是不利的。

2. C4.5 算法

C4.5 算法由 Quinlan 于 1993 年提出，是一种有指导归纳学习算法。它继承了 ID3 算法的全部优点并对其做出改进，在 ID3 算法的基础上扩展了一些 ID3 算法所不能处理的问题。其特点表现在以下几个方面：

① 采用信息增益率来选择属性，克服了用信息增益选择属性时的不足；

② 不仅能处理离散值属性，还能处理连续值属性；

③ 能对不完整数据集(如个别属性值未知)进行处理；

④ 降低错误修剪率；

⑤ 提高计算效率等。

定义 7.14 设样本集 T 按类别属性 A 的 s 个不同的取值，划分为 $T_1, T_2, \cdots, T_s$ 共 s 个子集，则用 A 以 T 为自变量进行计算的信息增益率是

$$\mathrm{Ratio}(A, T) = \mathrm{Gain}(A, T) / \mathrm{SplitInfo}(A, T) \tag{7-39}$$

式中

$$\mathrm{SplitInfo}(A, T) = \sum_{i=1}^{n} (|T_i| / |T|) \times \log_2(|T_i| / |T|) \tag{7-40}$$

利用式(7－40)中的思想对相应的属性进行划分能够得到新的决策树，其中，各个节点的属性选择能够使式(7－40)取得最大值的那一个属性。此种算法具有效率高、准确率高以及不需要太多的理论知识的优点。

此类算法的流程为，在输入端输入要训练的样本集，并且输入相应的属性样本集，在输出端得到通过训练数据形成的决策树模型，具体如下：

① 预处理要进行训练的样本集的每项属性；

② 建立一个根节点，并得到属性集合的每一个叶节点的属性；

③ 计算属性集合中的各个属性，将使得增益率最大、增益属性大于或等于平均值的属性当作 Test 属性；

④ 利用选中的属性值对各个节点进行赋值，并且把属性值当作各个属性的节点，然后把形成的节点加入队列当中；

⑤ 利用后继的属性代替前面使用的属性；

⑥ 随机从队列中拿出一个节点，重复进行步骤③～⑤，直至没有候选属性可选；

⑦ 对各个叶节点进行分类，组合同一类别，缩减树的规模。

通过上述的步骤得到的模型，在属性的选取上之所以按照上述的方法进行操作，主要是考虑在高增益率的情形下，高分支的属性无法取到，因此即使有较多的节点分支也不会导致树形太过分散。但是，分支过多会引起模型对于某个属性的依赖，增益量大于或等于均值的条件保障了信息量的准确性，能够尽快地得到便于分类的属性。

C4.5 算法相对于 ID3 算法而言，性能有了明显改进，特别适合用于挖掘数据量多、相对效率和性能要求高的场合。C5.0 算法是 C4.5 的改进算法，在商业上获得了成功的应用。它通过 boosting 技术把多个决策树合并到一个分类器，使得在大数据量情况下，效率和生成规则的数量与正确性都有显著的提高，因而得到了比较广泛的应用。然而，这种算法还是有一定的缺陷，即

① 采用的策略（分而自治）没有办法保证能够得到最优的决策树模型；

② 同时进行构造和评价决策树的方法难于调整整个树的结构，而且难于改善性能；

③ 考虑的因素过少，在错误率的基础上，没能考虑到代表树规模的节点数以及代表测试速度的深度的影响；

④ 对于属性的分类效率不高，没能形成一种联想式的探索机制。

3. CART 算法

分类与回归树（Classification and Regression Tree，CART）可以处理高度倾斜或多态的数值型数据，也可以处理顺序或无序的离散型数据。当类标号是有序的数值时，称为回归树；当类标号是离散值时，称为分类树。

这种算法的基本思路是对当前的样本集进行划分，得到两个不同的子集，这样得到的树的各个非叶节点均划分为两个分支。这种算法得到的树结构是包含两个分支的、简单的结构。对于这类算法的详尽介绍如下：

① 建立根节点；

② 为建立的根节点分类；

③ 如果 T 中的所有样本为同类别或者 T 仅一个样本，则将上述根节点改为叶节点，并进行属性分配；

④ 对于每一个候选属性集的属性进行属性划分，并对 GINI 进行计算；

⑤ 根节点的测试属性为拥有 GINI 值最小的属性；

⑥ 将 T 划分为 T_1，T_2 两个子集；

⑦ 调用函数 eartformtree(T_1)；

⑧ 调用函数 eartformtree(T_2)。

对于一个样本集 T：

$$\mathrm{GINI}(T)=1-\sum p_j^2 \tag{7-41}$$

式中，类别 j 在 T 中的概率用 p_j 表示。如果把 T 划分为 T_1、T_2 两类，所得到的

GINI 为

$$\mathrm{GINI}_{\mathrm{SPLIT}}(T)=\frac{s_1}{s}\mathrm{GINI}(T_1)+\frac{s_2}{s}\mathrm{GINI}(T_2) \tag{7-42}$$

式(7-42)T 中的样本数使用 s 表示。类似地，T_1、T_2 中的样本数用 s_1、s_2 表示。对于候选属性中的各个属性，CART 算法得到的是 GINI 系数。最佳的属性划分对应着最小的 GINI。通过对比各个 GINI 值，找到最小的那个，则该系数对应的属性为最后的测试属性。

这种算法能够将各个节点成为叶节点的可能性考虑进来，因此对各个节点都进行了类别划分。类别划分的方法既可以来用出现频率最高的类别，也可以采用另外的方法(如基于分类错误的方法)。

此类方法继续采用后剪枝的算法，随着各层的逐级展开，各层中所蕴含的信息也显现出来。这类算法最大的特点是当没有节点分支产生时，算法随即停止，最终形成整个树结构。接着 CART 对形成的树结构进行剪枝操作。利用不同于训练样本的测试样本来计算子树错分率的剪枝算法，能够找出错分率最少的子树，并将其作为最后的分类模型。如果实际中的样本集样本数量太少以至于无法得到测试样本，CART 只能采用相互确定的方法。该方法的基本思路为：把训练样本集分成任意 N 份，取出其中一份用来测试，合并剩余的所有样本形成训练集，通过建树和剪枝，最终获得一局部树结构；按照上述思路，将每一份样本都当一回测试集；通过综合每一次得到的局部树结构得到全局树结构。这种方法得到的树结构和使用全部样本作为训练集得到的树结构在性能上比较接近，且能解决小样本易产生过拟合的问题。

4. SLIQ 算法

上面所叙述的三种算法对于小样本问题比较适用，但是其要求训练集一直存在于内存中，这就大大降低了此类算法的精度、速度和可伸缩性。对于含有大量样本的训练集，将所有的训练集放在内存中是一种不切实际的想法，而且在主存与缓存之间传输数据，将导致计算速度的降低。随着需求的不断加大，INM 公司的研究员提出了一种全新的算法 SLIQ，这种算法不仅能够处理规模较大的样本集，还在可伸缩性和计算速度上有了很大的改善。它通过预排序技术和广度优先技术，着重解决当训练集数据量巨大，无法全部放入内存时，如何高速准确地生成更快更小的决策树的问题。该算法利用属性表、类表和类直方图等三种数据结构来构造树，在决策树的构造阶段采用了预排序技术，并与宽度优先增长策略相结合；在修剪阶段，采用了基于最小描述长度(Minimum Description Length，MDL)原则的方法，时间开销小。属性表含有两个字段：属性值和样本号。类表的第 k 条记录对应于训练集中第 k 个样本(样本号为 k)，因此属性表和类表之间可建立关联。因为类表可随时指示样本所属的划分，所以必须常驻内存。当类表大到无法全部放入内存时，需要与外存进行交互而产生较大的 I/O，此时算法的效率下降。每个属性都有一张属性表，可以驻留计算机硬盘。类直方图附属在叶节点上，以便能够对节点上的某个属性类别进行描述。当属性分布连续时，类直方图由一系列二维向量([类别名称，类别的样本数目])构成；当属性分布离散时，类直方图由一系列三维向量([属性值，类别名称，类别的样本数目])构成，且类别直方图的数值伴随着算法的不断进行而逐步更新。

SLIQ的基本分析流程如下：

① 建立表结构，包括属性表和类表，然后对其进行初始顺序排列，即排列具有连续属性的属性表的顺序。

② 假如能把各个叶节点的样本化为一类，暂停该算法；否则就继续执行③。

③ 使用①建立的属性表找到包含最小GINI的划分，并将其作为最优的划分方法。这种算法的特点是一次只能分析一张属性表。通过读取记录，关联类表记录，得到叶节点，最终达到更新类直方图的目的。如果属性为连续的，还应该利用其取值计算GINI值；如果属性为离散的，需要利用枚举法在完成属性扫描后计算最优的节点划分集合S'。

④ 利用③得到的结果对节点进行划分，将结果为真的数据放在左子节点，剩余的放在另一个子节点。

⑤ 改变类表中的第二项，让其朝向完成划分的叶节点。

⑥ 从②开始重复执行。

SLIQ算法是第一个具有可伸缩性和并行性的决策树生成算法。实践证明，对于ID3、C4.5算法可以处理的小规模训练集，SLIQ的运行速度更快，生成的决策树更小，预测精度较高；对于ID3、C4.5算法无法处理的大型训练集，SLIQ算法精度更高，优势更明显。

SLIQ算法的缺点是，算法要求类表驻留内存，类表的大小随训练集中样本数目呈比例增长。当类表太大而不能存放主存时，其性能会下降，这限制了SLIQ算法处理数据的规模。因此，SLIQ算法并没有彻底解决主存容量对算法效率的限制。

5. SPRINT算法

针对SLIQ算法难以有效处理大规模数据集的问题，研究人员又提出了一种新的算法SPRINT，这种算法不仅没有内存的限制，可并行化操作，而且性能和伸缩性好。在这种算法里面存在两大数据结构——直方图、属性表。直方图为节点的附属，常用于表示每个属性的类别分布情况。当类分布为连续时，在节点上关联两个图C_{below}及C_{above}，第一个图主要来表示处理过的样本的情况，第二个图主要来表示没有处理过的样本的情况，且两个图的值随着算法的不断进行而不断更新；当类分布为离散时，节点上则只有一个直方图。属性表通常包含类别属性、样本编号以及属性值。它的划分是在节点扩展的基础上进行的，且隶属于对应的子节点。

相对于SLIQ算法，SPRINT算法采用较为传统的策略得到树的结构，其基本思路如下：

① 创建根节点,创建属性表,针对连续属性进行预排序;

② 若可将个样本化为一类,暂停算法;否则继续步骤③;

③ 使用①建立的属性表找到包含最小 GINI 的划分,并将其作为最优的划分方法;

④ 在划分方案的基础上,得到两个子节点 N_1,N_2;

⑤ 对每一个属性表进行划分节点,并关联到两个子节点 N_1,N_2;

⑥ 重回②,分别研究两个子节点 N_1,N_2。

SPRINT 算法的剪枝方法为基于 MDL 的方法,这就形成了串行化 SPRINT 算法。串并之间的转化只需要对算法进行微小的改进。每个处理器被分配到一些训练样本,然后每个处理器就会得到各自的数据片。考虑到连续属性对于全局排序的需求,需要将各个处理器上的属性表再排序,然后再进行分配。为了能够有效地建立 Hash 表,在每一个处理器上收集全部的样本号信息是必要的。

由于每次分割样本集时,最多只有一个属性表常驻内存,而属性表的大小是不会随着样本集的增大而增大的,因此,SPRINT 算法彻底解决了主存容量对算法的限制。实践表明,在 SLIQ 的类表可以存进内存的情况下,SPRINT 算法比 SLIQ 执行得慢。然而,在训练集规模过 SLIQ 能承受的最大规模后,SPRINT 的效率比 SLIQ 的要好得多,且数据量越大,SPRINT 算法效率越高。

SPRINT 算法的主要缺点如下。

① 为每个节点(Node)都保存属性表,这个表的大小有可能是数据库中原始数据大小的好几倍。

② 维护每个节点属性表的 Hash 表的开销很大(该表的大小与该节点所具有的记录数成正比)。

6. PUBLIC 算法

含有剪枝的算法都是分成两步进行,即先建树再剪枝。PUBLIC(Pruning and Building Integrated in Classification)算法将建树、剪枝合并成一步。由于在建树阶段不生成会被剪枝的子树,故提高了效率。

PUBLIC 算法建立树结构的方法:

① 提前对训练样本 T 进行处理,并对根节点进行初始化;

② 将队列 Q 进行初始化,并把根节点放入队;

③ 当 Q 不是空值的时候,将 Q 的头节点取出,如果取出的头节点中的样本不是同类,对每一个属性找到最优划分,并将 T 划分为 T_1,T_2,然后将 T_1,T_2 进队。

PUBLIC 算法中判断剪枝的方法:

① 如果节点 N 为被扩展的叶节点,则返回 N 的比较低的阈值 cost1;

② 如果节点 N 为不可扩展或通过剪枝形成的叶节点,则返回 N 的代价 cost2;

③ 如果节点 N 为包含两子节点 N_1,N_2 的分节点,则计算 N 的代价 cost3;

④ 如果 cost2 小于 cost3，则把 N_1，N_2 剪枝；

⑤ 返回 cost2 和 cost3 中小的一个值。

PUBLIC 剪枝算法就是计算每个节点的最小编码代价，假如计算得到的代价比作为叶节点计算得到的代价大，则把此节点看作是叶节点，这样就不再继续对其进行分裂操作，否则继续进行分裂操作。这样的操作能使树结构的代价达到最小。PUBLIC 在建树结构时加入了剪枝操作，通过估计没有分割的叶节点的代价下限值来完成对没有建立完成的树结构进行剪枝操作。通常使用大于或等于一位描述简单的节点结构，而对于较为复杂的估计还需要考虑分裂因素的影响。

7. 决策树算法对比分析

本节提出了 6 种目前比较主流的决策树算法。各种算法在执行速度、可扩展性、输出结果的可理解性、分类预测的准确性等方面各有自己的特点。决策树分类算法的发展可分为如下几个阶段：首先，最原始的 ID3 算法基于信息增益原理选择测试属性分割数据集，只能对离散属性且属性值没有缺失的属性集进行处理，生成形状像多叉树的决策树。接着，出现了 ID3 的改进版 C4.5 算法，它不但能够直接处理连续型属性，还能处理属性值空缺的数据集。ID3 算法和 C4.5 算法虽然能在训练集中尽可能多地挖掘信息，但其生成决策树分枝数据较多，比较复杂。为了简化决策树构造算法，提高决策树的生成效率，出现了以 GINI 系数来对测试属性进行筛选的决策树算法，该算法可以生成易于理解的二叉树且结构简单。目前，后剪枝策略被多数决策树算法采用，但后剪枝存在一个明显的不足，即容易将已生成的分支剪去，这样就造成了重复劳动，并且导致决策树生成效率降低。因此，促使了以 PUBLIC 算法为代表的预剪枝决策树算法的出现。最后，为了使决策树算法的并行性和可扩展性更好，SLIQ、SPRINT 等算法被提出。这些算法有着不同的性能和特点，可以进行一个概要性的比较，用表 7 - 16 对其描述如下。

表 7 - 16　几种决策树算法比较

算法名称	决策树的结构	选择测试属性的技术	连续属性的处理	剪枝算法	运行剪枝时间	是否必须独立测试样本集	可伸缩性	并行性
ID3	多叉树	信息增益	离散化	分类错误	后剪枝	是	差	差
C4.5	多叉树	信息增益率	预排序	分类错误	后剪枝	否	差	差
CART	二叉树	GINI 系数	预排序	分类错误	后剪枝	否	差	差
SLIQ	二叉树	GINI 系数	预排序	MDL	后剪枝	否	良好	良好
SPRINT	二叉树	GINI 系数	预排序	MDL	后剪枝	否	好	好
PUBLIC	二叉树	GINI 系数	预排序	MDL	预剪枝	否	差	差

7.5.2 决策树剪枝算法

在决策树的学习算法中，除分类的正确性要放在第一位予以考虑之外，决策树的复杂程度是另外一个需要考虑的重要因素。显然，如果决策树构造得过于复杂，那么对用户来说这个决策树是难以理解的，这将在很大程度上使得决策树的构造没有意义，因此应该在保证正确率的前提下尽量构造简单的决策树。

另外，Cohen 和 Jensen 认为，一旦算法是凭借增加树的复杂性来增大分类的正确性，会很容易导致过适应。造成过适应现象的原因主要有两个：① 由于实例本身的属性太多(要么与类别相关，要么不相关)，因此，某些决策树算法有很大比例将会选择与类别不相关这个属性，即选择的自由度太大，只有尽量减少实例和类别不相关的属性，才能避免这种情况的发生；② 偏向问题，即每个算法在进行属性选择的时候，都或多或少地偏向于自己的喜好，所以非常有可能找到算法有偏好，但不是真正和类别相关的属性。

目前有很多方法可以用来解决过适应问题，其中最主要的方法就是决策树修剪法。它的主要思路就是直接在训练的过程中确定控制树的大小，并借此对决策树进行简化。它的常用方法有两种：预剪枝(pre - pruning)和后剪枝(post - pruning)，其中，后剪枝方法已经引起诸多研究学者的广泛关注。

1. 预剪枝算法

对于某个算法，若想生成一棵完整的决策树，其停止条件一般有两个：一是每个叶节点中的训练实例都属于同一类别，二是该算法生成的决策树已经没有其他属性可供选择。但是，在预修剪算法中，这两个停止条件均不再适用。它会在满足这个目标之前停止决策树的继续扩展。至于具体在什么时候停止对决策树的扩展，已经成为预修剪算法的核心内容。普遍的做法是设置一个阈值，然后在扩展每个节点之前，评估树的某一指标或者已确定的节点相关属性的某一指标。如果指标达不到阈值，则此节点停止向下扩展，作为叶节点，并用此处最普遍的样例类别标记。预修剪的算法很多，这里介绍两种比较常用的方法：深度限制剪枝和合并属性值剪枝。

(1) 深度限制剪枝

最简单的方法是设定一个深度阈值，当树的节点达到这个深度时就停止向下扩展。这种方法认为过于深的树表示的知识没有代表性，适当地限制树的深度一方面可以得到较简单的树，另一方面也可以避免过度拟合的发生。

(2) 合并属性值剪枝

ID3 算法在进行非叶节点的属性选择时，将会趋向于属性值较多的属性，这种做法会使得节点不断地向下分支，造成决策树结构非常复杂。而合并属性值剪枝则尝试把关联性比较强的几个属性合并成为一个属性，以此来减少分支的数目，从而实现决策树的修剪目的。例如，对于像参考文献[20]中的某个测试属性而言，应该先分析每一个属性值的特性，然后再对这些属性值进行聚类，以减少分支数目。

2. 后剪枝算法

在后剪枝算法当中，其输入是一个未经修剪的决策树，而输出是一个经过严格剪枝之后的决策树。输出的这个决策树相对于原树，只是被删除了一个或者几个子树。如果在剪枝过程中，用一些叶节点来代替那些被删掉的子树，那么这些叶节点所属的类将会被这棵子树中多数实例所属的类代替，并且每个类所拥有的训练实例及其所占比例都会在相应的叶节点上标记出来。

经过剪枝的决策树，对训练样本的错误率已经不为 0%，但由于在这种剪枝算法中，位于底层的子树将被优先剪掉，这些节点包含的实例很少，因此这种方法将减少噪声对决策树构造的影响。后剪枝算法的剪枝策略可分两种：第一种是从下而上（bottom - up）的，第二种则是从上而下（top - down）的。前一种策略是首先从最底层的内节点开始进行剪枝，并将满足一定标准的内节点剪掉，让它在此节点上生成新的决策树，之后就在新的决策树上递归调用这种策略，如此往复，直到没有可以剪枝的节点为止；而后一种策略则是从根节点开始，考虑每个节点是否应该被剪枝。

后剪枝的算法有很多，其中最为常用的方法有两种：

（1）错误率降低后修剪

错误率降低后修剪采用自上而下的修剪策略，其修剪过程如下：首先，将以此节点为根的子树删除，让它转变成为一个叶节点；然后，再把和此节点关联性最强的训练样本的常见分类赋给它。在这个算法当中，只有当某棵修剪过后的树相对于验证集合的性能不比原树差时，才能将该节点删除掉。

在有大批数据可使用的情况下，可选择使用分离的数据集合来引导修剪，这是一个非常有效的方法。此方法的主要缺点是在数据有限的时候，必须得从中保留一部分数据用作验证集，这就使得可以使用的训练样本的数目减少了。在这种情形下，需要选用另外一种方法——规则后修剪，该方法对于有限的数据也是很有效的。

（2）规则后修剪

规则后修剪是被实践证明的一种非常有效的方法，广泛地应用于高精度假设问题，效果良好；同时，该方法的一个变体已经被成功地应用到 C4.5 系统中。规则后修剪过程主要包括以下几个步骤：

① 从训练集合当中推导出决策树，不停地增长决策树直到所有训练数据都得到很好的拟合为止，过程中允许过度拟合现象的出现；

② 把从根节点到叶节点的每一条路径都创建成为一条规则，目的是将决策树转化为一个等价的规则集；

③ 对每一条规则都要进行修剪，以至于可删除任何能导致估计精度提高的前件；

④ 按照估计精度对修剪过的规则进行排序，并应用这些排好顺序的规则来把后来的实例正确分类。

把决策树转化成规则主要有以下三个好处。

① 能够对决策节点使用的不同上下文加以区分。因为贯穿决策节点的每条路径都可以产生规则，且路径不同产生的规则也不同，因此，对于不同路径而言，可以选用不同的修剪决策对某个属性进行测试。然而，如果是对树本身直接进行修剪，将会有两个选择，一是保留它的本来状态；二是将决策节点彻底删除。

② 将根节点和叶节点附近属性之间的测试区别消除，同时还避免了杂乱的记录问题。

③ 提高可读性。对人来说规则总是更容易理解。在应用中人们还提出了一些其他的后修剪的方法，读者可以参考相应文献。

7.5.3　决策树算法的评价

决策树的各种学习算法各有优缺点，下面给出几种评价决策树的量化的评价标准。

(1) 过学习

过学习也就是过度拟合问题。一个好的算法生成的决策树出现过学习现象的可能性比较小。

(2) 有效性

最为直接的估计一棵决策树在测试实例集合上的性能的方法是，将它在测试实例集合上进行测试。由于此种方法并不现实，一般采用训练实例集本身来估计训练算法的有效性。一种最简单的方法是用训练集的一部分(如 2/3 的训练实例)训练决策树，而用另一部分(如 1/3 的训练实例)检测决策树的有效性。这样可减小训练实例空间，但增大了学习中过度拟合的可能性。一般采用下面两种方法来评测一个决策树学习系统的有效性。

(3) 交叉有效性

在验证交叉有效性时，将训练实例 T 分为大小相等的 k 个子集 T_1，T_2，…，T_k。规定各个子集之间互不相交。对于任意的子集 T_i，都用 $T-T_i$ 去训练决策树，然后对生成的决策树进行测试，得到的错误率记作 e_i，最后将整个算法的错误率汇总进行估计，即

$$e=\frac{1}{k}\sum_{i=1}^{k}e_i \tag{7-42}$$

(4) 余一有效性

余一有效性的度量与交叉有效性非常类似，不同之处仅仅在于余一有效性将每个 T_i 的大小设为固定值 1，并假设 $|T|=n$，那么整个算法的错误率将变化为

$$e=\frac{1}{n}\sum_{i=1}^{n}e_i \tag{7-43}$$

(5) 决策树的复杂程度

与其他几个指标一样,决策树的复杂程度同样也是度量决策树学习效果的一个重要标准。如果决策树是单变量的,那么决策树的复杂程度主要决定于树的节点个数;若决策树是多变量的,则决策树的复杂程度主要由节点中属性的总个数决定。

综合上面的 5 种评价标准,前 4 个标准可以用测试错误率或者测试正确率来体现,这样可以把衡量决策树性能的标准总结为 2 个:决策树的测试错误率(或者测试正确率)以及决策树的复杂程度。

7.5.4　基于 C4.5 决策树算法的知识规则获取实例

1. 方法流程

基于 C4.5 的决策树规则提取流程如图 7 - 13 所示。剪枝后生成的决策树,可以直接从决策树中提取相应的决策规则。决策树具有直观性、易理解等特点。分类规则是用 IF - THEN 规则知识表达,每条规则都是一条从根到叶节点的路径。叶节点表示具体的结论,而叶节点以上的节点及其边表示相应条件的条件取值。从决策树到决策规则的转换如图 7 - 14 所示。

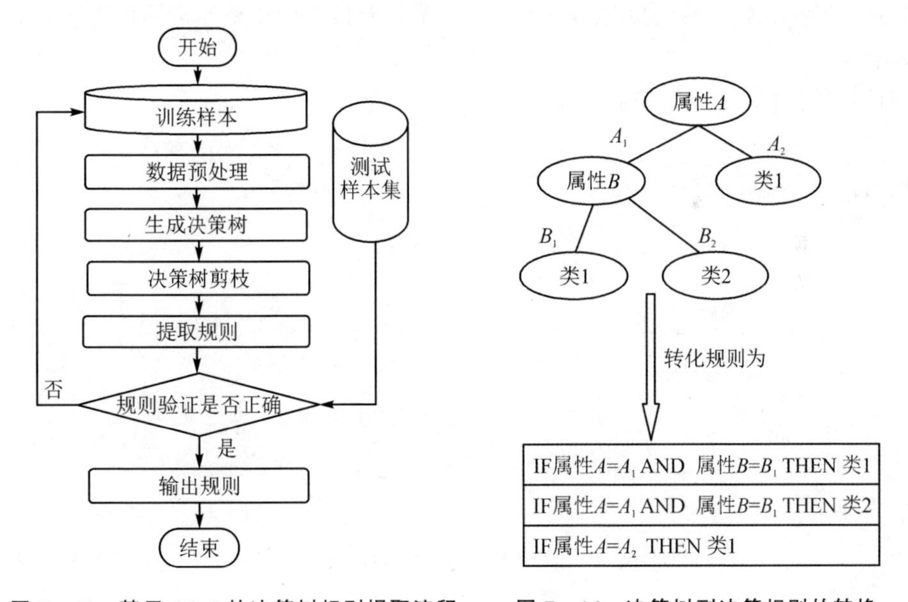

图 7 - 13　基于 C4.5 的决策树规则提取流程　　图 7 - 14　决策树到决策规则的转换

2. 实例验证

本节使用 C4.5 决策树算法对国际上著名 Iris(鸢尾花)数据提取知识规则。Iris 数据是由杰出的统计学家 Fisher R. A. 在 20 世纪 30 年代中期开创的,它是公认的用于数据挖掘的最著名的数据集之一。它包含三种鸢尾花种类,即 1——setosa,2——versicolor,3——virginica,每类 50 个样本,共计 150 个样本。数据中包含 4 个属性，即 A_1——花萼长(sepal length)，A_2——花萼宽(sepal width)，A_3——花瓣长(petal length)，A_4——花瓣宽(petal width)。

(1) 生成决策树

计算对于 Iris 数据划分 D 中元组分类所需的期望

$$\begin{aligned}\text{Info}(D) &= -\sum_{i=1}^{m} p_i \log_2(p_i) \\ &= -\frac{50}{150}\log_2\left(\frac{50}{150}\right)-\frac{50}{150}\log_2\left(\frac{50}{150}\right)-\frac{50}{150}\log_2\left(\frac{50}{150}\right) \\ &= 1.58\end{aligned} \tag{7-44}$$

计算连续属性的最佳分裂点。对于连续属性 A，首先，将 A 的值按递增序排序，典型的，每对相邻值的中点看作可能的分裂点。这样，给定 A 的 v 个值，则需要计算 $v-1$ 个可能的分裂。例如，A 的值 a_i 和 a_{i+1} 之间的中点是

$$\frac{a_i + a_{i+1}}{2} \tag{7-45}$$

如果 A 的值预先排序，则确定 A 的最佳分裂只须扫描一遍这些值。对于 A 的可能分裂点，计算 $\text{Info}_A(D)$，其中划分个数为 2，A 具有最小期望信息需求的点选作 A 的分裂点。

计算属性 A_3 的分裂点得

$$\text{Split\_point}(A_3) = 0.6 \tag{7-46}$$

计算属性 A_3 的信息熵

$$\begin{aligned}\text{Info}_{A_3}(D) &= \sum_{j=1}^{V} \frac{|D_j|}{|D|} \times \text{Info}(D_j) \\ &= \frac{1}{3} \times \left(-\frac{50}{50}\log_2 1 - \frac{0}{0}\log_2 0 - \frac{0}{0}\log_2 0\right) + \frac{2}{3} \times \\ &\quad \left(-\frac{50}{100} \times \log_2 \frac{50}{100} - \frac{50}{100} \times \log_2 \frac{50}{100}\right) \\ &= 0.66\end{aligned} \tag{7-47}$$

计算属性 A_3 的信息增益

$$\begin{aligned}\text{Gain}(A_3) &= \text{Info}(D) - \text{Info}_{A_3}(D) \\ &= 1.58 - 0.66 = 0.92\end{aligned} \tag{7-48}$$

计算属性 A_3 的分裂信息

$$\begin{aligned}\text{SplitInfo}(A_3) &= -\sum_{j=1}^{v} \frac{|D_j|}{|D|} \times \log_2\left(\frac{|D_j|}{|D|}\right) \\ &= -\frac{50}{150}\log_2 \frac{50}{150} - \frac{100}{150}\log_2 \frac{100}{150} = 0.918\end{aligned} \tag{7-49}$$

计算属性 A_3 的信息增益率

$$\text{GainRatio}(A_3)=\frac{\text{Gain}(A_3)}{\text{SplitInfo}(A_3)}=\frac{0.92}{0.918}=1.01 \tag{7-50}$$

类似地，可计算 $\text{GainRatio}(A_1)=0.73$，$\text{GainRatio}(A_2)=0.81$，$\text{GainRatio}(A_4)=0.92$，由于 A_3 在属性中具有最高信息增益率，因此被选作分裂属性，则数据集 D 被划分为满足分裂点条件的两个子数据集 D_1 和 D_2，如图 7－15 所示。

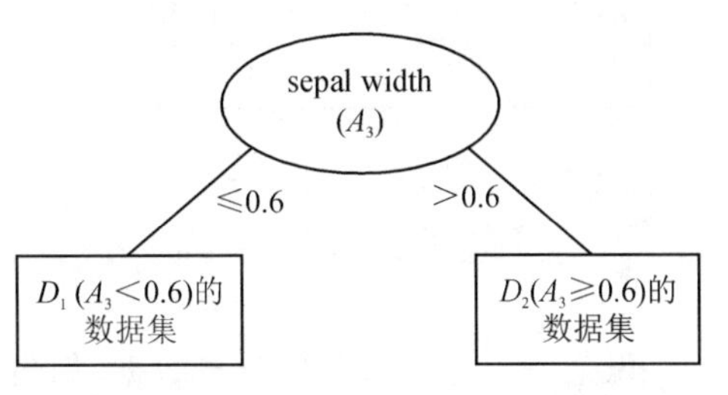

图 7－15　属性 speal width 把数据集划分成 D_1，D_2 两个子数据集

重复上述步骤，直到满足以下任意条件时停止。① 划分 D（在节点 N 提供）的所有元组都属于同一类；② 没有剩余属性可以用来进一步划分元组；③ 给定的分支没有元组，即划分 D_j 为空。最后，生成图 7－16 所示的决策树。

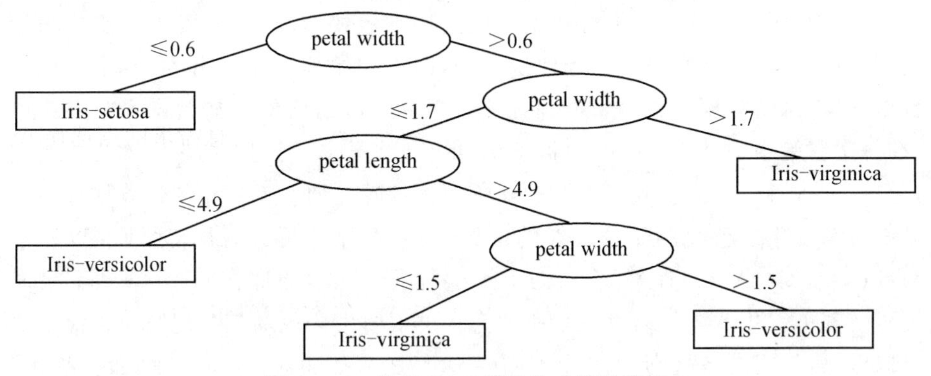

图 7－16　基于 C4.5 算法生成的决策树

（2）决策规则提取

按照如图 7－14 所示的流程提取出的决策规则见表 7－17。所提取出的规则数为 5 条，且识别率达到了 98%。另外，提取出的规则集是互斥的，所以不存在拒识别的情况。规则验证结果见表 7－18。

表 7－17　提取出的决策规则

规则号	规则集
RULE1	IF(Petal width≤0.6) THEN (类别:setosa)
RULE2	IF(Petal width>0.6 AND Petal width≤1.7 AND Petal length≤4.9) THEN(类别:versicolor)
RULE3	IF(Petal width>0.6 AND Petal width≤1.7 AND Petal length>4.9 AND Petal width≤1.5) THEN (类别:virginica)
RULE4	IF(Petal width>0.6 AND Petal width≤1.7 AND Petal length>4.9 AND Petal width>1.5) THEN (类别:versicolor)
RULE5	IF(Petal width>0.6 AND Petal width>1.7) THEN (类别:virginica)

表 7-18 规则验证结果

数据量/个	正确数/个	误识数/个	拒识数/个	识别率/%	误识率/%	拒识率/%
150	147	3	0	98	2	0

7.6 诊断实例

以某航空发动机油样分析数据(见附表)为例,10 台航空发动机在正常状态下和磨损状态下的 237 个样本,Fe、Al、Cu、Cr、Ag、Ti、Mg 这 7 种元素的含量作为样本实例的条件属性分别对应于 $A_1 \sim A_7$。磨损状态"F"分为"1"——正常状态、"2"——轴间轴承磨损、"3"——轴间轴承磨损且保持架断裂 3 种形式。磨损状态"F"作为实例的决策属性 D。

表 7-19 所列为其中的部分数据。由于样本数相对较少,实验中采用目前最流行的 10 折交叉验证准则来比较和评价算法,即将初始样本集划分为 10 个近似相等的数据子集,每个数据子集中属于各分类的样本所占的比例与初始样本中的比例相同,在每次实验中用其中的 9 个数据子集组成训练样本,用剩下的 1 个子集作为测试集,轮转一遍进行 10 次实验。表 7-20 所列为各属性增益率变化的计算结果。由于信息增益率变化量越大意味着属性的重要性越大,显然可以看出,属性的重要性依次为:Fe,Ag,Cu,Mg,Ti,Al,Cr。图 7-17 所示为光谱油样在 C4.5 算法下生成的决策树及其可视化形式。表 7-21 所列为从决策树中提取的三条规则。由提出的规则可以看出,仅用三条规则、两个属性就表达了 237 条油样数据中所蕴含的规律,实现了对数据冗余特征的压缩和信息浓缩,很好地解决了如何用少量元素判断发动机工作状态的问题。

表 7-19 光谱油样分析部分原始数据

Fe(A_1)	Al(A_2)	Cu(A_3)	Cr(A_4)	Ag(A_5)	Ti(A_6)	Mg(A_7)	F(D)
0.50	0.00	0.30	0.00	0.10	0.50	2.00	1.00
1.60	0.00	0.60	0.00	0.10	0.60	2.90	1.00
2.60	0.00	0.90	0.20	0.20	0.70	3.50	1.00
2.30	0.00	0.60	0.10	0.20	0.50	4.80	1.00
2.60	0.00	0.60	0.20	0.20	0.60	4.40	1.00
15.60	0.50	2.40	1.40	0.50	1.10	7.20	2.00
3.20	0.00	0.70	0.30	0.20	0.70	5.10	1.00
4.80	0.00	1.50	0.20	0.10	1.00	6.10	1.00
23.90	1.80	9.80	1.10	1.80	1.90	9.30	3.00

表 7-20　各属性增益率变化的计算结果

属　性	Fe	Al	Cu	Cr	Ag	Ti	Mg
信息增益率	0.62	0.11	0.26	0.10	0.45	0.17	0.21

```
Fe <= 5.8: 1 (229.0)
Fe > 5.8
|   Ag <= 0.4: 1 (2.0/1.0)
|   Ag > 0.4: 2 (6.0/1.0)

Number of Leaves :    3

Size of the tree :    5
```

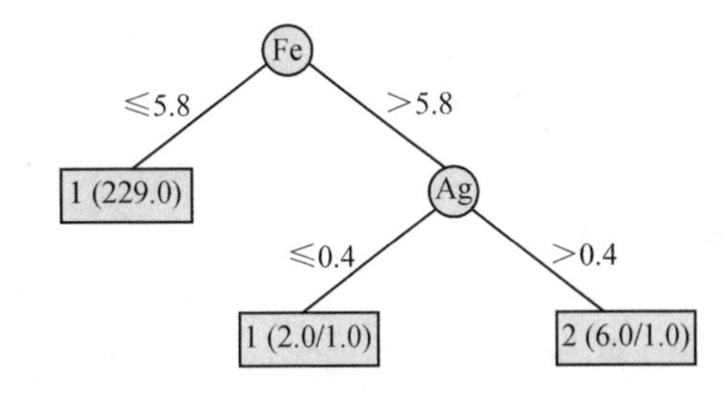

图 7-17　weka 平台的 C4.5 决策树算法生成的决策树及其可视化形式

表 7-21　规则提取结果

规则号	规则集
RULE1	IF Fe≤5.8　THEN 磨损状态为正常
RULE2	IF Fe>5.8 AND Ag≤0.4　THEN 磨损状态为正常
RULE3	IF Fe>5.8 AND Ag>0.4　THEN 轴间轴承磨损

① (Fe≤5.8)⇒磨损状态为正常，表示当油样中铁元素含量较低时，发动机的磨损状态处于正常。

② (Fe>5.8)&(Ag≤0.4)⇒磨损状态为正常，表示当油样中铁元素含量较高，同时银元素含量较低时，发动机的磨损状态处于正常。

③ (Fe>5.8)&(Ag>0.4)⇒轴间轴承磨损，表示当油样中铁元素含量较高，同时银元素含量较高时，发动机的轴间轴承磨损严重。

第三类故障，轴间轴承磨损且保持架断裂之所以没有被提取出规则，是因为 237 个样本中只有 2 个该类型的故障样本，所以在决策树剪枝过程中被当作噪声数据剪掉。表 7-22 为用 10 折交叉验证对提取出规则的验证结果。结果表明，规则具有很高的精度，从而证明了该方法的有效性。

表 7-22　规则验证的结果

实例数/个	识别数/个	误识数/个	识别率/%	误识率/%
237	232	5	97.8	2.2

本章小结

本章介绍了基于数据挖掘的故障诊断知识获取技术，包括粗糙集理论、人工神经网络、支持向量机以及决策树方法等，并用实际的航空发动机磨损监控数据进行了方法验证，表明了本章所介绍的方法能够为航空发动机磨损故障诊断专家系统知识获取提供有效途径。

参考文献

[1] HAN J W, KAMBER M. 数据挖掘概念与技术[M]. 范明，孟小峰，译. 北京：机械工业出版社，2001.

[2] WITTEN L H, FRANK E. 数据挖掘实用机器学习技术[M]. 董琳，邱泉，于晓峰，等，译. 北京：机械工业出版社，2006.

[3] HAND D, MANNILA H K, SMYTH P. 数据挖掘原理[M]. 张银奎，廖丽，宋俊，译，北京：机械工业出版社，2003.

[4] 张云涛，龚玲. 数据挖掘原理与技术[M]. 北京：电子工业出版社，2004.

[5] HAND D, MANNILA H, SMYTH P. Principles of Data Mining[M]. MA, Cambridge: MIT Press, 2001

[6] MAIMON O, LAST M. Knowledge Discovery and Data Mining: The Info-Fuzzy Network (IFN) Methodology[M]. MA, Boston Kluwer Academic, 2001.

[7] 张荣梅. 智能决策支持系统研究开发及应用[M]. 北京：冶金工业出版社，2003.

[8] 文振华. 智能诊断专家系统知识获取方法研究及应用[D]. 南京：南京航空航天大学，2006.

[9] 哈金才. 数据挖掘算法的评价标准与方法[J]. 微电子学和计算机，2006，12：195-196.

[10] MIEHALSKI R. Maehine Learning and Data Mining:Methodsand Applieation[M]. 北京：电子工业出版社，2004.

[11] MITEHELL. 机器学习[M]. 曾华军，张银奎，等，译. 北京：机械工业出版社，2003.

[12] 毕方明，张永平. 数据挖掘技术研究[J]. 计算机工程与设计，2004，12：2242-2244.

[13] 胡小平，韩泉东，李京浩. 故障诊断中的数据挖掘[M]. 长沙：国防科技大学出版社，2009.

[14] 杨善林，倪志伟. 机器学习与智能决策支持系统[M]. 北京：科学出版社，2004.

[15] 沈如防. 神经网络规则提取及其在转子故障诊断中的应用研究[D]. 南京：南京航空航天大学，2008.

[16] 王正群，陈世福，陈兆乾. 并行学习神经网络集成方法[J]. 计算机学报，2005(3)：402-408.

[17] 张文修. 粗糙集理论与方法[M]. 北京：科学出版社，2001.

[18] 王国胤. Rough 集理论与知识获取[M]. 西安：西安交通大学出版社，2001.

[19] 冯志鹏，宋希庚，薛冬新. 基于粗糙集与神经网络集成的内燃机故障诊断[J]. 内燃机学报，2003，21(1)：75-80.

[20] 毛国君. 数据挖掘技术与关联规则挖掘算法研究[D]. 北京：北京工业大学，2003.

[21] 毕建欣,张岐山.关联规则挖掘算法综述[J].中国工程科学,2005,7(4):88-94.

[22] CHENUNG D,HAN J. Maintenance of Discovered Association Rules in Large Databases: An International Updating Technique[C]//Proceedings of the 12th International Conference on Data Engineering (ICDE'96). New Orleans, Louisiana: IEEE Computer Society, 1996.

[23] 钱锋.国内外数据挖掘工具研究综述[J],情报杂志,2008(10):11-13.

[24] 周宇葵.国外数据挖掘与知识发现工具的评估研究[D].长沙:中南大学湘雅医学院,2006.

[25] PAWLAK Z. ROUGH Set[J]. International Journal of Information and Computer Science. 1982, 11 (5) : 341-356.

[26] 王国胤. Rough 集理论与知识获取[M]. 西安:西安交通大学出版社,2001.

[27] WEISS G M. Mining with Rarity: A unifying framework[J]. SIGKDD Explorations, 2004, 6 (1): 7-19.

[28] CHAWLA N, Bowyer K, Hall L, et al. Smote: Synthetic Minority Over-Sampling Technique[J]. Artificial Intelligence and Reseach, 2002, 16: 321-357.

[29] BEN-HUR A, HRON D, SIEGELMANN H T. Support Vector Clustering[J]. Journal of Machine Learning Research, 2001, 2:125-137.

[30] 滕皓,赵国毅,韩保胜.改进决策树的研究[J].济南大学学报,2002,3:231-233.

[31] 杨明,张载鸿.决策树学习算法 ID3 的研究[J].微机发展,2002,5:6-9.

[32] 李道国,苗夺谦,俞冰.决策树剪枝算法的研究与改进[J].计算机工程,2005,8:19-21.

[33] 曲开社,成文丽,王俊红.ID3 算法的一种改进算法[J].计算机工程与应用,2003,25:104-107.

[34] 张红霞.缺失值填充:基于信息增益的方法[J].计算机工程与设计,2006,24:4810-4812.

[35] QUINLAN R. C4.5: Programs for Machine Learning[M]. CA, San Mateo, Morgan Kaufmann Publishers, 1993.

[36] GE G T, WONG G W. Classification of Premalignant Pancreatic Cancer Mass Spectrometry Data Using Decision Tree Ensembles[J]. BMC Bioinformatics,2008,(9):1-12.

[37] QUINLAN J R. Induction of Decision Trees[J]. Machine Learning, 1986,1(1):81-86.

[38] FU Z W. Using Genetic Algorithms-based Approach for Better Decision Trees: A Computational Study[M]. Berlin Heidelberg: Springer-Verlag, 2002.

[39] MUGAMLBI E M. Polynomial Fuzzy Decision Tree Structrues for Classifying Medical Data [J]. Knowledge Based Systems, 2004,4:81-87.

[40] JOHN G H. Stock Selection Using Rule Induction[J]. IEEE Expert: Intelligent Systems& Their Applications 11,1996,5:52-68.

[41] QUINLAN J R. C4. 5: Programs for Machine Learning, Morgan Kaufmann[M]. CA, SanMateo: Morgan Kaufmann Publishers Inc. , 1993.

[42] 屈俊峰.决策树的节点属性选择和修剪方法研究[D].北京:中国地质大学,2006.

第 8 章 磨损故障智能融合诊断

目前,关于航空发动机的磨损故障诊断主要基于单一的油样分析方法,如基于理化分析的油品检测、基于颗粒计数的污染分析、基于铁谱的磨损性质诊断以及基于光谱分析的磨损部位诊断等。而在综合利用多种油样分析方法的数据,从而有效地实现各种分析方法的协同诊断,得出磨损故障的融合诊断结果等方面的研究还比较少。该问题正是日常飞机发动机油样分析和磨损故障诊断的关键问题和难题。鉴于此,本章将结合实例,引入几种新的智能融合诊断技术。

8.1 基于 D－S 证据理论的磨损故障融合诊断

D－S 证据理论[1]具有较强的理论基础,能处理随机性和模糊性所导致的不确定性,可以不需要先验概率和条件概率密度,依靠证据的积累,不断地缩小假设集,并且能将“不知道”和“不确定”区分开来。因此,其在磨损故障融合诊断中的应用极为广泛。

8.1.1 D－S 证据理论原理

D－S 证据理论是目前决策层融合中最常用的一种方法。它建立了广义 Bayes 理论,根据人的推理模式,采用概率区间或不确定区间来决定多证据下假设的似然函数。

(1) 分辨框

如果定义代表某一事件的参数为 θ,它的可能取值的集合为 Θ,则称 Θ 为分辨框,Θ 的所有子集所构成的集合就是 Θ 的幂集,记为 2^{Θ}。

(2) 基本概率值

如果 Θ 是一个分辨框,那么函数 $m: 2^{\Theta} \rightarrow [0, 1]$称为基本概率分布,则有

① $m(\varnothing)=0$ ($\varnothing$为空集);

② $\sum\limits_{A \subset \Theta} m(A)=1$,这里 A 为焦元,$m(A)$为基本概率值,即 2^{Θ} 中全部元素的基本

概率之和为 1。

对于任意假设而言，其信任度 Bel(A)，$A \in 2^{\Theta}$ 定义为 A 中全部子集对应的基本概率之和，i 表示 A 的子集数。一般信任函数不具有可加性。

(3) D－S 证据理论的组合规则

设 Bel_1 和 Bel_2 是相同框架 2^{Θ} 上的信任函数，它们的基本概率分布为 m_1 和 m_2，焦点元素分别为 $A_1, A_2, \cdots, A_k$ 和 $B_1, B_2, \cdots, B_k$，如果

$$\sum_{\substack{i,j \\ A_i \cap B_j = \varnothing}} m_1(A_i) m_2(B_j) < 1 \tag{8-1}$$

则函数 $m: 2^{\Theta} \to [0, 1]$ 对于所有非空集 $A \subset \Theta$ 满足 $m(\varnothing) = 0$，且有

$$m(A) = \left| \sum_{\substack{i,j \\ A_i \cap B_j = A}} m_1(A_i) m_2(B_j) \right| \Big/ \left| 1 - \sum_{\substack{i,j \\ A_i \cap B_j = \varnothing}} m_1(A_i) m_2(B_j) \right| \tag{8-2}$$

此函数就是基本概率分布函数，由 m 给定的信任函数称为 Bel_1 与 Bel_2 的正交和，记为 $Bel_1 \oplus Bel_2$。对于多个信任函数的组合，假设 Bel_1，Bel_2，…，Bel_n 是相同框架 2^{Θ} 上的信任函数，则 n 个信任函数的组合可写为

$$(((Bel_1 \oplus Bel_2) \oplus Bel_3) \oplus \cdots) \oplus Bel_n \tag{8-3}$$

(4) 对于双重假设问题

设每个陈述对假设 A 的支持程度分别为 $m_1(A), m_2(A), \cdots, m_n(A)$，以及 $m_1(\theta), m_2(\theta), \cdots, m_n(\theta)$，且有

$$\begin{cases} m_1(\theta) = 1 - m_1(A) \\ m_2(\theta) = 1 - m_2(A) \\ \quad \vdots \\ m_n(\theta) = 1 - m_n(A) \end{cases} \tag{8-4}$$

由数学归纳法可以证明得到

$$m^n(\mathrm{A}) = 1 - \prod_{i=1}^{n} m_i(\theta) \tag{8-5}$$

式中，$m^n(A)$ 表示 n 个陈述对假设 A 的支持程度。

8.1.2　基于规则和 D－S 证据理论的发动机磨损故障融合诊断

1. 发动机故障诊断的原始数据源

本节将以某发动机的试车台试验中磨损故障诊断为例，对所提方法进行阐述。发动机在试车过程中产生的原始数据主要来源如下。

① 通过安装在试车台上的各种传感器测试的试车台监测数据。

② 通过在发动机的取油口取油，并对采集的油样进行各种分析而得到的实验数据。

在这些原始数据中，可以分为① 取样部位；② 铁谱数据；③ 光谱数据；④ 颗粒

计数数据；⑤ 理化分析数据。

表 8-1 所列为各种原始数据对故障定位、定性、定因诊断的有效性。从表中可以看出：对于定位诊断，光谱诊断的有效性最高，铁谱诊断次之，取样部位也能提供一定的定位信息。因此，可以利用铁谱、光谱及取样部位三种信息实现定位融合诊断。对于定性诊断，除铁谱数据外，其他原始数据能提供的信息均很少，因此，只有利用铁谱数据来实现故障的定性诊断。对于定因诊断，铁谱分析数据的有效性最高，理化分析能提供一定的信息，因此，可以利用铁谱数据和理化分析数据来实现故障的定因融合诊断。颗粒计数分析对磨损故障的定位、定性及定因诊断有效性较低，可以不予考虑。

表 8-1　各种原始数据对定位、定性、定因诊断的有效性

	取样部位	铁谱数据	光谱数据	颗粒计数数据	理化分析数据
定位诊断	*	*	* * *	—	—
定性诊断	—	* * *	—	—	—
定因诊断	—	* * *	—	—	* *

注：“* * *”为最高的有效性；“* *”为中等的有效性；“*”为较差的有效性；“—”为无效。

2. 发动机磨损故障的定位诊断

发动机的油路简图如图 8-1 所示，其过油部件的摩擦副组成如下。

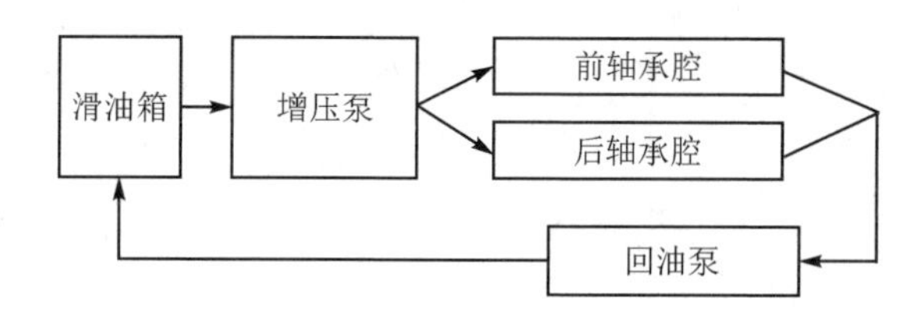

图 8-1　发动机的油路简图

① 前轴承腔。轴承：高、低压轴前支点轴承，电机轴承，低压中支点轴承，附件传动轴承，中心传动轴承。齿轮：高压轴齿轮螺母，电机齿轮螺母，附件传动齿轮，中心传动齿轮。

② 后轴承箱。高、低压轴后支点轴承。

③ 滑油泵齿轮。回油泵齿轮，增压泵齿轮。

拟定故障诊断部位为增压泵齿轮(P_1)；回油泵齿轮(P_2)；前腔齿轮(P_3)；前腔高、低压轴前中支点轴承(P_4)；前腔电机轴承(P_5)；附件传动轴承(P_6)；中心传动轴承(P_7)；后腔高低压轴后支点轴承(P_8)。

(1) 取样部位定位诊断法

取样部位能提供一定的故障部位信息，根据该发动机的油路图，可以用规则表述如下。

RULE1:IF 前腔取样 THEN 增压泵齿轮 P_1(1.0/6)OR 前腔齿轮 P_3(1.0/6) OR 前腔高、低压轴前中支点轴承 P_4(1.0/6)OR 前腔电机轴承 P_5(1.0/6)OR 附件传动轴承 P_6(1.0/6)OR 中心传动轴承 P_7(1.0/6)。

RULE2:IF 后腔取样 THEN 增压泵齿轮 P_1(1.0/2)OR 后腔高低压轴后支点轴承 P_8(1.0/2)。

RULE3:IF 滑油箱取样 THEN 增压泵齿轮 P_1(1.0/8)OR 回油泵齿轮 P_2(1.0/8) 前腔齿轮 P_3 OR(1.0/8)前腔高、低压轴前中支点轴承 P_4(1.0/8)OR 前腔电机轴承 P_5(1.0/8)OR 附件传动轴承 P_6(1.0/8)OR 中心传动轴承 P_7(1.0/8)OR 后腔高低压轴后支点轴承 P_8(1.0/8)。

(2) 光谱定位诊断法

光谱定位诊断通常根据检测出的金属类型及其浓度,并依据其是否超过磨损界限值来判别含该类金属的摩擦副是否磨损过量。但是,合适的磨损界限值应该根据实际的机器摩擦副结构及类型,并通过大量的实验来加以确定,通常比较困难。根据该型发动机的具体结构和摩擦副的材质,选择 Fe、Cr、Ni、Mo、V、Cu、Zn、Al 及 Ti 九种元素作为诊断依据,见表 8-2。

表 8-2　某型发动机摩擦副材料的元素含量比较(括号中为归一化后的值)

元　素	Fe/%	Cr/%	Ni/%	Mo/%	V/%	Cu/%	Zn/%	Al/%	Ti/%
Cr4Mo4V (轴承滚道及滚珠)	88.8 (0.93)	4.0 (0.22)	0.20 (0.02)	4.25 (1)	1.0 (1.0)	0.20 (0)	0 (0)	0 (0)	0 (0)
2Cr3WMoV-1 (齿轮)	94.2 (1.0)	3.0 (0.17)	0.3 (0.03)	0.45 (0.11)	0.75 (0.75)	0.00 (0)	0 (0)	0 (0)	0 (0)
1Cr18Ni9Ti (附件及中心传动轴承保持架)	68.9 (0.72)	18.0 (1)	9.5 (1)	0.0 (0)	0.0 (0)	0.0 (0)	0 (0)	0 (0)	0.65 (1)
H62 (附件传动轴承保持架)	0.15 (0)	0 (0)	0 (0)	0 (0)	0 (0)	62 (0.73)	37.2 (1)	0 (0)	0 (0)
QA10 (高低压支点、电机及中心传动轴承保持架)	3 (0)	0 (0)	0 (0)	0 (0)	0 (0)	84.5 (1)	0.5 (0)	9.5 (1)	0 (0)

光谱定位诊断知识规则总结如下。

RULE1:IF 各金属含量均正常 THEN 系统磨损正常(1.0);

RULE2:IF Fe 含量不正常 THEN 轴承滚道及滚珠(P_4、P_5、P_6、P_7、P_8)严重磨损(0.93/5);

RULE3：IF Fe 含量不正常 THEN 齿轮(P_1、P_2、P_3)严重磨损(1.0/3)；
RULE4：IF Cr 含量不正常 THEN 附件及中心传动轴承保持架(P_6、P_7)严重磨损(1.0/2)；
RULE5：IF Ni 含量不正常 THEN 附件及中心传动轴承保持架(P_6、P_7)严重磨损(1.0/2)；
RULE6：IF Mo 含量不正常 THEN 轴承滚道及滚珠(P_4、P_5、P_6、P_7、P_8)严重磨损(1.0/5)；
RULE7：IF V 含量不正常 THEN 轴承滚道及滚珠(P_4、P_5、P_6、P_7、P_8)严重磨损(1.0/5)；
RULE8：IF V 含量不正常 THEN 齿轮(P_1、P_2、P_3)严重磨损(0.75/3)；
RULE9：IF Cu 含量不正常 THEN 附件传动轴承保持架(P_6)严重磨损(0.73)；
RULE10：IF Cu 含量不正常 THEN 高低压支点、电机及中心传动轴承保持架(P_4、P_5、P_7)严重磨损(1.0/3)；
RULE11：IF Zn 含量不正常 THEN 附件传动轴承保持架(P_6)严重磨损(1.0)；
RULE12：IF Al 含量不正常 THEN 高低压支点、电机及中心传动轴承保持架(P_4、P_5、P_7)严重磨损(1.0/3)；
RULE13：IF Ti 含量不正常 THEN 附件及中心传动轴承保持架(P_6、P_7)严重磨损(1.0/2)。

其中，规则中的置信度通过表 8－2 中归一化后的数值除以包含的诊断部位数量得到。它反映了当某种或某几种元素不正常时，诊断出发生严重磨损部位的相对可信性。其中，元素含量是否正常需要与各元素的磨损界限值相比较得到，而磨损界限值需要通过大量的检测实验才能得到。

(3) 铁谱定位诊断法

铁谱定位诊断主要通过对各类磨粒识别和的统计分析来实现。铁谱故障定位诊断的知识规则如下。

RULE1：IF 各类磨粒均少量 THEN 系统正常(置信度为 1.0)；
RULE2：IF 球状磨粒大量 THEN 滚动轴承(P_4、P_5、P_6、P_7、P_8)疲劳(0.5/5)；
RULE3：IF 层状磨粒大量 THEN 滚动轴承(P_4、P_5、P_6、P_7、P_8)疲劳(0.6/5)；
RULE4：IF 疲劳剥块大量 THEN 滚动轴承(P_4、P_5、P_6、P_7、P_8)疲劳(0.8/5)；
RULE5：IF 球状磨粒大量 AND 层状磨粒大量 THEN 滚动轴承(P_4、P_5、P_6、P_7、P_8)疲劳(0.7/5)；
RULE6：IF 球状磨粒大量 AND 疲劳剥块大量 THEN 滚动轴承(P_4、P_5、P_6、P_7、P_8)疲劳(0.85/5)；
RULE7：IF 层状磨粒大量 AND 疲劳剥块大量 THEN 滚动轴承(P_4、P_5、P_6、P_7、P_8)疲劳(0.9/5)；
RULE8：IF 球状磨粒大量 AND 层状磨粒大量 AND 疲劳剥块大量 THEN 滚动轴承(P_4、P_5、P_6、P_7、P_8)疲劳(0.95/5)；
RULE9：IF 疲劳剥块大量 THEN 齿轮(P_1、P_2、P_3)过载疲劳(0.8/3)；
RULE10：IF 严重滑动磨粒大量 THEN 齿轮(P_1、P_2、P_3)胶合(0.8/3)；
RULE11：IF 严重滑动磨粒大量 AND 切削磨粒大量 THEN 齿轮(P_1、P_2、P_3)擦伤(0.8/3)。

3. 发动机磨损故障的定性诊断

在各种数据中，仅铁谱数据能实现磨损故障的定性诊断。这主要通过铁谱分析得到的各类特征磨粒的百分比来实现磨损性质的判断。设故障征兆包括：球状磨粒大量 S_1；层状磨粒大量 S_2；疲劳剥块大量 S_3；切削磨粒大量 S_4；严重滑动磨粒大量 S_5；红色氧化物 S_6。磨损故障性质为：疲劳磨损 Q_1；黏着磨损 Q_2；磨料磨损 Q_3；腐蚀磨损 Q_4。具体诊断规则为：

RULE1：IF　球状磨粒大量 S_1　OR　层状磨粒大量 S_2　OR　疲劳剥块大量 S_3　THEN　疲劳磨损 Q_1(0.55)；

RULE2：IF　严重滑动磨粒大量 S_5　THEN　黏着磨损 Q_2(0.55)；

RULE3：IF　切削磨粒大量 S_4　THEN　磨料磨损 Q_3(0.55)；

RULE4：IF　红色氧化物 S_6　THEN　腐蚀磨损 Q_4(0.55)。

4. 发动机磨损故障的定因诊断

确定该发动机磨损故障产生的原因有滑油黏度低 R_1；滑油含杂质 R_2；滑油含水 R_3；滑油供应不足 R_4；超速或过载 R_5。通过理化分析和铁谱分析实现定因诊断的规则如下。

(1) 理化分析诊断

故障征兆为运动黏度偏低 S_1；杂质含量偏高 S_2；水分含量偏高 S_3，具体诊断规则如下：

RULE1：IF　运动黏度偏低 S1　THEN　滑油黏度低 R_1(1.0)；

RULE2：IF　杂质含量偏高 S2　THEN　滑油含杂质 R_2(1.0)；

RULE3：IF　水分含量偏高 S3　THEN　滑油含水 R_3(1.0)。

(2) 铁谱诊断

故障征兆为球状磨粒大量 S_1；层状磨粒大量 S_2；疲劳剥块大量 S_3；切削磨粒大量 S_4；严重滑动磨粒大量 S_5；红色氧化物 S_6；黑色氧化物 S_7，具体诊断规则如下：

RULE1：IF　球状磨粒大量 S_1　OR　层状磨粒大量 S_2　OR　疲劳剥块大量 S_3　THEN 滑油黏度低 R_1(0.55)；

RULE2：IF　红色氧化物 S_6　THEN 滑油含水 R_3(0.55)；

RULE3：IF　严重滑动磨粒大量 S_5　OR　黑色氧化物 S_7 THEN 滑油黏度低 R_1(0.55) OR 滑油供应不足 R_4(0.55) OR 超速或过载 R_5(0.55)；

RULE4：IF　切削磨粒大量 S_4　THEN　滑油含杂质 R_2(0.55)。

5. 算　例

为了验证本节提出的发动机磨损故障智能融合诊断方法的有效性，下面列举一个算例来进行解释。

设对该发动机某次试车台试验后，对其前腔取出的油样进行铁谱、光谱及理化分析。表 8-3 所列为各种油样分析方法的原始数据，表 8-4 所列为发动机磨损故障定位、定性及定因的单项诊断和融合诊断结果。

表 8-3　各种分析方法的原始数据

原始征兆数据类型	原始征兆
取样位置	前腔
铁谱分析	切削磨粒和严重滑动磨粒超标，其他磨粒含量正常

续表 8-3

原始征兆数据类型	原始征兆
光谱分析	Fe 元素超标，其他元素含量正常
理化指标	运动黏度偏低，其他指标均正常

表 8-4 发动机磨损故障综合诊断结果

诊断类型		诊断结果
定位诊断	取样位置	增压泵齿轮 P_1(1.0/6)，回油泵齿轮 P_2(0)，前腔齿轮 P_3(1.0/6)，前腔高，低压轴前中支点轴承 P_4(1.0/6)，前腔电机轴承 P_5(1.0/6)，附件传动轴承 P_6(1.0/6)，中心传动轴承 P_7(1.0/6)，后腔高低压轴后支点轴承 P_8(0)
	光谱分析	增压泵齿轮 P_1(1.0/3)，回油泵齿轮 P_2(1.0/3)，前腔齿轮 P_3(1.0/3)，前腔高，低压轴前中支点轴承 P_4(0.93/5)，前腔电机轴承 P_5(0.93/5)，附件传动轴承 P_6(0.93/5)，中心传动轴承 P_7(0.93/5)，后腔高低压轴后支点轴承 P_8(0.93/5)
	铁谱分析	增压泵齿轮 P_1(0.8/3)，回油泵齿轮 P_2(0.8/3)，前腔齿轮 P_3(0.8/3)，前腔高，低压轴前中支点轴承 P_4(0)，前腔电机轴承 P_5(0)，附件传动轴承 P_6(0)，中心传动轴承 P_7(0)，后腔高低压轴后支点轴承 P_8(0)
	融合诊断	P_1(0.59)、P_2(0.51)、P_3(0.59)、P_4(0.32)、P_5(0.32)、P_6(0.32)、P_7(0.32)、P_8(0.19)
定性诊断	铁谱分析	疲劳磨损 Q_1(0)、黏着磨损 Q_2(0.55)、磨料磨损 Q_3(0.55)、腐蚀磨损 Q_4(0)
定因诊断	理化分析	滑油黏度偏低 R_1(1.0)、滑油含杂质 R_2(0)、滑油含水 R_3(0)、滑油供应不足 R_4(0)、超速或过载 R_5(0)
	铁谱分析	滑油黏度低 R_1(0.55)、滑油含杂质 R_2(0.55)、滑油含水 R_3(0)、滑油供应不足 R_4(0.55)、超速或过载 R_5(0.55)
	融合结果	R_1(1.0)、R_2(0.55)、R_3(0)、R_4(0.55)

下面以故障部位“增压泵齿轮 P1”为例来说明融合诊断的过程。

① 根据取样位置信息为“前腔”，激活取样位置定位诊断的知识规则 1，即

RULE1：IF 前腔取样 THEN 增压泵齿轮 P_1(1.0/6)OR 前腔齿轮 P_3(1.0/6)OR 前腔高、低压轴前中支点轴承 P_4(1.0/6)OR 前腔电机轴承 P_5(1.0/6)OR 附件传动轴承 P_6(1.0/6)OR 中心传动轴承 P_7(1.0/6)。

得到表 8-4 所列的诊断结果：“增压泵齿轮 P_1(1.0/6)”。

② 根据光谱分析数据“Fe 元素超标，其他元素含量正常”，激活光谱定位诊断的知识规则 3，即

RULE 3：IF Fe 含量不正常 THEN 齿轮(P_1、P_2、P_3)严重磨损(1.0/3)；

得到表 8-4 所示的诊断结果：“增压泵齿轮 P_1(1.0/3)”。

③ 根据铁谱分析数据“切削磨粒和严重滑动磨粒超标，其他磨粒含量正常”，激活铁谱定位诊断的知识规则 11，即

RULE 11：IF 严重滑动磨粒大量 AND 切削磨粒大量 THEN 齿轮(P_1、P_2、P_3)擦伤(0.8/3)；

得到表 8－4 所示的诊断结果：“增压泵齿轮 P_1(0.8/3)”。

④ 将各种诊断方法定位诊断结果作为各种方法对假设的支持程度，从而实现融合诊断。

设假设 A 为故障部位为“增压泵齿轮 P1”，显然，取样位置对假设 A 的支持程度 $m_1(A)=1.0/6$；光谱诊断为 $m_2(A)=1.0/3$，铁谱诊断为 $m_3(A)=0.8/3$，所以融合诊断结果为

$$m^3(A)=1-(1-m_1(A))(1-m_2(A))(1-m_3(A))$$
$$=1-(1-1.0/6)(1-1.0/3)(1-0.8/3)=0.59$$

得到表 8－4 所列的诊断结果：“增压泵齿轮 P_1(0.59)”。

显然，从上述的诊断过程可以看出，融合诊断方法提高了发动机故障诊断的精度和可靠性。表 8－4 的其他融合诊断结果也表明了相同的规律。

8.1.3　基于神经网络和 D－S 证据理论的发动机磨损故障融合诊断

1. 发动机磨损故障融合诊断流程图

发动机磨损故障融合诊断的基本思路是首先给定发动机磨损故障的故障域，即最常见的也是最重要的磨损故障类型，然后通过融合每种油样分析方法对故障域的诊断结果，最终得到更为重要、准确和可信的诊断结果。图 8－2 为发动机磨损故障融合诊断的流程图。发动机磨损故障融合诊断将故障的定位、定性和定因融为一体，并针对多种分析方法实现故障诊断。下面对融合诊断的各模块进行详细说明。

2. 原始征兆数据的预处理

由于各种分析方法得到的诊断数据，不论是数值还是量纲，均不相同，因此为后续分析处理带来了困难。鉴于此，在进行融合诊断之前，必须要对原始征兆数据进行预处理。其处理的方法是将各种方式诊断采用的原始数据与各种诊断方法的标准界限值相比较，正常值范围内的为 0，反之则为 1，从而将原始征兆数据转换为 0 和 1 的布尔值。

铁谱数据的原始数据为各类磨粒的百分比，通过预先处理后得到的结果应为：① 球状磨粒大量(S_{F1})；② 层状磨粒大量(S_{F2})；③ 疲劳磨粒大量(S_{F3})；④ 切削磨粒大量(S_{F4})；⑤ 严重滑动磨粒大量(S_{F5})；⑥ 红色氧化物磨粒大量(S_{F6})；⑦ 黑色氧化物磨粒大量(S_{F7})。

选取 Fe、Cr、Ni、Mo、Cu、V、Zn、Al 及 Ti 元素的浓度作为光谱诊断的原始数据(相对于其他机械，由于摩擦副的结构和材质不同，故选取的元素将不一样)。通过

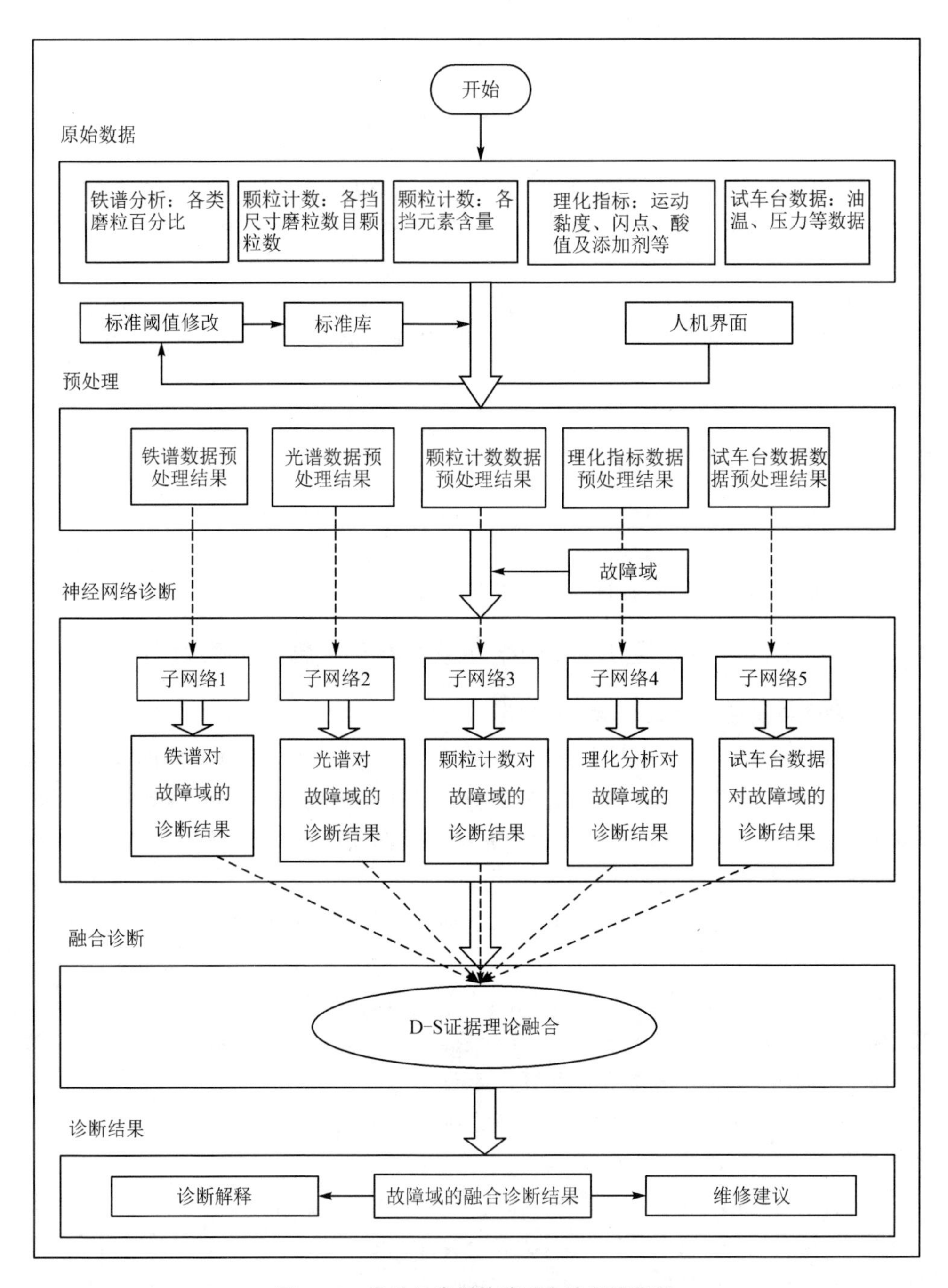

图 8-2 发动机磨损故障融合诊断流程图

预处理后，光谱数据变为：① Fe 元素浓度超标（S_{S1}）；② Cr 元素浓度超标（S_{S2}）；③ Ni 元素浓度超标（S_{S3}）；④ Mo 元素浓度超标（S_{S4}）；⑤ V 元素浓度超标（S_{S5}）；

⑥ Cu元素浓度超标(S_{S6})；⑦ Zn元素浓度超标(S_{S7})；⑧ Al元素浓度超标(S_{S8})；⑨ Ti元素浓度超标(S_{S9})。

颗粒计数仪得到原始数据为各挡尺寸(即5～15 μm、15～25 μm、25～50 μm、50～100 μm及100 μm以上)的颗粒数。由于具体尺寸挡的颗粒数目与发动机的故障模式无法对应，因此只能得到油样污染度是否超标的结论，即原始数据通过预处理后得到的结果为污染度超标(S_{C1})。

理化分析得到的原始数据包括250 ℃、200 ℃、100 ℃、0 ℃、−40 ℃及−54 ℃温度条件下的运动黏度、冷凝点、闪点、酸值、杂质含量和水分含量。根据理化指标与发动机故障模式的对应关系，通过预处理后得到的结果为：① 运动黏度超标(S_{P1})；② 杂质含量超标(S_{P2})；③ 其他理化指标超标(S_{P3})。

试车台监测的原始数据为滑油消耗率、滑油箱内压强、滑油增压泵出口压强、后腔滑油温度等。根据试车台监测数据与发动机故障模式的对应关系，通过预处理后得到的结果为：① 滑油消耗率大(S_{T1})；② 滑油箱内压强高(S_{T2})；③ 滑油增压泵出口压强低(S_{T3})；④ 后腔滑油温度高(S_{T4})。

3. 神经网络的单项诊断

由于神经网络具有超强的非线性映射能力及较强的泛化特性，因此广泛应用于故障诊断和模式识别领域。而BP网络在故障诊断领域应用最为广泛，故本文采用三层BP网络来实现对单项油样分析数据的诊断。

神经网络的单项诊断系统包括铁谱子网络、光谱子网络、颗粒计数子网络、理化分析子网络及试车台数据子网络。其中，子网络的输入为各种原始征兆通过预处理后得到的布尔值，各子网络的输出均为最终的故障模式。根据分析，确定发动机磨损故障的故障模式为：① 系统正常(F_1)；② 轴承磨损失效(F_2)；③ 轴承疲劳失效(F_3)；④ 齿轮疲劳过载(F_4)；⑤ 齿轮胶合或擦伤(F_5)；⑥ 滑油污染度超标(F_6)；⑦ 滑油理化分析超标(F_7)；⑧ 密封失效(F_8)。表8-5～表8-9所列为根据领域专家的经验知识得到的各子网络的训练样本。

表8-5　铁谱子网络的训练样本

S_{F1}	S_{F2}	S_{F3}	S_{F4}	S_{F5}	S_{F6}	S_{F7}	F_{F1}	F_{F2}	F_{F3}	F_{F4}	F_{F5}	F_{F6}	F_{F7}	F_{F8}
0	0	0	0	0	0	0	1	0	0	0	0	0	0	0
1	0	0	0	0	0	0	0	0	0.5	0	0	0	0	0
0	1	0	0	0	0	0	0	0	0.6	0	0	0	0	0
0	0	1	0	0	0	0	0	0	0.8	0.6	0	0	0.6	0
0	0	0	1	0	0	0	0	0.8	0	0	0.8	0.6	0	0
0	0	0	0	1	0	0	0	0	0	0	0.9	0	0.6	0.6
0	0	0	0	0	1	0	0	0	0	0	0	0	0.8	0
0	0	0	0	0	0	1	0	0	0	0	0	0	0	0.6

表 8-6 光谱子网络的训练样本

S_{S1}	S_{S2}	S_{S3}	S_{S4}	S_{S5}	S_{S6}	S_{S7}	S_{S8}	S_{S9}	F_{S1}	F_{S2}	F_{S3}	F_{S4}	F_{S5}	F_{S6}	F_{S7}	F_{S8}
0	0	0	0	0	0	0	0	0	1	0	0	0	0	0	0	0
1	0	0	0	0	0	0	0	0	0	0.7	0	0	0.9	0	0	0
0	1	0	0	0	0	0	0	0	0	0.9	0	0	0.1	0	0	0
0	0	1	0	0	0	0	0	0	0	0.9	0	0	0.1	0	0	0
0	0	0	1	0	0	0	0	0	0	0.9	0	0	0.1	0	0	0
0	0	0	0	1	0	0	0	0	0	0.9	0	0	0.8	0	0	0
0	0	0	0	0	1	0	0	0	0	0.9	0	0	0.7	0	0	0
0	0	0	0	0	0	1	0	0	0	1	0	0	0	0	0	0
0	0	0	0	0	0	0	1	0	0	1	0	0	0	0	0	0
0	0	0	0	0	0	0	0	1	0	1	0	0	0	0	0	0

表 8-7 颗粒计数子网络的训练样本

S_{C1}	F_{C1}	F_{C2}	F_{C3}	F_{C4}	F_{C5}	F_{C6}	F_{C7}	F_{C8}
0	1	0	0	0	0	0	0	0
1	0	1	0	0	1	1	0	0

表 8-8 理化分析子网络的训练样本

S_{P1}	S_{P2}	S_{P3}	F_{P1}	F_{P2}	F_{P3}	F_{P4}	F_{P5}	F_{P6}	F_{P7}	F_{P8}
0	0	0	1	0	0	0	0	0	0	0
1	0	0	0	1	1	1	1	0	1	0
0	1	0	0	1	0	0	1	0	1	0
0	0	1	0	0	0	0	0	0	1	0

表 8-9 试车台监测数据子网络的训练样本

S_{T1}	S_{T2}	S_{T3}	S_{T4}	F_{T1}	F_{T2}	F_{T3}	F_{T4}	F_{T5}	F_{T6}	F_{T7}	F_{T8}
0	0	0	0	1	0	0	0	0	0	0	0
1	0	0	0	0	0	0	0	0	0	0	1
0	1	0	0	0	0	0	0	0	0	0	1
0	0	1	0	0	1	1	1	1	0	0	1
0	0	0	1	0	1	0	0	1	0	0	0

各子诊断网络的结构参数为：铁谱为 7－20－8，光谱为 9－10－8，颗粒计数为 1－8－8；理化分析为 3－8－8；试车台数据为 4－8－8。网络采用变步长学习，训练精度为 0.01，动量项系数为 0.9。为了提高神经网络的泛化能力，在训练时需要将训练样本加上高斯噪声，从而增加训练样本的数量，提高网络的模式识别能力或泛化能力。本文所加的噪声为均值为 0、方差为 0.01 的高斯白噪声，表示为 $N(0,0.01)$。

4. 算　例

为了验证本文方法的有效性，下面列举一个算例来进行解释。设铁谱原始数据为切削磨粒和严重滑动磨粒超标，其他磨粒含量正常，则征兆向量为 $\{S_{F1},S_{F2},S_{F3},S_{F4},S_{F5},S_{F6},S_{F7}\}=\{0,0,0,1,1,0,0\}$；光谱原始数据为 Cr 元素超标，其他元素含量正常，则征兆向量为 $\{S_{S1},S_{S2},S_{S3},S_{S4},S_{S5},S_{S6},S_{S7},S_{S8},S_{S9}\}=\{0,1,0,0,0,0,0,0,0\}$；颗粒计数原始数据为污染度超标，则征兆向量为 $\{S_{C1}\}=\{1\}$；理化指标原始数据为运动黏度偏低，其他指标正常，则征兆向量为 $\{S_{S1},S_{S2},S_{S3}\}=\{1,0,0\}$；试车台原始数据为后腔滑油温度高，其他数据正常，则征兆向量为 $\{S_{S1},S_{S2},S_{S3},S_{S4}\}=\{0,0,0,1\}$。

表 8－10 所列为五种方法的神经网络单项诊断结果和多种方法的融合诊断结果。从计算结果可以得出两个结论：① 融合诊断能利用多种分析方法的互补性发现系统更多的故障；② 融合诊断结果比单项诊断的准确率更高。参加融合的方法越多，诊断的准确率越高，见表 8－10 中带下画线的数据。

表 8－10　神经网络与 D－S 证据理论融合诊断结果

	系统正常	轴承磨损	轴承疲劳	齿轮过载疲劳	齿轮胶合或擦伤	污染超标	理化指标超标	密封失效
铁谱诊断	0.000 7	0.146 8	0.000 0	0.000 0	0.534 8	0.101 4	0.001 5	0.085 7
光谱诊断	0.021 2	0.330 3	0.000 7	0.001 2	0.000 9	0.001 0	0.001 3	0.000 0
颗粒计数诊断	0.023 4	0.306 6	0.002 7	0.002 7	0.306 6	0.306 6	0.002 6	0.002 7
理化指标诊断	0.016 5	0.202 6	0.199 9	0.199 7	0.204 2	0.002 0	0.193 5	0.001 1
试车台诊断	0.068 7	0.813 2	0.021 1	0.014 2	0.819 2	0.000 0	0.000 0	0.721 3
融合诊断 1（铁谱＋光谱）	0.021 9	<u>0.428 6</u>	0.000 7	0.001 2	<u>0.535 2</u>	0.102 3	0.002 8	0.085 7
融合诊断 2（铁谱＋光谱＋颗粒计数）	0.044 7	<u>0.603 8</u>	0.003 4	0.003 9	<u>0.677 7</u>	0.377 6	0.005 4	0.088 2
融合诊断 3（铁谱＋光谱＋颗粒计数＋理化指标）	0.060 5	<u>0.684 1</u>	0.202 6	0.202 8	<u>0.743 5</u>	0.378 8	0.197 9	0.089 2

续表 8-10

	系统正常	轴承磨损	轴承疲劳	齿轮过载疲劳	齿轮胶合或擦伤	污染超标	理化指标超标	密封失效
融合诊断 4（铁谱＋光谱＋颗粒计数＋理化指标＋试车台数据）	0.125 1	0.941 0	0.219 4	0.214 2	0.953 6	0.378 8	0.197 9	0.746 2

8.1.4　基于模糊集合思想和 D-S 证据理论的发动机磨损故障融合诊断

在应用 D-S 证据理论时，需要定义每一个证据体对命题的基本概率赋值，这是实际应用中的关键难题。若利用规则推理的方法，可将推理结果的可信度直接作为信度函数分配，但规则可信度的主观性较难确定。也可以采用神经网络获得信度函数分配，但神经网络因其结构较难设计、样本需求量大以及泛化能力难以保证等固有缺陷，实际应用比较困难。

本节设定磨损故障为双重假设，即“出现该故障”和“不出现该故障”两个互斥的假设，引入了一种新的基于 D-S 证据理论的磨损故障融合诊断方法。该方法首先将各种油样分析数据作为各种证据，利用油样检测的界限值，通过引入模糊集合思想，设计了“油样检测结果异常”的隶属度函数，并以此获取各证据的可信度；其次，建立“故障”与“油样检测参数异常”之间的规则，利用规则可信度和证据可信度的乘积得到规则综合置信度，并以此作为 D-S 证据理论中各证据对结果的支持程度，从而实现磨损故障融合诊断。

1. 隶属度函数的设计

设滑油分析数据为证据 $E_i(i=1,2,\cdots,n)$，其中 n 为各种油样分析数据的征兆个数，如光谱数据的元素浓度、铁谱数据的各类磨粒浓度等。设需要诊断的故障为“故障 F 发生”。

根据规则推理的诊断方式，可以建立如下通过“油样数据异常”判断“故障 F 发生”的诊断规则，即

RULE：IF “E_i 异常”($\mathrm{CF}_{\mathrm{E}_i}$)

THEN“故障 F 发生”($\mathrm{CF}_{\mathrm{R}_i}$)[$\mathrm{CF}_i$]

式中，$\mathrm{CF}_{\mathrm{E}_i}(i=1,2,\cdots,n)$为第 i 个油样数据为异常的可信度，即为证据 i 的可信度；$\mathrm{CF}_{\mathrm{R}_i}(i=1,2,\cdots,n)$为每条规则的可信度，当 $\mathrm{CF}_{\mathrm{R}_i}=1$ 即认为当证据为异常时，必定可以判断出“故障 F 发生”。通常，$\mathrm{CF}_{\mathrm{R}_i}$ 可根据实际情况取 0～1 之间的任意值。CF_i $(i=1,2,\cdots,n)$为每条规则的综合可信度，即

$$\mathrm{CF}_i=\mathrm{CF}_{\mathrm{E}_i}\times\mathrm{CF}_{\mathrm{R}_i},\quad i=1,2,\cdots,n \tag{8-6}$$

在 $CF_{R_i}=1(i=1,2,\cdots,n)$ 的假设下，有

$$CF_i = CF_{E_i},\quad i=1,2,\cdots,n \tag{8-7}$$

为了计算各油样检测数据异常(即各条证据)的可信度，本文引入模糊集合概念。设油样分析数据异常为一模糊子集 $A_i(i=1,2,\cdots,n)$，通过确定隶属度函数，可以得到实际检测数据对 A_i 的隶属度 $\mu_{A_i}(x_i)(i=1,2,\cdots,n)$。此时，可以用隶属度 $\mu_{A_i}(x_i)(i=1,2,\cdots,n)$ 来作为证据的可信度，即

$$CF_{E_i}=\mu_{A_i}(x_i),\quad i=1,2,\cdots,n \tag{8-8}$$

设定油样数据的两个界限值，即警告限 L_{S1} 和 L_{S2}，由此可以确定其隶属度函数，即

$$\mu_{A_i}(x_i)=\begin{cases}\dfrac{x_i}{L_{S1}}, & 0<x_i<L_{S1}\\ 0.5\times\dfrac{x_i-L_{S1}}{L_{S2}-L_{S1}}+0.5, & L_{S1}<x_i<L_{S2}\\ 1, & x_i>L_{S2}\end{cases} \tag{8-9}$$

其隶属度曲线如图 8-3 所示。

在本节，对于双重假设问题，若集合 A 为“故障 F 发生”，则集合 θ 为 A 的补集，即“故障 F 不发生”。因此，可以根据规则综合可信度 CF_i 来确定每个证据(即每个油样检测数据)对集合 A(故障 F 发生)的支持程度，然后运用 D-S 证据理论实现对各种证据支持程度的融合，得到融合诊断结果。

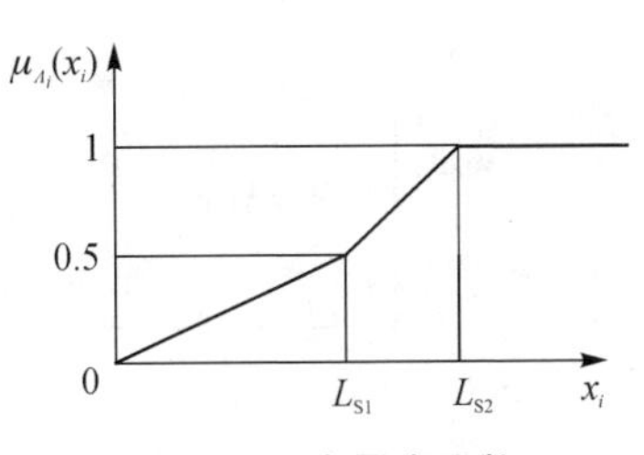

图 8-3　隶属度函数

2. 综合监控中的磨损故障融合诊断

采用 MOA 型油液光谱分析仪和 LNF 自动磨粒检测仪分别对滑油样进行光谱和磨粒监控。光谱分析可检测滑油中 Fe、Cu、Al、Mg、Ti、Cr、Ag 等磨损元素的含量及变化趋势；LNF 自动磨粒检测仪综合应用激光成像技术和人工智能技术表征磨屑颗粒，计算主体尺寸大于 20 μm 的全部颗粒的形状特性，并将金属磨粒按磨损类型自动识别，区分出切削(Cutting)磨粒、疲劳(Fatigue)磨粒、严重滑动(Severe Sliding)磨粒。

设定滑油综合监控数据包括磨粒数据和光谱数据，其中，磨粒数据包括切削磨粒浓度、严重滑动磨粒浓度、疲劳磨粒浓度；光谱数据包括 Fe 元素浓度和 Cu 元素浓度。磨粒数据单位为个/mL，光谱数据单位为 ppm。

设定诊断故障模式为“轴承疲劳失效发生”。

根据规则推理的诊断方式，由本文滑油综合监控数据，可以建立如下诊断规则：

RULE1：IF 切削磨粒浓度异常(CF_{E1})THEN 轴承疲劳失效发生(CF_{R1})[CF_1]

RULE2：IF 严重滑动磨粒浓度(CF_{E2})THEN 轴承疲劳失效发生(CF_{R2})[CF_2]

RULE3：IF 疲劳磨粒浓度(CF_{E3})THEN 轴承疲劳失效发生(CF_{R3})[CF_3]

RULE4：IF Fe 元素浓度(CF_{E4})THEN 轴承疲劳失效发生(CF_{R4})[CF_4]

RULE5：IF Cu 元素浓度(CF_{E5})THEN 轴承疲劳失效发生(CF_{R5})[CF_5]

式中，CF_{E_i}($i=1,2,\cdots,5$)为滑油综合监控数据为异常的可信度，即为证据 i 的可信度；CF_{R_i}($i=1,2,\cdots,5$)为每条规则的可信度。如果认为每种数据异常的情况下一定可以推出“轴承疲劳失效发生”这一结论，则 $CF_{R_i}=1$($i=1,2,\cdots,5$)。事实上，不同的检测数据推出故障的置信度通常是不同的，因此，CF_{R_i} 可根据实际情况取在0～1之间的任意值。CF_i($i=1,2,\cdots,5$)为每条规则综合可信度。即

$$CF_i=CF_{E_i}\times CF_{R_i},\quad i=1,2,\cdots,5 \tag{8-10}$$

在实际使用中，根据统计分析和实际使用经验确定出的磨损界限值见表8-11。

表8-11　各种油样数据的界限值

数据类型	数据征兆	警告限	异常限
光谱数据	Fe 元素浓度	6 ppm	8 ppm
	Cu 元素浓度	4 ppm	6 ppm
磨粒数据	切削磨粒数	10个/mL	30个/mL
	严重滑动磨粒数	10个/mL	30个/mL
	疲劳磨粒数	10个/mL	30个/mL

因此，由式(8-8)可以得到证据的可信度 CF_{E_i}。在 CF_{R_i} 给定的条件下，可以由式(8-6)得到综合可信度 CF_i，并以此作为每个证据(即每个油样检测数据)对集合 A(轴承疲劳失效)的支持程度，按式(8-10)和式(8-5)即可得到最终融合诊断结果。

但是，规则的可信度 CF_{R_i}($i=1,2,\cdots,6$)需要根据经验确定。本文在磨粒数据考虑了切削磨粒浓度、严重滑动磨粒浓度及疲劳磨粒浓度三个证据(征兆)，因此确定 $CF_{R1}=CF_{R2}=CF_{R3}=1/3\approx0.3$；在光谱数据中考虑 Fe 元素和 Cu 元素含量两个证据(征兆)，因此确定 $CF_{R4}=CF_{R5}=1/2$。

3. 诊断实例

(1) 某故障发动机的典型诊断案例

某故障发动机的典型滑油光谱数据和自动磨粒检测数据见表8-12和表8-13。界限值见表8-11。从表8-12可以看出，光谱监控数据Fe含量浓度值超过警告值，铜含量正常。从表8-13可以看出，自动磨粒检测数据中，疲劳磨粒浓度超过异常限值，切削磨粒和严重滑动磨粒浓度均超过警告值。

表8-12　待诊断油样的光谱数据

元　素	Fe	Cu
浓度/ppm	6.7	0.7

表 8-13　待诊断油样的 LNF 磨粒检测数据

项　目	切削磨粒/(个·mL^{-1})	严重滑动磨粒/(个·mL^{-1})	疲劳磨粒/(个·mL^{-1})
取　值	23	20	38

运用本节证据可信度的计算方法，由式(8-8)和式(8-9)可以得到“磨粒检测数据”和“光谱检测元素”异常的证据可信度 CF_{E_i} $(i=1,2,\cdots,6)$。再根据本文确定的规则可信度 CF_{R_i} $(i=1,2,\cdots,6)$，由式(8-6)可以得到证据——“磨粒检测数据”和“光谱检测元素”对“轴承疲劳失效发生”的支持程度。最后根据式(8-10)和式(8-5)，融合各证据可信度。

相关计算结果见表 8-14。由表 8-14 可以看出，光谱监控数据铁含量浓度值超过警告值，磨粒检测数据中疲劳磨粒、切削磨粒和严重滑动磨粒浓度均超过警告值，多个证据支持了“轴承疲劳失效发生”这一结果。融合诊断结果为 0.741。比较单项诊断结果可以发现，磨粒分析对故障的检测更加灵敏，而光谱数据对故障的检测力较差。显然，最后的融合结果反映了多个证据的综合决策结果，比单项证据的检测结果更加可靠和稳定。因此，诊断结论反映了本节方法的有效性。

表 8-14　待诊断油样的融合诊断结果

证　据	CF_E	CF_R	CF	融合诊断结果
切削磨粒	0.825	0.30	0.248	0.741
严重滑动磨粒	0.750	0.30	0.225	
疲劳磨粒	1.00	0.30	0.30	
Fe 浓度	0.675	0.50	0.338	
Cu 浓度	0.087 5	0.50	0.044	

(2) *发动机磨损故障的发展过程诊断*

3 台因主轴轴承疲劳失效损坏的发动机从故障发生前几个飞行日起，滑油中各种磨粒浓度较高，且呈明显增长趋势。故障发生前一个飞行日的滑油样中，磨粒总浓度均超过 100 个/mL，结果详见表 8-15～表 8-17。上述故障发生前，光谱分析数据正常。由上述结果可见，对于因轴承疲劳失效引起的发动机故障，通过自动磨粒检测可有效预报，而通过光谱监控较难成功预报。

根据本文融合诊断方法，融合诊断结果见表 8-15～表 8-17。融合诊断结果反映了故障发生的趋势，即随着发动机运行时间的增加，融合诊断结果表现出了逐渐增大的趋势。当光谱和铁谱数据均正常时，融合诊断结果均小于 0.5；当油样数据出现超标时，融合诊断结果大于 0.5。而且，当更多油样数据超标时，表明支持故障发生的证据增多，融合诊断的结果逐渐增大(见表 8-16 和表 8-17)。

表 8-15 发动机 1 滑油检测结果

运行时间/h	LNF 监控数据/(个·mL^{-1})			SOA 监控数据/ppm		融合诊断结果
	切削磨粒	严重滑动磨粒	疲劳磨粒	Fe	Cu	
73	0	7	10	0.8	0.6	0.347
79	0	4	4	0.8	0.2	0.167
82	0	0	6	1.2	0.3	0.152
88	17	16	34	1.8	0.5	0.597
90	29	28	31	1.7	0.4	0.679
96	31	30	39	2.1	0.3	0.693
98	27	26	53	2.5	0.3	0.675

表 8-16 发动机 2 滑油检测结果

运行时间/h	LNF 监控数据/(个·mL^{-1})			SOA 监控数据/ppm		融合诊断结果
	切削磨粒	严重滑动磨粒	疲劳磨粒	Fe	Cu	
223	23	38	53	3.6	1.9	0.724
233	33	46	126	4.3	1.9	0.752

表 8-17 发动机 3 滑油检测结果

运行时间/h	LNF 监控数据/(个·mL^{-1})			SOA 监控数据/ppm		融合诊断结果
	切削磨粒	严重滑动磨粒	疲劳磨粒	Fe	Cu	
370	21	39	54	1.2	0.6	0.681
377	44	48	76	2.9	0.6	0.710
379	35	42	78	3.7	0.6	0.721

由此可见，对于仅磨粒数据超标而光谱数据正常的情况，融合诊断结果也给出了准确的诊断结果，预报出了故障的发生。

表 8-18 所列为滑油光谱和磨粒监控均成功预报的 8 台故障发动机油样数据。在单项诊断中，磨粒数据和光谱数据均预示出了故障的发生。

利用本节方法进行融合诊断，结果见表 8-18。从表中可以看出，在磨粒数据和光谱数据均超标的情况下，表明有更多的证据支持已发生了故障，因此，融合诊断结果表现出了更高的可信度。见表 8-18 中的发动机 7，其 LNF 磨粒监控数据均达到异常，SOA 光谱监控数据中 Fe 元素含量达到异常限，Cu 元素含量接近警告限，因此，融合诊断结果为 0.905。其他情况下的融合诊断结果可以进行类似分析。总之，更多的油样数据超标，故障发生的概率将更大。

表 8-18　光谱监控成功预报的 8 台故障发动机滑油监测结果

发动机编号	LNF 监控数据/(个·mL^{-1})			SOA 监控数据/ppm		融合诊断结果
	切削磨粒	严重滑动磨粒	疲劳磨粒	Fe	Cu	
1	33	48	52	6.4	1.2	0.778
2	29	39	49	1.8	6.1	0.840
3	9	39	37	6.2	0.8	0.708
4	11	45	74	7.1	5.0	0.842
5	23	41	29	3.1	5.6	0.821
6	17	19	29	13.2	0.8	0.793
7	52	75	196	16.8	3.1	0.905
8	11	35	23	8.0	0.9	0.791

本节提出了一种新的磨损故障融合诊断方法。该方法设定磨损故障为双重假设问题，利用油样检测界限值，构造了“油样检测结果异常”的隶属度函数，并以此获取各证据的可信度；同时，建立了“故障”与“油样检测参数异常”之间的规则，根据经验，确定了规则可信度，利用规则可信度和证据可信度的乘积得到规则综合置信度，并以此作为 D-S 证据理论中各证据对结果的支持程度；最后利用 D-S 证据理论得到融合诊断结果，并将融合诊断新方法应用于航空发动机磨损故障的综合监控，实现了光谱数据和磨粒分析数据的融合诊断，结果表明了该融合诊断方法的正确性和有效性。

8.2　磨损故障的多 Agent 协同诊断

8.2.1　Agent 及多 Agent 系统的理论基础

Agent 具有“代理人”“智能体”等意思，Agent 概念最早是由麻省理工学院计算机学家以及人工智能学科创始人之一的 Minsky 提出来的，他在 1986 年出版的 *Society of Mind*[2] 一书中将社会与社会行为概念引入计算系统。由于传统计算系统的封闭性与社会机制开放性之间的矛盾，使得社会机制中的一些个体需要通过某种协商机制才能达成一个可接受的解。这些计算社会中的个体被 Minsky 称为 Agent，将这些个体有机组合起来就构成了计算社会——多 Agent 系统。由于 Agent 系统某种意义上隶属于人工智能的范畴，而且 Agent 技术还在其他许多领域也得到了广泛应用，因此至今研究者没有给出 Agent 的确定性的定义。其实，Agent 的许多研究者根据 Agent 的应用领域以及功能等，从不同角度对其进行了多种定义，如著名的 Agent 理论研究学者 Wooldridge 博士[3]提出了“弱定义”与“强定义”这两种定义方法。其中，Agent 的弱定义是指 Agent 具有社会性、自主性、能动性和反应性等基本特性；而 Agent 的强定义则是指 Agent 不仅有 Agent 弱定义的特性，而且还具有通信能力、移动性、理性等其他特性。美国 Stanford 大学人工智能领域的著名学者 Hayes - Roth 则认为智能 Agent 可以连续地执行三项功能：感知环境中存在的动态条件；执行动作从而影响环境条件；进行推理从而解释感知到的信息，并求解问题，进一步产生推断并决定动作等。

在智能故障诊断领域，Agent 是一个自治性的具有一定专业技能的智能实体，是一个可以通过实践过程的学习不断地自我完善、并能够自主实现某些功能以及与外界其他 Agent 互相联系合作的计算机系统。它能够模拟人类专家的思维来解决问题，它具有代理性、自治性、主动性、反应性、社会性、智能性、合作性、移动性、诚实性、顺从性、理智性等特性。图 8 - 4 所示为 Agent 工作原理。Agent 首先利用感知器得到周围环境的反馈，根据环境要求进行一系列处理，然后利用效应器将 Agent 做出的动作输出并传给周围环境。Agent 工作的基本思想就是根据感知到的环境信息来产生合理的动作从而影响周围的环境。

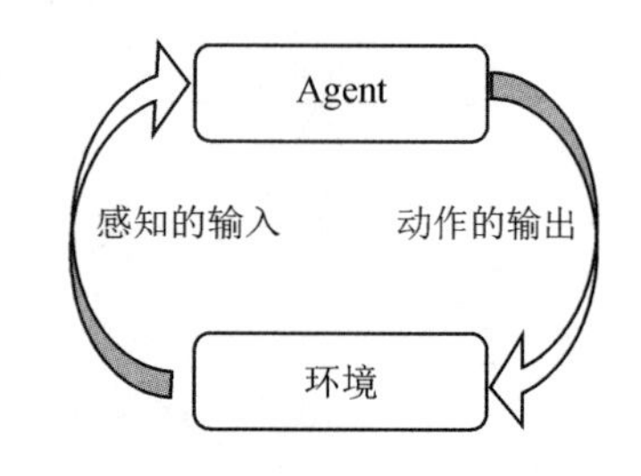

图 8 - 4　Agent 工作原理

多 Agent 系统(Multi - Agents System，MAS)是由若干个有相关技能的 Agent 组成的，是一个可以通过各 Agent 之间或者 Agent 与周围环境之间进行交互、协商，共同发挥各个 Agent 本身的功能从而共同解决复杂问题的实体集团。多 Agent 系统能够模拟人类专家的相互交流合作，而且对于单一专家不能解决的问题，多 Agent 系统可以共同发挥功能协同解决。多 Agent 系统综合利用了 Agent 的互操作性以及 Agent 之间存在的协商与合作等，从而实现了多个 Agent 之间的协同机制。一个成功的多 Agent 系统要有足够控制周围环境的能力，能够处理很多模糊的矛盾的信息以及多个冲突的、上下文相关的目标，并能够将系统的目标与系统本身的感知和处理能力相对应。因此，多 Agent 系统要具有这些能力，首先要与其他 Agent 进行交流联络，得到处理复杂信息的途径方法。其次，通过 Agent 之间的合作，协调发挥各个 Agent 能力，并且进一步通过 Agent 之间的交互协作理解社会行为。最后将多 Agent 系统模块化。

将多 Agent 系统的任务细化可以分为总控、协调、调度、通信等。本章定义 5 个 Agent 来完成这一系列的功能并采用分层的递阶结构，包括总控 Agent、协调 Agent、调度 Agent、通信 Agent、资源 Agent，共同组成一个多 Agent 多库协同系统，图 8 - 5 即为多 Agent 多库协同系统的模型示意图。

① 总控 Agent：主要用来控制协调系统中的其他 Agent。总控 Agent 需要具备

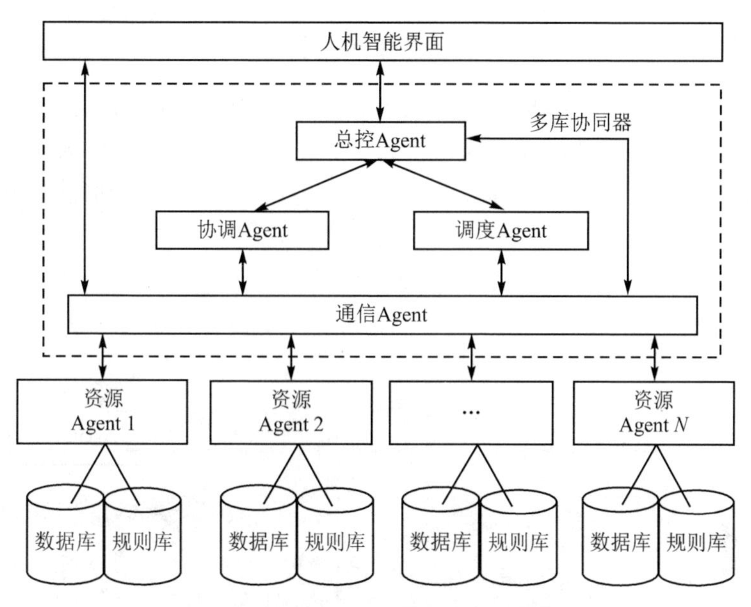

图 8-5　多 Agent 多库协同系统模型

两类知识:第一类是组合多 Agent 系统的其他 Agent 能力的相关知识;第二类是多 Agent 的多库协同系统自身的相关动态信息,包括外界环境的任务请求、各 Agent 间的调度计划、各 Agent 间的协调信息以及各 Agent 调度的完成情况等。总控 Agent 的主要功能就是根据外界环境的需求,通过沟通交流、人机交互等方式,完成对求解任务的进一步认识并进行分解细化,得到解决用户实际问题的协调规划;然后根据协调规划,将任务指派给具有相应能力的其他 Agent,并根据系统本身的动态信息协调、调度其他 Agent。

② 调度 Agent:总控 Agent 将调度资源任务分配给调度 Agent,调度 Agent 根据自有的调度规划库构建调度规划,向有关资源 Agent 通知,同时为各资源 Agent 执行任务提供需要的输入信息,从而完成资源调度。

③ 协调 Agent:当调度 Agent 将多个用户或者多个任务通知给同一资源 Agent 时,必然会产生冲突导致调度失败。此时需要由协调 Agent 来处理该冲突的事件。协调 Agent 根据总控 Agent 提供的知识确定能够提供所需资源的资源 Agent,并根据冲突事件的轻重缓急或者请求资源的先后次序制订协调计划,根据协调计划完成资源共享以及运行中的空间与时间的协调工作。

④ 通信 Agent:作为用户与各 Agent 之间通信的媒介,它的主要功能就是负责接收来自总控 Agent、各资源 Agent 以及来自用户的信息,并将其转换成消息与相对应的应答方式。

⑤ 资源 Agent:一个多 Agent 系统可以有若干个资源 Agent,每个资源 Agent 具有不同的功能,储存着用于处理具体任务的知识资源,也是任务的执行者。

8.2.2 航空发动机磨损故障的多 Agent 协同诊断

1. 航空发动机磨损故障多 Agent 协同诊断的必要性分析

本节将多 Agent 技术应用于航空发动机的磨损故障诊断中，利用 Agent 的智能性，将单一的磨损诊断技术设计成诊断 Agent，并进一步构成基于多 Agent 的诊断系统，以实现航空发动机磨损故障的融合诊断。所谓油液分析就是定性和定量地分析机械系统中油液的理化性能以及油液中磨损和污染颗粒。表 8-19 总结了各种油液分析技术涉及的机理、分析内容。表 8-20 为各种油样分析技术得出的结果可靠性比较。

表 8-19 油液变质途径及其表征参数

油液分析技术	机　理	分析内容
污染分析	对油中的污染颗粒进行计数统计	各挡颗粒尺寸分布的颗粒数及污染等级
理化分析	检测油品物理、化学性能指标的变化	黏度、总酸值、总碱值、闪点、水分、积炭、氧化深度、硝化深度、硫酸盐、抗氧剂水平、抗磨剂水平
油液光谱分析	通过测量物质燃烧发出的特定波长光强，检测磨粒的元素成分及含量浓度	金属磨粒成分及含量、添加剂元素成分浓度
油液铁谱分析	借助高梯度、强磁场的铁谱仪将油液中的金属磨粒有序分离出来进行显微分析	磨粒尺寸、磨粒数量、磨粒形貌、磨粒成分

表 8-20 各种油样分析技术得出的结果可靠性比较

检测方法	统计结果/%			
	诊断正确	缺乏经验诊断偏差	信息不够诊断偏差	不能诊断
铁谱	55	20	15	10
光谱	36	0	43	21
理化分析	21	0	16	63
颗粒计数	33	0	0	67
综合方法	70	20	10	0

显然，各种油样分析方法具有各自的特点、优势和侧重点。通过分析可以发现，油样分析方法正好具备了构建多 Agent 智能系统的特征条件，即① 它们所拥有的信息和诊断能力是不完全的；② 它们的诊断知识是各自分散、自成体系的，且不具有系统的控制能力；③ 它们的分析和处理是异步的，所产生的数据也是异质的，即数据结构是不相同的。目前的各种融合诊断方法尽管能够提高诊断的精度，但是融合诊断过程不具有全局控制能力，无法实现各种分析方法间的通信和协调，因此往往还需要人工干预，故难以实现诊断的自动化。

由此可见,综合各种油样分析方法,构建磨损故障多 Agent 诊断技术对于有效地协调各种诊断方法、实施多种方法融合诊断、提高诊断的智能化和自动化水平具有重要意义。

鉴于此,本节针对某型飞机发动机磨损故障诊断,采用了污染度分析、理化分析(水分和黏度)、光谱分析及铁谱分析方法,构建多 Agent 诊断系统,实现飞机发动机磨损故障的智能、融合、协同诊断,所涉及的油样分析具体设备见表 8-21。

表 8-21　飞机发动机的磨损状态监测的油样分析设备

项　目	水分/黏度检测	光谱分析	铁谱分析	污染度检测
仪器	PAI"油料测试仪器工具箱"	MOA 型油液光谱分析仪	LNF 自动磨粒检测仪	8000A 自动颗粒计数器

2. 飞机发动机磨损故障多 Agent 协同诊断方法原理

结合飞机发动机磨损故障及各种油样分析方法的冗余性和互补性,本节提出构建多 Agent 协同诊断模型。该诊断模型如图 8-6 所示。该多 Agent 诊断系统主要包括人机智能界面、总控 Agent、调度 Agent、通信 Agent、融合诊断 Agent、颗粒计数

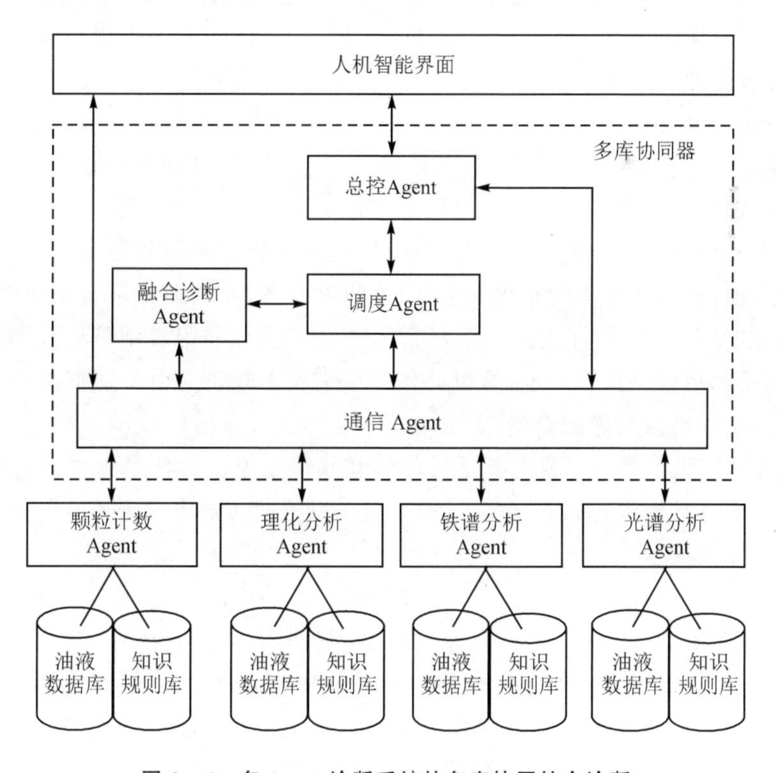

图 8-6　多 Agent 诊断系统的多库协同综合诊断

Agent、铁谱分析 Agent、理化分析 Agent、光谱分析 Agent、油样数据和知识规则库。其各部分功能介绍如下。

① 总控 Agent。在诊断推理过程中，最重要的是对推理方向的控制，从而使得各诊断 Agent 能够高效有序地工作。因此，在多 Agent 诊断系统中设计了一个能够控制整个诊断流程的总控 Agent。总控 Agent 中具有用于控制推理方向的知识规则，据此控制诊断的流程，为下一步诊断指明方向。

② 调度 Agent。当总控 Agent 向调度 Agent 传递任务分配信息时，调度 Agent 即通知相应的资源 Agent(理化分析 Agent、颗粒计数 Agent、光谱分析 Agent、铁谱分析 Agent)。在通知资源 Agent 之前，需要根据任务检查相应的油样数据库是否存在数据。如果数据不存在，则向用户做出提示要求进行相应的油样分析工作，并将数据通过人机交互界面导入相应的油样数据库中；若数据存在，则发送任务给相应的资源 Agent。

③ 通信 Agent。主要是用来实现总控 Agent、用户以及各资源 Agent 之间信息的传递，通过接收由总控 Agent、用户以及各资源 Agent 发出的信息，然后转换成消息以及相对应的应答方式。

④ 资源 Agent。包括理化分析 Agent、颗粒计数 Agent、光谱分析 Agent、铁谱分析 Agent。各资源 Agent 在接收到任务之后，结合储存的知识规则库对油样分析数据进行诊断推理，并得到诊断结果，形成诊断结论，最终将结果经由通信 Agent 传递给总控 Agent。

⑤ 融合诊断 Agent。实现磨损故障的定量描述，得到故障的磨损程度，从而有效地预测、预防故障的发生。本文采用基于模糊数学与 D－S 证据理论的融合诊断新方法，将各种油样分析数据作为各种证据，利用油样检测的界限值，通过引入模糊集合思想，设计了“油样检测结果异常”的隶属度函数，并以此获取各证据的可信度；其次，建立“故障”与“油样检测参数异常”之间的规则，利用规则可信度和证据可信度的乘积得到规则综合置信度，并以此作为 D－S 证据理论中各证据对结果的支持程度，从而实现磨损故障融合诊断。

⑥ 人机智能界面。主要服务于操作员和领域专家。操作员可以通过人机智能界面，输入油样数据进行诊断工作。专家则可以通过人机智能界面，完成对各诊断 Agent 知识库的维护。

在实际诊断过程中，首先选定要诊断的油样，启动总控 Agent，向调度 Agent 发出指令，调度 Agent 发送信号给通信 Agent，判断当前油样中某一类分析数据(如 MOA 光谱、理化分析、水分分析、铁谱分析以及颗粒计数)是否已经注册。若该类分析数据没有注册，那么系统则通过调度 Agent 对用户提示要求进行该类油样分析，然后将油样分析的结果输入数据库中，同时继续进行诊断。若该类分析数据已注册，那么就进入该类油样分析的 Agent 诊断模块。此时，该类油样分析的资源 Agent

接受工作指令后启动相应油样分析的诊断推理机，结合油样分析的数据以及相应的规则库，对待诊断油样进行诊断后得到诊断结果，并形成诊断结论。然后通信 Agent 将结果发送给总控 Agent。与此同时，总控 Agent 根据自身的控制知识规则，对下一步诊断方向进行判断，并发出相应指令给调度 Agent，继续实施下一步诊断。

由此可见，多 Agent 诊断技术关键在于总控 Agent 实现控制的规则和各资源 Agent 实现独自诊断的规则知识。本文根据油样分析专家经验以及飞机发动机故障诊断的工作流程和专家经验，针对颗粒计数分析、理化分析、铁谱分析及光谱分析典型油样分析方法，总结了油样分析的诊断知识以及诊断流程的控制规则。图 8－7 是根据诊断知识和控制规则的飞机发动机多 Agent 协同诊断流程。

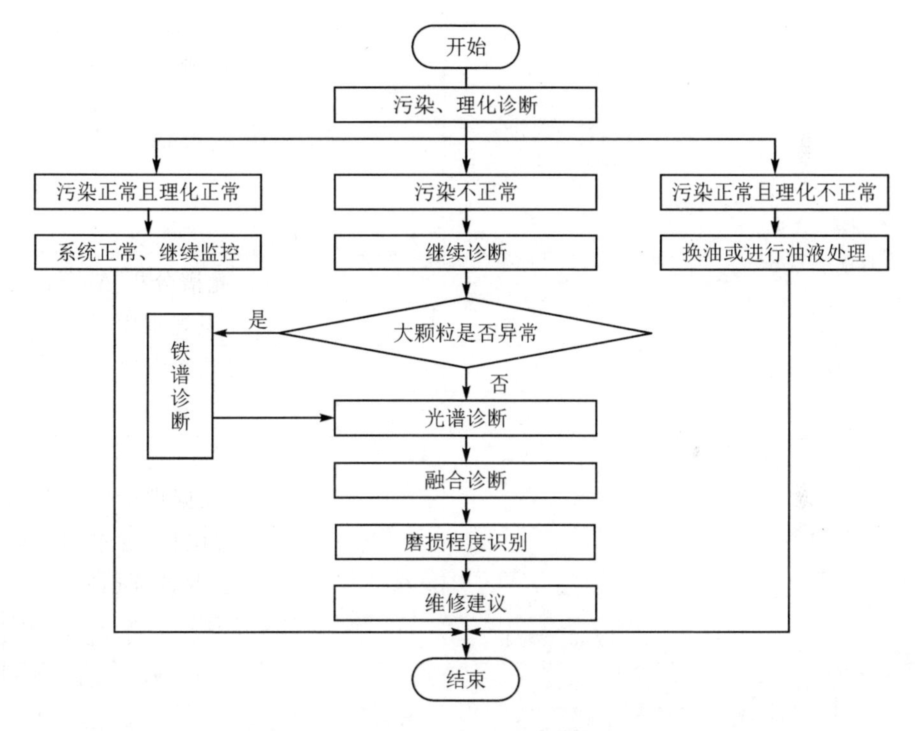

图 8－7　飞机发动机多 Agent 协同诊断流程

3. 各 Agent 诊断规则

对某型飞机发动机油样进行监测，将得到的数据进行统计与分析，应用界限值制定方法，制定出各分析方法的界限值，见表 8－22。并根据界限值制定出诊断规则。

(1) 颗粒计数 Agent 诊断规则

表 8－23 所列为颗粒计数 Agent 诊断规则，是根据诊断颗粒计数数据得到的规则集。在诊断时需要将由颗粒计数器检测出的油液污染度等级以及各个尺寸段的磨损颗粒的数目作为输入数据，利用颗粒计数 Agent 诊断规则来诊断这些数据，并

得到诊断结论，从而判断出发动机的污染度异常与否，并根据各尺寸段的异常情况判断出是大颗粒异常还是小颗粒异常。这些结果在很大程度上影响最终的诊断结论以及诊断方向。

表 8-22　某型飞机发动机油样分析界限值指标

项　目		警告限	异常限
理化指标	水分	—	—
	酸值	—	—
	黏度(100 ℉①)	—	—
	有机物	—	—
元素含量（单位:浓度 ppm，浓度梯度 ppm/10 h）注:数值为浓度/浓度梯度	Ag	1.0/—	1.5/0.6
	Al	2.0/—	3.0/1.0
	Cd	—/—	45.0/—
	Cr	1.5/—	2.0/0.8
	Cu	5.0/—	8.0/3.0
	Fe	6.0/—	8.0/3.0
	Mg	20.0/—	30.0/8.0
	Pb	—/—	35.0/—
	Si	—/—	100.0/—
	Sn	—/—	25.0/—
	Ti	3.0/—	5.0/2.0
	Zn	—/—	30.0/—
污染度	污染等级	—	NAS1638 Class 10
	5～15 μm 颗粒数	—	256 000(个/100 mL)
	15～25 μm 颗粒数	—	45 600(个/100 mL)
	25～50 μm 颗粒数	—	8 100(个/100 mL)
	50～100 μm 颗粒数	—	1 440(个/100 mL)
	100 μm 以上颗粒数	—	256(个/100 mL)
特征磨粒	严重滑动磨粒	—	25(个/mL)
	切削磨粒	—	15(个/mL)
	疲劳磨粒	—	25(个/mL)
	总磨粒	—	60(个/mL)

① 1 华氏度(℉)=−17.22 摄氏度(℃)。

表 8-23　颗粒计数 Agent 诊断规则

规则号	规　则
RULE1	IF 污染度正常 THEN 污染正常
RULE2	IF 污染度异常 THEN 污染严重
RULE3	IF 5～15 μm 颗粒数异常 THEN 小颗粒浓度异常
RULE4	IF 15～25 μm 颗粒数异常 THEN 大颗粒浓度异常
RULE5	IF 25～50 μm 颗粒数异常 THEN 大颗粒浓度异常
RULE6	IF 50～100 μm 颗粒数异常 THEN 大颗粒浓度异常
RULE7	IF 100 μm 以上颗粒数异常 THEN 大颗粒浓度异常

(2) 理化分析 Agent 诊断规则

表 8-24 所列为理化分析 Agent 诊断规则，是根据诊断理化分析数据得到的规则集。在诊断时需要将由理化分析仪器检测出的黏度指标、水分含量、酸/碱值、闪点、氧化、硝化、导电率、积炭与各种添加剂数据作为输入数据，利用理化分析 Agent 诊断规则来诊断这些数据，并得到诊断结论，从而诊断出油液是否变质。这些结果在很大程度上影响最终的诊断结论以及诊断方向。

表 8-24　理化分析 Agent 诊断规则

规则号	规　则
RULE1	IF 所有理化指标 THEN 理化指标
RULE2	IF 水分异常 THEN 含水量异常
RULE3	IF 黏度异常 THEN 黏度异常
RULE4	IF 闪点异常 THEN 闪点异常
RULE5	IF 酸/碱值异常 THEN 酸/碱值异常
RULE6	IF 导电率异常 THEN 导电率异常
RULE7	IF 氧化深度异常 THEN 红外光谱分析异常
RULE8	IF 硝化深度异常 THEN 红外光谱分析异常
RULE9	IF 硫酸盐浓度异常 THEN 红外光谱分析异常
RULE10	IF 抗氧剂水平异常 THEN 红外光谱分析异常
RULE11	IF 抗磨剂水平异常 THEN 红外光谱分析异常
RULE12	IF 燃料水平异常 THEN 红外光谱分析异常
RULE13	IF 羟基水平异常 THEN 红外光谱分析异常
RULE14	IF 冷却剂水平异常 THEN 红外光谱分析异常
RULE15	IF 积炭水平异常 THEN 红外光谱分析异常

(3) 铁谱分析 Agent 诊断规则

表 8-25 所列为铁谱分析 Agent 诊断规则，是根据诊断铁谱分析数据得到的规则集。在诊断时需要将由分析式铁谱仪检测出的各种异常磨粒(疲劳磨粒、切削磨粒、严重滑动磨粒、金属以及非金属磨粒等)的数量及所占比例作为输入数据，利用铁谱分析 Agent 诊断规则来诊断这些数据，并得到诊断结论，从而判断出发动机关键摩擦副磨损状态。这些结果在很大程度上影响最终的诊断结论以及诊断方向。

表 8-25　铁谱分析 Agent 诊断规则

规则号	规　则
RULE1	IF 所有磨粒数量均正常 THEN 铁谱分析正常
RULE2	IF 疲劳剥块磨粒数量超标 THEN 摩擦副发生疲劳磨损
RULE3	IF 严重滑动磨粒数量超标 THEN 摩擦副发生黏着磨损
RULE4	IF 切削磨粒数量超标 THEN 摩擦副发生磨料磨损
RULE5	IF 总粒数量超标 THEN 摩擦副发生严重磨损

(4) 光谱分析 Agent 诊断规则

表 8-26 所列为某型飞机发动机关键摩擦副的材质。表 8-27 所列为光谱分析 Agent 诊断规则，该规则集基于光谱数据完成诊断，输入数据为 MOA 光谱仪检测出的各类金属元素的含量。

表 8-26　某型飞机发动机关键摩擦副的材质

摩擦副名称	主要元素
主轴承	Fe、W、Cr、V
轴承保持架	Al、Cu
滑油泵衬套	Al、Cu

表 8-27　光谱分析 Agent 诊断规则

规则号	规　则
RULE1	IF 所有元素均正常 THEN 光谱分析正常
RULE2	IF Fe 浓度警告 THEN 主轴承开始磨损
RULE3	IF Fe 浓度梯度警告 THEN 主轴承开始磨损
RULE4	IF Fe 浓度异常 THEN 主轴承严重磨损
RULE5	IF Fe 浓度梯度异常 THEN 主轴承严重磨损
RULE6	IF W 浓度警告 THEN 主轴承开始磨损

续表 8-27

规则号	规　则
RULE7	IF W 浓度梯度警告 THEN 主轴承开始磨损
RULE8	IF W 浓度异常 THEN 主轴承严重磨损
RULE9	IF W 浓度梯度异常 THEN 主轴承严重磨损
RULE10	IF Cr 浓度警告 THEN 主轴承开始磨损
RULE11	IF Cr 浓度梯度警告 THEN 主轴承开始磨损
RULE12	IF Cr 浓度异常 THEN 主轴承严重磨损
RULE13	IF Cr 浓度梯度异常 THEN 主轴承严重磨损
RULE14	IF V 浓度警告 THEN 主轴承开始磨损
RULE15	IF V 浓度梯度警告 THEN 主轴承开始磨损
RULE16	IF V 浓度异常 THEN 主轴承严重磨损
RULE17	IF V 浓度梯度异常 THEN 主轴承严重磨损
RULE18	IF Al 浓度警告 THEN 轴承保持架或滑油泵衬套开始磨损
RULE19	IF Al 浓度梯度警告 THEN 轴承保持架或滑油泵衬套开始磨损
RULE20	IF Al 浓度异常 THEN 轴承保持架或滑油泵衬套严重磨损
RULE21	IF Al 浓度梯度异常 THEN 轴承保持架或滑油泵衬套严重磨损
RULE22	IF Cu 浓度警告 THEN 轴承保持架或滑油泵衬套开始磨损
RULE23	IF Cu 浓度梯度警告 THEN 轴承保持架或滑油泵衬套开始磨损
RULE24	IF Cu 浓度异常 THEN 轴承保持架或滑油泵衬套严重磨损
RULE25	IF Cu 浓度梯度异常 THEN 轴承保持架或滑油泵衬套严重磨损

（5）融合诊断 Agent 诊断规则

表 8-28 所列为关于发动机"严重磨损故障"融合诊断 Agent 诊断规则，该规则集基于光谱数据以及铁谱数据完成诊断，输入数据为由 MOA 光谱仪检测出的各类金属元素的含量以及由分析式铁谱仪检测出的各类异常磨粒（如疲劳磨粒、切削磨粒、严重滑动磨粒、金属以及非金属磨粒等）的数量。结合基于模糊数学与 D-S 证据理论的融合诊断新方法，得到融合诊断结果。

表 8-28　关于"严重磨损故障"的融合诊断 Agent 诊断规则

规则号	规　则
RULE1	IF 切削磨粒浓度异常（CF_{E1}）THEN 严重磨损故障发生（CF_{R1}）[CF_1]

续表 8-28

规则号	规　则
RULE2	IF 严重滑动磨粒浓度异常(CF_{E2})THEN 严重磨损故障发生(CF_{R2})[CF_2]
RULE3	IF 疲劳磨粒浓度异常(CF_{E3})THEN 严重磨损故障发生(CF_{R3})[CF_3]
RULE4	IF Fe 元素浓度异常(CF_{E4})THEN 严重磨损故障发生(CF_{R4})[CF_4]
RULE5	IF Al 元素浓度异常(CF_{E5})THEN 严重磨损故障发生(CF_{R5})[CF_5]
RULE6	IF Cu 元素浓度异常(CF_{E6})THEN 严重磨损故障发生(CF_{R6})[CF_6]
RULE7	IF Pb 元素浓度异常(CF_{E7})THEN 严重磨损故障发生(CF_{R7})[CF_7]
RULE8	IF Cr 元素浓度异常(CF_{E8})THEN 严重磨损故障发生(CF_{R8})[CF_8]
RULE9	IF Zn 元素浓度异常(CF_{E9})THEN 严重磨损故障发生(CF_{R9})[CF_9]
RULE10	IF Sn 元素浓度异常(CF_{E10})THEN 严重磨损故障发生(CF_{R10})[CF_{10}]
RULE11	IF Si 元素浓度异常(CF_{E11})THEN 严重磨损故障发生(CF_{R11})[CF_{11}]
RULE12	IF Mo 元素浓度异常(CF_{E12})THEN 严重磨损故障发生(CF_{R12})[CF_{12}]

$CF_{Ei}(i=1,2,\cdots,12)$为证据 i 的可信度，表示油液综合监控数据为异常的可信度，$CF_{Ri}(i=1,2,\cdots,12)$表示每条规则可信度。如果认为“严重磨损故障发生”这一结论在任一种数据异常的情况下均可推出，那么 $CF_{Ri}=1(i=1,2,\cdots,12)$。但是在实际情况中，故障的置信度随着检测数据的不同而不同，所以根据实际情况，CF_{Ri} 可以取 0～1 之间的任意值。$CF_i(i=1,2,\cdots,12)$表示每条规则的综合可信度。即

$$CF_i=CF_{Ei}\times CF_{Ri},\quad i=1,2,\cdots,12 \tag{8-11}$$

要计算每条证据(即每个油样检测数据异常)的可信度，需要引入模糊集合概念，设模糊子集 $A_i(i=1,2,\cdots,n)$表示油样分析数据为异常，则实测油样数据对 A_i 的隶属度$\mu_{A_i}(x_i)(i=1,2,\cdots,n)$可以通过隶属度函数来得到。此时，可以用隶属度$\mu_{A_i}(x_i)(i=1,2,\cdots,n)$作为证据的可信度，即

$$CF_{Ei}=\mu_{A_i}(x_i),\quad i=1,2,\cdots,n \tag{8-12}$$

首先对油样数据进行归一化处理，设定油样数据的异常限 a，将检测数据除以异常限后得到归一化数据，此时，对所有油样分析数据(包括光谱和铁谱数据)的界限值统一归一化为“1”。因此可以确定其隶属度函数为

$$\mu_{A_i}(x)=\begin{cases}\dfrac{1}{2}\exp[k(x-1)], & 0\leqslant x\leqslant a\\ 1-\dfrac{1}{2}\exp[-k(x-1)], & x>a\end{cases} \tag{8-13}$$

式中，k 值控制曲线的陡峭程度。

不同的 k 值下隶属度曲线如图 8-8 所示。根据经验选取 $k=0.5$，从图 8-8 中

可以看出，当检测数据超过异常界限越大，其隶属度即油液综合监控数据属于异常的程度也越大。

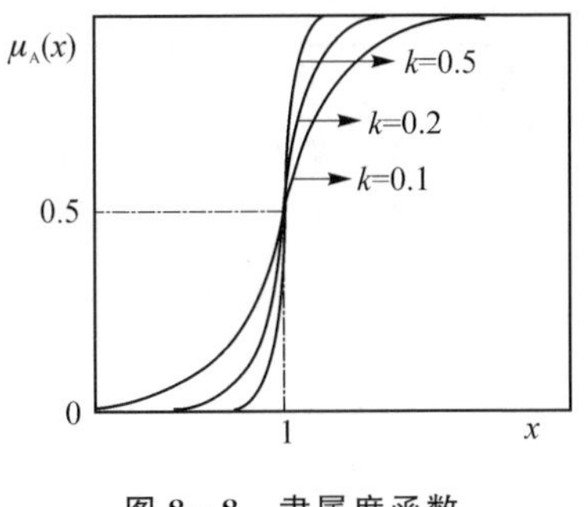

图 8-8　隶属度函数

规则的可信度 CF_{Ri}（$i=1,2,\cdots,12$）需要根据经验确定。本文对磨粒数据考虑了切削磨粒浓度、严重滑动磨粒浓度及疲劳磨粒浓度 3 个证据（征兆），因此确定 $CF_{R1}=CF_{R2}=CF_{R3}=1/3$；在光谱数据中考虑各元素含量 9 个证据（征兆），因此确定 $CF_{R1}=CF_{R2}=\cdots=CF_{R12}=1/9$。当然也可按实际情况给予不同的权重。

在本节，对于双重假设问题，若集合 A 为“故障 F 发生”，则集合 θ 为 A 的补集，即“故障 F 不发生”。因此，可以根据规则综合可信度 CF_i 来确定每个证据（即每个油样检测数据）对集合 A（故障 F 发生）的支持程度，然后运用 D-S 证据理论实现对各种证据支持程度的融合，得到融合诊断结果。需要指出的是，当征兆不完全时，即可能只进行了铁谱和光谱中的一种检测，可以令不予检测的油样数据对应的征兆隶属度为“0”。按同样的方法计算即可。

(6) 综合 Agent 诊断规则

表 8-29 所列为总控 Agent 诊断规则，该规则控制着整个诊断流程。而且在诊断过程中的各资源 Agent 的诊断结果，通过通信 Agent 均返回总控 Agent，总控 Agent 根据返回的诊断结果以及自身的知识规则，来决定诊断的下一步方向，并得出初步诊断结论。

表 8-29　总控 Agent 诊断规则

规则号	规　则
RULE1	IF 污染正常且理化指标正常 THEN 系统正常，继续监控，诊断结束
RULE2	IF 污染正常且理化指标异常 THEN 油液变质，诊断结束
RULE3	IF 污染严重且大颗粒浓度异常且未进行铁谱分析 THEN 进行铁谱诊断以进一步确认磨损类型
RULE4	IF 污染严重且大颗粒浓度异常且铁谱分析完成且未进行光谱分析 THEN 进行光谱诊断以进一步确认磨损部位
RULE5	IF 污染严重且铁谱分析完成且铁谱分析正常且光谱分析完成且光谱分析正常 THEN 污染物来源于外部，建议进行油液清洁处理，同时进行融合诊断，判别磨损程度
RULE6	IF 污染严重且铁谱分析完成且铁谱分析异常且光谱分析完成且光谱分析正常 THEN 严重磨损，进行融合诊断，判别磨损程度

续表 8-29

规则号	规　则
RULE7	IF 污染严重且铁谱分析完成且铁谱分析正常且光谱分析完成且光谱分析异常 THEN 严重磨损，进行融合诊断，判别磨损程度
RULE8	IF 污染严重且铁谱分析完成且铁谱分析异常且光谱分析完成且光谱分析异常 THEN 严重磨损，进行融合诊断，判别磨损程度
RULE9	IF 污染严重且小颗粒异常且大颗粒正常且未进行光谱分析 THEN 进行光谱诊断以进一步确认磨损部位
RULE10	IF 污染严重且小颗粒异常大颗粒正常且光谱分析完成且光谱分析正常 THEN 污染物来源于外部，建议进行油液清洁处理，同时进行融合诊断，判别磨损程度
RULE11	IF 污染严重且小颗粒异常大颗粒正常且光谱分析完成且光谱分析异常 THEN 严重磨损，进行融合诊断，判别磨损程度

8.2.3 诊断案例

为了验证本文所建立的多 Agent 协同诊断系统的有效性，利用某型飞机发动机的油样分析的仿真数据进行诊断实验。其中，数据由颗粒计数分析数据、理化分析(水分)数据、铁谱分析数据以及原子发射光谱数据组成，分别见表 8-30、表 8-31、表 8-32 及表 8-33，界限值见表 8-22。

表 8-30　颗粒计数分析数据

单位：个/100mL

类　型	污染等级	5～15 μm	15～25 μm	25～50 μm	50～100 μm	>100 μm
案例 1	12	1 580 000	752 000	700	800	6 780
案例 2	4	2 700	800	300	30	8
案例 3	6	6 935	2 581	401	55	2
案例 4	10	325 000	8 000	3 200	500	50
案例 5	11	523 000	6 010	699	103	91
案例 6	9	57 261	4 995	9 195	296	32
案例 7	7	45 902	3 949	753	189	31
案例 8	8	53 056	95 860	10 230	500	30

表 8-31　理化分析的水分数据

单位：ppm

案　例	案例 1	案例 2	案例 3	案例 4	案例 5	案例 6	案例 7	案例 8
水分	55.5	114.0	133.2	—	—	—	—	—

表 8-32　铁谱分析数据

单位：个/mL

类　型	疲劳剥块	严重滑动磨粒	切削磨粒	类　型	疲劳剥块	严重滑动磨粒	切削磨粒
案例 1	8	5	70	案例 5	—	—	—
案例 2	—	—	—	案例 6	2	4	2
案例 3	—	—	—	案例 7	2	2	2
案例 4	—	—	—	案例 8	3	87	3

表 8-33　光谱分析数据

单位：ppm

类　型	Fe	Cr	Cu	Pb	Al	Sn	Zn	Si	Mo
案例 1	50.0	101.0	21.0	0.0	12.5	0.0	0.2	19.1	1.2
案例 2	—	—	—	—	—	—	—	—	—
案例 3	—	—	—	—	—	—	—	—	—
案例 4	0.2	0.15	0.19	0.0	0.1	0.0	0.3	8.9	0.7
案例 5	26.0	87.0	0.2	0.1	1.6	0.0	0.25	15.9	2.6
案例 6	0.9	1.1	0.5	0.0	0.2	0.1	0.5	26.5	4.2
案例 7	0.3	0.4	9.5	0.1	11.9	0.0	0.4	13.5	0.7
案例 8	0.2	0.3	0.4	0.1	0.1	0.2	0.0	15.5	0.8

1. 诊断流程

根据航空发动机日常分析油样的程序，首先对油样进行污染度分析，得到油液的污染度，根据污染度界限值判断污染是否超标。若污染超标，则需要根据各尺寸段的磨粒数目进一步确定小颗粒（尺寸在 5～15 μm 之间）和大颗粒（尺寸大于 15 μm）的超标情况。接着，进行油液理化分析。然后，根据总控 Agent 的诊断规则，针对污染物分析和理化分析情况，可得到三种情况：污染正常并且理化正常、污染正常并且理化异常以及污染异常。针对前两种情况可以直接得出最终的诊断结论然后结束。最后污染异常情况可以分为两种：一种是大颗粒数目异常，还需要先对油样进行铁谱分析，然后进行光谱分析；另一种是大颗粒数目正常，则只需要对油样进行光谱分析。综合诊断结论则根据铁谱分析以及光谱分析结果得出，同时还须进行融合诊断，得到发动机部件的严重磨损程度。

2. 诊断结果

表 8-34 为对案例进行综合诊断时各资源 Agent 应用的知识规则。表 8-35 为各个案例的诊断结果，包括各资源 Agent 的诊断结果和总控 Agent 得出的综合诊断结果。

表 8-34 诊断过程中所用到的各种分析的诊断规则

案　例	颗粒计数分析	理化分析	铁谱分析	光谱分析	综合诊断	融合诊断
案例 1	RULE2,RULE3 RULE4,RULE7	RULE1	RULE4	RULE4,RULE12, RULE20,RULE24	RULE8	√
案例 2	RULE1	RULE1	—	—	RULE1	—
案例 3	RULE1	RULE2	—	—	RULE2	—
案例 4	RULE3	—	—	RULE1	RULE9,RULE10	√
案例 5	RULE3	—	—	RULE4,RULE12	RULE9,RULE11	√
案例 6	RULE5	—	RULE1	RULE1	RULE3,RULE4, RULE5	√
案例 7	RULE6 RULE7	—	RULE1	RULE20,RULE24	RULE3,RULE4, RULE7	√
案例 8	RULE4,RULE5 RULE7	—	RULE3	RULE1	RULE3,RULE4, RULE6	√

表 8-35 诊断结论

案　例	颗粒计数分析	理化分析	铁谱分析	光谱分析	综合诊断	融合诊断
案例 1	大颗粒浓度异常	正常	摩擦副发生 磨料磨损	主轴承严重磨损； 轴承保持架或滑油 泵衬套严重磨损	严重磨损	0.952 5
案例 2	污染正常	正常	—	—	系统正常 继续监控	—
案例 3	污染严重	含水量 异常	—	—	更换油液， 诊断结束	—
案例 4	小颗粒浓度异常	—	—	正常	污染物来源于外部	0.375 2
案例 5	小颗粒浓度异常	—	—	主轴承严重磨损	严重磨损	0.602 2
案例 6	大颗粒浓度异常	—	正常	正常	污染物来源于外部	0.492 4
案例 7	大颗粒浓度异常	—	正常	轴承保持架或滑油 泵衬套严重磨损	严重磨损	0.5472
案例 8	大颗粒浓度异常	—	摩擦副发生 黏着磨损	正常	严重磨损	0.673 5

对案例 1 中的数据进行综合分析，具体诊断流程如下。

① 首先进行污染诊断和理化诊断，启动颗粒计数 Agent 和理化分析 Agent。检测油液固体颗粒污染度，得到结果超出 NAS1638 分级范围（大于 10 级）；检测油液

含水量,得到结果为 55.6×10^{-6}(质量分数),含水量正常。因此污染度严重超标,其中 5～15 μm、15～25 μm 及大于 100 μm 的颗粒严重超标。此时根据总控 Agent 的控制知识可知,需要进行铁谱分析和光谱分析。

② 进行油液铁谱诊断,发现大量切屑磨粒。根据铁谱分析 Agent 诊断规则,摩擦副发生磨料磨损。

③ 进行油液光谱诊断。根据阈值,发现磨损颗粒中 Fe、Cr 元素超标,其中 Cr 元素严重超标 40 多倍, Fe 元素超标 3 倍多。初步分析认为材质为 Cr、Fe 的元件异常磨损。根据光谱分析 Agent 的诊断规则,得出诊断结果是主轴承严重磨损。

④ 再由总控 Agent 得出综合诊断结论为严重磨损,继续进行融合诊断。

⑤ 进行融合诊断,得到严重磨损的程度,其融合诊断结果为 0.952 5。据此进行诊断维修。

其他案例的诊断过程也如案例 1 一样,此处不一一详述。案例 2 是一组污染正常且理化正常情况的数据;案例 3 是一组污染正常且理化异常情况的数据;案例 4 是一组小颗粒异常且光谱正常情况的数据;案例 5 是一组小颗粒异常且光谱异常情况的数据;案例 6 是一组大颗粒异常、铁谱正常且光谱正常情况的数据;案例 7 是一组大颗粒异常、铁谱正常且光谱异常情况的数据;案例 8 是一组大颗粒异常、铁谱异常且光谱正常情况的数据。

对比表 8-35 的融合诊断结果,可以看出:对于数据超标现象,融合诊断结果均在 0.5 以上,而且超标程度越严重,其融合诊断结果越大,表明严重磨损程度越严重。如案例 1 铁谱和光谱元素均严重超标,因此其融合诊断结果为 0.952 5,较其他只有铁谱元素或只有光谱元素超标的案例得到的融合诊断结果要大。而对于案例 4,其污染物来源于外部,所以其融合诊断结果仅为 0.375 2,小于 0.5。由此可见,诊断结果反映了该方法的有效性。

本节构建的针对航空发动机的磨损故障多 Agent 协同诊断模型,能够将多种油样分析技术得到的数据有效地融合起来,进行故障诊断;并能根据每一种类油样分析数据得到的诊断结论,确定诊断流程从而进行协同诊断;采用同时对综合诊断结果进行融合诊断,能够准确地判定故障部位、故障性质,并对故障性质进行定量描述。

本章小结

本章介绍了磨损故障智能融合诊断方法,包括基于 D-S 证据理论方法和多 Agent 协同综合诊断方法。融合诊断方法综合运用各油样分析方法的冗余性和互补性,实现了多油样分析方法的综合诊断,有效地利用了各种油样分析方法的特点和优势,提高了诊断精度,避免了诊断工作的盲目性。本章在航空发动机状态监测专家系统中,通过几个不同的油样分析信息协同专家系统诊断的案例发现,航空发动机的磨损故障诊断专家系统能有效地融合各种油样分析信息进行故障诊断，同时能准确地判定故障部位，提高诊断效率，提升维修水平，对于维修和监测具有重要的意义。

参考文献

[1] 权太范. 信息融合神经网络-模糊推理理论与应用[M]. 北京：国防工业出版社，2002.

[2] MINSKY M. Socity of Mind[M]. New York：Simon&Schuster，1986.

[3] WOOLDRIDGE M，JENNINGS N. Formalizing the Cooperative Problem Solving Processs [J]. AAAI，Technical Report WS-94-02，1994，2：378-392.

[4] KAI G. Architecture and Design of a Diagnostic Information Fusion System[J]. Artificial Intelligence for Engineering Design，Analysis and Manufacturing，2001，15：335-338.

第 9 章 基于能谱分析数据的磨损部位诊断

将扫描电子显微镜与能谱仪结合，使用带能谱分析的扫描电子显微镜进行成分分析时，一次谱线分析即可得到可测的全部元素。在观察试样形貌的同时，就可以快速进行元素的定量、定性分析。因此，结合能谱分析数据，再结合实际航空发动机的材质成分，可以推断磨损颗粒的来源，进而实现磨损部位的诊断。然而，通过人工判别磨损部位不仅精度不高，而且效率低。本章研究了两种基于能谱分析数据的磨损部位诊断方法。其一是基于材料成分容差的磨损颗粒来源分析，基本思路是将能谱分析数据与材料库中每一种材料的化学成分含量范围进行匹配，对能谱分析数据中所有落入材料规定含量范围的元素含量百分比进行累加，这样最终每一种材料都可以得到一个化学成分成功匹配的累加百分比，颗粒所属材料的可能性就采用累加百分比的高低来衡量；其二是基于深度学习的磨损部位诊断方法。其基本思路是首先构建深度神经网络结构，然后基于材料成分表建立深度神经网络模型训练样本，并进行深度学习，最后将能谱数据输入训练好的深度神经网络模型，最终实现磨损部位诊断。

9.1 深度学习理论基础

目前，深度学习已经在很多领域显现出巨大的应用潜能。自 2011 年以来，深度学习在语音识别领域取得了十多年来的突破性进展，识别错误率降幅达到 20%～30%。深度学习首次在语音识别领域取得的突破，使得人们开始在其他领域应用这种技术。接着，其在图像识别领域也取得了突破性成果，深层卷积神经网络（Deep Convolutional Neural Network，DCNN）在大规模图像识别问题上的表现令人惊叹，在大规模图像数据集 ImageNet 比赛中将错误率从 26%降低到 1.5%，超过 10%的降幅让人们对深度学习充满了信心。随后，深度学习在目标检测任务中也超越了传统方法，继而在视频分类方面也取得了突破。正是由于深度学习具有如此的潜力，2014 年，在收购 DeepMind 公司之后，Google 公司利用深度学习技术，节约了 15%的能耗，每年为公司节省约两千万美元的成本，同时，还保护了环境。2016 年，

Google AlphaGo 的出现让人们看到了深度学习巨大的潜力，尤其是深度增强学习的出现，让人们相信该项技术是目前最容易实现人工智能的途径。同一时期，相继出现了如 ResNet、GoogLeNet、VGGNet、DeseNet 等具有代表性的网络架构[1]。2019 年，通过人工智能技术自动寻找完成的深度学习网络架构——NASNet，打开了计算机自动搭建深度学习网络模型的大门，这一技术开始被研究者所追捧。2021 年，Swin Transformer 的出现标志着深度学习网络模型性能的又一次进步。

与传统机器学习方法相比，深度学习方法有两个显著优势。一是它可以从原始数据中直接进行特征学习，并且学习的特征判别能力远超手工提取的特征；二是它可以实现端到端的学习，即可以直接学习从原始数据到类别标签的映射。得益于深度学习的强大特征学习能力，近年来，语音识别、计算机视觉、计算机围棋、自然语言处理等人工智能的应用均取得了显著进展，甚至超越了人类，这充分显示出深度学习的巨大潜力。

(1) 卷积核

当前深度学习主要以卷积核为计算单元。如同积木搭建一样，深度学习模型通过堆叠各种卷积核，外加如池化、激活函数等操作，完成模型构建的目标[2]。卷积核主要被卷积神经网络(Convolutional Neural Network，CNN)中的卷积层利用，对输入的图像数据进行卷积运算来提取特征，其中的卷积运算就是卷积核使用的算法，卷积层的名称也因此得来。卷积运算一般包括连续卷积和离散卷积。因为 CNN 输入的图像像素为间断的数据点，是离散的，所以这里用到的运算是离散卷积运算[3]。

$$y(n)=x(n)*h(n)=\sum_{i=0}^{N-1}x(i)h(n-i) \tag{9-1}$$

式中，$y(n)$表示特征映射；$x(n)$表示输入的图像；$h(n)$表示卷积核函数；N 为卷积核大小。

式(9-1)是对一维卷积核的描述，下面介绍的公式是针对二维卷积核的。假设 $K(m,n)$为二维卷积核，$l(i,j)$为输入图像，两者卷积运算如下：

$$S(i,j)=(l*K)(i,j)=\sum_{m=0}^{M}\sum_{n=0}^{N}l(m,n)K(i-m,j-n) \tag{9-2}$$

由于卷积运算具有可交换性，式(9-2)能够改写为

$$S(i,j)=(l*K)(i,j)=\sum_{m=0}^{M}\sum_{n=0}^{N}l(i-m,j-n)K(m,n) \tag{9-3}$$

式中，m，n 分别代表卷积核的长和宽。在卷积层中，需要对卷积运算的特征结果进行一个偏置，即

$$x_f^l=f\left(\sum_{i\in M_j}x_j^{l-1}*\boldsymbol{k}_{i,j}^l+b_j^l\right) \tag{9-4}$$

式中，x_j^l 为第 l 层(当前为卷积层)输出的第 j 个特征图；卷积层在输出前需要经过 $f(x)$激活函数的计算；M_j 为输入的特征图；$*$ 为卷积数学符号；$\boldsymbol{k}_{i,j}^l$ 为卷积核的权

重矩阵。在卷积运算过程中，引入一个相应的偏置 b 对应相应的输出图，以此来提取输入图像的深层特征并尽可能地保留信息，同时对其进行去噪处理，使得到的特征更具说服力，从而提高故障识别和分类的准确率。卷积示意图如图 9-1 所示。

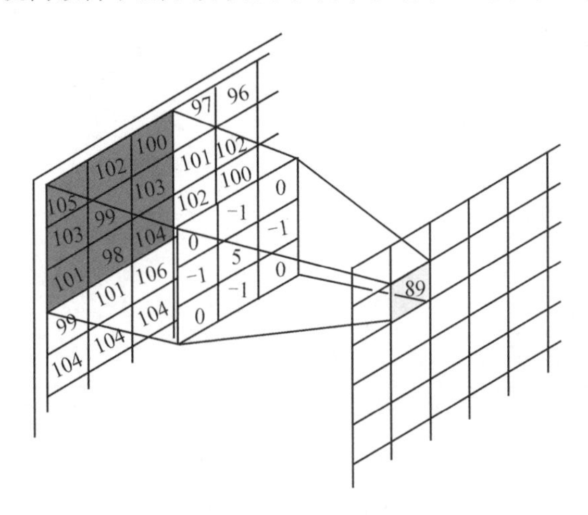

图 9-1　卷积示意图

(2) 激活函数

深度学习中，激活函数的作用是提高神经网络整体的非线性表达能力。如图 9-2 所示，激活函数通过接收一系列输入并生成输出来模拟生物神经元的特性，从而模拟阈值对神经元的激活和兴奋的影响。常用于深度学习的基础算还包括下列函数[4]。

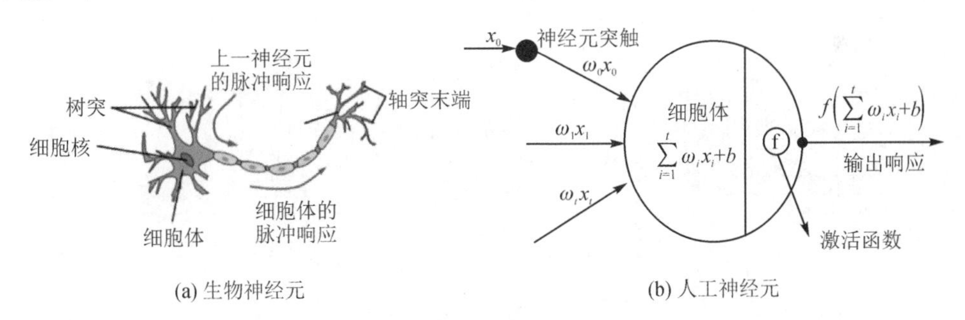

图 9-2　生物神经元与人工神经元

1) Sigmoid 函数

Sigmoid 函数的数学表达式为

$$\sigma(t)=\frac{1}{1+e^{-t}} \tag{9-5}$$

该函数的图像如图 9-3 所示，可以明显看到，该函数的输出对应的值域为 [0,1]。它可以模拟神经元的工作方式，其中，神经元的“抑制状态”对应 0，“兴奋状态”对应1,而中间区域斜率较大的地方则对应神经元的敏感区。当值大于5(或小于−5)时,则会产生梯度饱和效应,即无论值多大都会被抑制。这种情况下在反向传播误差的过程中,当导数处于抑制区以后,误差很难传递给上一层,从而可能导致整个神经网络无法完成模型训练。

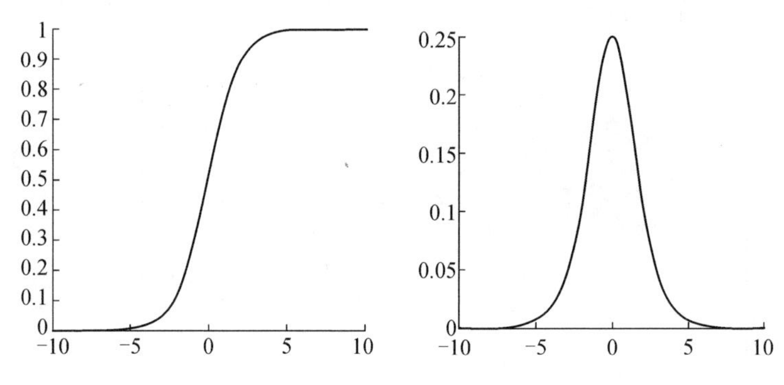

图9-3 Sigmoid函数及其梯度函数图像

2) tanh函数

tanh函数的数学表达式为

$$\tanh(t)=2\sigma(2t)-1 \tag{9-6}$$

tanh函数又称双曲正切函数,它的函数图像如图9-4所示,其函数值域为(−1,1),输出响应的均值为0。tanh函数类似于Sigmoid函数的曲线,仍然会产生梯度饱和效应,当函数在某个区间时会变得平缓,梯度较小不利于更新权重。

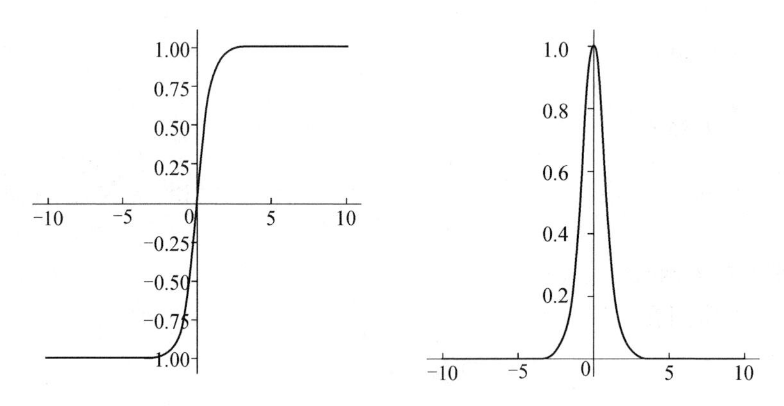

图9-4 tanh函数及其梯度函数图像

3) ReLU函数

ReLU函数的数学表达式为

$$\mathrm{ReLU}(t)=\max(0,x) \tag{9-7}$$

ReLU函数事实上是一个分段的函数,其定义为

$$\text{rectifier}(x)=\max(0,x)=\begin{cases}x, & x\geqslant 0\\0, & x<0\end{cases}\tag{9-8}$$

其函数图像如图9-5所示。ReLU函数的梯度在$x<0$的部分完全抵消了Sigmoid函数的梯度的饱和效应。当$x\geqslant 0$时,它的梯度为1。在日常实验中发现,与Sigmoid函数相比,ReLU函数可使得随机梯度下降法的收敛速度大概提高了6倍。ReLU函数是在当下CNN中非常容易见到并被运用的激活函数之一。

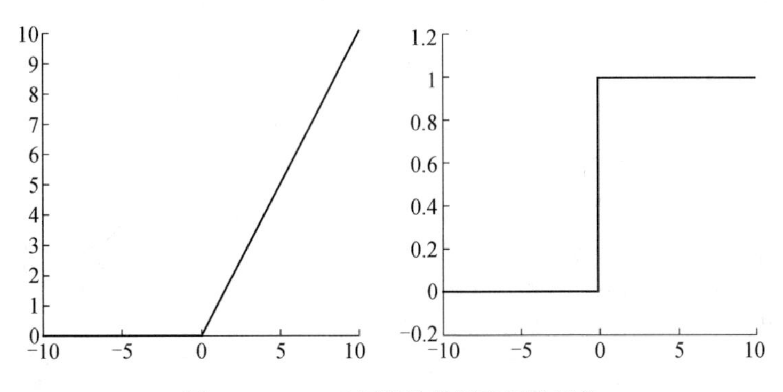

图9-5　ReLU函数及其梯度函数图像

(3) 损失函数

损失函数又称代价函数,是一个非负实数函数[5]。在深度学习中,通常通过最小化损失函数来求解和评估模型分类能力。这里介绍常用的几种损失函数,进行比较分析,并选择应用在本文模型中。

1) 0-1损失函数(0-1 Loss Function)

此函数可以很直观地展现模型预测的错误率。

$$L(y,f(x,\theta))=\begin{cases}0, & y=f(x,\theta)\\1, & y\neq f(x,\theta)\end{cases}=l(y\neq f(x,\theta))\tag{9-9}$$

式中,$l()$表示指示函数;x为输入;θ为网络参数;y为网络输出;$f()$表示深度学习网络模型。

2) 平方损失函数(Quadratic Loss Function)

此函数经常用在预测标签y为实数值的任务中。

$$L(y,f(x,\theta))=\frac{1}{2}(y-f(x,\theta))^2\tag{9-10}$$

式中,x为输入;θ为网络参数;y为网络输出;$f()$表示深度学习网络模型。

这里可以看出,其表示预测值与实际值差的平方,所以一般不适用于分类问题。

3)交叉熵损失(Cross Entropy Loss)函数

又称Softmax损失函数,其一般适合用在分类问题中,第一种交叉熵损失函数的数学表达式为

$$J = -\sum_{j=1}^{I} \boldsymbol{y}_j \log(\boldsymbol{p}_j) \tag{9-11}$$

式中，I 为分类类别总数；$\boldsymbol{p}_j$ 为经过式(9－12)所示的 Softmax 分类函数输出的第 j 个类别的概率，相应的真实样本标签为 $\boldsymbol{y}_j$。

$$\boldsymbol{p}_j = \frac{e^{V_j}}{\sum_{i=1}^{I} e^{V_i}} \tag{9-12}$$

式中，V_i 为全连接层的第 i 个神经元的输出。

(4) 优化算法

现阶段深度学习模型的参数更新通常采用梯度反向传播算法实现。通过不断地迭代更新参数，使得损失函数达到最小值。目前几种常用的计算参数梯度的方法主要有随机梯度下降算法(SGD)、RMSProp 算法、Adagrad 算法、Adam 算法等[6]。

1) 随机梯度下降算法

随机梯度下降算法是神经网络最基本的训练方法。利用神经网络模型批量训练数据样本，将得到的损失反向传播，完成参数更新。其更新过程为

$$\omega_i \leftarrow \omega_{i-1} - \eta \times g \tag{9-13}$$

式中，ω_i，为 i 时刻的网络参数；ω_{i-1} 为 $i-1$ 时刻的网络参数；η 为学习速率；g 完全依赖当前批数据样本在网络目标函数上的损失。

2) RMSProp 算法

该算法使用全局学习率，其实现过程可以表示为

$$r_i \leftarrow \rho \times r_{i-1} + (1-\rho) \times g^2 \tag{9-14}$$

$$\eta_i \leftarrow \frac{\eta_{\text{global}}}{\sqrt{r_i + \varepsilon}} \tag{9-15}$$

式中，r_i 和 r_{i-1} 分别是损失函数在前 i 和 $i-1$ 轮迭代过程中累积的梯度动量；g 为损失函数反向传播时所求得的梯度；ρ 为区间[0,1]的实数。当 ρ 较大时会促进神经网络更新；当 ρ 较小时会抑制神经网络更新，ε 是为了避免除以 0 的小常数(通常设置为 1×10^{-8})，η 为计算所得的梯度变化。

3) Adagrad 算法

该算法对于不同的训练轮数，自适应地调整学习率。它的实现过程如下：

$$\eta_i \leftarrow \frac{\eta_{\text{global}}}{\sqrt{\sum_{i'=1}^{i} g_{i'}^2 + \varepsilon}} \times g_i' \tag{9-16}$$

式中，ε 是为了避免除以 0 的小常数(通常设置为 1×10^{-8})；η 为计算所得的梯度变化量；t 为当前迭代次数；i 为累计迭代次数；g 为损失函数计算的梯度。

4）Adam 算法

该算法利用梯度的一阶和二阶矩自适应地调整每个参数的学习率，其实现过程如下：

$$m_i \leftarrow \beta_1 \times m_{i-1} + (1-\beta_1) \times g_i \tag{9-17}$$

$$v_i \leftarrow \beta_2 \times v_{i-1} + (1-\beta_2) \times g_i^2 \tag{9-18}$$

Adam 算法的优点：经过偏置校正后，学习率的每一次迭代都会产生一个确定的范围，可以平稳地更新参数。

9.2　DCNN

经典的五层 DCNN 可作为滚动轴承故障诊断的模型，图 9－6 所示为 DCNN 的基本结构，DCNN 主要由输入层、卷积层、池化层、全连接层等结构串联而成。表 9－1 为本文 DCNN 模型的结构参数[7]。

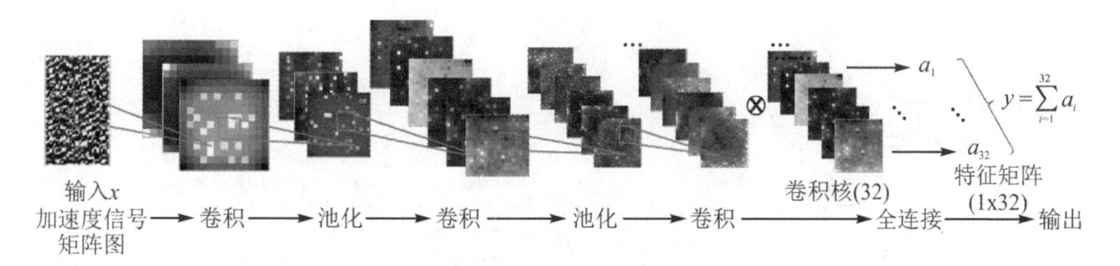

图 9－6　DCNN 的基本结构

表 9－1　DCNN 模型结构参数

结　构	参　数	输出大小
输入层	(32×32,64)	32×32
第一层	(5×5,64)	28×2
池化	(2×2,64)	14×14
第二层	(3×3,64)	14×14
池化	(2×2,64)	7×7
随机失活层	0.25	1×512
展平层	无	3 136×1
全连接层	128 ReLU	128×1
随机失活层	0.5	128×1
全连接层	10 softmax	10×1

9.3　长短期记忆网络

长短期记忆网络(Long Short Term Memory Network，LSTM)是依照时间递归的神经网络之一，主要应用在处理预测时间序列中延迟长的事件。LSTM 是 RNN 神经网络的变体，它在 RNN 的基础上加入了 cell，用来判断信息是否有用而保留。LSTM 引入了“门限”(Gate)的概念，如图 9-7 所示，门限由一个 Sigmoid 神经网络层和一个点乘算法组成，其中 Sigmoid 神经网络层负责输出 0 到 1 之间的概率值。一个 cell 中放置了三种门限：输入门限、遗忘门限和输出门限。

通过增加输入门限、遗忘门限和输出门限，使得自循环的权重是变化的。因此，在训练 LSTM 模型的过程中，即使模型参数固定，不同时刻的权重积分尺度也会动态变化，从而避免了 RNN 会发生的梯度消失或者梯度膨胀的问题[8]。

LSTM 模型的 cell 作为隐藏层 cell，具有长期记忆功能，图 9-8 所示为 LSTM 的 cell 结构。

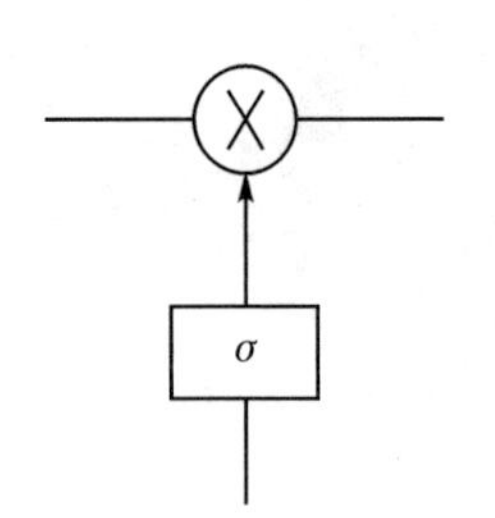

图 9-7　门限的构成

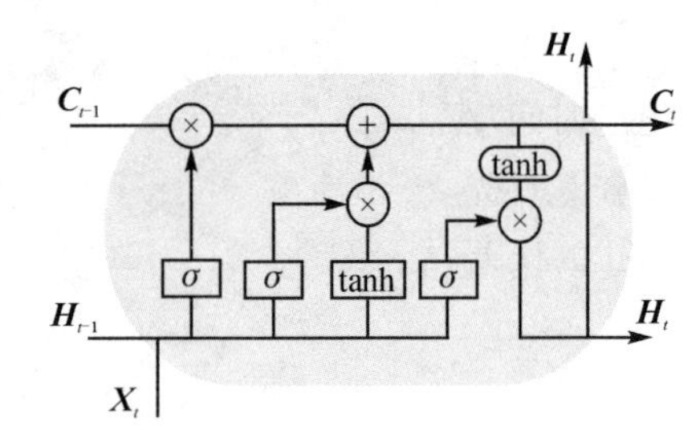

图 9-8　LSTM 隐藏层 cell 结构

其前向计算方法可以表示如下：

(1) 计算遗忘门

$$\boldsymbol{F}_t=\sigma(\boldsymbol{W}_{\mathrm{f}}[\boldsymbol{H}_{t-1},\boldsymbol{X}_t]+\boldsymbol{B}_{\mathrm{f}}) \tag{9-19}$$

式中，$\boldsymbol{F}_t$ 为 LSTM 中的遗忘门(Forget Gate)的输出值，表示被遗忘的阈值；$\boldsymbol{X}_t$ 为一维卷积残差网络经过全连接层后的第 t 个输出；$\boldsymbol{H}_{t-1}$ 是 $t-1$ 时刻的细胞的输出；$\boldsymbol{W}_{\mathrm{f}}$ 表示遗忘门中网络的权重因子矩阵；$\boldsymbol{B}_{\mathrm{f}}$ 表示遗忘门中网络的偏置向量；σ 是 σ 函数。

(2) 计算输入门

$$I_t=\sigma(\boldsymbol{W}_{\mathrm{i}}[\boldsymbol{H}_{t-1},\boldsymbol{X}_t]+\boldsymbol{B}_{\mathrm{i}}) \tag{9-20}$$

$$\widetilde{\boldsymbol{C}}_t=\tanh(\boldsymbol{W}_{\mathrm{c}}[\boldsymbol{H}_{t-1},\boldsymbol{X}_t]+\boldsymbol{B}_{\mathrm{c}}) \tag{9-21}$$

式中，$\boldsymbol{I}_t$ 为 LSTM 中的输入门(Input Gate)的输出值，用于存储输入状态；$\boldsymbol{W}_{\mathrm{i}}$ 表示输入门中网络的权重因子矩阵；$\boldsymbol{B}_{\mathrm{i}}$ 表示输入门中网络的偏置向量；$\widetilde{\boldsymbol{C}}_t$ 是以 tanh(双曲正切激活函数)为激活函数的中间层创建的候选值向量，用于后续更新细胞状态；$\boldsymbol{W}_{\mathrm{c}}$ 表示中间层中网络的权重因子矩阵；$\boldsymbol{B}_{\mathrm{c}}$ 表示中间层中网络的偏置向量。

(3) 更新细胞状态

$$C_t = F_t C_{t-1} + I_t \widetilde{C}_t \tag{9-22}$$

式中，C_t 是更新后当前细胞状态(当前循环发生)；C_{t-1} 为前一时刻细胞的状态。

(4) 计算输出

$$O_t = \sigma(W_o[H_{t-1}, X_t] + B_o) \tag{9-23}$$

$$H_t = O_t \tanh(C_t) \tag{9-24}$$

式中，O_t 为 LSTM 中的输出门(Input Gate)的输出值，表示输出阈值；W_o 表示输出门中网络的权重因子矩阵；B_o 表示输出门中网络的偏置向量；H_t 是当前细胞的输出。

LSTM 神经网络的训练采用 BP 算法，即误差的反向传播算法。基于 BP 算法，将按照时间序列的误差反向传播回来，再基于梯度下降的策略以目标的负梯度方向进行参数调整，网络本身可以用带有循环的图结构表示，如图 9-9 所示。

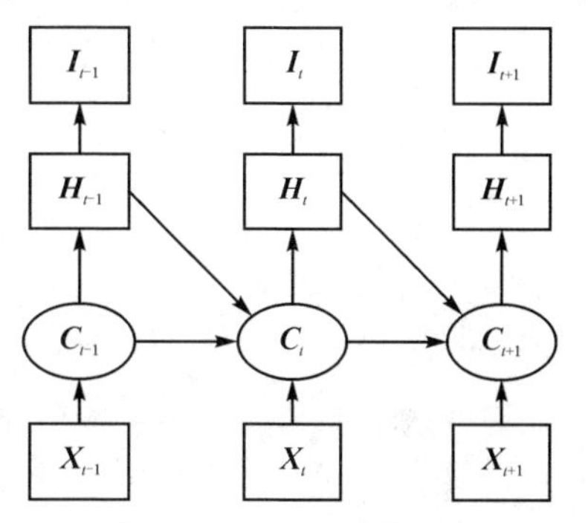

图 9-9　LSTM 原始结构

采用通过时间反向传播(Back-propagation Through Time，BPTT)算法，可以分为四个步骤。首先，基于前项方法得到 LSTM1 的 cell 输出值；其次，基于 BP 算法计算各个 cell 的误差；然后，计算对应每个误差项的权重的梯度值；最后，基于梯度优化算法更新权重，如图 9-10 所示。

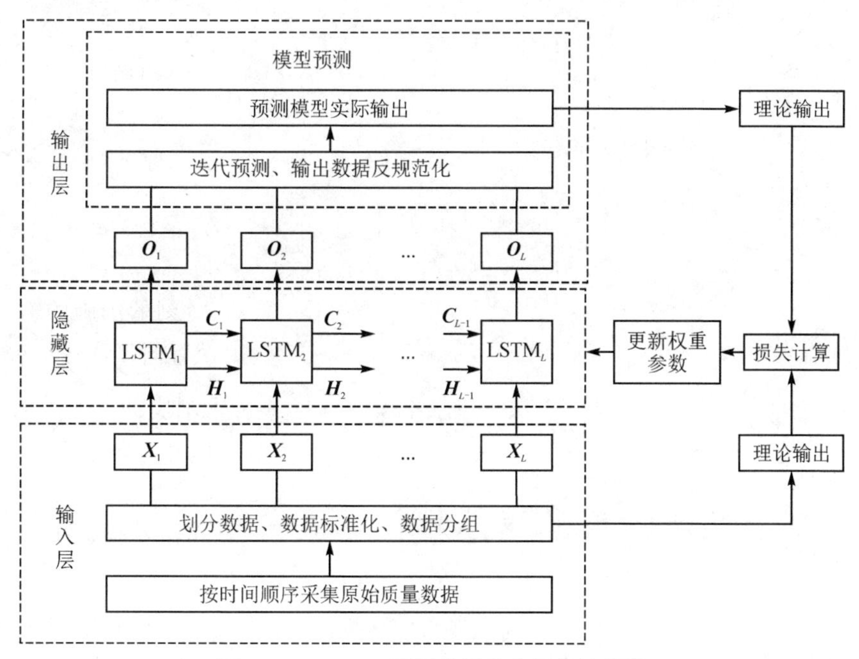

图 9-10　LSTM 预测模型整体框架流程图

9.4 残差网络

为了解决随着深度的增加，神经网络出现性能退化以及梯度消失的问题，2015 年 He 等提出了残差网络(Deep Residual Network，ResNet[9-10])。ResNet 的经典之处在于其引入了残差块的概念。如图 9 - 11 所示为残差块的结构。

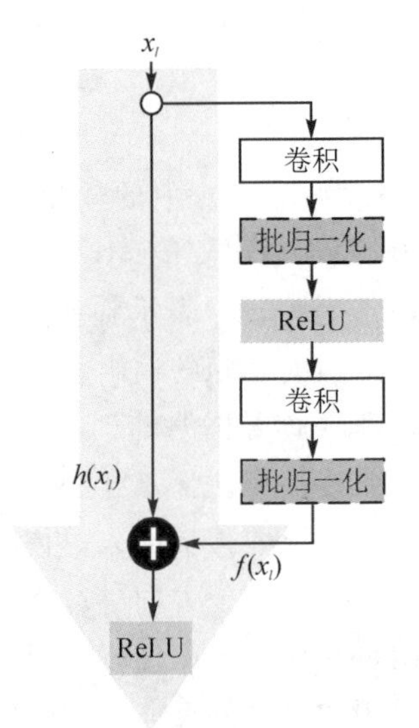

图 9 - 11　残差块的结构

图 9 - 11 中，x_l 为第 l 个残差块的输入；$f(x_l)$为经过卷积、批归一化、激活函数的残差映射输出；$h(x_l)$是恒等映射输出，该映射的目的是使得输入 x_l 和 $f(x_l)$具有相同尺寸。本文中$h=x_l$ 表示为残差直连结构。g 为 ReLU 激活函数，如式(9 - 25)所示。

$$g(x)=\begin{cases}0, & x<0 \\ x, & x\geqslant 0\end{cases} \tag{9-25}$$

由图 9 - 11 中残差块结构可知，多个残差块连接的残差网络数学模型为

$$x_{l+1}=x_l+f(x_l,w_l) \tag{9-26}$$

式中，w 为网络参数。则第 L 层的输出为

$$x_L=x_l+\sum_{i=l}^{L-1}f(x_i,w_i) \tag{9-27}$$

网络每层的梯度为

$$\frac{\delta L}{\delta x_l}=\frac{\delta L}{\delta x_L}\frac{\delta x_L}{\delta x_l}=\frac{\delta L}{\delta x_L}\left(1+\frac{\delta}{\delta x_L}\left(\sum_{i=l}^{L-1}f(x_i,w_i)\right)\right) \tag{9-28}$$

式中，L 为损失函数。式(9 - 30)表明，通过多个残差块的串联，ResNet 在误差反向传播的过程中，能够保证梯度$\frac{\delta L}{\delta x_l}>0$，因此网络不会出现梯度消失的问题。

9.5 基于深度学习的磨损颗粒材质分析现状

近年来，随着模式识别和人工智能技术的发展，模糊数学、D - S 证据理论、神经网络等理论和方法[11-13]在机械磨损部位识别中得到了应用。陈果等[14]提出了基于

BP 网络和光谱分析方法的机械磨损部位识别方法，并验证了所提方法的有效性与实用性。王琳[15]等以光谱数据为输入，采用 BP 网络技术实现了某型航空发动机磨损部位的识别。孙涛[16]等采用模糊矩阵和神经网络方法，以光谱分析数据为基础，以金属元素浓度为判据，实现了发动机低压压气机、中介机匣等 8 个部位的磨损识别。闫书法[12]等提出了一种基于主元分析和聚类分析的机械传动系统磨损定位与状态识别方法。此外，研究者还基于磨损信息采用深度学习方法对机械磨损状态、材料牌号识别等进行了研究[17,18]。以上磨损部位识别方法中主要依赖光谱数据输入，通过元素的浓度值判断发动机相应磨损部位的故障模式，进而实现发动机磨损部位的识别。此类方法主要依赖人工经验进行数据样本的故障划分，并通过训练模型实现磨损故障的识别。然而，这类方法的主要不足在于其无法自主实现端到端的定位识别。此外，这些算法均假设检测数据为理想数据，未充分考虑数据采样的离散性等情况，且算法容易出现过拟合的情况。

深度学习因其端到端的学习能力，近年来在各类故障诊断领域取得了显著效果[19]。针对现阶段航空发动机磨损部位识别方法存在的不足之处。本文基于滑油磨损颗粒扫描电镜能谱分析的结果数据，提出了基于深度学习的航空发动机润滑系统磨损部位识别方法模型。为避免在训练过程中模型因梯度消失而导致的精度下降的问题，选择以一维残差网络作为特征提取的主干网络。在此基础上，采用能够较好处理序列特征数据的 LSTM，实现对航空发动机磨损部位的定位识别。最后，采用航空发动机滑油能谱分析结果数据对模型进行验证，证明了所提方法的正确性和有效性。

9.6　基于深度学习的磨损颗粒材质分析技术实例

当前，如 CNN、ResNet 等典型的深度学习模型均以二维的数据为输入，通过模型映射后实现目标的分类与回归。而航空发动机滑油磨损颗粒能谱分析的结果为一维序列数据。在将该结果数据直接应用于上述模型的过程中，须采用一维卷积核作为计算单元，以达到学习序列数据中抽象特征的目的，进而实现航空发动机磨损部位的识别。此外，相比于 CNN 模型，ResNet 因引入残差块而提高了网络的训练与泛化能力。鉴于此，本书提出了用于航空发动机磨损部位诊断识别的一维卷积残差网络，如图 9-12 所示。其中，输入为航空发动机滑油磨损颗粒经过能谱分析后所得的 33 种元素含量百分比，经过一维卷积残差网络计算后，输出航空发动机磨损部位的 29 种材料牌号。一维卷积残差网络模型主要由 4 层残差网络、全连接层和 LSTM（LSTM 通过自身的记忆功能可较好地处理长序列数据）组合而成。

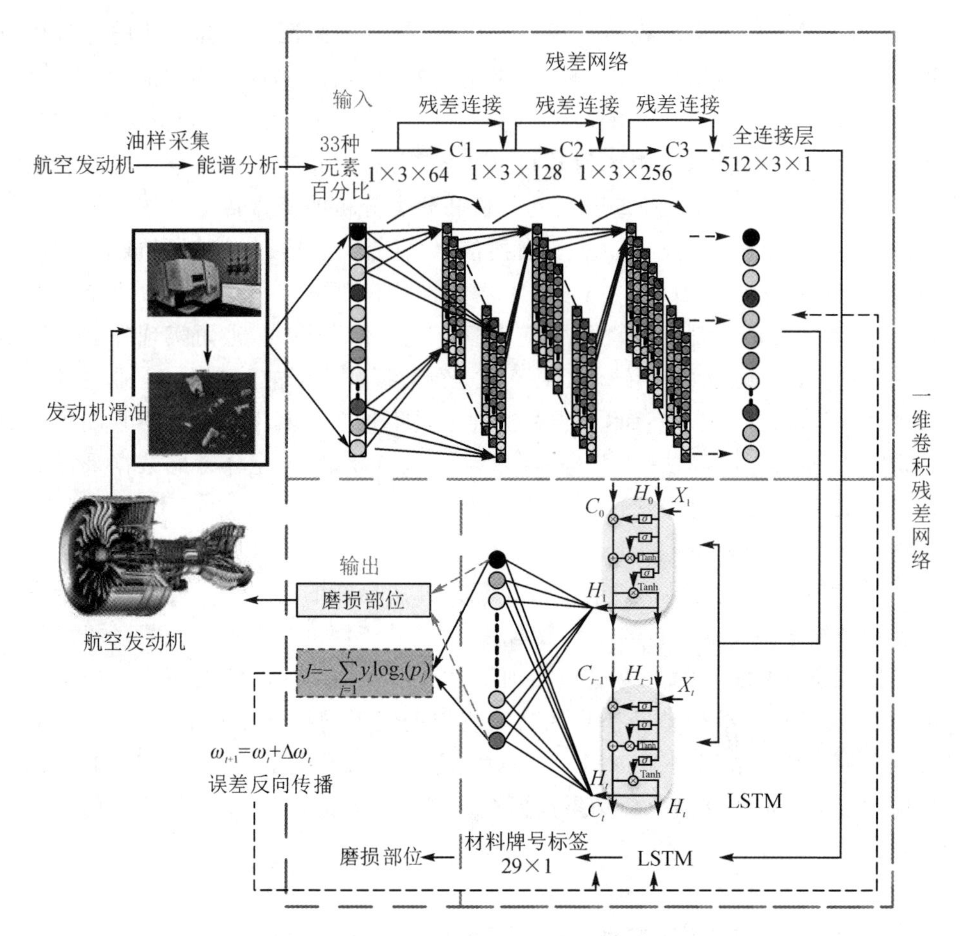

图 9-12　一维卷积残差网络结构

9.6.1　训练数据生成

为了验证所提模型在航空发动机磨损部位识别中的有效性，首先，根据某型航空发动机所采用的 29 种材料牌号及每种材料牌号相应的 33 种元素百分比含量（表 9-2 所列为其中 7 种材料名称及部分元素含量百分比），采用式（9-31）计算元素百分比含量。基于仿真的方法，获得29 000 组样本数据及相应的样本标签（其中每种材料的仿真样本数量为1 000 个）。然后，按照 7∶3的比例划分训练集和测试集后，对模型进行训练和测试。最后，采用真实的某型航空发动机油样检测数据对训练完成的模型进行验证，并与 ResNet18、ResNet34、CNN、LSTM 等模型进行对比验证。

$$k_m=(u_b-u_l)\times r_1+u_l \tag{9-29}$$

式中，k_m 为材料的第 m 个元素百分比含量；u_b、u_l 分别为元素含量的上限和下限；$r_1\in[0,1]$，且为随机数。在单个样本生成过程中，首先生成 33 个随机数 r_1；然后采用式(9－29)计算每个元素对应的百分比含量。

表9－2　部分材料元素含量表

材料牌号	Fe		Cr		C		Ni		Mn	
	下限	上限	下限	上限	下限	上限	下限	上限	下限	上限
0Cr17Ni7Al－H1/2	70.85	76.75	16	18	0	0.09	6.5	7.5	0	1
0Cr17Ni4Cu4Nb	69.91	78.85	15	17.5	0	0.07	3	5	0	1
0Cr18Ni9	67.07	75	17	19	0	0.07	8	11	0	2
1Cr11Ni2W2MoV	81.99	85.97	10.5	12	0.1	0.16	1.4	1.8	0	0.6
1Cr13	83.93	87.92	12	14	0.08	0.15	0	0	0	0.8
1Cr17Ni2	77.67	82.39	16	18	0.11	0.17	1.5	2.5	0	0.8
…	…	…	…	…	…	…	…	…	…	…
1Cr18Ni9Ti	0	96.22	0	0	0	0.12	0	0	0	2

9.6.2　模型训练与测试

为说明一维卷积残差网络模型在发动机磨损部位识别中的优势，选用一维ResNet18、ResNet34、CNN以及LSTM四种模型进行对比试验验证。这四种模型的网络参数见表9－3。试验中，采用的GPU为NVIDIA GTX1660 6G，处理器为i5－9600K，内存为8 G，操作系统为Windows10，编程语言为Python3.7，深度学习框架为Tensorflow1.15。设置批处理样本量为64，迭代训练次数为100。

表9－3　四种模型的网络参数

层　数	ResNet18	ResNet34	CNN	LSTM
1	(1×3×64)×2	(1×3×64)×3	1×3×64	1×33
2	(1×3×128)×2	(1×3×128)×4	1×3×128	33×128
3	(1×3×256)×2	(1×3×256)×6	1×3×256	128×128
4	(1×3×512)×2	(1×3×512)×3	1×3×512	128×128
FC	512×3×1	512×3×1	512×3×1	128×1
输出	29×1	29×1	29×1	29×1

图9－13所示为一维卷积残差网络在仿真数据集上每轮训练中测试精度值的变化曲线。以测试集上的最大测试精度为前提，保存模型的训练结果，为后续的模型验证做准备。图9－13中同时给出了一维ResNet18、ResNet34、CNN以及LSTM[21]四种算法的测试精度值变化曲线。从图中结果可以看出，本文所提一维卷

积残差网络和 ResNet34 网络的最终测试精度均为 100%；其次是 ResNet18 和 LSTM，精度分别为 99.32%、98.85%；最后是 CNN 网络模型，精度为 97.2%。结果显示，相比 ResNet18、LSTM、CNN 等模型，本文所提的算法具有更高的测试精度。虽然 ResNet34[22] 与本文模型具有相同的测试精度，但相比于 ResNet34，本文模型具有更少的模型参数。

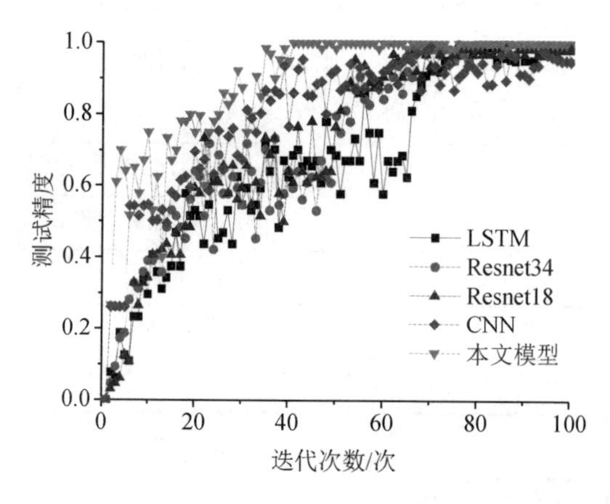

图 9-13 模型测试结果

为验证算法的有效性，对每种算法分别进行了 10 次训练，如图 9-14 所示为各个算法的 10 次测试结果。图中结果显示，本文所提出的一维卷积残差网络模型相较其他几种算法具有更高的测试精度，且 10 次计算结果的偏差更小。

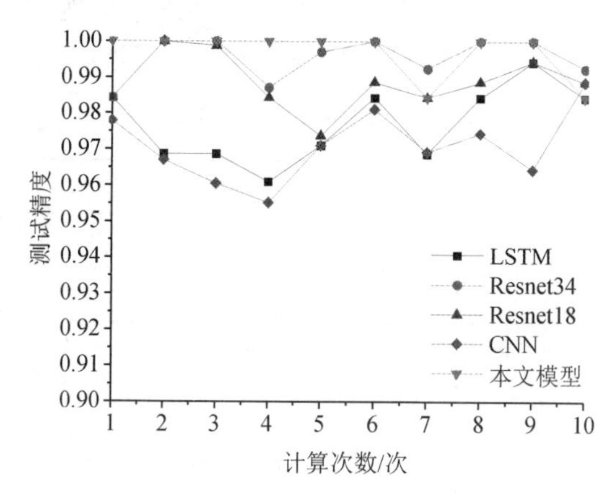

图 9-14 10 次训练测试结果

9.6.3 航空发动机磨损颗粒能谱数据验证

为验证所提算法用于实际航空发动机磨损部位识别的有效性及精度，采用实际的 20 例数据进行验证。部分检测结果数据见表 9-4，表中列出了经过扫描电镜能谱分析后所得材料元素的百分比含量及由专家结果诊断后所得的材料牌号和磨损部位。表中未列出的元素百分比含量为 0。

表 9－4　能谱检测结果

序　号	1	2	3	4	5	6	7	8	9
Fe	84.4	18.0	100	0	22.96	21.62	69.03	68.12	86.25
Cr	11.6	28.7	0	0	22.97	17.43	19.35	18.74	11.67
Ni	2.3	53.3	0	0	42.82	51.45	9.34	9.9	0
O	0	0	0	0	0	0	0	0	0
Al	0	0	0	10.55	2.3	0.87	0	0	0
Mn	0	0	0	0	0	0	2.29	2.3	0
W	1.7	0	0	0	0.72	0	0	0	2.08
Ti	0	0	0	84.86	1.53	0.87	0	0.93	0
V	0	0	0	4.59	0	0	0	0	0
Sb	0	0	0	0	0	0	0	0	0
Ag	0	0	0	0	0	0	0	0	0
Mo	0	0	0	0	1.07	2.61	0	0	0
Pb	0	0	0	0	0	0	0	0	0
材料牌号	1Cr11Ni 2W2MoV	GH3536	合金结构钢	TC4	GH3536	GH3536	奥氏体不锈钢	奥氏体不锈钢	1Cr11Ni 2W2MoV
磨损部位	轴承	蜂窝组件	齿轮	轴承壳体	蜂窝组件	蜂窝组件	齿轮	齿轮	轴承

将表 9－3 中的数据输入至已经训练完成的深度学习模型中，以进一步验证模型的性能。表 9－5 所列为各个模型针对表 9－4 中数据的识别结果。表 9－5 中罗列了输出最大概率 5 种材料类别（Top－5[23]）中的前 3 种的材料牌号。其中，加灰底的部分表示该类别与表 9－4 中专家给定的类别相符。

在真实的航空发动机磨损颗粒能谱分析数据中，通过统计分析及对多种模型的对比结果可以看出，本文所提出的一维卷积残差网络模型能够准确识别出磨损部位的材料牌号，进而实现磨损定位。针对所有样例数据的识别结果显示，各个算法输出的 Top－5 的识别准确率（Top－5 中是否包含正确类别的概率）分别为：LSTM 为 85.0%，ResNet34 为 90.0%，ResNet18 为 80.0%，CNN 为 70.0%，本文模型为 95.0%。结果显示，本文所提模型识别材料牌号的准确率最高，其次是 ResNet34 和 LSTM，CNN 的识别效果最低。统计结果也进一步说明，本文模型在磨损定位识别中的有效性，可以将该模型用于针对航空发动机的磨损部位识别。

表 9-5 模型识别结果

序号	材料牌号	LSTM	ResNet34	ResNet18	CNN	一维卷积残差网络
1	材料牌号	1Cr13	ZL114A-T6	0Cr18Ni9	1Cr11Ni2W2MoV	1Cr17Ni2
		2Cr13	1Cr11Ni2W2MoV	镍石墨	40CrNiMoA	ZG1Cr18Ni9Ti
		1Cr11Ni2W2MoV	18Cr2Ni4WA	1Cr11Ni2W2MoV	1Cr17Ni2	1Cr11Ni2W2MoV
2	材料牌号	0Cr18Ni9	5A06	40CrNiMoV	IN718	ZG1Cr18Ni9Ti
		ZG1Cr18Ni9Ti	GH3536	GH3536	0Cr18Ni9	锻件 9310
		GH3536	0Cr18Ni9	1Cr17Ni2	ZG1Cr18Ni9Ti	GH3536
3	材料牌号	1Cr18Ni9Ti	5A06	1Cr17Ni2	40CrNiMoV	15CrMnMoVA
		镍石墨	2Cr13	40CrNiMoV	1Cr18Ni9Ti	5A06
		65Mn	锻件 9310	GH4169,GH3536	40CrNiMoA	40CrNiMoV
4	材料牌号	1Cr17Ni2	镍石墨	1Cr17Ni2	1Cr18Ni9Ti	18Cr2Ni4WA
		0Cr17Ni7Al-H1/2	ZL114A-T6	40CrNiMoV	M50NiL	ZTC4/TC4
		ZTC4/TC4	ZTC4/TC4	GH3536	8Cr4Mo4V	GH3536
5	材料牌号	IN718	ZL114A-T6	铸铁 9310	IN718	ZG1Cr18Ni9Ti
		ZG1Cr18Ni9Ti	GH3536	15CrMnMoVA	0Cr17Ni7Al-H1/2	ZG0Cr16Ni4NbCu3
		GH3536	0Cr18Ni9	1Cr11Ni2W2MoV	0Cr18Ni9	GH3536
6	材料牌号	IN718	5A06	18Cr2Ni4WA	IN718	ZG1Cr18Ni9Ti
		ZG1Cr18Ni9Ti	GH3536	GH3536	0Cr18Ni9	ZG0Cr16Ni4NbCu3
		GH3536	2Cr13	IN718	GH3536	GH3536
7	材料牌号	0Cr18Ni9	ZL114A-T6	铸铁 9310	0Cr18Ni9	40CrNiMoA
		0Cr17Ni7Al-H1/2	18Cr2Ni4WA	1Cr18Ni9Ti	ZG1Cr18Ni9Ti	8Cr4Mo4V
		18Cr2Ni4WA	5A06	GH3536	IN718	35Cr2Ni4MoA
8	材料牌号	ZG1Cr18Ni9Ti	5A06	铸铁 9310	ZG1Cr18Ni9Ti	0Cr17Ni4Cu4Nb
		IN718	GH3536	1Cr18Ni9Ti	IN718	ZG0Cr16Ni4NbCu3
		0Cr18Ni9	18Cr2Ni4WA	GH3536	0Cr18Ni9	18Cr2Ni4WA
9	材料牌号	1Cr17Ni2	ZL114A-T6	18Cr2Ni4WA	1Cr13	1Cr17Ni2
		1Cr13	1Cr11Ni2W2MoV	1Cr11Ni2W2Mo	2Cr13	ZG1Cr18Ni9Ti
		1Cr11Ni2W2MoV	18Cr2Ni4WA	60Si2MnA	1Cr11Ni2W2MoV	1Cr11Ni2W2MoV

本章小结

为实现航空发动机磨损部位识别，本文以 ResNet 和 LSTM 网络为基础，建立了一维卷积残差网络模型。以航空发动机滑油的能谱分析结果数据为输入，实现航空发动机磨损部位识别。最后采用某型发动机的滑油监测检测数据，通过多种深度学习模型的比较，验证了所提算法具有很高的磨损部位识别精度，说明该算法具有较高的工程应用价值，可以用于针对航空发动机磨损部位的识别。

参考文献

[1] WANG X, ZHAO Y X, POURPANAH F. Recent Advances in Deep Learning[J]. International Journal of Machine Learning and Cybernetics, 2020,11(4):747-750.

[2] 张向阳. 基于深度迁移学习的航空发动机滚动轴承故障智能诊断[D]. 南京:南京航空航天大学,2020.

[3] 雷亚国, 杨彬, 杜兆钧,等. 大数据下机械装备故障的深度迁移诊断方法[J]. 机械工程学报, 2019, 55(07): 1-8.

[4] PLAKIAS S, BOUTALIS Y S. Fault Detection and Identification of Rolling Element Bearings with Attentive Dense CNN[J]. Neurocomputing, 2020, 405(0): 208-217.

[5] RANZATO M, HINTON G, LECUN Y. Guest Editorial: Deep Learning[J]. International Journal of Computer Vision, 2015, 113(1):1-2.

[6] 李兴怡, 岳洋. 梯度下降算法研究综述[J]. 软件工程, 2020, 23(02): 1-4.

[7] REN L, SUN Y Q, CUI J, et al. Bearing Remaining Useful Life Prediction Based on Deep Autoencoder and Deep Neural Networks[J]. Journal of Manufacturing Systems, 2018, 48 (Part C): 71-77.

[8] SHERRATT F, PLUMMER A, IRAVANI P. Understanding LSTM Network Behaviour of IMU-Based Locomotion Mode Recognition for Applications in Prostheses and Wearables[J]. Sensors, 2021, 21(4):1264.

[9] HE K M, ZHANG X Y, REN S Q, et al. Deep Residual Learning for Image Recognition[C]// IEEE Conference on Computer Vision&Pattern Recognition, Las Vegas: IEEE Computer Society, 2016: 770-778.

[10] HE K M, ZHANG X Y, REN S Q, et al. Identity Mappings in Deep Residual Networks[C]// Proceedings of the European Conference on Computer Vision, Netherlands: Amsterdam, 2016: 630-645.

[11] 侯志强, 薛立彤, 柳文林. 基于润滑油光谱数据的发动机磨损部位识别[J]. 润滑与密封, 2010, 35(01): 89-92.

[12] 闫书法, 马彪, 郑长松,等. 非线性状态监测数据下的磨损定位与状态识别[J]. 吉林大学学

报(工学版)，2019，49(02)：359-365.

[13] SHAID M A，KHAN T M，LONTIN K，et al. Multiple Point Contact Wear Prediction and Source Identification Scheme Using a Single Channel Blended Airborne Acoustic Signature[J]. IFAC-Papers On Line，2020，53(3)：283-288.

[14] 陈果，左洪福. 基于神经网络的机械磨损故障光谱定位诊断法[J]. 摩擦学学报，2004(03)：263-267.

[15] 王琳，张代国，叶晨，等. 基于BP神经网络的航空发动机磨损部位识别[J]. 系统仿真技术，2018，14(04)：275-279.

[16] 孙涛，李冬. 基于模糊矩阵和神经网络的航空发动机磨损部位故障识别[J]. 燃气涡轮试验与研究，2019，32(06)：50-53,60.

[17] FAN S L，ZHANG T H，GUO X X，et al. FFWR-Net：A Feature Fusion Wear Particle Recognition Network for Wear Particle Classification[J]. Journal of Mechanical Science and Technology. 2021,35(4):1699-1710.

[18] GUO D W，ZHI S J，GUO W Q. Wear Particles Recognition Based on Improved LBP[J]. Applied Mechanics and Materials，2013(427-429)：1874-1878.

[19] 雷亚国，贾峰，孔德同，等. 大数据下机械智能故障诊断的机遇与挑战[J]. 机械工程学报，2018，54(05)：94-104.

[20] 周兴康，余建波. 基于深度一维残差卷积自编码网络的齿轮箱故障诊断[J]. 机械工程学报，2020，56(07)：96-108.

[21] HOCHREITER S，SCHMIDHUBER J. Long Short-Term Memory[J]. Neural Computation，1997，9(8)：1735-1780.

[22] 康玉祥，陈果，尉询楷，等. 深度残差对冲网络及其在滚动轴承故障诊断中的应用[J]. 航空学报，2022，(8)：63-74.

[23] WONGPANICH A，PHAM H，DEMMEL J，et al. Training Efficient Nets at Supercomputer Scale：83% ImageNet Top-1 Accuracy in One Hour[J]. CoRR，2020(5)：71-76.

第 10 章 基于扫描电子显微镜图像的磨损颗粒分析技术

扫描电子显微镜(简称扫描电镜)是目前磨损颗粒分析的一种重要技术手段。利用扫描电镜可以对油液样品中的颗粒进行放大成像,然后由经验丰富的专家观察颗粒的形貌,即可判断出颗粒的类别。另外,利用扫描电镜图像中的比例尺,可以测量颗粒的尺寸。得到了颗粒的类别和尺寸,就可以进一步评估飞机润滑零件的磨损情况。

油液分析专家对扫描电镜图像进行人工分析,虽然可以得到颗粒的类别和尺寸,但这种方法过于依赖专家经验,分析速度相对较慢。因此,如果能够利用计算机对扫描电镜图像进行分析,自动得到颗粒的类别和尺寸,那么这无疑会对基于扫描电镜的磨损颗粒分析技术具有重要应用价值。

本章介绍一种基于深度学习的扫描电镜图像智能分析方法。该方法将分析扫描电镜图像中颗粒的类别和尺寸视为一个基于图像的目标检测问题。图像目标检测是指给定一幅图像,将图像中的目标识别为事先指定类别集中的某个类别,同时使用矩形框框出目标所在位置[1]。显然,通过目标检测可以直接得到颗粒的类别,而颗粒的尺寸则可以结合矩形框的大小以及扫描电镜图像中提供的比例尺来确定。近年来,将深度学习应用于目标检测问题后,目标检测的精度已经得到了极大提升[2-5],在提供充足训练数据的情况下,当前的目标检测技术已经完全可以达到实用的水平。在众多基于深度学习的目标检测算法中,YOLO 目标检测算法具有检测精度高和检测速度快的优点[6-9],本章将采用 YOLO 目标检测算法来进行磨损颗粒类别和尺寸分析。

10.1 基于深度学习的目标检测算法

10.1.1 概　述

图像目标检测是计算机视觉领域中的一类经典问题。它是指给定一幅图像,输出一组检测到的目标，其中对于每个目标，需要分别预测其类别标记（来自一个固定的、已知类别集合）以及包围该目标的矩形边界框（中心坐标 X，Y，矩形框的宽度 width 和高度 height）。

自目标检测问题被提出以来，由于其具有基础性、广泛应用性和研究挑战性等特点，一直是计算机视觉领域的研究热点。近年来，由于深度学习[1]的巨大成功，将深度学习应用于目标检测后，目标检测算法的精度得到了极大提升，目标检测研究自此进入了一个新时代，并涌现出一系列性能优越的目标检测算法[2]。基于深度学习的目标检测算法可以大致分为两大类：两阶段法和一阶段法。两阶段法首先从图像中生成可能包含目标的候选区域，然后对候选区域进行分类（确定目标类别）和回归（确定边界框）。两阶段法的典型代表是 R－CNN 系列算法[3-5]。一阶段法则直接从图像中预测目标的类别和边界框。其代表性算法主要是 SSD[6] 和 YOLO[7-10] 系列算法。

关于图像目标检测的详细综述可以参见文献[2]。

10.1.2　YOLO

YOLO(You Only Look Once)是一阶段目标检测算法的典型代表。YOLO 最开始被提出时，其主要优势是检测速度快，但检测精度低于两阶段算法。然后，随着 YOLO 算法不断改进，它在保持检测速度快的优势的同时，检测精度也不断提高，现已成为一种兼具检测速度和精度优势的优秀目标检测算法。自 YOLO 提出以来，经过不断改进，目前已经形成了 YOLO 系列算法，其中最具代表性的是 YOLOv1～YOLOv4[7-10]。

YOLO 的第一个算法现在通常称为 YOLOv1[7]。YOLOv1 的基本思想如图 10－1 所示。其首先将整张图像划分为 $S \times S$ 个网格，然后对于每个网格单元，分别预测 B 个边界框、B 个置信度分数（每个边界框对应一个分数）和 C 个条件类别概率。最终，这些预测形成一个 $S \times S \times (B * 5 + C) \times S$ 的张量。

YOLOv1 的模型实现为一个 26 层的卷积神经网络，如图 10－2 所示。整个网络包括 24 个卷积层和 2 个全连接层。该网络是在 GoogLeNet 网络上改进而来的，使用 1×1 的降维层连接 3×3 的卷积层来替换原来的 Inception 模块。

YOLOv1 的显著优势是检测速度快，其检测速度可以达到 45 fps，完全满足了实时要求。其主要不足是检测精度仍然低于两阶段的目标检测算法，如 R－CNN 系列算法。具体来说，与两阶段算法相比，YOLOv1 的检测精度低主要表现在定位错误相对较多和召回率相对较低。

针对 YOLOv1 存在的问题，YOLOv2[8]一方面吸收深度学习和其他目标检测算法的优秀思想，另一方面有针对性地提出了一些自己的改进思路，对 YOLOv1 进行了改进，具体包括以下几个方面。

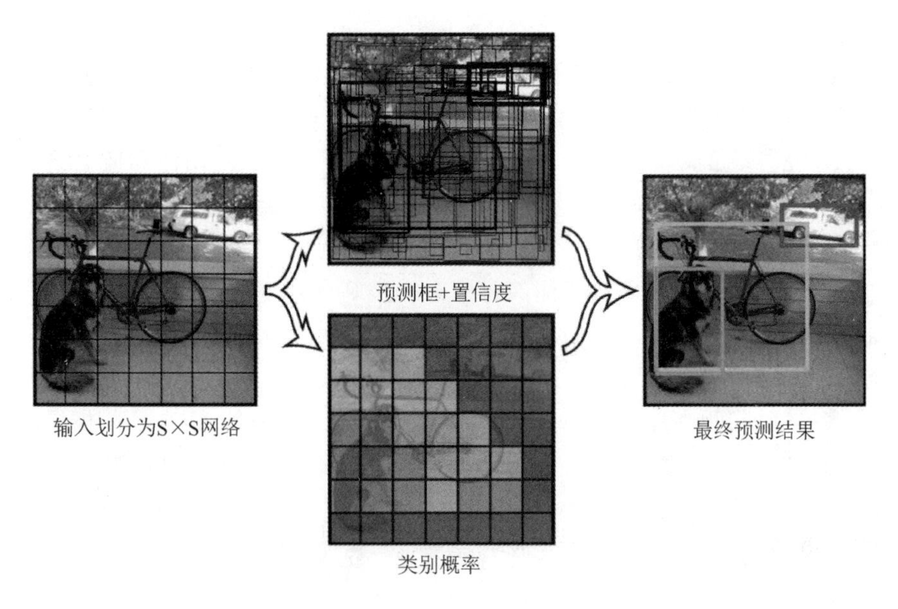

图 10－1　YOLO 的模型

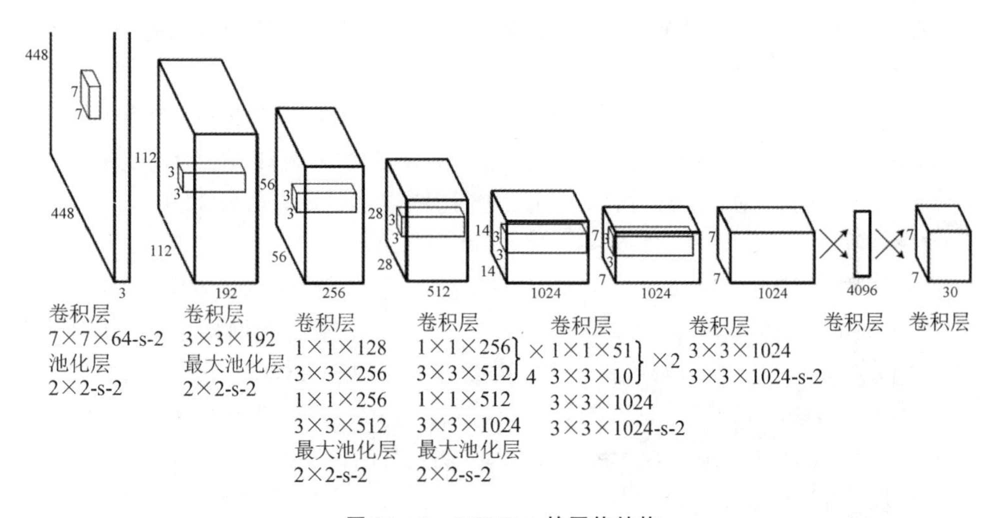

图 10－2　YOLOv1 的网络结构

① 批规范化。通过在所有卷积层后增加批规范化，不仅改进了网络的收敛性，还可以对模型进行正则化。通过增加批规范化层，可以不再使用 Dropout。

② 高分辨率分类器。YOLOv1 首先采用 224×224 的图像分辨率训练分类器，然后将分辨率增加到 448×448 进行目标检测。这导致网络必须同时转换到学习目标检测和调整到新的输入分辨率。为了使目标检测学习更加容易，YOLOv2 首先在 ImageNet 上以 448×448 的分辨率训练 10 轮，使得网络能够调整其滤波器以更好地适应高分辨率的输入；然后针对目标检测微调网络。

③ 使用锚框来预测边界框。YOLOv2 去掉了 YOLOv1 中的全连接层，同时将网络的输入由 448×448 改为 416×416，使用锚框来预测边界框。与其他目标检测算法中手工选择锚框不同，YOLOv2 采用 K-均值聚类算法根据训练集中的边界框来自动选择更合适的锚框。

④ 细粒度的特征。YOLOv2 在 13×13 的特征图上检测目标，为有效利用细粒度的特征，YOLOv2 通过增加一个贯通层来融合前面 26×26 分辨率的特征。该贯通层通过将相邻的特征堆叠到不同的通道来拼接高分辨率特征和低分辨率特征，即将原来的 26×26×512 的特征图转换为 13×13×2048 的特征图，从而与原来的特征图进行拼接。

⑤ 多尺度训练。为了提高对不同尺寸图像的鲁棒性，YOLOv2 采用了多尺度训练。具体方法为，每 10 个批次，网络从集合{320，352，…，608}中随机选择一个新的图像尺寸继续训练，这使得网络可以在多种图像尺寸下都能预测得较好。

⑥ Darknet-19。YOLOv2 设计了新的网络来进行特征提取，该网络包括 19 个卷积层和 5 个最大池化层，因此称为 Darknet-19。与 YOLOv1 中采用的 26 层网络相比，Darknet-19 提高了在 ImageNet 上的分类精度，同时减少了计算量。

通过对 YOLOv1 从多个方面进行改进，YOLOv2 在保持检测速度优势的同时，显著提高了检测精度。

YOLOv3 在 YOLOv2 的基础上进一步进行了多项改进，具体包括内容如下。

① 多标记分类。实际应用中，图像经常具有多种语义，采用多个标记描述更为合理。为了能对具有多标记的图像更好地进行目标检测，YOLOv3 采用多标记分类方法对边界框中的目标进行分类。

② 多尺度预测。YOLOv3 在 3 个不同尺度上预测边界框，从而能够获得更多的语义信息和细粒度的信息。

③ Darknet-53。YOLOv3 设计了新的特征提取网络，该网络称为 Darknet-53。与 YOLOv2 中使用的 Darknet-19 相比，一是融入了 ResNet 中跨层直连的思想，二是显著增加了网络的深度(由 19 层增加到 53 层)。Darknet-53 在保持高效性的同时，显著提升了分类精度。

YOLOv3 经过多项改进，在保证实时检测的前提下，进一步提高了目标检测精度，如其检测精度与改进的 SSD 相当，但检测速度是其 3 倍。

YOLOv4 的设计目标是使训练仅需要一个普通 GPU 即可完成，并且在一个普通 GPU 上可以实时运行。在此设计目标的指引下，YOLOv4 进一步对 YOLOv3 进行了改进，主要包括内容如下。

① CSPDarknet-53。与 Darknet-53 相比，CSPDarknet-53 主要有两点改进：一是将激活函数由 Leaky ReLU 替换为 Mish，二是使用了 CSPnet 结构。通过以上两点改进，一方面提升了网络的分类精度，另一方面使得网络更加轻量化。

② PANet。PANet 是一种路径聚合结构，YOLOv4 中采用的是改进的 PANet 结构，即将原近路连接中的相加操作改为拼接。在 YOLOv4 中使用 PANet 的目的是对不同层的特征进行融合。

③ 空间金字塔池化（Spatial Pyramid Pooling，SPP）。SPP 结构被部署在 CSPDarknet－53 的最后一个特征层之后。在对 CSPDarknet－53 的最后一个特征层进行三次卷积后，分别利用 4 个不同尺度的最大池化进行处理，最大池化的池化核大小分别为 13×13、9×9、5×5、1×1（1×1 即无处理）。SPP 能够极大地增加网络的感受野，分离出最显著的上下文特征。

经过上述多项改进，YOLOv4 在 MS COCO 数据集上，运行速度可以达到65 fps（GPU 为 Tesla V100），精度可以达到 43.5％。

10.2　磨损颗粒分析方法

使用 YOLO 进行颗粒类别和尺寸分析的思路如图 10－3 所示。将扫描电镜图像输入 YOLO 进行目标检测，算法的输出结果包括颗粒的类别和颗粒的边界框信息。显然，颗粒类别可以直接获取。对于颗粒尺寸的计算，采用比例尺检测算法来检测扫描电镜图像中的比例尺，该算法会输出比例尺所占的像素个数。接下来，将 YOLO 输出边界框的 width 和 height 的像素个数分别除以比例尺所占的像素个数，即可得到颗粒的相对宽度和高度。然后，将这些相对尺寸乘以人工提供的比例尺实际尺寸，就可以得到颗粒的实际尺寸。

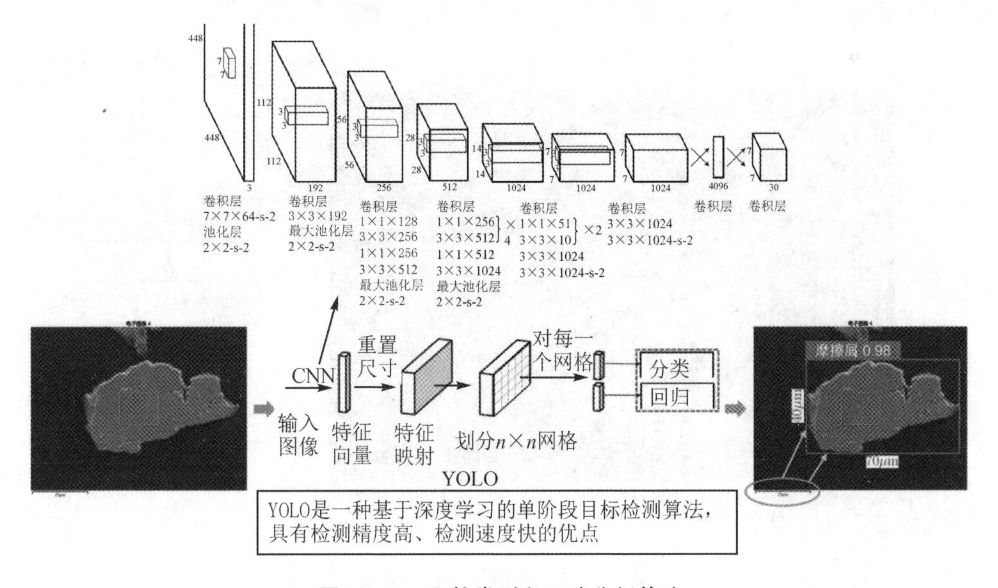

图 10－3　颗粒类型和尺寸分析算法

比例尺检测的方法如图 10－4 所示。由于比例尺在图像中表现为一个线段，因此可以利用 Hough 变换直线检测来实现。比例尺检测的步骤主要包括图像预处理、比例尺定位、边缘检测和直线检测。为保证比例尺检测的准确性，首先需要确定比例尺所在的图像区域，这通过比例尺粗定位和比例尺精定位两个阶段来实现。由于比例尺通常位于图像左下角，因此比例尺粗定位是通过截取图像左下角的区域来实现的。而比例尺精定位则是在截取的图像区域中，根据图像中线条的几何关系，利用水平和垂直扫描来实现的。根据比例尺检测算法，可以自动检测到扫描电镜图像中的比例尺，并获得比例尺所占的像素个数。比例尺所代表的实际长度则需要人工输入。这样结合这些信息以及 YOLO 目标检测算法输出的矩形框的宽和高（以像素为单位），即可确定颗粒的尺寸。

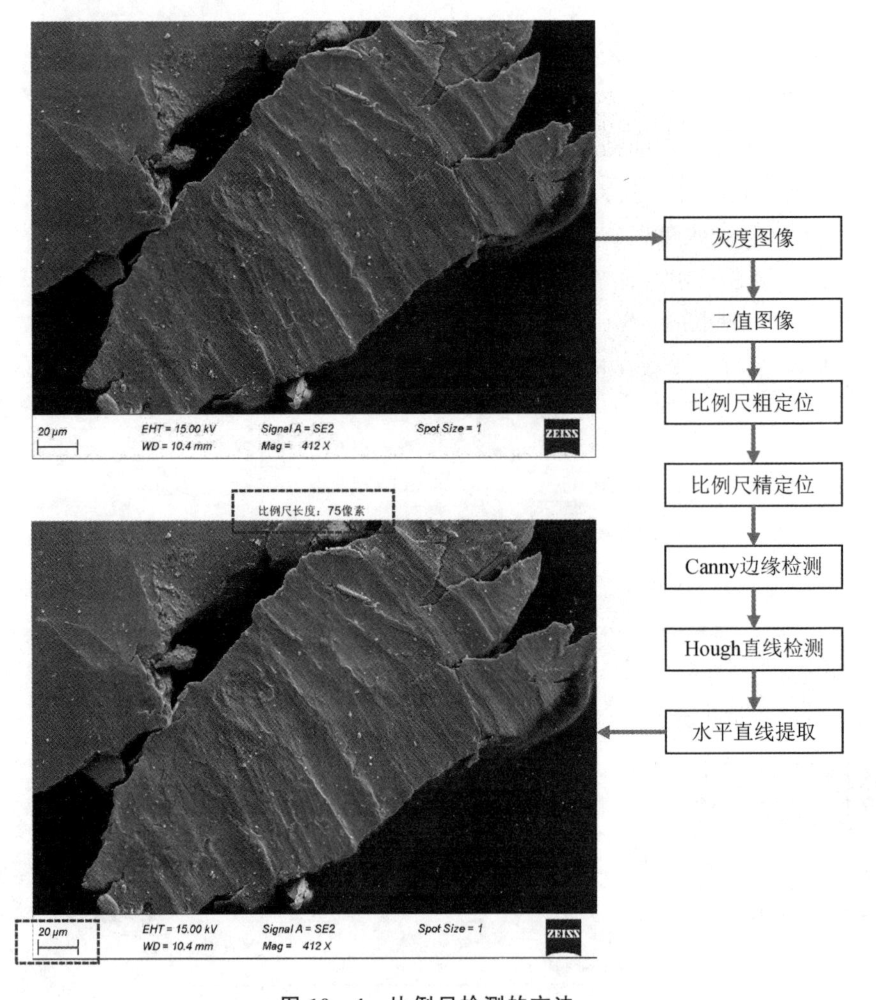

图 10－4　比例尺检测的方法

10.3 磨损颗粒分析实验

为验证磨损颗粒分析方法的有效性，下面进行磨损颗粒分析实验，并在实验中使用 YOLOv4 进行颗粒检测。

在利用 YOLOv4 进行颗粒检测之前，首先需要对扫描电镜图像进行标注，构建训练数据集以训练检测模型。扫描电镜图像的标注可以采用 LabelImg 软件完成，如图 10－5 所示。每一张标注后的图像都会产生一个 XML 文件，文件中包含了颗粒的类别信息和位置信息。YOLOv4 训练时需要同时读取扫描电镜图像和对应的 XML 文件。

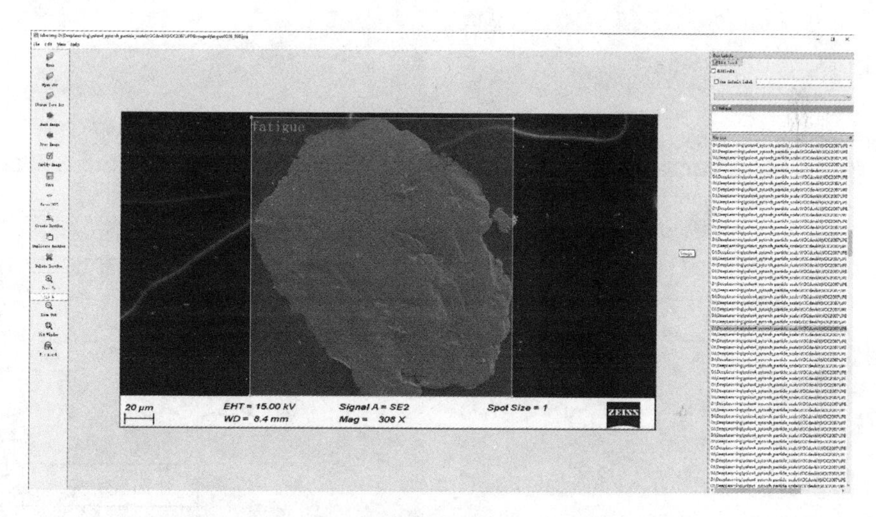

图 10－5　使用 LabelImg 软件标注扫描电镜图像

为训练颗粒分析模型，本次实验选取了疲劳磨损屑、摩擦屑和制造屑 3 个颗粒类别的 114 张扫描电镜图片。由于图片数量相对于深度学习所需要的训练数据数量偏少，因此通过旋转对扫描电镜图像数据进行了扩充，每旋转 60°得到一张新的图片，最终将图片数量扩充到 684 张，以此作为训练数据集。具体细节见表 10－1。

表 10－1　颗粒分析模型训练所使用的数据

颗粒类别	原始图片数量	扩充后的图片数量	所有图片数量
疲劳磨损屑	52	312	684
摩擦屑	43	258	
制造屑	19	114	

颗粒检测模型训练的效果对颗粒检测精度具有显著影响。对 YOLOv4 训练影响比较大的超参数主要有学习率和迭代轮数。对于学习率，随着训练迭代轮数的增

加逐渐减小其值，通常可以取得较好的训练效果。迭代轮数一般可以选取 100～200。训练完成后，通过观察损失下降曲线可以判断模型训练的质量。如果损失下降曲线最终趋于平稳并保持多个训练轮次稳定，一般就表明训练完成较好。利用上述训练数据训练 200 轮，训练损失和验证损失均已收敛，则可将训练好的模型用于测试。

另外，选取 36 张新的扫描电镜图片用于测试颗粒类别分析的准确率，结果表明，这 36 张图片中共有 6 张类别识别错误，总体准确率为 83%。部分扫描电镜图片的分析结果如图 10-6 所示。

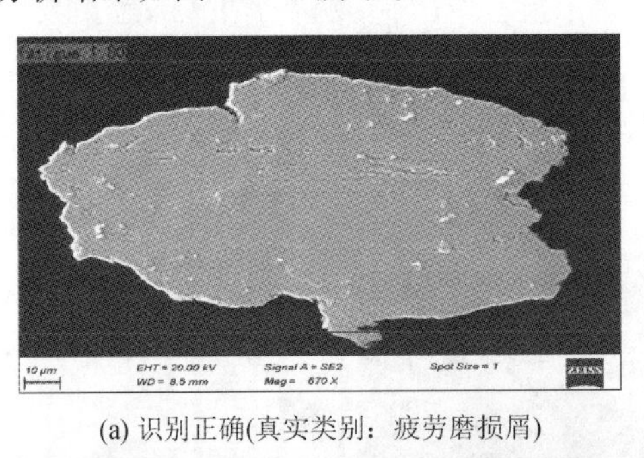

(a) 识别正确(真实类别：疲劳磨损屑)

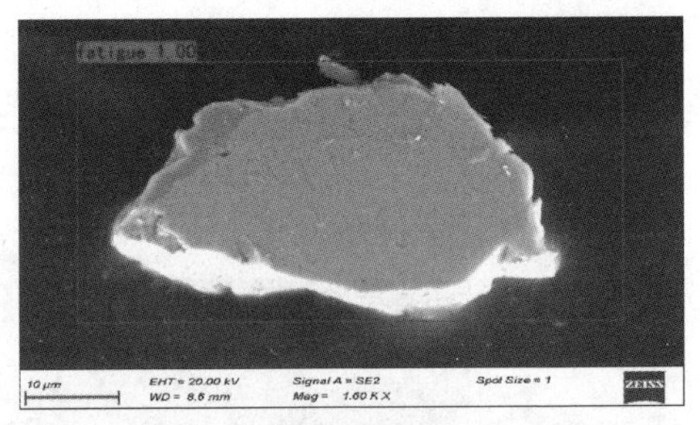

(b) 识别正确(真实类别：疲劳磨损屑)

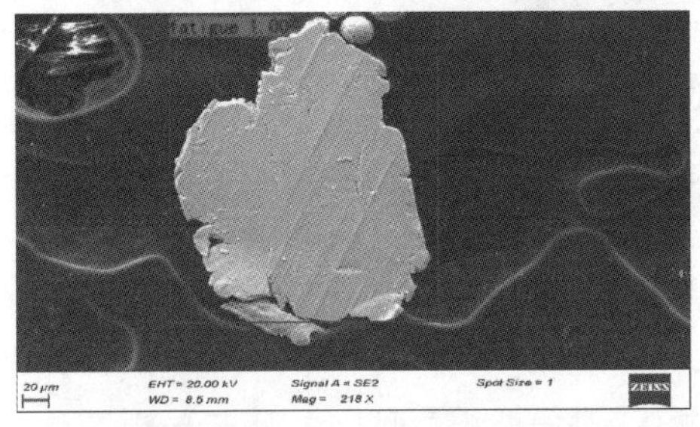

(c) 识别正确(真实类别：疲劳磨损屑)

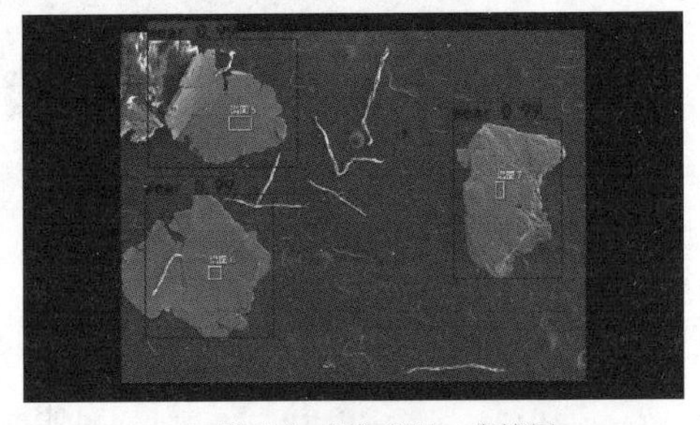

(d) 识别正确(真实类别：摩擦屑)

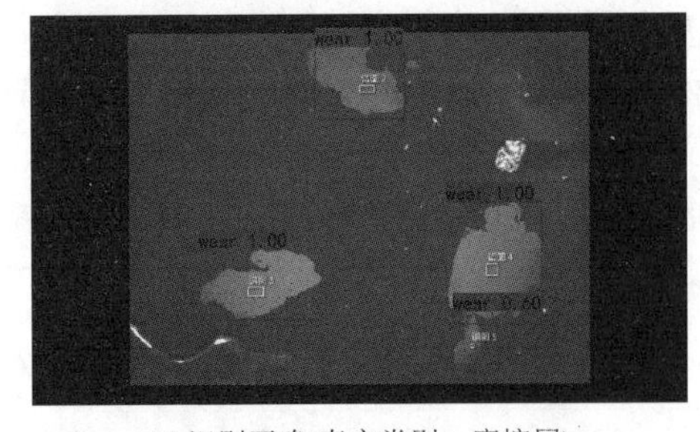

(e) 识别正确(真实类别：摩擦屑)

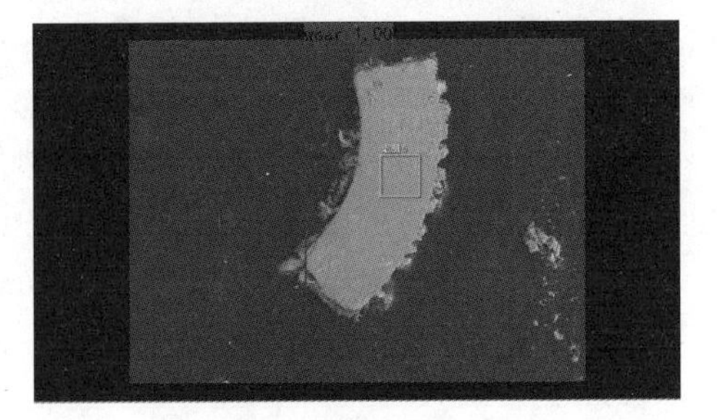

(f) 识别错误(真实类别：制造屑)

图 10-6 部分扫描电镜图片的分析结果

值得指出的是，基于深度学习的颗粒类别分析的准确率与训练数据的质量和数量紧密相关。实际操作中，随着扫描电镜图片的积累，颗粒类别的分析准确率可以得到进一步提高。

下面进一步验证比例尺检测算法的准确性。在扫描电镜图像中,存在两种比例尺,如图 10－7 所示。比例尺检测算法对这两种类型的比例尺均可以进行检测。为验证比例尺检测的准确性,选取 243 张(第一种类型 108 张,第二种类型 135 张)扫描电镜图片进行比例尺检测,检测结果见表 10－2。对于两种类型的比例尺,检测准确率均达到了 100%,比例尺检测的部分结果如图 10－8 所示。

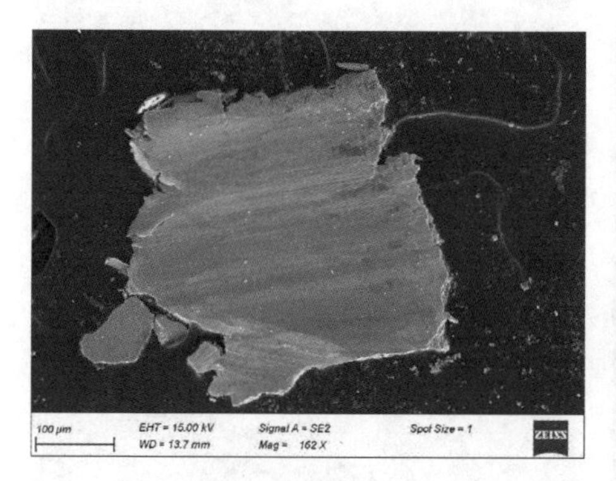

(a) 第一种类型的比例尺

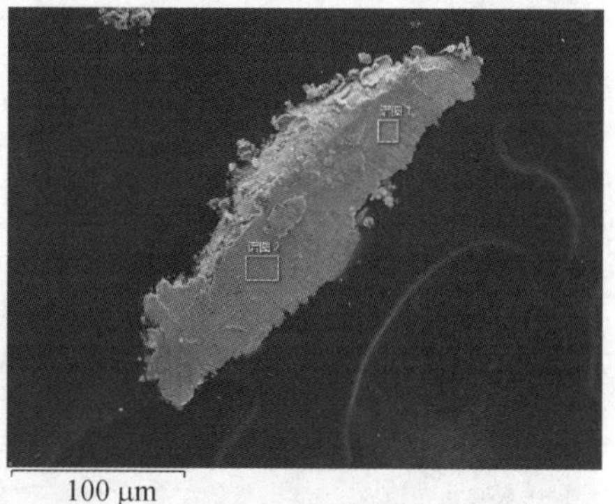

(b) 第二种类型的比例尺

图 10－7　两种类型的比例尺

表 10－2　比例尺检测结果

比例尺类型	图像数量	检测准确率/%
第一种类型	108	100
第二种类型	135	100

(a) 比例尺长度：36像素

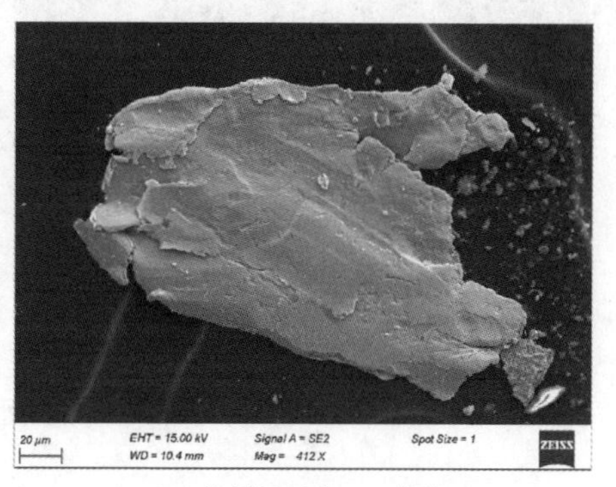

(b) 比例尺长度：75像素

图 10－8　部分扫描电镜图像中比例尺的检测结果

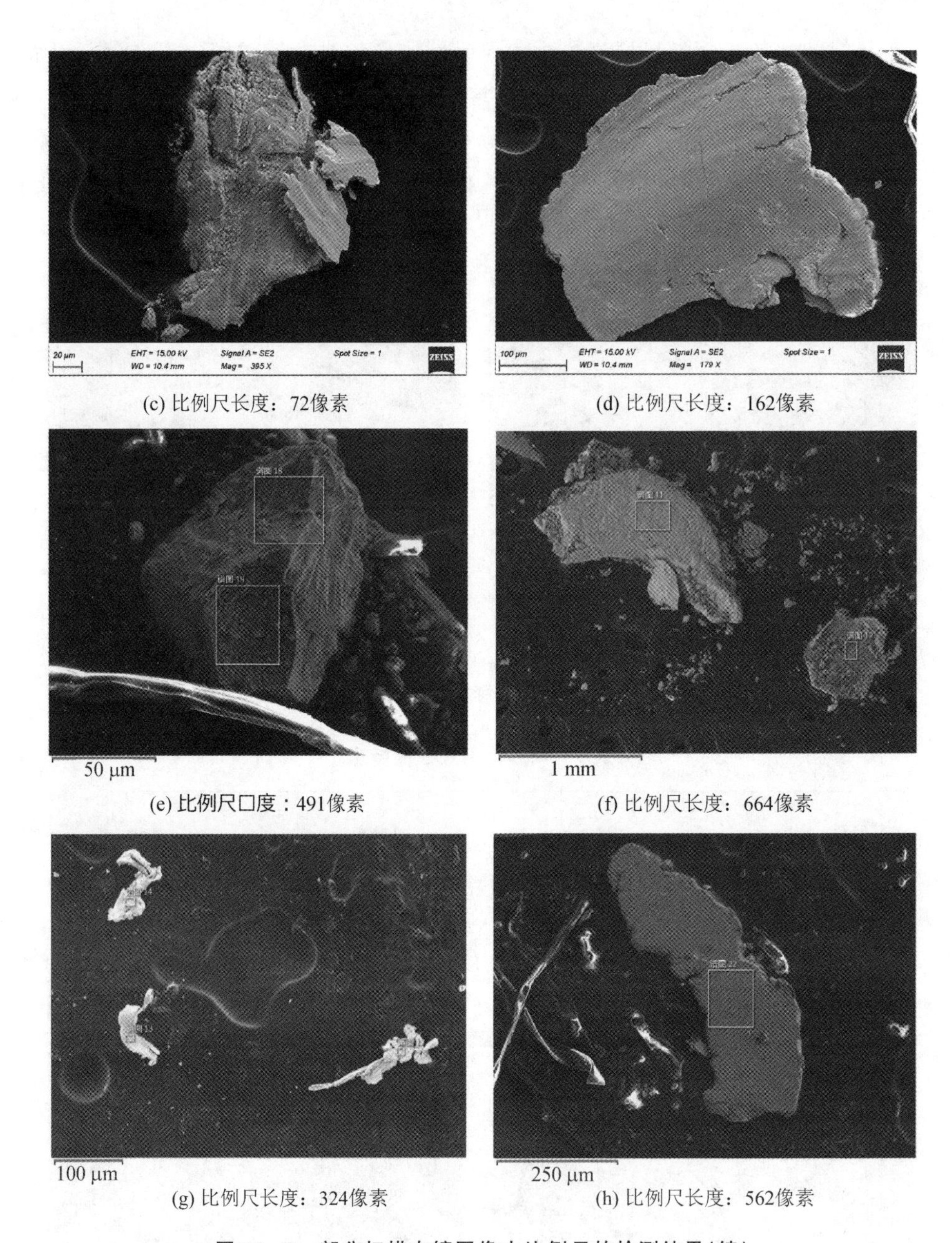

(c) 比例尺长度：72像素　　(d) 比例尺长度：162像素

(e) 比例尺□度：491像素　　(f) 比例尺长度：664像素

(g) 比例尺长度：324像素　　(h) 比例尺长度：562像素

图 10－8　部分扫描电镜图像中比例尺的检测结果(续)

本章小结

扫描电镜是磨损颗粒分析的一种常用技术手段。经验丰富的油液分析专家通过仔细分析扫描电镜图像，即可获知颗粒的类别和尺寸，进而确定飞机润滑部件的磨损情况。为了降低扫描电镜图像分析对专家经验的依赖,并提高分析的速度和智能化水平,本章介绍了一种基于深度学习的扫描电镜图像智能分析方法。该方法将扫描电镜图像分析问题转化为一个目标检测问题,利用 YOLO 目标检测算法对扫描电镜图像进行分析,即可得到颗粒的类别。利用比例尺检测方法提取扫描电镜图像中的比例尺,再结合 YOLO 输出的颗粒边界框,即可得到颗粒的尺寸。实际颗粒分析实验验证了该方法的可行性。

参考文献

[1] LECUN Y, BENGIO Y, HINTON G. Deep learning[J]. Nature, 2015, 521(7553):436-444.

[2] LIU L, OUYANG W, WANG X, et al. Deep Learning for Generic Object Detection: A Survey[J]. International Journal of Computer Vision, 2020, 128(2): 261-318.

[3] GIRSHICK R, DONAHUE J, DARRELL T, et al. Rich Feature Hierarchies for Accurate Object Detection and Semantic Segmentation[C]//Proceedings of the IEEE conference on Computer Vision and Pattern Recognition, Columbus, OH, USA, 2014: 580-587.

[4] GIRSHICK R. Fast R-CNN[C]//Proceedings of the IEEE International Conference on Computer Vision, NW Washington, DC USA, 2015: 1440-1448.

[5] REN S, HE K, GIRSHICK R, et al. Faster R-CNN: Towards Real-Time Object Detection with Region Proposal Networks[J]. Advances in neural information processing systems, 2015, 39(6): 91-99.

[6] LIU W, ANGUELOV D, ERHAN D, et al. SSD: Single Shot Multibox Detector[C]//European Conference on Computer Vision, Cham: Springer, 2016: 21-37.

[7] REDMON J, DIVVALA S, GIRSHICK R, et al. You Only Look Once: Unified, Real-Time Object Detection[C]//Proceedings of the IEEE Conference on Computer Vision and Pattern Recognition, Las Vegas, NV, USA, 2016: 779-788.

[8] REDMON J, FARHADI A. YOLO9000: Better, Faster, Stronger[C]//Proceedings of the IEEE Conference on Computer Vision and Pattern Recognition, Honolulu, HI, USA, 2017: 7263-7271.

[9] WANG K, LIU M Z. YOLOv3-MT: A YOLOv3 Using Multi-Target Tracking for Vehicle Visual Detection[J]. Applied Intelligence, 2022,52(2):2070-2091.

[10] NGUYEN D, NGUYEN D T, LE M, et al. FPGA-SoC Implementation of YOLOv4 for Flying-Object Detection[J]. Journal of Real-Time Image Processing, 2024,21(3):63.

第 11 章

飞机发动机磨损状态监测专家系统应用

本章针对飞机滑油系统磨损故障诊断,将之前章节所研究的界限值制定、趋势预测、知识获取、融合诊断、磨损部位识别、磨损颗粒识别等方法应用于航空发动机磨损故障的智能诊断中,开发出了航空发动机滑油监控专家系统(Engine Oil Monitor Expert System 1.0,EOMES 1.0)、飞机液压系统磨损状态监控专家系统(Aircraft Hydraulic System Condition Monitoring Expert System 1.0,AHMES 1.0)、飞机发动机磨损状态监控专家系统(Aircraft Engine Wear Condition Monitoring Expert System 1.0,AEMES 1.0)、多功能智能磨粒检测系统(Multiple Intelligent Debris Classifying System 1.0,MIDCS 1.0)以及民用航空发动机磨损检测专家系统(Civil Aero Engine Wear Detection System 1.0,CEWDS 1.0)。这些专家系统已经得到应用,为航空发动机的故障诊断和视情维修提供了重要的技术支撑和决策依据。

11.1 航空发动机滑油监控专家系统(EOMES 1.0)

11.1.1 专家系统简介

EOMES 1.0 是南京航空航天大学智能诊断与专家系统研究室与北京航空工程技术研究中心联合开发的针对军用航空发动机滑油监控的新型专家系统。该系统运用了传统的基于知识规则和先进的基于人工神经网络的两种专家系统开发策略;在诊断过程中,融合了其他发动机的相关信息(如振动、噪声等),实施了基于多源信息的融合诊断技术;在基于人工神经网络的智能诊断专家系统中,设计了可扩展的训练样本库,实现了故障征兆和故障模式的自由增减,能够动态获取专家知识,从而大大增加了系统的适应能力和可扩展性;在趋势预测中,采用了基于结构风险最小的预测模型——SVM,保证了预测模型的最大泛化能力,有效地提高了预测精度。

考虑到系统的扩充性,纳入了四种常用的滑油监测方法——铁谱分析、光谱分析、颗粒计数分析和理化分析，其中 EOMES 1.0 仅进行了基于光谱分析的滑油监控专家系统开发，其他部分留作以后系统的扩充。

EOMES 1.0 采用 Microsoft Visual C＋＋6.0 软件进行 Windows 应用程序开发，专家系统知识库和动态数据库采用 Microsoft Access 数据库，神经网络和支持向量机模型的关键技术采用 MATLAB 软件的相关工具箱提供的函数，并用动态链接库技术实现了 VC 与 MATLAB 语言的接口。EOMES 1.0 具有界面友好、操作简单、使用方便等优点。图 11－1 所示为 EOMES 1.0 的主界面。

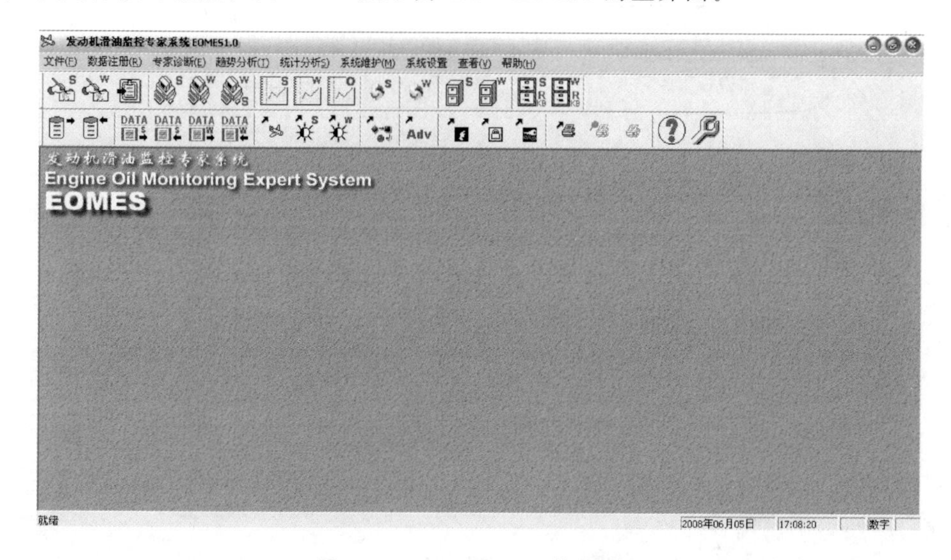

图 11－1　EOMES 1.0 的主界面

11.1.2　专家系统整体架构

图 11－2 所示为 EOMES 1.0 的总流程，主要包括油样数据注册、专家诊断、趋势分析、系统维护及系统设置。

① 油样数据注册：提供两种油样数据注册方式，即光谱油样注册和磨粒油样注册。其中，光谱油样注册为选定光谱仪产生的数据文件名，直接自动导入光谱分析原始数据，考虑加油的影响，计算出修正的光谱元素浓度及当前时刻元素浓度的增长率，并将这些数据存入光谱分析的动态数据库中，以备趋势预测和故障诊断时使用；磨粒油样注册为选定自动颗粒分析仪产生的数据文件名，直接自动导入磨粒分析原始数据，并计算出修正的磨粒浓度及磨粒浓度的增长率，同样将数据存入磨粒分析的动态数据库中，以备趋势预测和故障诊断时使用。

② 专家诊断：从原始油样动态数据库中选择需要诊断的油样分析样本，进行基于知识规则的专家诊断，并生成相应的诊断报告。

③ 趋势分析：通过航空发动机的编号在动态数据库中检索出该发动机随着使用

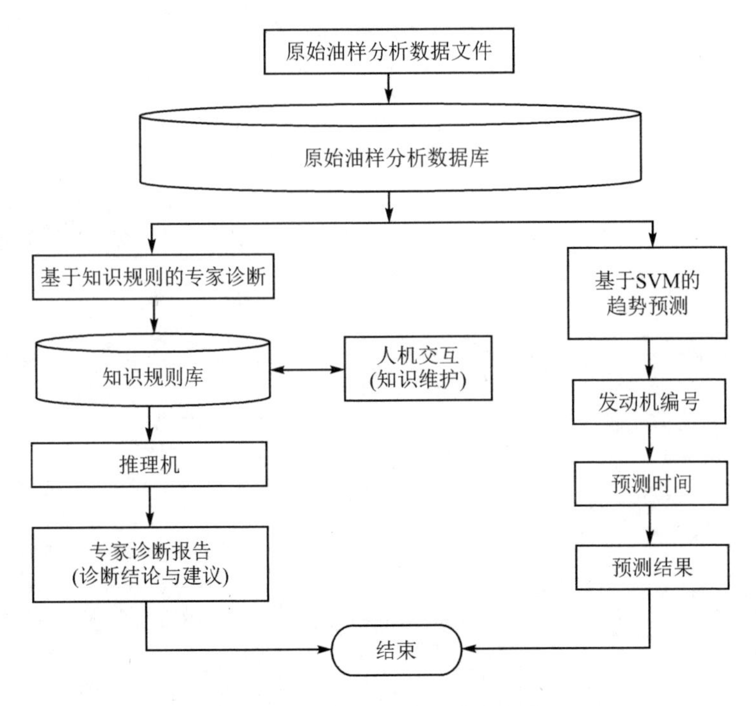

图 11-2　EOMES 1.0 的总流程

时间的累积，其磨损状态的发展趋势，并使用在 SVM 对其未来时刻的发展趋势进行预测，以便尽早发现系统故障。

④ 系统维护：系统维护主要是对样本数据库和知识规则库的维护，以实现知识的更新。由于系统维护仅由系统管理员进行，因此需要提供系统的超级用户密码。

⑤ 系统设置：完成系统的一些初始化设置工作，包括飞机类型的设置、征兆设置、发动机故障模式的设置以及超级用户的密码设置等。该项功能有效地提高了系统的适应能力和可扩充性，使系统具有良好的可维护性。

11.2　飞机发动机磨损状态监控专家系统(AEMES 1.0)

11.2.1　专家系统简介

AEMES 1.0 是由南京航空航天大学智能诊断与专家系统研究室和成都飞机工业(集团)有限责任公司联合开发的，该系统用于某型飞机发动机磨损故障诊断。该专家系统采用 Microsoft Visual C++6.0 语言开发，系统中的数据库、知识库以及规则库基于 Microsoft Access 数据库，并通过 ODBC 进行连接。开发的专家系统具有友好的界面，操作简单方便，且能够在具有当前流行配置的计算机上直接安装使用，对计算机没有特殊要求。图 11-3 所示为 AEMES 1.0 的主界面。

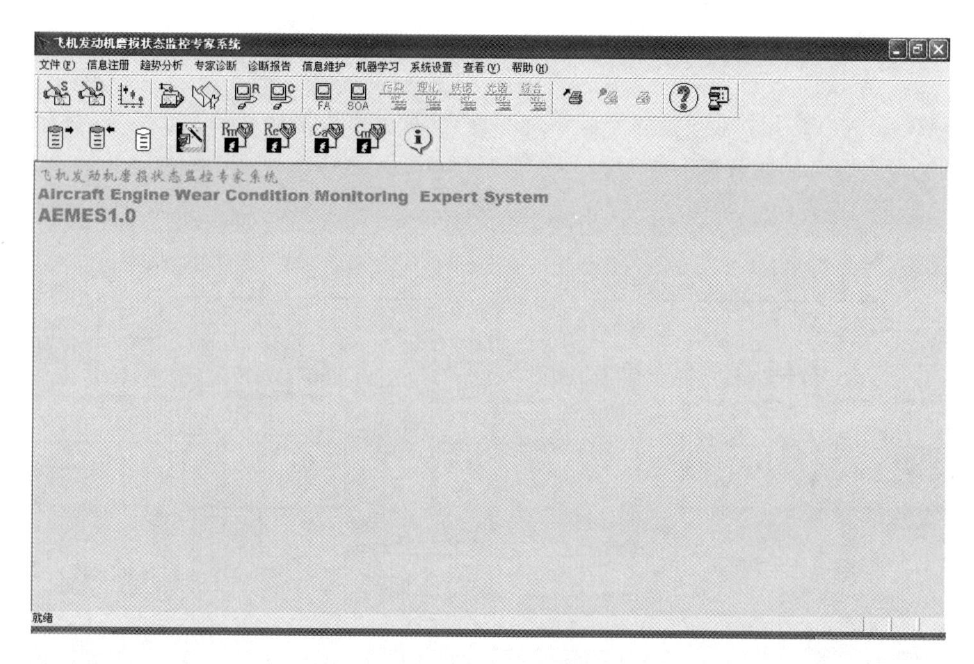

图 11-3　AEMES 1.0 的主界面

本章所提出的专家系统是针对某型飞机发动机润滑油系统开发的、用于状态监测与故障诊断的软件系统。系统的输入信息主要来源于以下几种：① 光谱分析技术，常用的有电感耦合等离子发射光谱 ICP、原子发射光谱 MOA、X 射线荧光光谱等；② 铁谱分析技术，常用的有分析式铁谱以及直读式铁谱；③ 基于颗粒计数器的颗粒污染度测量技术；④ 油品理化分析技术，主要针对水分、黏度、闪点、总酸/总碱以及导电性等。

在专家系统中，主要针对以下参数进行监控。

① 污染分析参数：包括油液的污染度等级以及根据不同的污染度分析标准(GJB 420A—1996、NAS 1638、TOCT 17216—1971)确定的各尺寸段的污染颗粒数。

② 理化分析参数：主要针对由油液的物理化学属性，得出一系列参数，包括水分、黏度、酸值、闪点、导电率、积炭水平、氧化深度、抗氧剂水平、燃料水平、冷却剂水平以及抗磨剂水平等。

③ 光谱分析参数：主要包括油液中各磨损金属元素的浓度参数以及浓度梯度参数，其中磨损元素主要有 Fe、Al、Zn、Sn、Ag、Cu、P、Si、Ca、Na、B、Pb、Mn、Mg、Mo、Ti、V、Ni、Cr、Ba、Cd。

④ 铁谱分析参数：主要分为两种。一种是由直读式铁谱分析得到的参数，包括小颗粒百分比和大颗粒百分比；另一种是由分析式铁谱分析得到的磨粒的浓度、尺寸、形状、表面纹理和颜色特征。其中主要监测的磨粒类型包括严重滑动磨粒、疲劳磨粒、切削磨粒、非金属磨粒、纤维等。

11.2.2 专家系统整体架构

图 11－4 所示为所开发的专家系统的总流程，主要包括油样信息获取、趋势分析预测、专家融合诊断及机器学习。

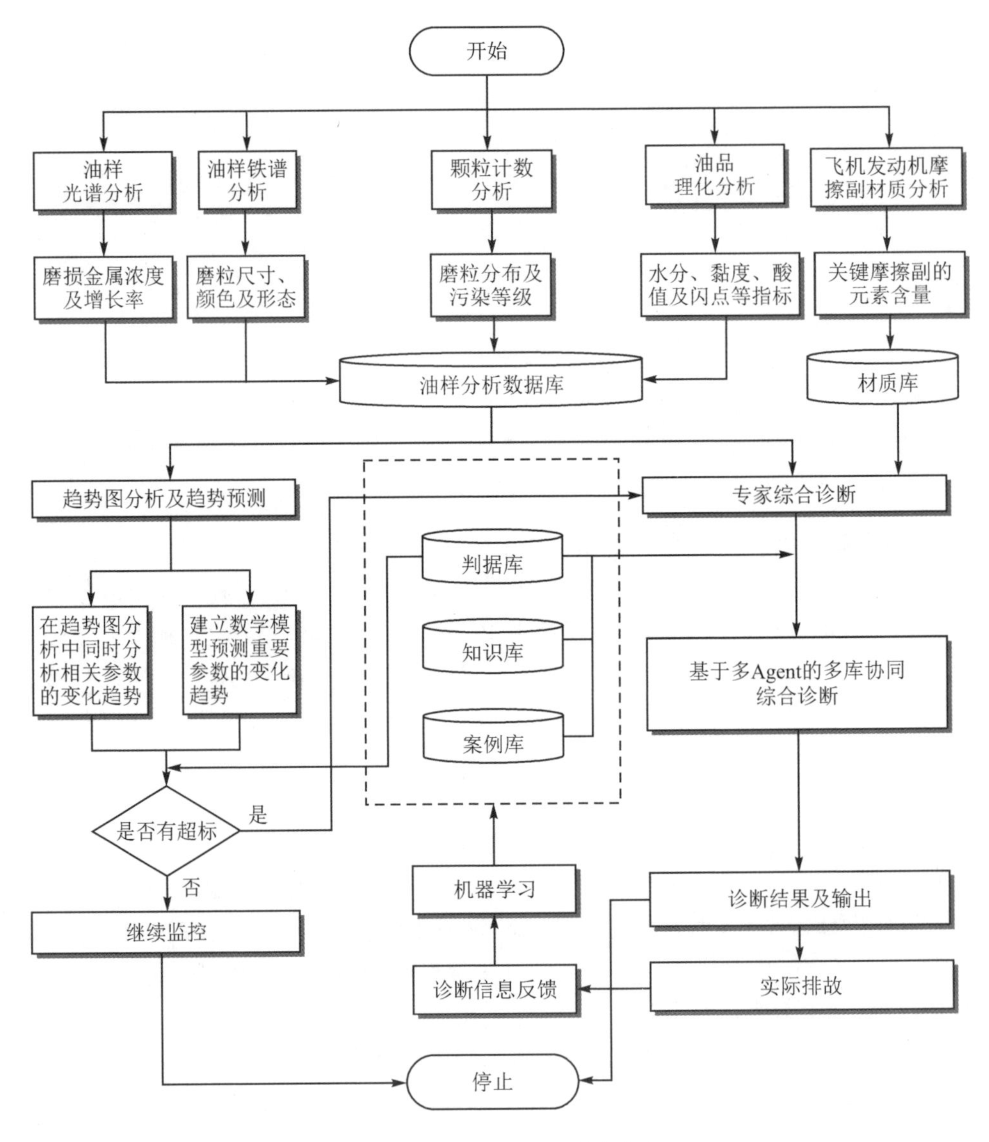

图 11－4　AEMES 1.0 的总流程

① 油样信息获取：根据实际油液分析的经验，在专家系统中主要储存监控 12 种油样分析数据，包括颗粒计数分析数据、MOA 光谱分析数据、ICP 光谱分析数据、红外光谱分析数据、X 射线荧光光谱分析数据、直读式铁谱分析数据、分析式铁谱分析

数据,以及水分、黏度、酸值、闪点、电导率数据。在专家系统中,可以将获取的油样分析数据通过手动或者自动导入的方式导入数据库,存储起来以形成油样分析库。

② 趋势分析与预测:对油样分析数据库中积累的发动机某一部位的数据进行趋势分析,通过对趋势图的分析能够对发动机的状态作出初步的诊断;根据已有的油样分析数据建立磨损趋势预测模型,从而预测出发动机磨损状态未来的发展趋势。通过对趋势预测数据的分析,能够提前预知发动机的异常情况,避免重大事故的发生。

③ 专家融合诊断:模拟油样分析专家在进行故障诊断时的决策思路,构建了基于多 Agent 系统的专家协同诊断模型。通过总控 Agent、通信 Agent 以及调度 Agent 对各资源 Agent(包括理化分析 Agent、颗粒计数 Agent、铁谱分析 Agent、光谱分析 Agent)进行统一调配,根据诊断规则进行协同诊断,得到诊断结果,并利用融合诊断 Agent 对磨损程度进行定量描述。

④ 机器学习:包括规则的学习和磨损界限值的制定。规则学习包括机械式的规则学习和规则的自动获取。其中,机械式的规则学习主要是将专家的经验知识进行搜集整理,然后将知识规则通过编辑界面录入知识库中;对于规则的自动获取,则是通过数据挖掘从大量的油样数据中自动获取规则。在该系统中,采用基于支持向量机的知识规则提取方法,同时引入国外著名的数据挖掘软件 weka 到专家系统中,这两种方法可以对提取的规则进行相互验证,并将提取的规则按照知识库的知识规则的格式自动存入知识库中。磨损界限值的制定是利用基于支持向量机的概率密度函数估计方法得到油样数据的概率分布,并据此求出正常、警告以及异常界限值。

11.3 飞机液压系统磨损状态监控专家系统(AHMES 1.0)

11.3.1 专家系统简介

AHMES 1.0 是南京航空航天大学航空安全与保障技术研究所与成都飞机工业(集团)有限责任公司联合开发的针对军用飞机液压系统磨损故障诊断系统。

本系统采用 Microsoft Visual C++6.0 软件进行 Windows 应用程序开发,专家系统知识库和动态数据库采用 Microsoft Access 数据库,数据库的连接是通过 ODBC 数据源管理器实现。该专家系统具有界面友好、操作简单、使用方便等优点。图 11-5 所示为 AHMES 1.0 主界面。

AHMES 1.0 软件具有如下功能:

(1) 适用范围为某型飞机起落架和液压操纵系统。

(2) 监测信息主要来源于:① 磨损金属成分分析技术,包括原子发射光谱 MOA、电感耦合等离子发射光谱 ICP、X 射线荧光光谱;② 铁谱分析技术,包括分析

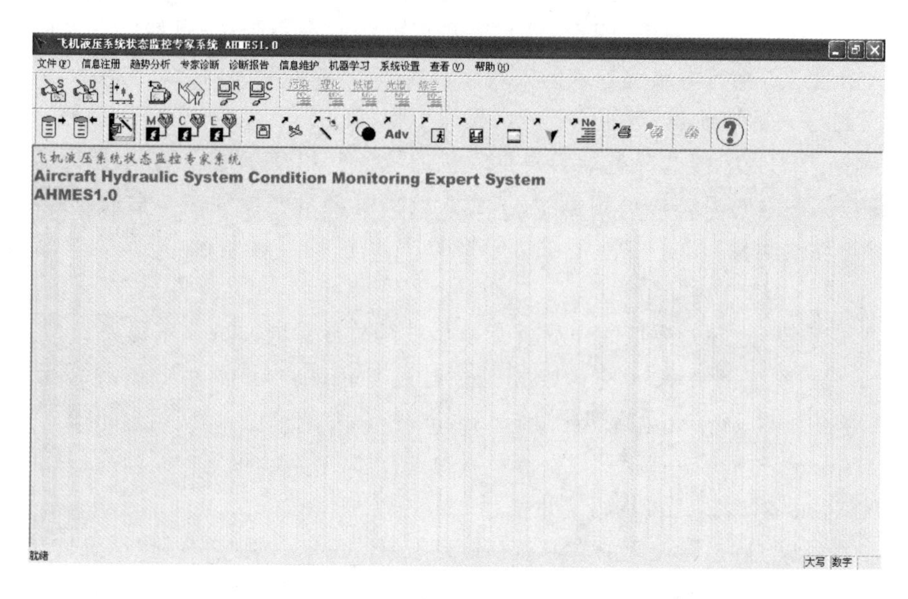

图 11-5 AHMES 1.0 的界面

式铁谱、直读式铁谱；③ 颗粒污染度测量技术，主要是颗粒计数器；④ 油品理化分析，包括红外光谱、油品水分、运动黏度、总酸/总碱、闪点、导电性等。

（3）具有油液分析的判据库和知识库，推理机及自学习机制。实现专家推理和知识学习功能。

（4）能实现飞机液压系统故障的综合诊断，给出相应的检验结论和维修建议，并以报告和图表的形式输出专家诊断结果。

11.3.2 专家系统整体架构

图 11-6 所示为 AHMES 1.0 的总流程。该系统主要包括多源信息获取、趋势图分析及趋势预测、专家诊断及知识获取。

① 数据导入：将飞机液压系统油样分析方法分为 6 类，即颗粒计数分析、水分检测、理化分析（黏度、闪点、酸值及电导率）、铁谱分析（直读式铁谱和分析式铁谱）、光谱分析（原子发射光谱 MOA、等离子体光谱 ICP 及 X 射线荧光光谱）及红外光谱分析。通过手动和自动的方式将数据导入动态数据库中进行存储，形成油样分析数据库。

② 趋势分析与预测：首先进行趋势图分析，通过对现有数据的曲线分析，发现磨损的异常情况，并根据相关数据的变化趋势对磨损故障作出初步诊断；其次，通过对已有数据进行建模，实现对磨损程度的未来发展趋势预测。在趋势分析中发现异常情况时，需要启动专家诊断实现故障定位、定性和定因的诊断。

③ 专家融合诊断：分为基于多 Agent 的专家协同诊断和基于多案例库综合推理

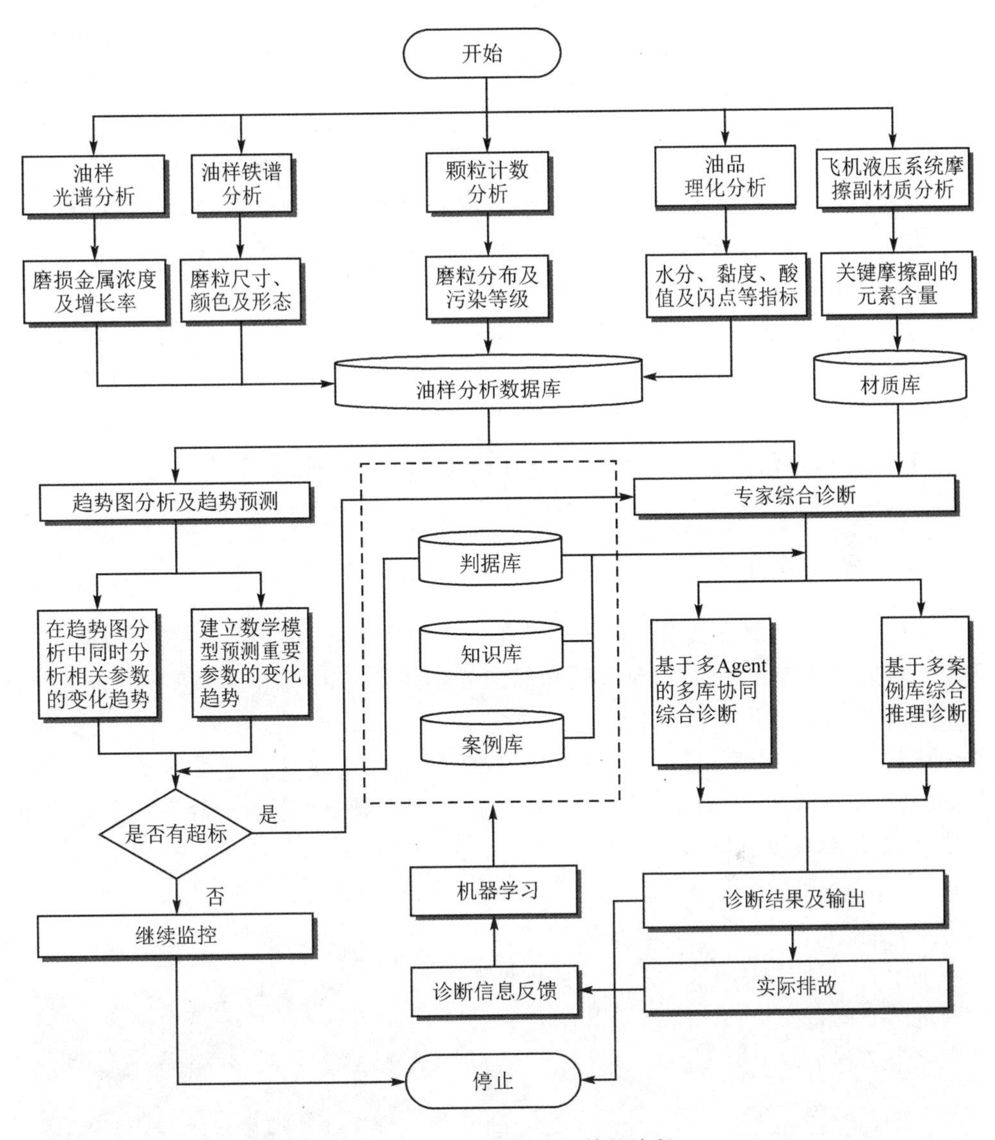

图 11－6　AHMES 1.0 的总流程

的诊断。在基于多 Agent 的专家协同诊断中，通过总控 Agent、调度 Agent、通信 Agent 实现对各资源 Agent（颗粒计数 Agent、理化分析 Agent、铁谱 Agent、光谱 Agent、水分 Agent 及红外线光谱 Agent）的统一调配，使整个诊断过程能够有条不紊地进行，从而实现多油样信息的专家融合诊断；在基于多案例的综合诊断中，将诊断样本与各案例库（颗粒计数案例库、理化分析案例库、铁谱案例库、光谱案例库、水分案例库及红外光谱案例库）中的案例进行比较，计算出待诊断样本与各案例库中的案例的相似度，再给定各油样分析数据的权重，计算出待诊断油样对各案例的综合相似度，并以此作为 CBR 综合诊断的结果。

④ 机器学习。包括案例的学习、规则的学习和判据的学习。其中,案例的学习是当某故障被确诊后,其相应的油样分析数据和其他相关信息被添加到案例库中,形成一条案例。为了控制案例的无限增长,需要一定的维护措施,如当新案例与案例库中的旧案例相似度足够大时,则认为案例库中已包含了此新案例,故不需要加入。否则,加入此新案例。规则的学习包括机械式学习和规则自动获取,其中机械式学习是事先将知识规则整理好,然后通过知识编辑界面将知识规则录入知识库中。而规则的自动获取则需要通过机器学习算法来实现从数据样本中提取出知识规则,其中粗糙集理论是常用的方法。判据的学习主要是通过对大量样本的统计分析来获取样本的均值和方差,从而建立各油样分析数据的测量值警告限和异常限。

11.4　多功能智能磨粒检测系统(MIDCS 1.0)

11.4.1　系统简介

MIDCS 1.0 是北京航空工程技术研究中心与南京航空航天大学智能诊断与专家系统研究室联合开发的,用于对军用航空发动机滑油内磨粒的检测与分析系统。该系统采用 Microsoft Visual C++6.0 软件进行 Windows 应用程序开发,专家系统知识库和动态数据库采用 Microsoft Access 数据库。MIDCS 1.0(见图 11-7)具有界面友好、操作简单、使用方便等优点,而且在具有当前流行配置的计算机上安装即可使用,对计算机没有特殊的要求。

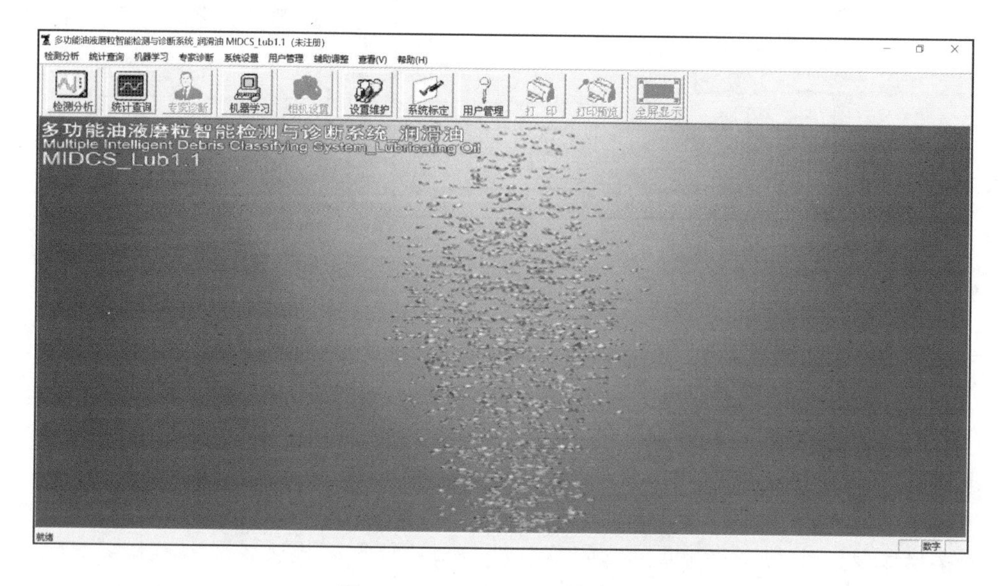

图 11-7　MIDCS 1.0 的主界面

该系统采用了最近邻模式识别方法，实现了对滑油图像的特征提取和压缩，形成了图像案例库，从而能够对滑油图像样本进行诊断，得出诊断结论，并给出诊断建议，为进一步查找故障原因提供了有力的依据。基于最近邻的模式识别方法，系统运用最大熵阈值分割方法和数学形态学方法提取图像中磨粒的矩特征、圆度、长短轴比和孔隙率等特征量，并对这些特征量进行归一化处理。然后，根据这些特征量对磨粒进行自动分类，并统计各类磨粒的数量。该算法的优点在于指标直观、计算速度快。

11.4.2　系统整体架构

MIDCS 1.0 主要由 8 部分组成，如图 11－8 所示。

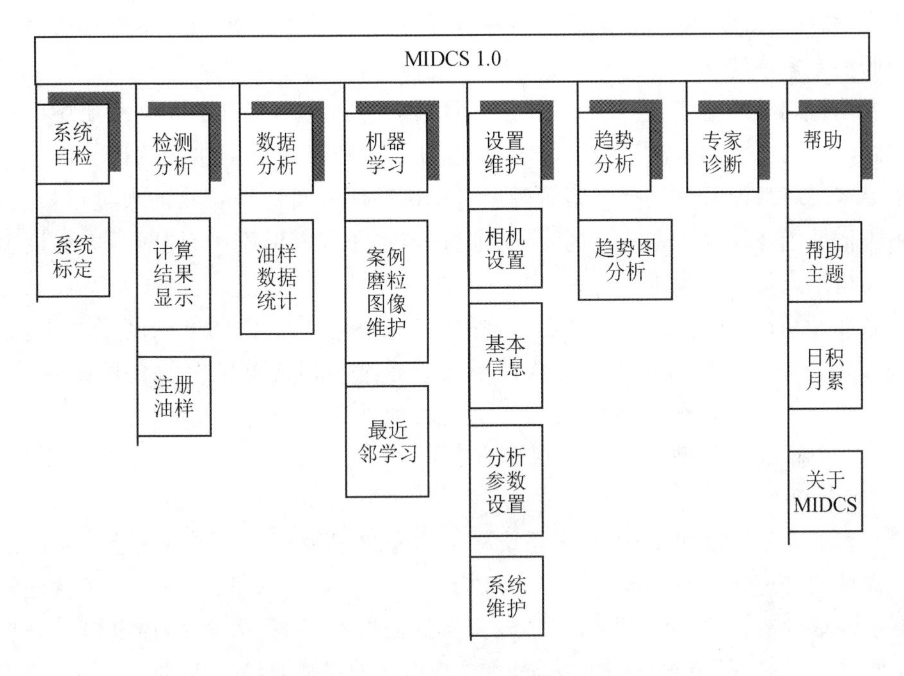

图 11－8　MIDCS 1.0 整体构架

① 系统自检：检测与计算机相连的摄像机、蠕动泵及光源是否工作正常。

② 检测分析：从摄像机捕获到的油样图像中识别各种磨粒的类型并统计数量，检测完成后显示检测结果。

③ 数据分析：分析所选油样中的各种磨粒的数量，并确定相应的污染度等级。

④ 机器学习：系统首次使用或当案例库有变动时，需要及时根据新的案例库进行机器学习，以保证诊断规则的准确。

⑤ 设置与维护：完成对基本信息、分析参数、系统维护及知识库维护的设置。

⑥ 趋势分析：以发动机工作时间为依据，绘制出各种磨粒数量随发动机工作时

间的变化趋势图。

⑦ 专家诊断:根据案例库中的信息,对现有油样进行诊断,判断发动机是否正常运行。

⑧ 帮助:为使用者提供相关帮助内容和软件开发信息。

11.5　民用航空发动机磨损检测专家系统(CEWDS 1.0)

11.5.1　专家系统简介

CEWDS 1.0 是由中国航发上海商用航空发动机制造有限责任公司与南京航空航天大学智能诊断与专家系统研究室联合开发的,专门针对民用飞机发动机磨损故障诊断的专家系统。

发动机润滑油监测(涉及油品质量、固体颗粒)是发动机维护大修手册中的重要内容之一(目前 CFM、GE、R・R、P・W 发动机大修手册中均包含该部分内容),用于指导客户对滑油系统进行健康管理。对于试验所获得的颗粒物的大量原始数据,如果不借助于任何分析系统,仅凭人工进行分析,不仅费时费力,同时很大程度上需要依赖检测人员的经验进行判断,往往造成一定偏差,还会忽略不同类型数据之间的关联性、矛盾性和重复性等,从而影响故障诊断和状态监测的准确度。因此,非常有必要建立磨损颗粒的智能分析软件系统。通过与扫描电镜等设备的配合使用,该系统可以对获得的原始数据进行科学系统地处理,借助人工智能技术来识别磨粒,并通过算法及推理,最终实现基于磨粒的故障分析。基于此目的,开发了 CEWDS 1.0。

与其他专家系统相比,本专家系统除了具有数据注册、知识获取、趋势预测以及基于规则的推理诊断等功能外,还具有如下特点:① 采用 WebService 技术从网络服务器上获取油液数据,进一步拓展了专家系统的数据来源;② 对扫描电镜的分析数据进行了进一步利用和分析,一方面,直接从电子扫描显微镜产生的 Word 文档中提取油液数据,突破了异构油液数据源提取技术,进一步丰富了专家系统的数据来源;另一方面,采用深度学习方法实现了电子扫描图像颗粒的智能识别,以及基于能谱数据的磨损部位识别;③ 利用模糊逻辑和 D－S 证据理论实现了多种油液数据的融合诊断。

本系统采用 Microsoft Visual C＋＋6.0 进行 Windows 应用程序开发。专家系统知识库和动态数据库采用 Microsoft Access 数据库,数据库的连接通过 ODBC 数据源管理器实现。基于 Python 语言编写的相关深度学习代码则是在 VC＋＋6.0 中以阻塞方式被调用。该专家系统具有界面友好、操作简单、使用方便等优点。图 11－9 所示为 CEWDS 1.0 的主界面。

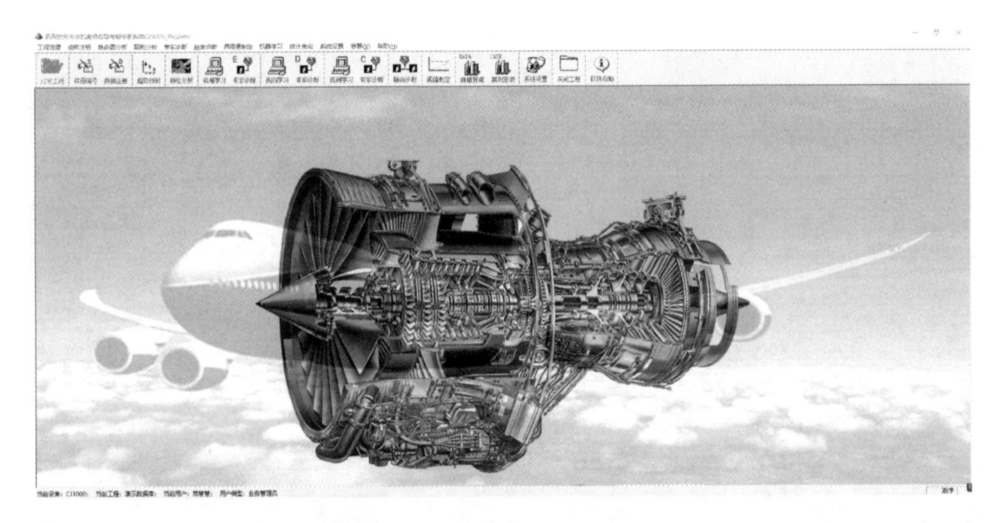

图 11-9　CEWDS 1.0 的主界面

11.5.2　专家系统整体架构

图 11-10 所示为 CEWDS 1.0 的总流程。该系统主要包括样品信息注册、阈值制定与趋势预测、磨损颗粒智能分析、机器学习与专家诊断、融合诊断等功能。

① 样品信息注册。专家系统的样品信息注册模块实现了油液检测信息的注册入库，为后续的专家诊断提供了数据来源。将飞机发动机油样分析方法分为 5 类，即颗粒计数分析、光谱分析、铁谱分析、扫描电镜能谱分析和理化分析（酸值、闪点、杂质、氧化值、硝化值、水分、黏度）。油液检测数据通过手动和自动两种途径导入专家系统的油液分析数据库中。同时，在本系统中采用 WebService 技术实现了与 LIMS 的接口，开发了与 LIMS 系统的接口程序，自动获取相关数据并自动输入系统的油样分析数据库，实现了油液监测数据的自动获取。此外，还采用了异构油液数据源提取技术，直接从电子扫描显微镜产生的 Word 文档中提取油液数据。

② 阈值制定与趋势预测。以大量历史数据积累为基础，对各种故障和不合格案例进行深入研究，探索界限值制定方法（统计法和最大熵法），确立油液分析数据是否正常的判定依据，建立判据库。并从注册的油样数据库中提取历史油样数据，按时间顺序画出趋势图，分析相关参数的变化趋势，从而发现故障。另外，采用支持向量机 SVM 建立自回归预测模型，对下一时刻的油样分析数据进行预测分析。

③ 磨损颗粒智能分析。利用基于深度学习的目标检测技术，对油液中的磨损颗粒图像进行自动特征分析，并获取其尺寸、类别、材料、来源等信息，以实现航空发动机润滑系统磨损故障的检测和诊断。

④ 机器学习与专家诊断。通过人工机械式学习和机器学习方式获取磨损故障诊断规则。其中，人工机械式规则获取适用于难以量化的经验知识，而机器学习的

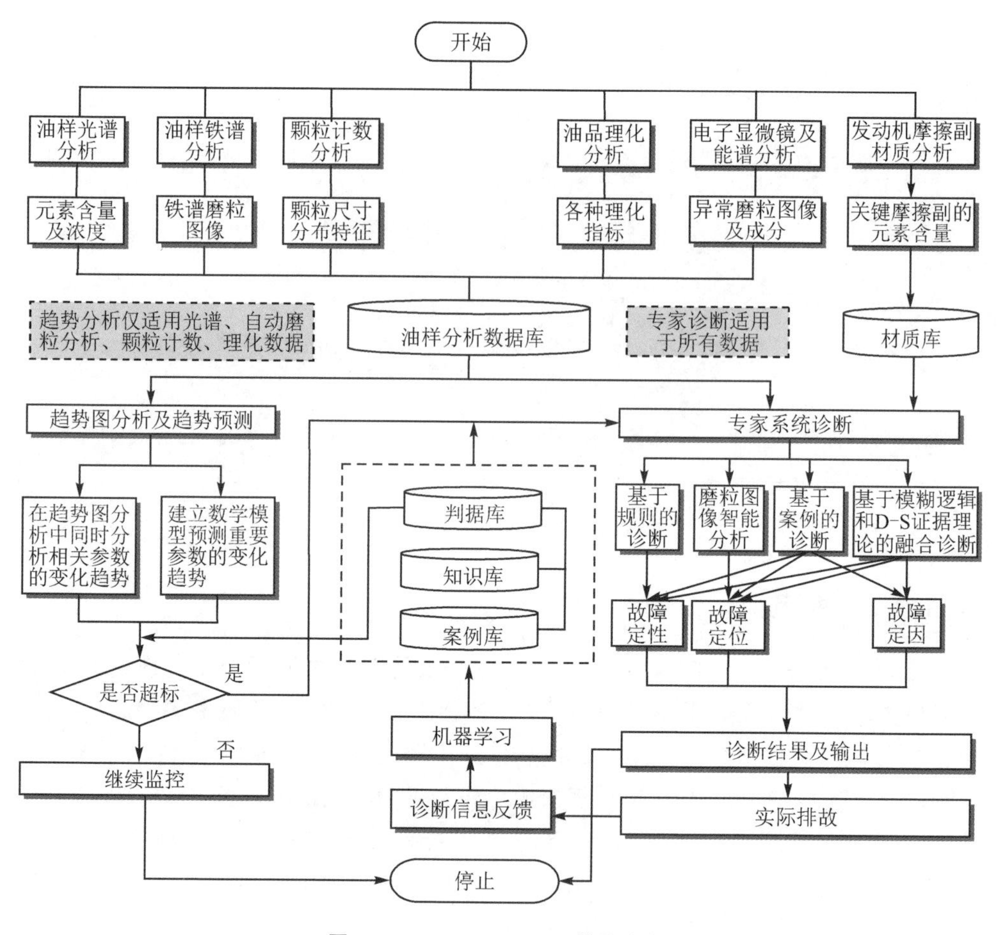

图 11-10　CEWDS 1.0 的总流程

自动获取方式则适用于易于获取大量数值型样本数据的情况，对于已经确诊的故障模式，本软件采用决策树方法实现知识规则的自动获取。

⑤ 融合诊断。运用模糊逻辑和 D-S 证据理论，实现光谱、铁谱、颗粒计数和理化指标数据的模糊融合诊断，再结合电子扫描能谱数据，最终实现磨损故障的定位、定性和定因诊断。

附表
某型航空发动机油液光谱数据样本

每一种元素对应样本集的一个条件属性（A1～A7）。表中最后一列表示该组样本的状态类别，即决策属性，主要分为3类："1"——正常状态、"2"——轴间轴承磨损、"3"——轴间轴承磨损且保持架断裂。

序号	Fe	Al	Cu	Cr	Ag	Ti	Mg	磨损状态
1	0.5	0	0.3	0	0.1	0.5	2	1
2	1.6	0	0.6	0	0.1	0.6	2.9	1
3	2.6	0	0.9	0.2	0.2	0.7	3.5	1
4	2.3	0	0.6	0.1	0.2	0.5	4.8	1
5	2.6	0	0.6	0.2	0.2	0.6	4.4	1
6	3.2	0	0.7	0.3	0.2	0.7	5.1	1
7	4.8	0	1.5	0.2	0.1	1	6.1	1
8	15.6	0.5	2.4	1.4	0.5	1.1	7.2	2
9	1.6	0	0.7	0	0	0.6	3.3	1
10	1.6	0	0.8	0	0.1	0.8	3.4	1
11	1.4	0	0.8	0.1	0.2	0.8	3.2	1
12	1.6	0	0.6	0.4	0.2	0.7	3	1
13	1.5	0	0.6	0.1	0.2	0.5	3.2	1
14	1.5	0	0.5	0.1	0.2	0.8	3.6	1
15	1.4	0	0.8	0.1	0.1	0.6	3.7	1
16	1.5	0	0.9	0.1	0.1	0.6	3.9	1
17	2.1	0	0.9	0.1	0.1	1.2	4.3	1
18	2	0	1	0.1	0.2	0.9	4.5	1
19	1.6	0	0.9	0.2	0.1	0.8	4.3	1
20	1.7	0.1	1	0.2	0.2	0.8	4.1	1

续表

序　号	Fe	Al	Cu	Cr	Ag	Ti	Mg	磨损状态
21	1.8	0	1.1	0.1	0.2	0.8	4.2	1
22	1.8	0	1	0.3	0.1	0.9	4.6	1
23	2.1	0.2	1.3	0.5	0.3	0.9	5.5	1
24	2.3	0	1.2	0.3	0.3	1.1	4.8	1
25	2	0	1.2	0.1	0.1	0.8	5.5	1
26	2.8	0	1.2	0.1	0.2	1.3	7.5	1
27	2.2	0	1.3	0.1	0.1	1.4	4.5	1
28	2.9	0.1	1.6	0.1	0.3	1.1	4.1	1
29	1.3	0	1.5	0.1	0.1	0.8	4.2	1
30	1.6	0	1.3	0.2	0.2	1.1	3.9	1
31	3.8	0	1.5	0.1	0.1	0.9	3.7	1
32	4	0	1.6	0.2	0.4	1.1	4.2	1
33	8.8	0	1.9	0.4	0.5	1.4	4.7	2
34	1.3	0	1.9	0.2	0.2	0.6	1.9	1
35	1.8	0.3	2	0.1	0.2	0.7	2.3	1
36	1.6	0	1.2	0	0.1	0.5	2.5	1
37	1.9	0.2	1.3	0.1	0.2	0.8	4.5	1
38	1.8	0.2	0.7	0	0.1	0.5	4.3	1
39	3	0.3	1.7	0.2	0.2	0.9	5.8	1
40	2.2	0.1	0.5	0	0.1	0.6	4.5	1
41	2.7	0.6	2.2	0.2	0.2	1	5.5	1
42	2.6	0.5	1.7	0.4	0.4	1.3	7.1	1
43	3.3	0.3	1.8	0.2	0.3	1.2	11.8	1
44	3.3	0.5	1.6	0.2	0.5	1.4	9.8	1
45	3.2	0.3	1.9	0.5	0.3	1.4	9.8	1
46	3.4	0.3	1.7	0.2	0.4	1.6	10.9	1
47	3.1	0	1.5	0.2	0.4	1.7	10.1	1
48	2.1	0.1	0.9	0.2	0.4	1.3	4.9	1
49	2.3	0.2	0.8	0.1	0.5	1.7	4.7	1
50	2.6	0.2	1	0.3	0.4	1.8	5.8	1
51	2	0.1	0.8	0.1	0.3	1.5	6	1

续表

序　号	Fe	Al	Cu	Cr	Ag	Ti	Mg	磨损状态
52	2.1	0.1	1.4	0.2	0.5	1.8	4.6	1
53	2.2	0.1	0.6	0	0.3	1.3	5.5	1
54	2.8	0	0.8	0.1	0.4	1.6	6.4	1
55	3	0	0.8	0.1	0.5	1.6	6.4	1
56	2.9	0	0.9	0.2	0.4	1.4	7.3	1
57	1.9	0	0.6	0.1	0.3	1.1	4.6	1
58	3.5	0.2	0.8	0.3	0.2	1.3	5.4	1
59	8.1	0.7	1.1	0.4	0.8	1.2	8.4	2
60	1.2	0.3	0.9	0	0	0.1	1.9	1
61	1.1	0.4	0.9	0.3	0.1	0.2	0.9	1
62	1.2	0.4	1	0.1	0.1	0.2	1.1	1
63	1.4	0.2	0.6	0	0.1	0.1	0.9	1
64	2	0.2	0.6	0.1	0.1	0.1	1	1
65	1.7	0.2	0.6	0	0	0.1	0.8	1
66	1.6	0.1	0.6	0	0	0.2	1	1
67	1.8	0.2	0.7	0.1	0	0.2	1	1
68	1.5	0.2	0.6	0	0	0.2	0.8	1
69	1.4	0.1	0.7	0.1	0	0.2	0.7	1
70	2.2	0.1	0.9	0.2	0	0.3	0.9	1
71	2.2	0.2	0.8	0.1	0	0.2	0.9	1
72	2.2	0.1	0.8	0	0.1	0.3	0.9	1
73	1.3	0.1	0.6	0	0	0.1	0.4	1
74	2.1	0.1	0.9	0	0.1	0.3	1.4	1
75	2.3	0.2	1	0	0.1	0.3	1	1
76	1.7	0.1	0.8	0	0.1	0.1	0.6	1
77	1.7	0.2	0.9	0	0	0.1	0.9	1
78	0.7	0.2	0.6	0	0	0.1	1.3	1
79	0.9	0.1	0.7	0	0	0.2	0.6	1
80	1.4	0.3	0.8	0.1	0.1	0.2	0.9	1
81	0.7	0.2	0.9	0	0.1	0.1	0.5	1
82	2.1	0.1	1.2	0	0.1	0.3	0.7	1

续表

序　号	Fe	Al	Cu	Cr	Ag	Ti	Mg	磨损状态
83	2.4	0.1	1.2	0	0.2	0.1	1.4	1
84	2.5	0.1	0.9	0	0.2	0	14	1
85	2.7	0.2	1.1	0	0.2	0	1.7	1
86	4.3	0.2	1.2	0.3	0.3	0.8	1.4	1
87	32.3	4.7	5.8	6.2	2.1	10.5	1.4	2
88	4.2	0	1.9	0.3	0.3	1.3	13	1
89	5.5	0.2	2.3	0.8	0.4	1.7	13.2	1
90	4.5	0.1	2.1	0.5	0.2	1.4	12.2	1
91	5.5	0.1	2.3	0.5	0.4	1.6	13	1
92	5	0.2	2.7	1	0.3	1.6	10.2	1
93	5.1	0.1	2.6	0.3	0.3	1.4	10.6	1
94	4.7	0.1	2.5	0.3	0.2	1.5	11	1
95	5.6	0.1	2.8	0.3	0.3	1.9	12.1	1
96	5.9	0.2	1.9	0.4	0.4	2.1	12.3	1
97	5.4	0.1	2.1	0.9	0.4	1.9	12.1	1
98	5.1	0.1	2	0.3	0.2	1.6	11	1
99	5.2	0.1	2.1	0.7	0.4	1.8	11.5	1
100	5.2	0.1	2.1	0.7	0.4	1.8	11.8	1
101	5.3	0.1	2.6	0.5	0.3	1.8	13.6	1
102	5.3	0.1	2.2	0.5	0.3	1.9	12.6	1
103	5.3	0.1	2.2	0.9	0.5	1.1	13.3	1
104	5.5	0.1	2.4	0.5	0.4	1.1	13.2	1
105	5.6	0.1	2.5	0.4	0.4	1	13.8	1
106	5.1	0.3	2.7	1	0.4	1.1	14.3	1
107	4.8	0.2	2.5	1.1	0.5	1	13.2	1
108	5.2	0.5	2.8	0.7	0.4	1.1	15.2	1
109	5.3	0.3	2.8	0.7	0.4	1.4	16.9	1
110	5.1	0.5	2.6	0.6	0.4	1.1	14.3	1
111	4.8	0.3	2.5	0.9	0.5	0.9	12.5	1
112	5.5	0.4	2.8	0.9	0.5	1.2	14.9	1
113	5.1	0.2	2.8	0.7	0.5	1.2	11.1	1

续表

序　号	Fe	Al	Cu	Cr	Ag	Ti	Mg	磨损状态
114	5.2	0.2	2.5	0.5	0.5	1.7	9.1	1
115	4.9	0.2	2.4	0.2	0.4	1.3	7.7	1
116	5.6	0.2	2.3	0.2	0.5	1.3	7.7	1
117	5	0.2	2.1	0.5	0.6	1.6	7.3	1
118	5.6	0.2	2.1	0.5	0.6	1.4	7.2	1
119	5.6	0.2	2.4	0.6	0.7	1.3	7.4	1
120	4.5	0.1	2.1	0.3	0.7	1.4	6.6	1
121	4.9	0.5	2.2	0.7	0.5	1.5	6.9	1
122	4.8	0.4	2.2	0.2	0.5	1.4	6.8	1
123	4.5	0.2	2.3	0.3	0.4	1.2	6.7	1
124	4.1	0.3	1.5	0.2	0.4	1.7	8.4	1
125	3.7	0	1.3	0.3	0.3	1.6	8.4	1
126	4.2	0	1.3	0.7	0.4	1.7	8.6	1
127	4.3	0.1	1.4	0.5	0.4	1.8	8.3	1
128	3.9	0.1	1.4	0.5	0.5	1.6	9.3	1
129	5	0.2	1.5	0.3	0.5	1.8	8.9	1
130	4.2	0.2	1.4	0.4	0.5	1.9	8.7	1
131	4.2	0.5	1.4	0.5	0.5	1.9	8.7	1
132	4.7	0.3	1.5	0.8	0.5	1.3	9.3	1
133	5.3	0.7	1.4	0.4	0.6	1.3	9.1	1
134	5.8	0.9	1.7	0.3	0.7	1.7	8.9	1
135	23.9	1.8	9.8	1.1	1.8	1.9	9.3	3
136	0.4	0.1	0.3	0.5	0.3	0.8	2.1	1
137	0.5	0	0.4	0.4	0.2	0.6	1.4	1
138	0.7	0	0.3	0.3	0.2	0.6	1.4	1
139	0.9	0	0.5	0.2	0.2	0.7	3.1	1
140	0.9	0	0.4	0.1	0.2	0.4	2.3	1
141	4	0	0.6	0.1	0.3	0.8	4.9	1
142	4.4	0	0.9	0.2	0.3	1.3	5.6	1
143	5.1	0	0.9	0.4	0.3	1.1	5.2	1
144	19.2	0.6	1.8	1.5	0.4	1.3	5.6	3

续表

序　号	Fe	Al	Cu	Cr	Ag	Ti	Mg	磨损状态
145	2	0	0.8	0	0.3	0.7	1.9	1
146	1.4	0	0.8	0	0	0.4	1.5	1
147	2.9	0	1.1	0	0.1	0.5	2.4	1
148	4.6	0	1.2	0.4	0.2	0.6	3.2	1
149	3.9	0	1.3	0.3	0.2	0.7	3.1	1
150	4.6	0	1.4	0.3	0.2	0.3	3.2	1
151	4.7	0	1.7	0.4	0.2	0.8	3.6	1
152	5	0	1.8	0.4	0.3	0.8	3.9	1
153	5.6	0	1.9	0.7	0.3	0.9	4.4	1
154	5.2	0.1	1.8	0.7	0.1	0.5	3.6	1
155	4.9	0	1.9	0.7	0.2	0.6	4.1	1
156	5.4	0	2.2	0.6	0.3	1.1	5.1	1
157	5.2	0	2.2	0.2	0.3	0.9	5.4	1
158	4.8	0	2.1	0.3	0.4	1.1	4.6	1
159	5.3	0	2.3	0.2	0.4	0.9	5.8	1
160	5.6	0	2.3	0.4	0.3	1	5.9	1
161	5.6	0	2.3	0.1	0.4	0.9	6.3	1
162	5.3	0.2	2.2	0.8	0.5	1.1	6	1
163	5.6	0	2.4	0.3	0.4	1.1	6.6	1
164	5.5	0	2.4	0.5	0.4	1	7.2	1
165	5.4	0	2.1	0.3	0.5	1.2	7.4	1
166	4.8	0	2.1	0.2	0.4	1.3	6.9	1
167	5.3	0.2	3	0.6	0.7	1.5	8.3	1
168	5.8	0	3.2	0.2	0.6	1.5	8.3	1
169	11.7	0.4	4.7	0.7	0.9	1.7	8.4	2
170	0.8	0	0	0	0	0	0.8	1
171	1	0.5	0	0	0	0	0.8	1
172	0.3	0	0	0	0	0	0.7	1
173	0.2	0	0	0	0	0	1.1	1
174	0.9	0	0	0	0	0	1.3	1
175	1.4	0.1	0.1	0	0	0	1.7	1

续表

序　号	Fe	Al	Cu	Cr	Ag	Ti	Mg	磨损状态
176	0.6	0	0	0.8	0	0	2	1
177	0.9	0	0	0.5	0	0	1.2	1
178	1.2	0	0	0	0	0	1.4	1
179	1.3	0	0	0	0	0	1.6	1
180	1.2	0	0	0	0	0	1.7	1
181	1.2	0	0	0	0	0	1.7	1
182	1.1	0	0	0	0	0	2.9	1
183	1.4	0	0	0	0	0	2.1	1
184	1.9	0	0	0	0	0	1.9	1
185	1.8	0	0	0	0	0	2	1
186	2.9	0.2	0.3	0	0	0.2	2.6	1
187	2.3	0	0.1	0.4	0	0	4	1
188	2.3	0.6	0.2	0	0	0	2.6	1
189	1.3	0	0.6	0	0	0	2.3	1
190	1	0	0.3	0	0	0	1.9	1
191	1.8	0	0.1	0	0	0	2.3	1
192	1.9	0.4	0.2	0	0	0	1.8	1
193	1.4	0	0.2	0	0	0	1.7	1
194	1	0	0.3	0	0.2	0.7	1.5	1
195	1	0	0.3	0	0.4	0.9	1.8	1
196	0.8	0.2	0.5	0.1	0.3	0.9	1.4	1
197	1.4	0.9	0.5	0.8	0.5	1.4	1.5	1
198	1.3	0.1	0.6	0.2	0.3	1.3	1.7	1
199	1.2	0.1	0.4	0.1	0.3	1	1.3	1
200	1.4	0.1	0.5	0.1	0.2	0.9	1.4	1
201	0.8	0.1	0.5	0.1	0.1	0.7	1.2	1
202	0.7	0.1	0.5	0.1	0.1	0.9	1.4	1
203	1.3	0.1	0.6	0.4	0.3	1.3	1.5	1
204	0.7	0	0.3	0	0.1	0.5	1.1	1
205	1.1	0.5	0.4	0.5	0.2	0.8	1.2	1
206	0.8	0	0.4	0.1	0.2	0.9	1	1

续表

序 号	Fe	Al	Cu	Cr	Ag	Ti	Mg	磨损状态
207	1	0	0.4	0	0.1	0.8	1.1	1
208	0.2	0	0.5	0	0.1	0.9	1.4	1
209	1.3	0.5	0.6	0.3	0.4	1.2	1.8	1
210	0.6	0	0.3	0	0.1	0.9	1.1	1
211	0.8	0	0.4	0	0	0.5	1.5	1
212	2	0.3	1	0.1	0.4	0.7	2.5	1
213	1.9	0.1	0.6	0.1	0.3	1.5	2.8	1
214	2	0.1	0.7	0.1	0.2	1.3	2.4	1
215	2.2	0.5	0.8	0.6	0.2	1.4	2.4	1
216	2.4	0.1	0.7	0.3	0.3	1.3	2.3	1
217	4.5	0.1	2.8	0.4	0.4	1.9	9	1
218	5	0.1	3.2	0.5	0.6	1.7	10.4	1
219	5.2	0.6	2.8	0.5	0.7	1.5	10	1
220	4.7	0.3	3.1	0.7	0.7	1.7	10.3	1
221	3.7	0.1	2.3	0.4	0.5	0.8	9.4	1
222	4	0.1	2.9	0.7	0.6	1.1	9	1
223	4.6	0.1	2.9	0.7	0.6	1.2	9.9	1
224	4.5	0.1	2.8	0.5	0.6	1	7.2	1
225	4.3	0.2	2.8	0.4	0.6	0.4	7.3	1
226	2.7	0	2.4	0.1	0.3	1.2	3.5	1
227	3.2	0.6	2.2	0.5	0.8	1.4	4.1	1
228	2.8	0.3	2.3	0.2	0.5	1.2	4.1	1
229	3.5	0.3	2.4	0.3	0.7	1.6	4.4	1
230	3.3	0.1	2.7	0	0.7	1.3	4.7	1
231	3.4	0.3	2.4	0.4	0.7	1.5	4.3	1
232	3.4	0.4	2.3	0.1	0.9	1.7	5.1	1
233	3.8	0.1	2.6	0.1	0.6	1.5	5.7	1
234	3.2	0.1	2.4	0.1	0.5	1	5	1
235	3.5	0.1	2.2	0.1	0.7	1.2	5.1	1
236	3.3	0.1	2.4	0.1	0.6	1.3	5.3	1
237	3.6	0.4	2.5	0.8	1	1.9	5.7	1